卓越工程师教育——焊接工程师系列教程

现代高效焊接技术

韩国明　编著

机械工业出版社

本书是为满足普通高等教育"材料成型及控制工程"专业本科生卓越工程师教育的需要而编写的系列教材之一。

全书共8章。介绍了近年来开发和广泛应用的现代高效焊接技术,包括:高效埋弧焊、钨极氩弧焊新技术、高效高熔敷率和低热输入熔化极气体保护焊、窄间隙焊、等离子弧焊新工艺、激光焊与激光切割、复合热源焊、搅拌摩擦焊的基本原理、工艺特点、相关设备以及应用等内容。

本书可以作为大学本科和高职高专"焊接""材料成型及控制工程"(焊接方向)专业相关课程的教材,硕士研究生"材料加工工程"专业相关课程的参考教材,焊接工程师继续教育的培训教材,还可以供焊接及相关学科教师及工程技术人员从事教学、科研与技术开发工作参考。

图书在版编目(CIP)数据

现代高效焊接技术/韩国明编著. —北京:机械工业出版社,2017.11
(2024.10重印)

卓越工程师教育. 焊接工程师系列教程
ISBN 978-7-111-58549-7

Ⅰ.①现… Ⅱ.①韩… Ⅲ.①焊接-教材 Ⅳ.①TG4

中国版本图书馆 CIP 数据核字(2017)第 288268 号

机械工业出版社(北京市百万庄大街 22 号 邮政编码 100037)
策划编辑:何月秋 责任编辑:何月秋 王彦青
责任校对:郑 婕 陈 越 封面设计:马精明
责任印制:张 博
北京雁林吉兆印刷有限公司印刷
2024 年 10 月第 1 版第 2 次印刷
184mm×260mm · 20 印张 · 482 千字
标准书号:ISBN 978-7-111-58549-7
定价:59.00 元

卓越工程师教育——焊接工程师系列教程
编委会名单

序

　　教育部"卓越工程师教育培养计划"是贯彻落实《国家中长期教育改革和发展规划纲要（2010—2020年）》和《国家中长期人才发展规划纲要（2010—2020年）》的重大改革项目，也是促进我国高等工程教育改革和创新，努力建设具有世界先进水平和中国特色的现代高等工程教育体系，走向工程教育强国的重大举措。该计划旨在培养和造就创新能力强、适应经济社会发展需要的高质量各类型工程技术人才，为实现中国梦服务。

　　焊接作为制造领域的重要技术在现代工程中的应用越来越广，质量要求越来越高。为适应时代的发展与工程建设的需要，焊接科学与工程技术人才的培养进入了"卓越工程师教育培养计划"，本套"卓越工程师教育——焊接工程师系列教程"的出版可谓恰逢其时，一定会赢得众多的读者关注，使社会和企业受益。

　　"卓越工程师教育——焊接工程师系列教程"内容丰富、知识系统，凝结了作者们多年的焊接教学、科研及工程实践经验，必将在我国焊接卓越工程师人才培养、"焊接工程师"职业资格认证等方面发挥重要作用，进而为我国现代焊接技术的发展作出重大贡献。

单　平

编写说明

随着高等教育改革的发展，2010年教育部开始实施"卓越工程师教育培养计划"，其目的就是要"面向工业界、面向世界、面向未来"，培养造就创新能力强、适应现代经济社会发展需要的高质量各类型工程技术人才，为建设创新型国家、实现工业化和现代化奠定坚实的人力资源优势，增强我国的核心竞争力和综合国力。

我国高等院校本科"材料成型及控制工程"专业担负着为国家培养焊接、铸造、压力加工和热处理等领域工程技术人才的重任。结合国家经济建设和工程实际的需求，加强基础理论教学和注重培养解决工程实际问题的能力成为了"卓越工程师教育计划"的重点。

在普通高等院校本科"材料成型及控制工程"专业现行的教学计划中，专业课学时占总学时数的比例在10%左右，教学内容则要涵盖铸造、焊接、压力加工和热处理等专业知识领域。受专业课教学学时所限，学生在校期间只能是初知焊接基本理论，毕业后为了适应现代企业对焊接工程师的岗位需求，还必须对焊接知识体系进行较系统的岗前自学或岗位培训，再经过焊接工程实践的锻炼与经验积累，才能成为焊接卓越工程师。显然，无论是焊接卓越工程师的人才培养，还是焊接工程师的自学与培训都需要有一套实用的焊接专业系列教材。"卓越工程师教育——焊接工程师系列教程"正是为适应高质量焊接工程技术人才的培养和需求而精心策划和编写的。

本系列教程是在机械工业出版社1993年出版的"继续工程教育焊接教材"系列与2007年出版的"焊接工程师系列教程"的基础上修订、完善与扩充的。新版"卓越工程师教育——焊接工程师系列教程"共11册，包括《焊接技术导论》《熔焊原理》《金属材料焊接》《焊接工艺理论与技术》《现代高效焊接技术》《焊接结构理论与制造》《焊接生产实践》《现代弧焊电源及其控制》《弧焊设备及选用》《焊接自动化技术及其应用》《无损检测与焊接质量保证》。

本系列教程的编写基于天津大学焊接专业多年的教学、科研与工程科技实践的积淀。教程取材力求少而精，突出实用性，内容紧密结合焊接工程实践，注重从理论与实践结合的角度阐明焊接基础理论与技术，并列举了较多的焊接工程实例。

本系列教程可作为普通高等院校"材料成型及控制工程"专业（焊接方向）本科生和研究生的参考教材；适用于企业焊接工程师的岗前自学与岗位培训；可作为注册焊接工程师认证考试的培训教材或参考书；还可供从事焊接技术工作的工程技术人员参考。

衷心希望本系列教程能使业内读者受益，成为高等院校相关专业师生和广大焊接工程技术人员的良师益友。本套教程中难免存在瑕疵和谬误，恳请各界读者不吝赐教，予以斧正。

编委会

前　言

随着焊接技术的不断创新，新的焊接技术向着高效、节能、绿色、智能化方向快速发展。高效化带来的最终结果就会节能，智能化的焊接技术也必然是高效的，绿色环保焊接是焊接工作者不断追求的目标。焊接技术要高效率一般应从以下三方面着手：一是提高焊接速度；二是提高焊接熔敷率；三是减少焊接辅助工序和时间。单独追求一个方面是很难达到高效的目的的，必须从以上三个方面共同努力。在焊接工作者的不断努力下，特别是近十几年来，相继开发出了许多新型高效的焊接技术。但"材料成型及控制工程"专业的本科教学中仍以传统的焊接方法为主，对现代高效焊接技术没有系统的介绍。为了使学生毕业后在企业能尽快掌握和应用这些技术，适应企业的需求，开展卓越工程师教育，提高毕业生的工作适应性，满足企业对人才的渴望，为此编写了《现代高效焊接技术》一书。

本书共分 8 章，主要介绍了近年来开发和广泛应用的现代高效焊接技术的基本原理、工艺特点、相关设备以及应用等内容，包括：高效埋弧焊（多丝、金属粉末、冷热填丝等）；钨极氩弧焊新技术（A-TIG 焊、热丝 TIG 焊、高频感应热丝 TIG 焊、TIP TIG 焊、超声 TIG、K-TIG、TIG-MIG 焊等）；高效高熔敷率和低热输入熔化极气体保护焊（T. I. M. E 焊、LIN-FAST 焊、RAPID ARC 焊、磁控大电流 MAG 焊、双丝 MAG 焊、TANDEM、CMT 焊、变极性CMT 工艺、CMT Twin、Cold Arc、Cold Process、AC-CBTTCS、Low Energe Input）；窄间隙焊（NG-SAW、NG-GTAW 或 NG-TIG、NG-GMAW 或 NG-MIG/MAG、超窄间隙熔化极气体保护焊）；等离子弧焊新工艺（变极性等离子弧焊、活性等离子弧焊、等离子-TIG 焊、等离子-MIG 焊、变极性等离子-MIG 复合焊、窄间隙等离子-MIG 复合焊、精细等离子弧焊）；激光焊与激光切割；复合热源焊（激光-TIG/MIG/PAW、激光-高频感应热源、激光-电阻热源、激光-搅拌摩擦焊等）；搅拌摩擦焊（对接、搭接、T 形接头、点焊）。

本书由天津大学韩国明教授编著。

在本书编写过程中，得到了许多同仁的帮助和支持，在此表示衷心的感谢，本书参阅了有关教材和相关的文献资料，在此向本书中所引用文章的作者深表谢忱。

由于编著者水平有限，加之现代焊接技术的研究日新月异，可能有一些新型高效焊接技术未能编入书中，并且在编写中差错和不足在所难免，敬请各界读者予以批评指正。

编著者

目　录

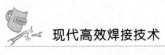

4.1.3 三种窄间隙焊接方法比较 ……… 76

4.2 窄间隙埋弧焊 …………………… 78
4.2.1 窄间隙埋弧焊的特点及应用 … 79
4.2.2 窄间隙焊焊接设备的关键技术 … 80
4.2.3 单丝窄间隙埋弧焊工艺 ……… 90
4.2.4 双丝窄间隙埋弧焊工艺 ……… 97

4.3 窄间隙热丝 TIG 焊 …………… 102
4.3.1 窄间隙热丝 TIG 焊的分类 …… 102
4.3.2 窄间隙 TIG 焊需要解决的问题 … 103
4.3.3 窄间隙热丝 TIG 焊的基本原理 104
4.3.4 TIG 窄间隙焊机机头 ………… 105
4.3.5 单道多层不摆动窄间隙热丝
TIG 焊 ……………………… 105
4.3.6 BHK 电极旋转式窄间隙热丝
TIG 自动焊 ………………… 109

4.4 窄间隙熔化极气体保护焊 ……… 114
4.4.1 窄间隙熔化极气体保护焊的特
点及分类 …………………… 114
4.4.2 低热输入窄间隙熔化极气体保
护焊 ………………………… 116
4.4.3 高热输入窄间隙熔化极气体保
护焊 ………………………… 116
4.4.4 焊接参数的选择 …………… 117
4.4.5 窄间隙熔化极气体保护焊焊丝
和保护气体的送进技术 …… 118
4.4.6 窄间隙坡口侧壁熔合技术 … 119
4.4.7 窄间隙 MAG 焊的应用 …… 124
4.4.8 双丝窄间隙熔化极气体保护焊 … 126
4.4.9 超窄间隙熔化极气体保护焊 … 130

第 5 章 等离子弧焊新工艺 ………… 133
5.1 变极性等离子弧焊 ……………… 133
5.1.1 变极性等离子弧焊原理及特点 … 133
5.1.2 变极性等离子弧平焊 ……… 134
5.1.3 变极性等离子弧立焊 ……… 136
5.1.4 变极性等离子弧焊的双弧现象 … 142

5.2 活性等离子弧焊 ……………… 143
5.3 等离子弧-TIG 焊 …………… 144
5.4 等离子弧-MIG 焊 …………… 145
5.4.1 等离子弧-MIG 复合焊原理 … 146
5.4.2 等离子弧-MIG 复合焊特点
及应用 ……………………… 146
5.4.3 等离子弧-MIG 复合焊枪 …… 147

5.4.4 等离子弧-MIG 焊机系统 ……… 148
5.4.5 等离子弧-MIG 焊与常规 MIG 焊温
度场的比较 ………………… 149
5.4.6 等离子弧-MIG 复合角焊 …… 150
5.4.7 双等离子弧-MIG 复合堆焊 … 151
5.4.8 变极性等离子弧-MIG 复合焊 … 151
5.4.9 低碳钢等离子弧-MIG 焊工艺 … 152
5.4.10 窄间隙等离子弧-MIG 复合焊 … 153

5.5 精细等离子弧焊技术 ………… 154

第 6 章 激光焊与激光切割 ………… 155
6.1 激光的产生 ……………………… 155
6.2 激光焊设备 ……………………… 157
6.2.1 激光焊设备的组成 ………… 157
6.2.2 固体激光设备 ……………… 158
6.2.3 碟片激光器 ………………… 161
6.2.4 半导体激光器 ……………… 164
6.2.5 光纤激光器 ………………… 168
6.2.6 CO_2 激光器 ……………… 171

6.3 激光焊 …………………………… 177
6.3.1 激光焊的特点 ……………… 177
6.3.2 激光焊的机理 ……………… 178
6.3.3 激光焊焊接过程的几种效应 … 180
6.3.4 激光焊工艺 ………………… 181
6.3.5 双光束激光焊 ……………… 193
6.3.6 多焦点激光焊 ……………… 194
6.3.7 旋转焦点激光焊 …………… 197
6.3.8 激光填丝焊 ………………… 198

6.4 激光切割 ………………………… 200
6.4.1 激光切割的原理、特点及应用 … 201
6.4.2 激光切割机 ………………… 206
6.4.3 激光切割工艺 ……………… 210
6.4.4 光纤激光器切割工艺 ……… 217
6.4.5 三维激光切割技术 ………… 218
6.4.6 金属材料的激光切割 ……… 220
6.4.7 激光焊与激光切割的危害及
预防 ………………………… 222

第 7 章 复合热源焊 ……………… 225
7.1 概述 ……………………………… 225
7.2 激光-电弧复合热源焊 ………… 226
7.2.1 激光-电弧复合热源焊的基本
原理 ………………………… 226
7.2.2 激光-电弧复合热源焊的复合

第1章

高效埋弧焊

进入 21 世纪，科学技术突飞猛进地发展，高效化焊接已提上日程，埋弧焊高效化是国内外焊接加工技术研究和应用的重要趋势。自动埋弧焊技术取得了长足的进步，埋弧焊工艺（SAW）已成为高效焊接工艺之一。

焊接结构生产中日益增强的提高生产率的要求，决定了需要采用新的高效焊接工艺。众所周知，能提高埋弧焊焊接效率的方法有改变电极数量，如多丝埋弧焊，埋弧焊从单丝发展到双丝、三丝、四丝甚至五丝或更多；或改变电极形状，如带极埋弧焊；还有添加辅助填充金属的，如坡口内添加合金粉末的埋弧焊；也有改变坡口形状尺寸的，如窄间隙埋弧焊。此外，还有冷丝和热丝填丝埋弧焊等。

埋弧焊设备在精确自动化微机控制和数字化智能控制技术方面也已获得了快速发展；埋弧焊丝年生产能力超过 30 万 t。实现了从单一生产向多门类、多品种、高品质转变。国内生产熔炼焊剂品种达 30 多种，年产能达 35 万 t 以上；烧结焊剂品种有 40 余种，年产能 25 万 t 以上。

埋弧焊具有生产效率高、焊接质量高、劳动条件好等优点，在造船、压力容器、桥梁、铁路车辆、管道、海洋结构等领域有着广泛的应用，适用于低碳钢、低合金钢、不锈钢、铜及铜合金的焊接。

1.1 多丝埋弧焊

1.1.1 多丝埋弧焊的特点及应用

1. 多丝埋弧焊的特点

单丝埋弧焊时，提高焊接电流虽可提高焊接速度，但焊缝成形不良，易出现焊缝两侧凹陷咬边、中心有尖峰的驼峰形焊缝，使焊接速度提高受到限制。另一方面，对于厚大焊件，提高焊接电流虽可使熔深增大，但易生成气孔、裂纹等缺陷，使单丝埋弧焊的焊接电流提高也受到限制。因此在工业上采用的多丝埋弧焊，是一种既能保证合理的焊缝成形和良好的焊接质量又可提高焊接速度的有效方法。

多丝埋弧焊是采用两根或两根以上焊丝同时焊接，完成同一条焊缝的埋弧焊方法。多丝埋弧焊的焊接原理及焊接过程与单丝埋弧焊基本相同。因为采用了多丝，与单丝埋弧焊相比具有以下特点：

（1）焊接速度大，生产效率高　实现了大厚度焊件的一次性焊接，焊缝熔深大，易于焊透。显著提高了厚板的焊接效率。例如直缝管五丝埋弧焊，单程可完成 40mm 厚板材的焊接，焊接速度达 2.5m/min，极大地提高了焊接效率。多丝埋弧焊工艺工序简单、速度快、

效率高、周期短、质量可靠、经济效益好。

（2）熔池存在时间长、冶金反应充分　有充分的时间使气体逸出和熔渣浮出，减少焊缝气孔和夹杂等缺陷的产生。

（3）焊接热输入调节范围广　多丝焊时，可以实现多种参数匹配，调节热输入。有利于改善热影响区的晶粒长大情况，例如四丝埋弧焊焊接速度高达 30~50mm/s，而温度场前沿到温度场中心只有几毫米，所以焊缝金属加热速度极快，这限制了奥氏体晶粒长大倾向且降低了奥氏体的稳定性，降低了焊缝热影响区的晶粒粗大倾向。多丝埋弧焊减少了母材的热循环次数，延长了母材的热循环时间，降低了焊缝热裂纹和气孔的敏感性。

（4）焊缝深而窄，热影响区窄　多丝焊时，焊丝呈纵向排列，且焊接速度很高，焊缝温度场呈狭长状，即焊缝横向较窄，而焊缝深度方向因熔池底部可能受到多电弧加热，以及散热条件影响，温度易升高。所以多丝埋弧焊的焊缝断面呈深窄形，且热影响区窄；例如单丝（焊接电流为 600A）双面焊 8mm 厚钢板，保证焊透时，焊缝断面热影响区宽度为 3~5mm；而四丝焊厚度为 16mm 的钢板，焊透时，焊缝断面热影响区宽度为 1~2mm。

（5）多丝埋弧焊调节参数较多，焊缝断面形状调节余地较大　各丝可分别使用独立的电源，各个电源的焊接电流、电弧电压均可单独调节，加上焊接速度等参数，可调节参数多，每个参数对焊缝熔池的深度、宽度和焊缝的余高以及焊根的形状、形貌都有一定的影响；而且焊缝成形还会因各电弧的相对位置、焊丝倾角的不同而改变。

（6）可实现多种焊接选择　每个电源配置一个控制箱，能实现双丝、三丝、四丝等多丝联动，也能实现单丝焊。

多丝埋弧焊以其高速、高效、性能稳定、质量可靠、适用范围广等显著特点，特别适合于中、厚板的对接和高速焊管等。

2. 存在问题

1）为了防止电弧之间的相互干扰，在焊接电源的网络接入上，采用固定的焊接电源排列顺序，使相互的输入关系固定，以获得电源输出的相序差别。但这种方式确定的相序关系不能调整，因而对工艺的拓展宽度有限制。

2）在多丝埋弧焊时，多根焊丝通常是分别起弧，焊丝数量排列越多，尾弧的破渣效果要求就越高，处理不当则会出现起泡现象。

3）大多数多丝埋弧焊焊接系统不能实现集中控制。每个电源都采用单独控制器去控制，加上机械系统的 PLC 控制器，使焊接系统出现很多控制器，增加了操作上的复杂性和不确定性。

4）没有集成自动跟踪系统或集成度差，焊接过程仅靠机头前的固定指针或红外光点来对中焊缝，或用肉眼观察以及多次来回模拟调整，增加了调整工作量，从而导致效率降低。

5）匹配的焊剂不能很好地满足使用性能的要求，并存在焊接速度低的问题。高级管线钢焊接用焊剂应该从改善熔渣系统和焊缝金属组织等方面着手，以满足高强度、高韧度、高速度的要求。

3. 多丝埋弧焊分类及应用

多丝埋弧焊按焊丝与电源的连接，可分为单电源多丝埋弧焊，即各丝共用同一台电源，设备简单，但焊丝焊接参数不可独立调节；各丝也可分别使用独立的电源而相互独立，即多电源多丝埋弧焊，虽然设备复杂，但每个焊丝均可独立调节焊接参数。

多丝埋弧焊按丝的数量可分为双丝埋弧焊、三丝、四丝、五丝及以上的多丝埋弧焊；双丝埋弧焊按焊丝的排列可分为纵列双丝埋弧焊、横列双丝串联埋弧焊、横列双丝并联埋弧焊等。三丝或三丝以上的多丝埋弧焊多为纵列多丝埋弧焊。

三丝或三丝以上的多丝埋弧焊可以进一步提高单程焊接速度。为增加熔深，前导的焊丝与后随焊丝常采用近间距以形成一个熔池，其余后随电弧可采用较大间距以获得较大熔池。

多丝埋弧焊是同时使用 2 根或 2 根以上焊丝完成一条焊缝的焊接方法，是一种既能保证合理的焊缝成形和良好的焊接质量，又可提高焊接速度的高效焊接方法之一。主要用于造船、管道、压力容器、H 形钢梁等结构的生产中。焊丝可采用细丝也可用粗丝，既可焊接薄板，例如液化石油气储罐薄壁（壁厚为 3mm）容器，又可焊接厚大焊件，还可实现单面焊双面一次成形。最多的焊丝可达 8~12 根，使焊接速度达到 120m/h 以上。在一些厚板焊接结构生产中，应用 3~6 台送丝电动机，可以同时进行 3~10 根焊丝埋弧焊。我国管线钢多丝埋弧焊工艺是 20 世纪 90 年代随着大规模油气管线建设的需要而发展起来的一种新型高效焊接方法。多丝埋弧焊是船舶行业主要采用的高效焊接技术之一，埋弧焊的焊接质量和焊缝外观较好，主要应用于拼板平直焊缝的焊接，在平面分段装焊流水线上采用了先进的三丝、四丝等不同型号的埋弧焊机和专用工装。

多丝埋弧焊还可以与其他方法联合进行焊接，如前所述，添加金属粉末的多丝埋弧焊，以及在接缝背面装夹衬垫实现多丝埋弧焊单面焊双面成形，更加发挥出多丝埋弧焊的优势。

1.1.2 多丝埋弧焊用焊丝和焊剂

1. 焊丝

埋弧焊常用的焊丝分为钢焊丝和不锈钢焊丝两大类，在造船、压力容器、H 形钢梁等结构的生产中，多丝埋弧焊使用的焊丝，按国家标准 GB/T 14957—1994《熔化焊用钢丝》及 YB/T 5092—2016《焊接用不锈钢丝》规定选用。

在直缝焊管多丝埋弧焊中，由于焊接速度快、过冷度大，因此完全脱离了平衡状态。当焊接材料的化学成分与母材相同时，焊缝金属将表现出高强度、低韧性和低塑性的力学性能。而对于要求较高的输送油气的直缝焊管，为确保管道的安全运行，都要求焊缝具有优良的冲击性能和塑性。为了避免因焊缝金属强度过高，导致焊缝韧性、塑性及接头抗裂性降低，焊接高强度低碳低合金直缝焊管时，必须控制焊缝中碳的质量分数和合金元素的质量分数。所以，选择焊接材料时要综合考虑焊缝金属的韧性、塑性及接头的抗裂性。同时，在焊接大口径直缝钢管这类刚度大的中厚板结构时，为避免因接头拘束度大而产生裂纹，在设计允许范围内还应选用强度稍低于母材的焊接材料，即选用低匹配的接头形式，这样不但焊缝的实际强度不会因焊接材料强度的降低而下降很多，而且可以大幅度提高焊缝韧性，降低接头裂纹倾向，大大地改善接头焊缝的综合力学性能。因此，直缝焊管埋弧焊丝一般多选用 H08C，H08C 埋弧焊丝的化学成分见表 1-1。

表 1-1 H08C 埋弧焊丝的化学成分

元素	C	Mn	Si	P	Cr	Ni	Cu	S	Ti
质量分数（%）	0.068	1.37	0.07	0.018	0.01	0.28	0.10	0.08	0.06

2. 焊剂

在直缝焊管多丝埋弧焊中，由于焊丝数目多、热输入大、焊接速度快等因素，一方面使焊缝含氧量增多，引起焊缝韧性下降；另一方面由于多丝焊的熔池尺寸大，高温停留时间长，熔化金属在重力作用下容易流动，使焊缝扁平。因而，从提高焊缝韧性和保证焊缝良好形貌的角度考虑，多丝埋弧焊应选择熔点较高、具有一定黏度的碱性或高碱性焊剂。同时，多丝埋弧焊电弧燃烧的空间较大，熔化的焊剂量也较多。焊剂颗粒增大将进一步增大电弧燃烧空间，这将使消耗量进一步增加，同时也使焊缝熔宽增大，使熔深和余高减小。另外，由于熔化的焊剂量较大，需要堆积的焊剂也较高，若堆积高度较低，电弧外露，焊缝易产生气孔，严重时导电嘴容易黏渣和烧结。

综上所述，在直缝焊管多丝埋弧焊中应选用颗粒细、熔点高、黏度适中、稳弧性好的高碱性焊剂。

3. 焊丝与焊剂匹配

对于焊缝金属冲击韧度要求不高的焊剂，通常采用碱度较小的高硅型渣系，可以获得良好的焊接工艺性能，具有适用于交流焊接、电弧稳定、脱渣容易、焊缝成形美观、对铁锈敏感性小等特点。当对焊缝金属冲击韧度要求较高时，一般选择碱度较高的氟碱型渣系，有利于提高焊缝金属的冲击韧度，但其工艺性能不如高硅型渣系。

管线钢多丝埋弧焊时既要求焊剂具有良好的焊接工艺性能，又要求焊缝金属具有较高的低温冲击韧度，因此必须协调解决这两者之间的矛盾。材料的韧性作为管线钢一个重要的力学性能指标，其大小直接反映了管线钢抗裂纹破坏的能力。在板材一定的条件下，管线钢焊接接头的韧性受焊接工艺影响很大，特别是焊丝-焊剂匹配，影响了焊接接头的组织形态，也影响了焊接接头的韧性。

例如 X80 管线钢，属于控轧控冷的低碳微合金钢，具有高强度和良好的抗延性断裂能力，是国际上输气管道的主导钢材。X80 钢多丝埋弧焊在较高焊接速度下，可采用宝鸡 H08C 焊丝与现代 S-900SP 焊剂匹配，在较低焊接速度下，采用林肯 LNS140TB 焊丝与林肯 998N 焊剂、宝鸡 H06H1 与宝鸡 SJ101H1 焊剂相匹配，其焊缝热影响区及焊缝区可获得良好的冲击韧度。

1.1.3 交流焊机斯考特连接

多丝埋弧焊可以用一个电源或多个独立电源，前者设备简单，但每个电弧功率的单独调节较困难；后者设备复杂，但每个电弧功率可以独立地调节，并且可以采用不同电流种类和极性，以获得更理想的焊缝成形。为了获得理想的焊缝，多丝埋弧焊一般采用多个独立的电源。同样的焊缝采用不同的电源接法时，焊缝断面形貌差别较大，这主要是因为电源的接法不同，电弧间干扰程度不同。一般情况下，焊丝为直流电源时的焊缝熔深比交流电源时的大。在多丝埋弧焊中，一般是前一电弧保证熔深，后续电弧调节熔宽，因而在直缝焊管多丝埋弧焊中，均采用直流-交流混合电源配置法，即前置焊丝为直流电源，直流电源反接，后面的焊丝均为交流焊丝。在多丝埋弧焊中，交流焊丝数目越多，其电弧间的磁干扰消除也越困难。但通过改变交流电源的连接，使电流相位差一定角度，可有效地消除交流电弧间的磁影响，使电弧稳定燃烧。

实际使用中交流焊机之间常采用斯考特连接。

图 1-1 为两台交流焊机斯考特连接法接线图。T_1、T_2 分别是两台交流焊机的主变压器，

1、7、8、9、10、4是主变压器的抽头。为了实现两丝焊接电流的正交和90°相位角，主变压器一次绕组的抽头8连接另一主变压器一次绕组的抽头10。这种接线方式为T形耦合接线，称为斯考特连接。通过这样的连接，这两台交流焊机的主变压器就变成了一台三相变二相的斯考特变压器。

一次侧三相绕组的匝数关系为

$$W_{1\text{-}10} = \sqrt{3}\, W_{1\text{-}8} = \sqrt{3}\, W_{4\text{-}8}$$

式中　W——二次侧绕组匝数。

如斯考特变压器二次侧负荷相同，则它的二次侧负载电流值相等，正交、相位相差90°，一次侧电流有效值为 $I_A = I_B = I_C$，彼此相位相差120°，三相电流平衡。

交流焊机斯考特连接解决了单台交流焊机作为单相负荷所带来的三相负荷不平衡的问题，并且为焊接电流提供90°正交相位角，可减小焊接过程中焊接电弧之间互相干扰，有效提高焊接质量。

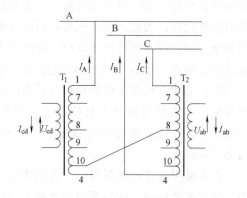

图1-1　交流焊机斯考特连接

1.1.4 多丝埋弧焊焊接参数

多丝埋弧焊时采用多个独立电源，像单丝埋弧焊一样，每根焊丝的焊接参数即焊接电流和电弧电压可以独立地调节，但是多丝埋弧焊各个焊丝在焊缝成形中各自的作用不同，每根焊丝的焊接参数即焊接电流和电弧电压也不同。通常第一根焊丝的焊接电流在所有焊丝中最大，它的变化对焊缝熔深影响也最大，中间焊丝作为焊缝填充对焊缝的熔深影响相对小一些，最后一根焊丝对此几乎没有影响。因而在制定多丝埋弧焊焊接工艺时，在保证熔深以及选择合适的焊接热输入条件下，焊接电流依次减小，应该是第一根焊丝的焊接电流最大，中间次之，最后一根最小。由于电弧电压大小基本与焊缝宽度成正比，即电弧电压大小决定熔池宽度，电弧电压越大，熔池宽度越大。如果后丝电弧电压小于前丝电弧电压，则后丝熔池宽度小于前丝熔池宽度，造成熔池截面呈"葫芦"形。因而在编制多丝埋弧焊焊接工艺时，电弧电压依次增大。应该是第一根焊丝的电弧电压最小，中间次之，最后一根最大。

除此之外，多丝埋弧焊的焊丝排列、焊丝间距、焊丝倾角、焊丝伸出长度也是影响焊接质量的重要焊接参数。

焊丝的排列有纵列式、横列式两种。从焊缝成形效果看，纵向排列的焊缝深而窄；横向排列的焊缝宽度大。一般选用纵列式即焊丝成纵向直线排列，焊丝中心在焊缝中心线上，否则会因焊丝排列不在一条线上形成摆动电弧，造成正反面焊缝中心错位缺陷。

在多丝埋弧焊中，根据焊丝间的距离不同可分成单熔池和多熔池（分列电弧）两种。单熔池中每个焊丝间距离为10~30mm，几个电弧形成一个共同的熔池和气泡，前导电弧保证熔深，后续电弧调节熔宽，使焊缝具有适当的熔池形状及焊缝成形系数，为此可大大提高焊接速度。同时，这种方法还因熔池体积大、存在时间长、冶金反应充分，因而对气孔敏感性小。分列电弧之间距离大于100mm，每个电弧具有各自的熔化空间，后续电弧作用在前

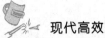

导电弧已熔化而凝固的焊道上，多适用于水平位置平板对接的单面焊双面成形工艺。在直缝焊管多丝埋弧焊中一般采用单熔池。

同时，在保证熔深以及选择合适的焊接热输入条件下，焊丝间距应设置相等或依次增大。在埋弧焊中，焊丝向后倾斜时的熔深大，而向前倾斜比向后倾斜时的焊缝宽。因而在调整焊丝倾角时，第一根焊丝后倾，后面的焊丝设置为依次过渡到前倾，并依次增大前倾角。但需要特别指出的是，第一根焊丝的后倾角和最后一根焊丝的前倾角都不宜过大。因为第一根焊丝后倾角过大对焊缝熔深有一定的影响；最后一根焊丝的前倾角过大，导电嘴底部易与液态熔渣形成"电弧"，影响焊接过程的稳定性。

焊丝的伸出长度主要影响焊缝的余高和熔合比。焊丝的伸出长度增加，焊缝余高增大，熔深减小；若焊丝的伸出长度过短，导电嘴容易黏渣，进而导电嘴与导电嘴之间易产生"电弧"而影响正常电弧的稳定燃烧。对于多丝埋弧焊，一般情况下，取焊丝伸出长度为35～40mm。

在直缝焊管多丝埋弧焊中，焊接速度对焊缝熔深和熔宽影响较大，余高影响相对来说小些。焊接速度越快，则熔深和熔宽越小，反之越大。一般在保证焊接质量的前提下适当提高焊接速度，以提高直缝焊管的生产效率。

1.1.5 双丝埋弧焊工艺

双丝埋弧焊焊丝的排列和与电源的连接通常采用以下三种形式（见图1-2）：

1）各焊丝沿接缝前后排列的纵列式，各焊丝分别使用独立电源，各自独立形成电弧进行焊接。纵列式多丝埋弧焊的焊缝熔深大，而熔宽较窄；各个电弧都可独立地调节焊接参数，而且可以使用不同的电流种类和极性（见图1-2a）。根据两焊丝间距的不同，其方法有共熔池和双熔池两种，二者的区别在于两焊丝间距大小，是否具有共同的电弧空间。

2）横列双丝串联式，即各焊丝分别接于同一焊接电源两极，横跨接缝两侧，利用焊丝间的间接电弧进行焊接，母材熔化量小，使得焊缝熔合比小（见图1-2b）。

3）横列双丝并联式（见图1-2c），即焊丝并联于同一电源，横跨接缝两侧并列前进，使得焊缝的熔宽增大。由于横列双丝串联和并联式的焊丝都是合用一个电源，虽然设备简单，但每个电弧功率很难单独调节。

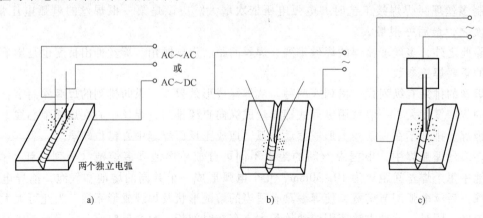

图1-2 双丝埋弧焊焊丝的排列和与电源的连接形式

a）纵列式 b）横列双丝串联式 c）横列双丝并联式

双丝埋弧焊具有以下优点：可提高焊接速度 30%～40%，生产率提高；减少局部夹杂和焊缝气孔缺陷；提高焊缝中心区的冲击韧度；可适应较大厚度焊件的焊接。

1. 多电源纵列双丝双熔池埋弧焊工艺

多电源串列双丝埋弧焊中每一根焊丝由一个电源独立供电，根据两根焊丝间距的不同，其方法有共熔池法和分离电弧法两种，如图 1-3 所示。前者特别适合焊丝渗合金堆焊或焊接合金钢；后者能起到前弧预热，后弧填丝及后热作用，以达到堆焊或焊接合金钢时不产生裂纹和改善接头性能的目的。在双丝埋弧焊中多用后一种方法。双丝埋弧焊时每根焊丝接入电流的种类都有几种选择的可能：或一根是直流，一根是交流；或两根都是直流；或两根都是交流。若两根焊丝都是直流，采用直流反极性，即两根焊丝都接正极，就能得到最大的熔深，并可获得最大的焊接速度。然而，由于电弧间的电磁干扰和电弧偏吹的缘故，这种配置存在某些缺点。若两根焊丝都为交流，由于电弧之间的相位差会引起电弧偏转，为控制电弧之间的相位差，交流电源常采用斯考特连接。最常采用的配置是前导焊丝接直流（反极性）和后丝为交流，可避免电弧间的电磁干扰和电弧偏吹，直流/交流配置可利用前导丝的直流电弧获得较大的熔深，并实现较高的焊接速度，而后丝的交流电弧将改善焊缝的成形。

现以纵列双丝双熔池埋弧焊为例（见图 1-3b），焊接时两电弧之间的距离为 50～80mm，分别具有各自的熔化空间。后续电弧不是作用在基本金属上，而是作用在前导电弧熔化后又凝固的焊道上，为此后续电弧必须冲开已被前导电弧熔化而尚未凝固的熔渣层。采用分列电弧是提高焊接速度及熔深的有效方法。前导电弧一般采用直流（也可交流）以保证熔深，后续电弧通常采用交流，调节熔宽使焊缝具有适当的成形系数，所以前丝的焊接电流大，后丝焊接电流小一些，而电弧电压恰好相反。虽然焊缝熔深大，但是焊接速度可以显著提高，焊缝不易产生热裂纹。纵列双丝双熔池埋弧焊单面焊双面成形焊接参数见表 1-2，纵列双丝双熔池埋弧焊焊接厚板的焊接参数见表 1-3。

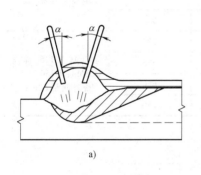

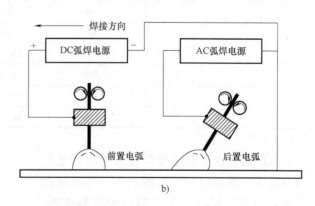

图 1-3　纵向排列双丝双熔池埋弧焊
a）单熔池　b）双熔池（分列电弧）

2. 多电源纵列双丝共熔池埋弧焊工艺

单丝埋弧焊在保证熔深不变的条件下，提高焊接电流可以提高焊接速度，但同时电弧对熔池中熔化金属的后排斥作用加剧，焊缝成形恶化，使单丝埋弧焊的焊接速度提高受到制约。采用沿焊接方向前后纵列的双丝或多丝埋弧焊，就可以使每根焊丝承担一个较单纯、特定的工艺要求，并根据各自特定的工艺要求，选择合理的焊接参数，克服上述障碍，达到高效率、高质量的目的。纵列双丝共熔池埋弧焊一般是两根独立的焊丝（也可称电弧），焊接电流分别通过两根焊丝形成一个共熔池，较长的熔池长度使冶金反应更为充分。前丝采用大电流、低电压，后丝采用小电流、高电压，以期达到提高焊接速度和改善焊缝成形的目的（见图1-4）。

表 1-2　纵列双丝双熔池埋弧焊单面焊双面成形焊接参数

焊件厚度/mm	装配间隙/mm	焊丝直径/mm		焊接电流/A		电弧电压/V		焊接速度/(m/h)
		L	T	L	T	L	T	
8	3	4	3	500~550	250	30~31	33	37
8	3	4	3	600	250	31~32	33	37
10	4	4	3	700~750	250~300	31~32	35	33
13	4	4	3	800	300~350	32~33	35	31
14	5	5	3	850	350~400	33~35	37	27
16	5	5	3	850~900	350~400	33~35	37	25
18	5	5	3	900~950	400~450	36~37	40	21
20	6	5	3	950~1050	400~450	36~37	40	21

注：L—前丝，T—后丝。

表 1-3　纵列双丝双熔池埋弧焊焊接厚板的焊接参数

焊件厚度/mm	装配间隙/mm	焊道	焊丝直径/mm	焊接电流/A	电弧电压/V	焊接速度/(mm/min)	备注
34	3~5	正	L	5	1400	34	650	母材 KDK，焊丝 H08A，HJ431 焊丝间距50mm
			T	5	800	46	650	
	3~5	反	L	5	1400	34	650	
			T	5	800	46	650	
40	3~5	正	L	5	1400~1500	34~36	675	母材 EH26，焊丝 H08Mn，HJ350 焊丝间距52mm
			T	5	900	46~48	675	
	3~5	反	L	5	1500	34~36	650	
			T	5	900	46~48	650	

注：L—前丝，T—后丝。

双丝埋弧焊时，其主要焊接参数包括电流种类及极性、焊接电流、电弧电压、焊接速度以及焊丝直径、焊丝之间的间距和倾斜角等。纵列双丝共熔池埋弧焊焊接参数的选择如下。

（1）电流种类及极性　双丝焊时，前丝采用直流反极性接法，以得到足够的熔深；后丝采用交流，以得到足够的熔宽和填充金属，减少电弧间的相互影响和电弧偏吹。

（2）焊接电流　在双丝焊时，焊缝的熔

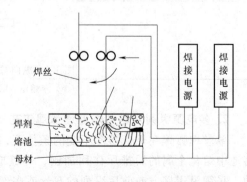

图 1-4　多电源纵列双丝共熔池埋弧焊

深几乎全由前丝完成，所以，对所要求得到的熔深基本上由前丝的焊接电流大小所决定。后丝的焊接电流大小应使之足以将焊缝填充适当，并防止生成过烧为宜。一般情况下，后丝的焊接电流值应比前丝减少20%，如果后丝的焊接电流值过大，则会产生不规则的焊缝侧边。

（3）电弧电压　正常情况下，前丝应尽可能采用较低的电弧电压，以保持稳定的电弧，并得到较大的熔深。如果提高前丝的电弧电压，则意味着焊缝加宽，但在一定范围内，可减少焊缝凹陷现象。电弧电压太高时，会导致焊缝不规则，同时会使焊缝凹陷现象增大。后丝电弧电压将直接影响焊缝的形状和宽度，一般后丝电弧电压值应比前丝高3~5V为宜。

（4）焊接速度　焊接速度的变化，导致焊缝热输入、焊丝熔化量和熔深的变化，选择合理的焊接速度可得到优质的焊缝。过快的焊接速度会出现熔深减小，熔宽变窄，甚至会产生外焊焊缝中间凸起现象，使焊缝质量降低。若焊接速度太慢时，则熔化金属和熔融的焊剂流向前丝下面，造成电弧不稳定，并产生焊缝夹渣等缺陷。同等条件下，双丝焊焊接速度比单丝焊焊接速度可提高30%~40%。

（5）焊丝直径　在一般情况下，推荐前丝采用直径4mm的焊丝，而后丝采用直径3mm的焊丝。如果焊接薄壁焊管时，前丝采用直径3mm的焊丝，后丝采用直径2.5mm的焊丝。总之，双丝焊时，前丝比后丝直径大0.5~1mm。

（6）焊接材料配合　焊丝与焊剂的配合原则基本上与单丝焊时相同，但应注意的是选用焊剂也应适用于交流焊接，并适用于较快的焊接速度为宜。

（7）焊剂堆高　焊剂堆高的调节以在后丝后方尚能见到电弧微弱地闪烁为佳，如果堆高过大电弧受到焊剂层的压迫，则会使焊缝表面变得不光滑、不平整，焊缝边缘不整齐，并由于焊接时产生的气体不易穿过焊剂层逸出，易形成焊缝气孔和焊缝表面"麻点"。同时，还应注意焊剂应在靠近焊点之前加入，不得直接加到电弧上，否则，焊剂的流动及冲击力会直接影响电弧稳定性及焊缝成形。

（8）前丝与后丝的间距　前丝与后丝的间距一般在12~25mm范围内调整为宜，但应注意以下影响：两个焊丝间距过小时，会导致焊缝变窄、熔深加大，焊缝显著增高，并使两丝电弧相互影响增加，易产生"黏渣"现象，脱渣性下降。若两个焊丝间距过大时，则会产生熔池增长，熔深减少，焊缝加宽，焊缝高度减小，而两丝电弧间的相互影响减小，同样易产生"黏渣"现象，脱渣性下降。从而要求使用具有较好电离性能和适用于交流焊接的焊剂，并须提高后丝的单位电流负载。

（9）焊丝的倾斜角　双丝焊时，前丝垂直于焊件，即为0°，后丝与前丝的交角为15°。前丝的倾斜角调整首先会影响熔深和焊缝的几何形状。垂直的焊丝，焊缝熔深大，且熔宽窄。若前丝倾斜一定角度，则会减小熔深，并加大熔宽。后丝的倾斜角调整直接影响焊缝宽度和高度，如果加大其角度，就会使焊缝加宽，高度减小。

（10）焊丝伸出长度　焊丝伸出长度根据所用焊丝直径而定。正常情况下，伸出长度一般为焊丝直径的8~10倍。若采用较小的伸出长度，熔深会加大，但熔化率则相应降低；反之，若采用较大的伸出长度，则熔深会减小而熔化率增大。

（11）前后丝的调整　前后丝应尽可能调在同一条直线上，其最大偏差不得大于焊丝直径的1/4。如偏差过大时，则会产生焊偏。

表1-4列出了某公司双丝共熔池埋弧焊焊接参数，供参考。

表1-4 双丝共熔池埋弧焊焊接参数

带钢厚度/in(mm)	焊接位置	电极Ⅰ（交流）		电极Ⅱ（交流）		焊丝直径/mm		电极角度		焊接速度/(m/min)
		电弧电压/V	焊接电流/A	电弧电压/V	焊接电流/A	电极Ⅰ	电极Ⅱ	电极Ⅰ	电极Ⅱ	
5/16 (7.9375)	内焊	28	600	31	450	4	3	0°	15°	1.5~1.6
	外焊	30	650	34	520	4	3	0°	15°	
3/8 (9.525)	内焊	38	650	31	520	4	3	0°	15°	1.4
	外焊	30	720	34	550	4	3	0°	15°	
1/2 (12.7)	内焊	28	700	31	580	4	3	0°	15°	1.2
	外焊	30	760	34	600	4	3	0°	15°	
5/8 (15.875)	内焊	29	760	32	600	4	3	0°	15°	0.95
	外焊	31	820	34	650	4	3	0°	15°	
3/4 (19.05)	内焊	29	830	31	640	4	3	0°	15°	0.8
	外焊	31	870	34(35)	670(750)	4	3(4)	0°	15°	
7/8 (22.225)	内焊	30	900(930)	33	750	4(5)	4	0°	15°	0.7
	外焊	32(33)	920(950)	35	780	4(5)	4	0°	15°	
1 (25.4)	内焊	30	950	33	780	5	4	0°	15°	0.6
	外焊	33	980	36	810	5	4	0°	15°	

3. 应用实例

（1）在海洋钢结构深水导管架制作中的应用 海洋钢结构深水导管架在服役的过程中，经常受到海浪、台风以及靠船等对其产生的各种冲击力，有些环境温度很低，对其所采用的材料在强度和低温冲击性能方面都有很高的要求，要求焊缝在-20℃下冲击吸收能量大于34J。在海洋钢结构深水导管架制作中采用双丝埋弧焊，焊接了直径为1.8m的导管的环缝。

1）母材为DH36，低合金高强度结构钢，其屈服强度为355MPa。

2）板厚有50mm、38mm、25mm三种规格。

3）焊丝：JW-1，其焊丝的化学成分和力学性能见表1-5。

表1-5 JW-1焊丝的化学成分和力学性能

焊丝直径/mm	化学成分（质量分数，%）						力学性能				
	C	Mn	S	P	Si	Cu	R_{eL}/MPa	R_m/MPa	A (%)	冲击温度/℃	a_K/(J/cm^2)
4.0	0.13	1.94	0.07	0.21	0.26	0.60	478	553	29	-29	87
2.0	0.14	1.97	0.30	0.24	0.16	1.50	460	550	27	-29	67

4）焊剂：SJ101。

5）坡口形式：板厚δ>25.4mm时，为双V形，板厚δ<25.4mm时，为V形。

6）在焊接时采用两种工艺：一种是采用双丝双熔池，焊丝直径为4.0mm，两丝间距为25mm，前丝为直流反接，焊丝垂直于焊道，后丝采用交流并前倾12°；另一种是采用双丝单熔池，焊丝直径为2.0mm，焊丝间距为6~7mm，焊丝均垂直于焊道。

7）焊接工艺

① 当板厚大于25.4mm时，管内坡口采用熔化极气体保护焊/药芯焊丝电弧焊

（GMAW/FCAW）焊接，然后背面清根，外环缝采用双丝双熔池埋弧焊。

② 当板厚小于 25.4mm 时，采用 GMAW 封底，再用焊条电弧焊焊接一道焊缝，然后采用双丝单熔池埋弧焊。

8）制作深水导管架的焊接参数见表 1-6。

表 1-6 制作深水导管架的焊接参数

焊丝直径 /mm	极性		焊接电流 I/A	电弧电压 U/V	焊接速度 $v/(mm/min)$	热输入 $q/(J/mm)$
4.0	前丝	DCEP	600~620	29~30	600~700	1.0~1.22
	后丝	AC	505~520	32~33	600~700	1.0~1.20
2.0	前丝	DCEP	770~830	34~36	600~680	2.0~3.57
	后丝	DCEP	770~830	34~36	600~680	2.0~3.57

（2）在直缝焊管中的应用 直缝焊管的直径为 750mm，壁厚为 20mm，材质为 Q345，化学成分见表 1-7。

表 1-7 Q345 的化学成分

化学成分 （质量分数，%）	C	Si	Mn	S	P	Cr	Ni	Cu
	0.14	0.32	1.38	0.018	0.016	0.01	0.01	0.01

焊缝及热影响区 $-40℃$ 的低温冲击吸收能量要求 $K_V \geq 27J$。直缝焊管的焊接工艺采用双丝双面埋弧焊。

1）坡口形式：V 形，坡口角度为 $16°±2°$。

2）焊接材料：焊丝为 H10Mn2；焊剂为 SJ101。

3）制造工艺：钢板下料后先卷制成钢管，在钢管外侧进行预焊成形，再采用双丝埋弧焊焊内侧直缝；在焊接钢管外侧直缝时，要先将外侧的预焊焊缝用碳弧气刨清除，并刨出一个宽为 10~20mm 的槽，再采用双丝埋弧焊进行焊接。直缝焊管双丝埋弧焊的焊接参数见表 1-8。

表 1-8 直缝焊管双丝埋弧焊的焊接参数

焊接参数 焊接位置	焊丝				焊丝伸出长度 /mm	焊接规范					
	牌号	直径 /mm	焊丝倾角 /(°)	焊丝间距 /mm		电流种类	电流极性	焊接电流 I/A	电弧电压 U/V	焊接速度 /(m/h)	焊接热输入 /(kJ/cm)
内侧前丝	H10Mn2	3.2	0	22		DC	反	900	32	51	40.5
内侧后丝		4.0	前倾17		25~28	AC	—	750	38		—
外侧前丝		3.2	0	28		DC	反	950	34	55.5	39.7
外侧后丝		4.0	前倾27			AC	—	750	38		—

（3）在箱形柱制造上的应用 在超高层建筑钢结构中采用了较多箱形柱结构，其结构

如图 1-5 所示。本例中箱形柱所用材料为日本产 SM50A 钢（相当于国产 Q345 钢），壁厚为 32mm，箱形柱长为 10m。

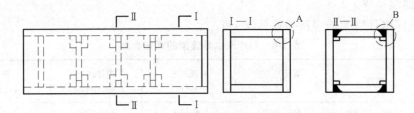

图 1-5　箱形柱结构示意图

1）焊接材料采用的是日本焊丝，其化学成分见表 1-9 。

表 1-9　焊丝化学成分　　　　　　　　　　　　　　（质量分数，%）

化学成分 焊丝位置	C	Si	Mn	S	P
前丝	0.07	0.01	0.58	—	—
后丝	0.12	0.02	1.55	—	—

2）焊剂为烧结焊剂 NSH-52。

3）接头的坡口形式如图 1-6 所示。

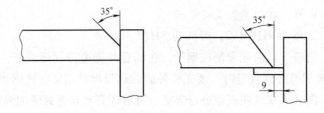

图 1-6　接头的坡口形式

4）焊接工艺采用双丝埋弧焊，前丝采用直流反接，后丝采用交流。后丝的电弧是在前丝焊接过程中形成的熔渣下进行，在前丝电弧形成的熔渣还处于熔融状态时，后丝的电弧冲破熔渣进行焊接。两丝的间距为 70mm。为保证前丝电弧能获得一定的熔深，故前丝垂直于焊件，后丝主要起填充作用，一般使焊丝前倾一定的角度，后丝倾角以 15° 为宜。

5）焊丝的间距和在坡口中的排列如图 1-7 所示。

6）焊接箱形柱结构的焊接参数及接头力学性能见表 1-10。

（4）在螺旋焊管制造中的应用　在螺旋焊管生产中，为了提高生产效率和保证焊接质量，采用双丝埋弧焊是一个重要途径。双丝埋弧焊时，前丝采用直流反极性，以得到足够的熔深；后丝采用交流，以得到足够的熔宽和填充金属。为了减少电弧间相互影响，前、后丝的间距一般在 12~25mm 范围内为宜。两丝电弧形成一个熔池，前、后丝在同一直线上，最大偏差不得大于焊丝直径的 1/4。前丝采用大电流、低电压，后丝采用小电流、高电压。螺旋焊管双丝埋弧焊的应用如图 1-8 所示。其焊接参数如下：

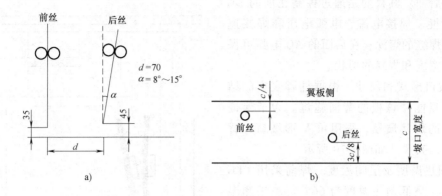

图 1-7 焊丝的间距和在坡口中的排列

a）两丝间距 b）两丝在坡口中的排列

表 1-10 焊接箱形柱结构的焊接参数及接头力学性能

坡口形式	层数	焊接参数						力学性能			
		焊丝直径 /mm	焊接电流 /A	电弧电压 /V	焊接速度 /(cm/min)	焊丝间距 /mm	热输入 /(kJ/cm)	R_m /MPa	R_{eL} /MPa	A (%)	$a_K(0℃)$ /(J/cm^2)
单边 V 形	1	前丝 4.8 后丝 6.4	980 850	35 38	35	70	114	520	370	33	210
单边 V 形 带垫板	1 2	用 CO_2 气体保护焊打底						520	350	36	200
	3	前丝 4.8 后丝 6.4	900 850	35 30	45	70	85				
	4	前丝 4.8 后丝 6.4	1000 850	36 39	40	70					
	5 6	6.4	850	38	50	—	—				

1）焊丝直径：前丝为 $\phi4.0mm$，后丝为 $\phi3.0mm$。在焊接较薄壁焊管时，前丝采用 $\phi3.0mm$，后丝采用 $\phi2.5mm$。

2）焊丝倾角：前丝垂直于焊件，即为 0°，后丝与前丝的夹角前倾 15°。

3）焊丝伸出长度：一般为焊丝直径的 8~10 倍。

4）螺旋焊管双丝埋弧焊焊接参数见表 1-11。

（5）双丝埋弧焊工艺在高层建筑钢结构上的应用

1）问题的提出。香港某广场项目，楼高 174m，主体设计采用钢结构框架，共有 10 条主支撑柱。基础柱脚每个重达 20t，因该柱脚焊接结构复杂，决定采用双丝埋弧焊方法，先分开两部分制作，然后通过厚度为 100mm 的底板将其拼焊为整体（见图 1-9）。

2）焊接工艺

① 焊接设备。焊接设备选用美国 LINCOLN 公司的交流电源 AC-1200（送丝及控制机构为 NA-4）和直流电源 DC-1500（送丝及控制机构为 NA-3N）。焊接时，直流焊枪在前面，交

流焊枪在后面。其目的是通过控制在前的 DC 电弧的极性、焊接电流、电弧电压和焊接速度来保证焊缝的熔深；在后面的 AC 电弧可保证熔池的宽度和焊缝的形状。

② 坡口形式和尺寸。根据柱脚底板的结构特点，只能从该板的背面施焊。为了保证根部焊道的焊接质量，采用单 V 形坡口，背面加垫板，其尺寸如图 1-10 所示。

③ 预热温度及层间温度。焊前采用 PLG 焊枪预热，最低预热温度为 66℃。当用测温色笔或红外测温计检查温度时，因为钢板厚度的缘故，不应仅看焊缝的位置，而应在距焊缝 75mm 的地方，且在加热面的背面检查。焊接层间温度应小于 250℃。

④ 焊接材料。根据母材材质 50C（英国产）的特性，定位焊的焊条选用 KOBELCO LB52，其规格为 $\phi4.0mm$。埋弧焊焊丝选用 COLN L-61，其规格为 $\phi4.0mm$。焊剂选用 LINCOLN F960，使用前，焊剂应在 300℃下烘干 $1 \sim 2h$。

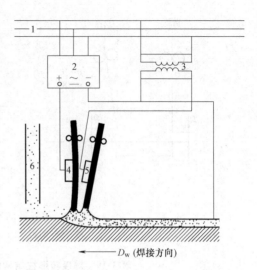

图 1-8　螺旋焊管双丝埋弧焊的应用
1—电网线路　2—焊接整流器　3—焊接变压器（交流）
4—前丝　5—后丝　6—焊剂

表 1-11　螺旋焊管双丝埋弧焊焊接参数

钢带厚度 /in（mm）	焊接位置	前丝（直流）		后丝（交流）		前丝直径 /mm	后丝直径 /mm	前丝倾角 /(°)	后丝倾角 /(°)	焊接速度 /(m/min)
		焊接电流 /A	电弧电压 /V	焊接电流 /A	电弧电压 /V					
5/16 （7.9375）	内焊	600	28	450	31					1.5 ~ 1.6
	外焊	650	30	520	34					
3/8 （9.525）	内焊	650	28	520	31					1.4
	外焊	720	30	550	34					
1/2 （12.7）	内焊	700	28	580	31	4	3			1.2
	外焊	760	30	600	34					
5/8 （15.87）	内焊	760	29	600	32					0.95
	外焊	820	31	550	34			0	15	
3/4 （19.5）	内焊	830	29	640	31	4	3			0.8
	外焊	870	31	670(750)	34(35)	4	3(4)			
7/8 （22.225）	内焊	900(930)	30	750	33	4(5)	4			0.7
	外焊	920(950)	32(33)	780	35	4(5)	4			
1 （25.4）	内焊	950	70	780	33	5	4			0.6
	外焊	980	33	810	36					

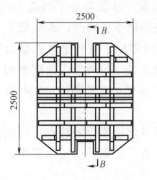

图 1-9 柱脚底板

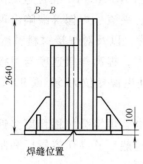

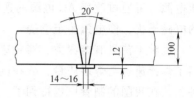

图 1-10 坡口尺寸

⑤ 焊接参数。通过多次焊接试验并对结果进行检测，确定了表 1-12 所示的焊接参数。

表 1-12 焊接参数

焊接道数	焊接电流 I/A		电弧电压 U/V		焊接速度 $v/（cm/min）$
	直流	交流	直流	交流	
1	500	—	27	—	40
2	550	—	28	—	35
3～25	650	600	30	32	70
26～28	650	600	30	22	65～70

3）焊接操作过程。焊接采用多层多道焊，施焊时应注意控制层间温度。焊接打底层及第二道时，仅用直流埋弧焊机进行单机操作，以保证焊根的质量。以后的焊道用直、交流双丝同时施焊。每焊一道，用风铲将渣壳清理干净，焊接时的引弧、收弧分别在引弧板和引出板上进行。

① 将两个柱脚按图 1-9 组对，并将垫板垫在焊缝位置，局部预热后进行定位焊，然后将焊件倒置，以便在水平位置施焊。

② 彻底清理焊接区的铁锈、油污等杂物。

③ 焊前均匀加热焊接区的正、反面至工艺要求的温度。

④ 按表 1-12 的焊接参数施焊，施焊过程中，应注意检查每一焊道的焊接质量。

⑤ 焊后经 100% 超声波检测，焊缝全部合格。

1.1.6 三丝埋弧焊工艺

三丝埋弧焊采用三个电源，每根焊丝单独供电，三根焊丝分别沿焊接纵向排列，焊丝在焊剂层下的一个共有熔池内燃烧，从而实现对厚大焊件的焊接。由于三丝埋弧焊焊接电弧多、电流较大、熔池较长，因此具有热输入较大、熔敷效率高、冶金反应充分、焊接速度快等优点。

在三丝埋弧焊焊接中，三丝埋弧焊机头与焊丝的空间位置如图 1-11 所示。串列三丝埋弧焊通常采用"直流/交流/交流"和"交流/交流/交流"两种配置。在三丝埋弧焊中，前导焊丝为 DC 电源时的焊缝熔深比 AC 电源时的大，前导焊丝采用大电流、低电压以保证良好的熔深，跟踪焊丝采用小电流、大电压以得到光洁的焊缝表面，中间焊丝的焊接参数在上述两者之间，因而三丝埋弧焊一般均采用 DC-AC-AC 混合电源配置。这就避免了直流+直流组合引起的电弧偏吹现象，减少了气孔、夹渣、焊偏等缺陷出现的概率；同时，也克服了交流组合时交流 AC 电弧间存在的电磁干扰，以及对焊接材料碱度的限制，有利于电弧稳定焊接，提高接头的抗裂性，达到要求的熔深，提高焊接速度与焊接质量。后两根焊丝配置的交流电源，可通过改变 AC 电源的连接，使电源相位为 50°或 90°，这样可有效消除 AC 电弧间的电磁干扰，使电弧稳定燃烧。

这种工艺具有熔深大、熔敷速度较高、焊缝金属稀释率接近单丝埋弧焊的特点，因而提高了焊接速度与焊接质量，故在国外的造船厂、高压容器厂和制管厂得到了广泛的应用，这种工艺在我国的制管厂也得到了一定应用。

三丝埋弧焊可调焊接参数多，工艺控制要求严格，包括焊接电源的配置与连接、焊丝间距的设置、焊接电流和电弧电压的选择、焊丝直径的选择、焊丝直径的组合及焊剂的选用等。

1. 焊丝倾斜

焊丝倾斜方向和倾斜角度对焊缝熔深和焊缝成形、是否产生缺陷有较大影响。焊丝向后倾斜比向前倾斜时的熔深大，而向前倾斜比向后倾斜时的焊缝熔宽大。根据这些规律可确定焊头的空间位置，即三丝埋弧焊的 1 丝后倾 10°~15°、2 丝与焊件表面垂直、3 丝前倾 15°~18°，并匹配适宜的焊接参数，即可获得良好的焊缝成形。

2. 焊丝间距

焊丝间距在焊接电流不变的情况下，间距越小，熔深越深，形成的焊缝窄而高，焊缝易烧穿。间距过大会影响电弧稳定性，使焊缝成形和缺陷率上升，为此 1 丝、2 丝间距为 10~12mm，2 丝、3 丝间距为 10~13mm，匹配适宜的焊接参数，可获得外观满足需要的焊缝形状。

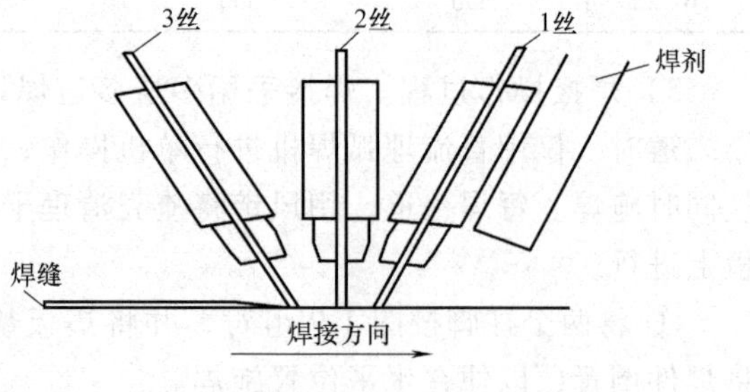

3. 焊丝伸出长度

焊丝伸出长度主要影响焊缝余高，焊

图 1-11　三丝直缝埋弧焊焊丝空间位置

丝伸出长度增加导致焊丝电阻热增加，焊丝熔化速度增加，从而增大焊缝余高。若焊丝伸出长度短，导电嘴容易黏渣，导电嘴与导电嘴之间易产生电弧而影响正常电弧的稳定燃烧。一般 1 丝长度为 28~33mm，2 丝长度为 30~35mm，3 丝长度为 28~33mm。

4. 焊丝直径

根据焊件的厚度来选取焊丝直径，焊丝直径不同，允许使用的焊接电流范围不同，从而影响焊缝熔深和焊缝成形，同时也会影响电弧自动调节作用，从而影响电弧的稳定性。一般 1 丝选用直径为 4mm 的焊丝，2 丝、3 丝选用直径为 3mm 的焊丝。

5. 焊接电流和电弧电压

焊接电流和电弧电压对焊缝成形及焊接质量都有很大的影响，在三丝埋弧焊时，按照 1 丝大电流低电压逐步过渡到 3 丝小电流大电压的方式进行设置。1 丝在避免烧穿的情况下，尽可能选择大电流低电压，以保证获得足够的熔深及有利于熔渣上浮。2 丝主要作用是填充焊缝金属，在选择电流时要比 1 丝小，电压要比 1 丝大。3 丝的主要作用是盖面，需采用小电流大电压。

6. 焊接速度

在焊接开坡口的焊件时，其焊接速度主要取决于钢板的厚度、熔深和坡口尺寸等综合因素。焊接速度随着壁厚的增加而减小，在生产薄壁厚钢管时适于采用较高的焊接速度。

7. 焊剂

为提高焊缝韧性和保证焊缝良好的形貌，在焊接前，焊剂必须烘干，选用颗粒适中、黏度适中、稳定性好的碱性烧结焊剂。

直缝钢管的三丝埋弧焊，钢板经 JCOE 工艺成形后，先进行预焊，预焊采用 Ar80% + $CO_2$20%（体积分数）混合气体保护焊，在外坡口上连续焊接，形成管坯，然后采用三丝埋弧焊进行钢管内焊，再采用三丝埋弧焊进行钢管外焊。

三丝埋弧焊焊接钢管（ϕ406mm×7.1mm）的焊接参数见表 1-13，在焊接过程中使用 H08C 埋弧焊丝和 SJ101G 烧结焊剂。

表 1-13 三丝埋弧焊焊接钢管的焊接参数

焊接参数 焊接层次	焊接电流(I/A)/电弧电压(U/V)			焊丝伸出长度/mm			焊丝倾角/(°)			焊丝间距/mm		焊接速度 v(m/min)
	1丝	2丝	3丝	1丝	2丝	3丝	1丝	2丝	3丝	1~2丝	2~3丝	
内焊	600/38	500/40	400/42	31	33	30	15	0	17	13	15	1.7
外焊	700/38	500/40	400/42	31	33	30	15	0	17	15	17	1.7

1.1.7 四丝埋弧焊工艺

1. 焊接工艺

四丝埋弧焊采用 4 个电源、4 根焊丝分别单独供电，4 根焊丝分别沿焊缝中心纵向排列，焊丝在焊剂层下的一个共有熔池内燃烧，从而实现焊接。四丝埋弧焊电源采用一直三交匹配，三交流电源接线时采用特定的接法（斯考特接法），注意保证 1 丝与 3 丝同相位，2 丝的相位比 1 丝相位滞后 120°，以保证电弧间干扰最小。在四丝埋弧焊焊接中，四丝埋弧焊机机头与焊丝的空间位置如图 1-12 所示。

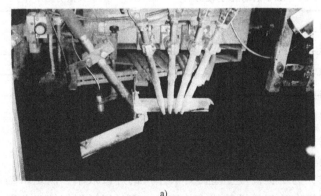

a)   b)

图 1-12 四丝埋弧焊机机头的空间位置

4 根焊丝沿焊缝中心纵向排列，焊丝中心一定要排列在焊缝中心线上，否则会因焊丝排

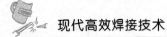

列不在一条线上形成摆动电弧，造成正反面焊缝中心错位缺陷。焊丝倾角和间距对焊缝的余高和电弧的稳定影响较大。焊丝倾斜方向和倾斜角度对焊缝熔深和焊缝成形、是否产生缺陷有较大影响。焊丝后倾时熔深大，而前倾时焊缝熔宽大。四丝埋弧焊时由于熔池体积大，为了保证熔深，利用电弧力将熔池金属推向后方，以保持熔池后部液态金属的平衡，不至于使熔池后部的液态金属流入熔池底部，以获得良好的焊缝成形，所以 1 丝、2 丝后倾，只是后倾角度不同，1 丝后倾 14°~15°、2 丝后倾 2°~4°、3 丝前倾 4°~7°、4 丝前倾 13°~14°，并匹配适宜的焊接参数，即可获得良好的焊缝成形。丝与丝之间的间距一般控制在 20mm 之内。1 丝的焊接电流对焊缝熔深影响最大；2 丝、3 丝作为焊缝填充对焊缝的熔深影响相对小一些；而 4 丝几乎没有影响。随着焊接电流的增加，焊缝的余高将增加，但不同的焊丝增加程度不同：通常 1 丝的焊接电流最大，它的变化相对于其他 3 丝将引起较大的余高变化。而其他 3 丝中 2 丝、3 丝相对于第 4 丝变化大。所有丝的电弧电压对焊缝熔宽和余高都有一定的影响，特别是交流焊丝的电弧电压对焊缝与母材的过渡状况影响较大。电弧电压过低，将使之不能形成平滑过渡。焊接速度对焊缝的熔深和熔宽影响较大，对余高影响相对来说较小。焊接速度越快，熔深和熔宽越小，反之越大。四丝埋弧焊焊接速度是单丝焊的 3~4 倍。

2. 应用实例

应用四丝埋弧焊焊接直缝管时，直缝焊管端部加上 300~400mm 的引弧板和引出板。四丝呈直线排列，对准焊缝中心，防止焊偏而造成咬边或未焊透等缺陷。焊剂层堆高 30~35mm，焊接过程中严防产生明弧，在调节焊接参数时，焊接电流和电弧电压要同时调节。内、外焊缝均采用四丝埋弧焊焊接，预焊焊缝采用 CO_2 气体保护焊焊接。

直缝焊管材质为 X70 管线钢，其化学成分见表 1-14。内、外四丝埋弧焊电源采用一直三交匹配，第一丝直流，后三丝交流，交流电源采用特定的接法（斯考特接法），避免电弧之间的干扰。预焊参数：焊丝（CHW-50C8）直径为 1.6mm，焊接电流为 250~300A，电弧电压为 25V，焊接速度为 0.9m/min，CO_2 气体流量为 20~25L/min。

直缝焊管四丝埋弧焊坡口形式及尺寸如图 1-13 所示。组对时要求间隙小于 1mm，错边量小于 1mm。坡口两侧 50mm 范围内应严格清除水、油、锈及污物等。

表 1-14　X70 钢的化学成分　　　　　　　　　　　（质量分数，%）

C	Mn	Si	S	P	Cr	Ni	Mo	V	Cu
0.050	1.49	0.15	0.002	0.006	0.018	0.011	0.136	0.033	0.01
Nb	W	Al	As	B	N	Ti	Co	Fe	—
0.02	0.01	0.024	0.005	0.001	0.002	0.014	0.00	98.00	—

三种不同厚度的直缝管内、外焊焊接参数见表 1-15~表 1-17。

1.1.8　五丝埋弧焊工艺

在厚壁直缝埋弧焊管生产过程中，为了提高厚壁直缝焊管生产的焊接效率，满足市场对大直径、大壁厚、高强度、高韧性焊管在油气输送管线中的需求，五丝埋弧焊焊接工艺得到应用。

在世界上五丝埋弧焊只有少数国家掌握了这种先进的生产技术。五丝埋弧焊采用 5 个电

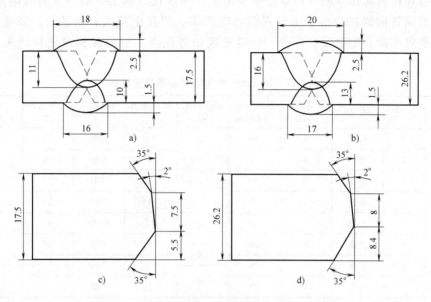

图 1-13　直缝焊管四丝埋弧焊坡口形式及尺寸

表 1-15　17.5mm 的 X70 管线钢焊接参数

焊接参数	丝序	极性	焊丝直径 /mm	焊丝伸出长度/mm	焊丝间距 /mm	焊丝倾角 /(°)	焊接电流 /A	电弧电压 /V	焊接速度 /(m/min)
内焊	1	直反	4	28	18	14	960	32	1.84
	2	交流	4	25	19	2	850	34	
	3	交流	4	30		−4	730	38	
	4	交流	4	28	18	−14	725	38	
外焊	1	直反	4	26	19	14	1000	32	2.1
	2	交流	4	24	20	2	850	34	
	3	交流	4	24		−4	750	36	
	4	交流	4	26	17	−14	600	38	

表 1-16　21mm 的 X70 管线钢焊接参数

焊接参数	丝序	极性	焊丝直径 /mm	焊丝伸出长度/mm	焊丝间距 /mm	焊丝倾角 /(°)	焊接电流 /A	电弧电压 /V	焊接速度 /(m/min)
内焊	1	直反	4	30	15	15	990	32	1.6
	2	交流	4	32	17	4	700	37	
	3	交流	4	28		−7	600	40	
	4	交流	4	27	20	−13	500	41	
外焊	1	直反	4	31	17	15	1050	32	1.9
	2	交流	4	32	18	4	760	37	
	3	交流	4	30		−7	660	39	
	4	交流	4	31	19	−13	570	43	

源分别对沿焊接纵向排列的 5 根焊丝单独供电,焊丝在焊剂层下的一个共有熔池内燃烧,从而实现对钢管的焊接。由于五丝埋弧焊电弧多,焊接电流大,熔池长,因此具有热输入大、熔敷效率高、冶金反应充分、焊接速度快等优点。五丝埋弧自动焊机头如图 1-14 所示。

表 1-17　26.2mm 的 X70 管线钢焊接参数

焊接参数	丝序	极性	焊丝直径 /mm	焊丝伸出长度/mm	焊丝间距 /mm	焊丝倾角 /(°)	焊接电流 /A	电弧电压 /V	焊接速度 /(m/min)
内焊	1	直反	4	30	15	15	1050	32	1.53
	2	交流	4	30	17	4	890	36	
	3	交流	4	30		-7	760	37	
	4	交流	4	28	20	-13	740	38	
外焊	1	直反	5	28	17	15	1170	33	1.4
	2	交流	5	26	18	4	910	35	
	3	交流	4	26		-7	750	36	
	4	交流	4	25	19	-13	635	40	

1. 五丝埋弧焊的焊接参数

在五丝埋弧焊焊接过程中,存在交流 AC 电弧间电磁干扰明显、可调参数多、工艺控制要求严格等难点。其焊接参数有焊接电源的配置与连接、焊丝空间位置的设置、焊接参数的选择、焊丝直径的组合及焊剂的选用等。其中焊接电源配置,选择合理的电源连接方式,焊丝空间位置的设计、焊接参数的选择及合理组合是保证焊接过程稳定的关键。

五丝埋弧焊焊接参数的选择如下:

(1) 电源配置及连接方式　在多丝焊中,一般均采用 DC-AC 混合电源配置。五丝埋弧焊是在四丝埋弧焊的基础上添加了 1 个 AC 电

图 1-14　五丝埋弧焊机头空间位置

源焊丝而构成,即 DC-AC-AC-AC-AC 混合电源配置。但 AC 焊丝数目越多,其电弧间的磁干扰消除也越困难。通过改变 AC 电源的连接,使电流相位差 90°,可有效地消除交流 AC 电弧间的磁影响,使电弧稳定燃烧。

(2) 焊丝空间位置的设置

1) 焊丝倾斜。焊丝倾斜方向和倾斜角度的大小,对焊缝熔深和焊缝成形有较大影响。焊丝后倾比前倾时的熔深大,而焊丝前倾比后倾时的焊缝宽。为了进一步增加焊缝熔深和改善焊缝成形,将五丝埋弧焊的 1 丝(DC)设置为后倾,后随的 4 个丝(AC)设置为依次过渡到前倾,并依次增大倾角。各丝的倾角如图 1-15 所示:1 丝后倾 10°~20°,2 丝后倾 0°~10°,3 丝前倾 5°~15°,4 丝前倾 18°~28°,5 丝前倾 30°~40°,并匹配适宜的焊接参数,可获得良好的焊缝成形。需要指出的是,1 丝后倾角度和 5 丝前倾角度不宜过大。1 丝后倾角度过大对焊缝熔深有一定的影响;5 丝前倾角度过大,导电嘴底部易与液态熔渣形成电弧,

影响焊接过程的稳定性。

2）焊丝间距。焊丝间距对焊接过程有较大的影响，在焊接电流不变的情况下，焊丝间距越小，熔深越大，形成的焊缝窄而高，但焊丝间距过小易造成焊缝烧穿。焊丝间距过大会影响电弧的稳定性及焊缝成形。为了避免上述的不利因素，五丝埋弧焊的焊丝间距设置为

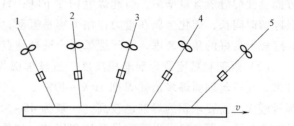

图 1-15　五丝埋弧焊焊丝空间位置示意图

1~4 丝间距相等，4~5 丝间距增大，也可按依次增大的方式设置，一般焊丝间距在 15~30mm 范围内，匹配适宜的焊接参数，即可获得稳定的焊接过程，焊缝成形好。

（3）焊丝伸出长度　焊丝伸出长度主要影响焊缝余高和熔合比。焊丝伸出长度增加，焊缝余高增大，熔深减小；反之亦然。若焊丝伸出长度过短，导电嘴容易黏渣，进而导致导电嘴与导电嘴之间易产生“电弧”而影响正常电弧的稳定燃烧。五丝埋弧焊时，焊丝伸出长度一般取（9~11）d（d 为焊丝直径）较为适宜。

（4）焊丝直径的选择　五丝埋弧焊焊丝直径主要根据焊接电流来选择，见表 1-18。五丝埋弧焊 1 丝（前丝）的焊接电流最大，一般超过 1000A，最大可达 1200A 以上；而 5 丝（最后丝）的焊接电流最小，一般在 700A 以下；其最大焊接电流与最小焊接电流之差在 400A 以上。若 5 根焊丝的焊接电流均在同一焊丝直径的焊接电流范围内，可选用一种直径的焊丝进行焊接，反之则选择不同直径的焊丝组合较好。

表 1-18　焊丝直径适用的焊接电流参考范围

焊丝直径/mm	焊接电流/A	电流密度/（A/mm²）
3.0	340~1000	48~142
4.0	420~1000	33~88
5.0	540~1300	27~66

（5）焊接电流和电弧电压　焊接电流和电弧电压对焊缝形状和焊接质量有着重要的影响，是五丝埋弧焊重要的焊接参数。五丝埋弧焊的焊接电流和电弧电压是按照 1 丝大电流、小电压逐步过渡到 5 丝小电流、大电压的方式进行设置的。1 丝在焊接电源容量许可的情况下，尽可能选择大电流，以保证在获得足够熔深的情况下有较快的焊接速度。随后 4 根焊丝的焊接电流按前一焊丝焊接电流的 70%~90% 进行选择。坡口较大时需要较多的焊丝熔敷金属，焊接电流选择上限；若需降低焊缝余高减少熔敷金属量时，选择下限。在保证电弧稳定燃烧的情况下，1 丝应尽可能选择较小电压，以增加 1 丝电弧的熔深，1 丝的电弧电压一般选定在 31~34V 范围内，焊接电流较大或焊丝较粗时可选择上限，反之选择下限；后随的 4 根焊丝的电弧电压依次增大 1~3V，5 丝的电弧电压一般在 39~43V 范围内。

（6）焊接速度　五丝埋弧焊适合于厚壁开坡口焊件的焊接，其焊接速度主要取决于熔深和坡口内填充的熔化金属量，熔深和坡口内金属填充量又取决于焊接电流和坡口形式与尺寸。因此选择五丝埋弧焊焊接速度时，应根据板厚、焊接电流和坡口形式与尺寸等综合因素来确定。

2. 焊剂的选择

（1）焊剂的类型　由于五丝埋弧焊的焊丝数目多、热输入大、焊接速度快等因素，一

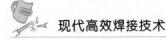

方面会使焊缝氧含量增多，引起焊缝韧性下降；另一方面由于五丝埋弧焊的熔池尺寸大，高温停留时间长，熔化金属在重力作用下容易流动，使焊缝扁平。因而从提高焊缝韧性和保证焊缝成形良好的角度考虑，五丝埋弧焊应选择熔点较高、具有一定黏度的高碱性焊剂。

（2）焊剂颗粒度及焊剂堆积高度　五丝埋弧焊电弧燃烧的空间较大，熔化的焊剂量也较多，比三丝埋弧焊多消耗焊剂 10%～40%，为三丝埋弧焊的 1.1～1.4 倍。由于熔化的焊剂量较大，需要堆积的焊剂也较高，一般为 45～55mm。若堆积高度较低，电弧外露，焊缝易产生气孔，严重时导电嘴容易黏渣和烧结。如果焊剂颗粒较大，将会增大电弧燃烧空间，使焊剂消耗量增加，同时也使焊缝熔宽增大，熔深和余高减小。

因而五丝埋弧焊应选用颗粒细、熔点高、黏度适中、稳弧性好的高碱性焊剂。

3. 五丝埋弧焊的应用

五丝埋弧焊工艺已在大直径、厚壁直缝埋弧焊钢管生产中成功应用。以焊接材质为 X52 钢级、直径为 1219mm、壁厚为 22.2mm 的海底输气管线用直缝钢管为例，应用内焊四丝、外焊五丝埋弧焊工艺。坡口形式为 X 形，其尺寸如图 1-16 所示。钢板经成形管坯后，采用预焊、内焊和外焊三道焊接工序焊接。预焊采用 CO_2+Ar 混合气体保护焊，在外坡口内连续焊接，内焊采用四丝埋弧焊，外焊采用五丝埋弧焊，外焊缝熔深为 15.6mm，达到板厚的 70%。其焊接参数见表 1-19。焊剂采用烧结焊剂 SJ101。焊缝金属的拉伸性能和冲击性能均满足标准要求。

厚壁管五丝埋弧焊焊接速度比三丝埋弧焊可提高 70% 以上。

1.1.9　单电源多丝埋弧焊

单电源多丝埋弧焊是在同一个导电嘴中送入两根或两根以上焊丝采用 1 个电源的埋弧焊工艺。单电源多丝埋弧焊装置与典型的单丝埋弧焊装置之间的差别很小。图 1-17 为单电源双丝埋弧焊的典型系统结构。它包括送丝及校直机构、共用的导电嘴、焊接电源和调节系统，所以单丝埋弧焊装置可非常方便地用于多丝埋弧焊。单电源多丝埋弧焊是用多根较细的焊丝代替

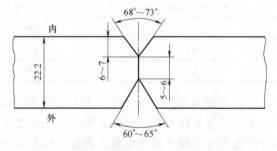

图 1-16　焊缝坡口形式及尺寸

一根较粗的焊丝，以同一速度且同时通过共用的导电嘴向外送出，在焊剂覆盖的熔池中熔化。这些焊丝的直径和化学成分可以相同也可以不相同。使用不同材质的焊丝进行焊接时，可有效调节焊缝金属的合金化。焊丝在导电嘴中可有选择地进行排列，焊丝在导电嘴中的几种排列方式如图 1-18 所示。导电嘴中焊丝的排列方式可以影响焊缝的形状。根据焊丝数目既可横向排列也可纵向排列或成任意角度，其焊丝之间的距离影响着焊缝成形和金属熔化效率等。这种方法焊接时电流和电流密度都很大，不仅焊丝熔敷速率高，而且也可提高焊接速度，单位功率所达到的熔敷率在各种埋弧焊方法中较高。当焊丝沿焊缝轴线纵向排列时，所有焊丝的电弧能形成一个共同的电弧空间。在焊接过程中，该电弧空间是沿焊接方向形成的。由于焊接速度较快，所形成的熔深较深，由第一根焊丝所形成的熔池大部分位于第一根焊丝的后方，因此，第一根焊丝的电弧在焊丝和未熔化的母材间燃烧，可保证得到较深的熔

深，从而形成窄而深的焊缝。表面堆焊时，焊丝横向排列，形成宽而浅的焊缝，焊接速度变低，尽管如此，焊接速度仍是带极堆焊焊接速度的两倍。焊丝之间的距离越大，则焊缝的形状和尺寸变化越显著。当焊丝之间的距离加大到一定程度后，可形成"马鞍状"焊缝。多丝埋弧堆焊时，可使用4根或4根以上的细丝（直径为0.8~1.2mm），这种堆焊方法可非常容易地得到宽度很宽但熔深很浅、厚度很小且稀释率也很低的焊道，这对堆焊是十分有利的。

表 1-19 内焊四丝、外焊五丝埋弧焊焊接参数

焊丝			焊接电流/A	电弧电压/V	焊接速度/(m/min)	热输入/(kJ/cm)
位置	牌号	直径/mm				
内焊 1 丝	H08C	4.8	1200	33		
内焊 2 丝	H08C	4.8	1000	36	1.75	43.4
内焊 3 丝	H10Mn2	4.0	800	38		
内焊 4 丝	H10Mn2	4.0	680	40		
外焊 1 丝	H08C	4.8	1200	33		
外焊 2 丝	H08C	4.8	1020	35		
外焊 3 丝	H08C	4.0	820	36	1.75	51.5
外焊 4 丝	H10Mn2	4.0	720	38		
外焊 5 丝	H10Mn2	4.0	650	40		

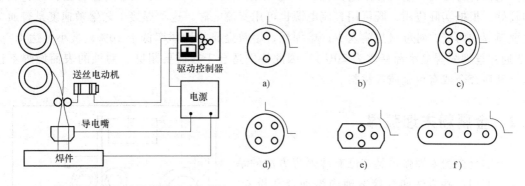

图 1-17 单电源双丝埋弧焊的典型系统结构

图 1-18 焊丝在导电嘴中的排列方式
a）双丝导电嘴 b）三丝导电嘴
c）六丝导电嘴 d）、e）、f）四丝导电嘴

根据需要将焊丝沿焊接方向以不同角度排列时，则形成不同熔深、熔宽的焊缝。其交/直流电源均可使用，但直流反接能得到最好的效果。

多丝埋弧焊的熔敷速率随焊丝数目的增加而增大。在焊丝直径3.2mm、三丝焊接、焊接电流700A、焊丝接负的情况下，最高熔敷速率可达35kg/h，此时最佳的焊丝间距为8mm。这比同样焊接参数条件下单丝埋弧焊熔敷速率的3倍还高30%。

单电源多丝埋弧焊既适用于稀释率要求较低的耐磨或耐腐蚀表面的埋弧堆焊，也适用于各种对接、角接焊缝的单道或多道埋弧焊。

1. 单电源并列双丝埋弧焊

该方法实际上是用两根较细的焊丝代替一根较粗的焊丝，两根焊丝共用一个导电嘴，以同样的速度且同时通过导电嘴向外送出，在焊剂覆盖的熔池中熔化，如图1-19所示。两焊

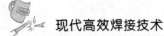

丝平行且垂直于母材，由于两丝间的间距比较小，两焊丝形成的电弧共熔池，并且两电弧互相影响，这也是并列双丝埋弧焊优于单丝埋弧焊的原因。交直流电源均可使用，但直流反接能得到最好的效果。并列双丝焊的优点：能获得更高质量的焊缝，这是因为两电弧对母材的加热区变宽，焊缝金属的过热倾向减弱；焊接速度比单丝焊提高；焊接设备简单。单电源并列双丝埋弧焊方法在实际生产中得到了一些应用，但应用不广。

2. 单电源串联双丝埋弧焊

单电源串联双丝埋弧焊方法是两丝通过导电嘴分接电源正负两极，母材不通电，电弧在两焊丝之间产生，即两焊丝是串联的。两焊丝既可横向排列也可纵向排列，两丝之间夹角最好为45°。焊接电流和两焊丝与焊件之间的距离是控制焊缝成形和熔敷金属质量最重要的因素，焊接电流越大，则熔深越大；增大两丝与焊件之间的距离，可获得最小的熔深和热输入。另外，电弧周围的磁场和电弧电压也影响焊缝成形，因为两焊丝中的电流方向是相反

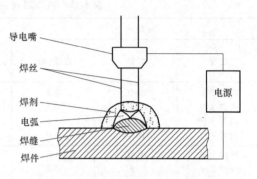

图 1-19　单电源并列双丝埋弧焊

的，电弧自身磁场产生的力使电弧铺展；电弧电压在 20~25V 时，电弧稳定性和焊缝成形均较好。根据实际应用，既可用直流电源也可用交流电源。这种焊接工艺熔敷速度是普通单丝埋弧焊的两倍，对母材热输入少，熔深浅，熔敷金属的稀释率低于 10%，最小可达 1.5%（普通单丝埋弧焊最小稀释率为 20%）。因此特别适合于在需要耐磨、耐蚀的表面堆焊不锈钢、硬质合金或有色金属等材料。

1.2　金属粉末埋弧焊

添加合金粉末埋弧焊是在已有埋弧焊方法的基础上，利用某些方法向焊接熔池内添加合金粉末，使精细的合金粉末被电弧热和电弧辐射热同时熔化，电弧能量利用率大幅增加，粉末浪费量减少，增加了熔敷效率并改善了焊接接头的力学性能。

金属粉末单丝埋弧焊如图 1-20 所示，它是利用焊接熔池中剩余的高温电弧热来熔化添加的金属粉末，在不增加电弧能量的情况下可以大大地提高焊缝金属的熔敷率。

20 世纪 90 年代斯洛文尼亚首先提出了金属粉末双丝埋弧焊，如图 1-21 所示。近年来，林肯公司开发出的多丝埋弧焊工艺得到了广泛的应用。瑞典的 Hoganas 公司在此基础上成功地把十分精细的金属粉末应用到传统的多丝埋弧焊中，如图 1-22所示。其解决了用常规埋弧焊焊接中厚板结构时，为了提高熔敷速率，使得热输入加大、熔

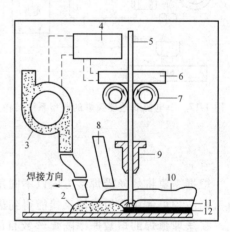

图 1-20　金属粉末单丝埋弧焊

1—母材　2—金属粉末　3—电动金属粉末计量仪
4—计量仪控制装置　5—焊丝　6—送丝匹
配器　7—送丝滚轮　8—焊剂漏斗　9—导电嘴
10—堆敷焊剂　11—熔渣　12—焊缝金属

池变大、母材熔化量增加、焊缝组织粗化、热影响区扩大并且性能变坏等所产生的缺点。作为一种既能提高熔敷速率，又能改善焊接接头性能的高效焊接技术，该工艺可以通过控制金属粉末的粒度及合适的送粉系统来实现金属粉末基本在电弧周围熔化。在这种多丝埋弧焊中，精细的金属粉末被电弧热和电弧辐射热同时熔化，电弧能量的利用效率大幅度增加，粉末浪费量减少，增加了熔敷效率，并改善了焊接接头的力学性能。这种技术广泛应用于造船、压力容器、重型机器、桥梁、建筑和海洋石油平台等领域。

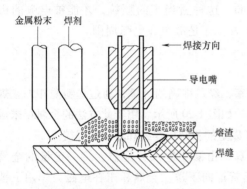

图 1-21　带附加金属粉末的多丝埋弧焊（一）

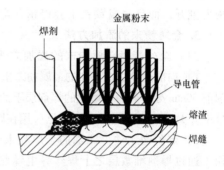

图 1-22　带附加金属粉末的多丝埋弧焊（二）

1. 特点

金属粉末埋弧焊与普通埋弧焊相比具有以下特点：

（1）焊缝金属熔敷率高　表 1-20 列出了在相同的焊接参数条件下金属粉末埋弧焊和普通埋弧焊的焊缝金属熔敷率。由表 1-20 可见，金属粉末埋弧焊是一种高熔敷率的焊接方法。

表 1-20　金属粉末埋弧焊与普通埋弧焊的熔敷率

焊丝直径（ϕ4mm）	金属粉末添加量/（kg/h）	熔 敷 率/（kg/h）
单丝	—	7
单丝+金属粉末	5	12
双丝	—	14
双丝+金属粉末	7.5	21.5

（2）焊缝金属的韧性好　在采用金属粉末埋弧焊焊接厚大焊件时，之所以能得到高韧性的焊缝金属，一方面由于添加的金属粉末是利用熔池中剩余的电弧热来熔化的，减少了母材的过热；更重要的是，在保持焊丝与焊剂系统氧化还原反应平衡的同时，能够精确地控制金属粉末中的合金成分，使之均匀地熔化，尽量降低残留氧的含量。因此，金属粉末的粒度应较细，具有很小的表面积和较大的密度，从而使焊缝金属中由于金属粉末引起的含氧量减至最少，可得到高韧性的焊缝金属。

（3）焊件变形小　由于作用于焊缝的热输入小，所以焊接接头的应力小，焊件变形小。

（4）过程可靠成本低　在焊接过程中，电弧正常燃烧时，因某种原因金属粉末送进发生中断，由于金属粉末和焊丝的化学成分基本相同，不会造成焊接接头的报废。使用的金属粉末尽管比焊丝价格贵，但减少了焊剂的消耗，从而降低了生产成本。

金属粉末埋弧焊适用于中等强度、低合金高强度结构钢及重要产品结构钢的焊接。已生产出适用于高强度钢金属粉末埋弧焊的金属粉末，从而提高了高强度钢的焊接性。已成功地焊接了厚度为 12~55mm、要求高韧性的对接焊缝及筒形结构的纵、环缝，在石油化工容器及海洋化工结构制造中得到了应用。该方法也已用于大面积耐磨合金覆层板的堆焊。

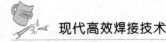
2. 金属粉末的粒度

早期所用的大颗粒金属粉末效果不是很好。将金属粉末颗粒直径做得很小后，其优点逐渐被人们所认识，Hoganas 公司成功研制了一种颗粒非常细小的金属粉末，在焊接过程中可以被电弧的吹力吹到电弧四周，使金属粉末在电弧及其四周均熔化，大大提高了电弧能量的利用率，提高了熔敷率，并改善了接头的力学性能。但是金属粉末也不能过细，以免在气流作用下受力飘走。另外，金属粉末过细时，金属粉末和导电嘴的加工制作工艺过于复杂，成本昂贵。金属粉末合适的粒度范围是 0.08~0.22mm，这种适当小的颗粒，才能被电弧的机械力推开，而且金属颗粒不会停留在电弧的上、下方，而是散布在电弧周围。

3. 金属粉末的添加方法

（1）单丝焊时金属粉末的添加方法

1）向前送给法。添加的金属粉末依据焊丝送给率，经过准确的计算，通过送粉漏斗加在焊剂前 30mm 处，然后在熔化的焊剂层下的熔池中熔化，如图 1-20 所示。用于此方法的金属粉末成分中含 Mn 质量分数为 1.7%，已应用在厚度在 30mm 以上的长对接焊缝和环缝的焊接。

2）焊丝送给法。添加的金属粉末经过准确计算，由漏斗进入分配器，将一定量的金属粉末通过焊剂堆敷层之上焊丝导电嘴侧的两个辅助管道向下送。金属粉末在电磁力作用下被吸向焊丝，随着焊丝的送进穿过焊剂进入焊接熔池。焊丝的伸出长度可达 50mm。此方法不仅适用于厚大焊件的焊接，也适用于小直径的环缝、T 形接头角焊缝以及较薄焊件的焊接。适于此方法的金属粉末成分为 C+Mn+Ni+Mo 系合金。

（2）双丝焊时金属粉末的添加方法 双丝焊时可用多种方法送进金属粉末。最简单的方法是在双丝前方送粉，如图 1-21 所示。其优点是设计简单，缺点是送入焊接区的金属粉末量不精确，熔敷效率低，这种方法仅用于表面或宽坡口焊接；第二种方式是通过位于两丝间的小管送进，金属粉末直接送到两电弧之间的熔池中，特别适合于焊丝设置成一前一后的情况，热效率很高，焊剂消耗很少；第三种方式是金属粉末沿着焊丝送进，电弧位于焊丝和焊件之间，而金属粉末在电弧周围熔化，当电弧功率减小时，焊剂的消耗也随之减少。

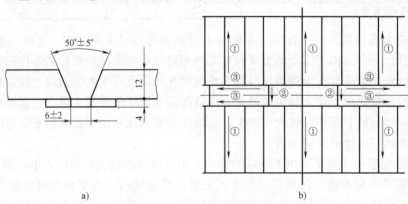

图 1-23 坡口形式及焊接顺序

a）坡口形式 b）焊接顺序

4. 工程应用

$1×10^5 m^3$ 油罐的直径为 80m，其油罐的底板由 12mm×2980mm×14780mm 的碳素结构钢板拼焊而成。首先采用焊条电弧焊封底，然后进行金属粉末埋弧焊。金属粉末添加量为熔敷金属量的 35%，其成分与所用焊丝成分相同，粉末颗粒尺寸为 $\phi1.0mm\times1.0mm$。焊接坡口形式及焊接顺序如图 1-23 所示，所焊焊缝总长度为 2173.4m。由于此方法母材吸收的热量少，所以焊件变形小，在相同的焊接参数、相同的拘束条件下，所产生的纵向变形和角变形分别只有普通埋弧焊的 50% 和 35%。对于 $4700m^2$ 的罐底技术条件，要求焊后平面度偏差不大于 60mm，而焊后用水准仪检测结果平面的平面度最大为 24mm，并经磁粉检测焊缝合格率为 99.5%。其焊接效率与焊条电弧焊相比提高了 4.2 倍。金属粉末埋弧焊焊接参数见表 1-21。

表 1-21　金属粉末埋弧焊焊接参数

焊接电流/A	电弧电压/V	焊接速度/(mm/min)	热输入/(kJ/cm)
650~750	38~40	25~50	30~60

1.3　热丝、冷丝填丝埋弧焊

1. 热丝填丝埋弧焊

（1）热丝填丝埋弧焊的特点及应用　早在 20 世纪 60 年代末到 20 世纪 70 年代初，美国、英国等国家就已相继开始研究热丝填充的方法，最早是为了提高 TIG 焊效率，随着在 TIG 焊上的成功应用，后又发展到埋弧焊中。热丝填丝埋弧焊具有以下优点。

1）热丝被加热到近于熔点温度熔入埋弧焊熔池，因而可大幅度提高埋弧焊效率，一般可提高熔敷速度 50% 以上。

2）热丝先靠电阻热加热，加热范围小，能耗少，相对能耗率与提高熔敷速度之比小于 0.3:1。

3）热丝的填充相对降低了熔池的温度，故焊缝热影响区小，接头力学性能优良。

因为不存在其他双丝焊所存在的两电弧相互干扰问题，又具有熔敷率高、焊接质量好等优点，热丝填丝埋弧焊在国内外应用都较多。在我国管道和压力容器制造中的应用日益广泛，并收到了较好的效果。

（2）热丝填丝埋弧焊的原理　热丝填丝埋弧焊是在普通的埋弧焊基础上，附加一套送丝机构，将另外一根焊丝由预热电源加热至接近熔化状态后均匀地送入埋弧焊所形成的熔池内（见图 1-24），此焊丝称为热丝。依靠电阻热将焊丝加热到接近于熔点温度熔入焊接熔池，大幅度提高了焊接效率。该技术加热范围小，消耗能量少，焊接材料的损失率最小，大大降低了焊接成本，取得了很大的经济效益。此外由于温度场热循环的改变，焊接热影响区小，接头力学性能优良，焊接质量有很大的提高。因为不存在其他双丝焊所存在的两电弧相互干扰的问题，故具有熔敷率高、焊接质量好等优点。

热丝填丝埋弧焊可以只用一个电源，也可以用两个电源。双电源热丝填丝埋弧焊是在普通的埋弧焊基础上，附加一套送丝机构，将另外一根焊丝由预热电源加热至接近熔化状态后均匀地送入埋弧焊所形成的熔池内，用熔池的热量熔化热丝，如图 1-24 所示。这是一种可以提高焊接时填充金属熔化量进而提高焊接效率及劳动生产率的好方法。特别适宜于焊接厚度在 20mm 以上开坡口的焊件，是一种简单、方便而可行的新工艺。单电源热丝填丝埋弧焊是利用电源的一个分流回路对辅助焊丝导电部分预热而提高其熔化速度，因而可在不增加电源设备和功率的情况下，大大提高热利用效率和生产率，如图 1-25 所示。对比单丝埋弧焊，单电源热丝填丝埋弧焊比单丝埋弧焊可提高效率 1.52 倍。并且，它的耗电量最少，焊接材料的损失率最小。而焊接成本主要取决于焊接工时、材料消耗和耗电量，因此将大大降低焊接成本，取得很高的经济效益。

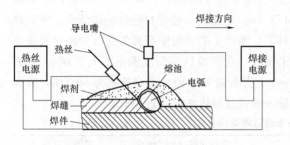

图 1-24 双电源热丝填丝埋弧焊

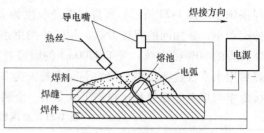

图 1-25 单电源热丝填丝埋弧焊

（3）热丝填丝埋弧焊工艺

1）加热电流。决定加热电流的主要因素有以下几点。

① 热丝直径。热丝直径对加热电流的影响最大。热丝直径增加时，单位长度的电阻值减小，为使热丝得到充分的加热，必须提高加热电流。然而，当电流一定时，电阻发热量与电阻成正比，而电阻与导电面积成反比，即电阻发热量与导电面积成反比，与半径的平方成反比，因此热丝直径增大预热电流相应增大。

② 焊丝伸出长度。当热丝直径和送丝速度一定时，焊丝伸出长度增大、预热电流减小。这主要是因为焊丝伸出长度增大后，加热时间增加。

③ 热丝送丝速度。当热丝直径和焊丝伸出长度一定时，随着送丝速度的增加（即热丝进入熔池的时间变短）应增加加热电流，这样才能保证热丝加热充分。

2）应用实例。在原料油缓冲罐（3000mm×17800mm×16mm，材料 Q345R）的焊接制造中得到了应用，产品开双 Y 形坡口，钝边 7mm，在内侧坡口内先焊一道，外侧电弧气刨清根后再焊一道。主焊丝材料为 H08A，直径为 4m，焊接电流为 650~700A，电弧电压为 36~38V；热丝材料为 H08MnA，直径为 1.6mm，加热电流为 400~450A；焊接速度为 25.2m/h，熔敷速度增加 61.5%。焊缝经 100% X 射线检测为 I 级片，产品经水压试验及疲劳检验合格，取得了良好的经济效益和社会效益。

2. 冷丝填丝埋弧焊

冷丝填丝埋弧焊是在普通埋弧焊基础上，附加一套送丝机构，从侧面给焊接熔池填充焊丝，如图 1-26 所示。冷丝填丝埋弧焊的填充焊丝无电源供电，故称"冷丝"。冷丝填丝埋弧焊由于焊接电流增大，在得到深熔池的同时可保证成形良好，减小了焊接热影响区。这对热敏材料非常重要，既可减少过热损害，又可节约电能，提高生产率。

伊萨推出一种全新辅助冷丝埋弧焊工艺。该工艺是在一个集成的导电嘴内输出 3 根焊丝，集成的导电嘴内各焊丝之间相互绝缘，其中间焊丝不导电（冷丝），利用另两根焊丝熔化时过剩的热量熔化冷丝，辅助冷丝埋弧焊的工作原理如图 1-27 所示。该工艺的关键是各焊丝之间的距离，由图 1-27 可以看出，因为中间焊丝（冷丝）要利用两个电弧的热

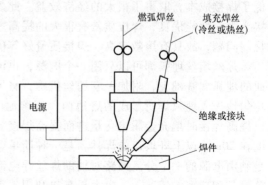

图 1-26 冷丝和热丝填丝埋弧焊

量，两个电弧必然有重叠，中间焊丝（冷丝）送入两个电弧的重叠区，利用两个电弧的热量来熔化冷丝。相比传统双丝埋弧焊工艺，辅助冷丝埋弧焊熔敷效率更高，又能降低热输入，提高焊接质量。该工艺配合盖面平整控制技术、高熔敷打底技术可在相同热输入条件下熔敷效率提高50%～100%，焊接速度提高35%，降低热输入和变形，焊剂消耗减少20%。与传统双丝埋弧焊相比具有无可比拟的性能与优势。

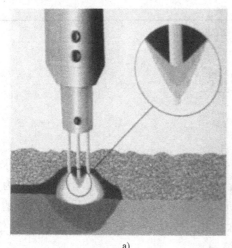

a)   b)

图1-27　辅助冷丝埋弧焊的工作原理

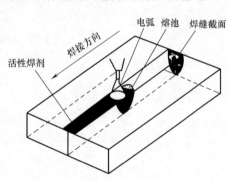

第2章

钨极氩弧焊新技术

2.1 活性焊剂钨极氩弧焊（A-TIG焊）

2.1.1 概述

　　一般TIG焊在单层焊接时通常只能获得较小的熔深，对于厚度较大的焊件，要求焊缝背面熔透时，就要进行坡口加工，并采用多层焊接，从而影响了生产效率的提高。为了提高TIG焊的生产效率，降低成本，拓宽TIG焊的应用范围，20世纪60年代，乌克兰的巴顿焊接研究所（PWI）提出了活性化TIG焊的概念，并用于钛合金的焊接中。在20世纪90年代，此种焊接技术引起了英国、美国、日本等一些国家的高度重视，使该焊接技术的研究和应用得到迅速发展，相继研制出用于不锈钢、碳钢、低合金钢等不同材料的活性焊剂。我国也已于20世纪末对此种焊接技术进行了研究和应用。

图 2-1　A-TIG 焊接过程示意图

　　活性焊剂钨极氩弧焊也称为活性剂钨极氩弧焊，其英文为 Activating Flux-TIG Welding，简称A-TIG焊。它是在被焊焊件的表面，涂敷一层很薄的活性焊剂，然后进行TIG焊。其焊接过程如图2-1所示。在同样的焊接参数下，可使焊缝熔深比一般TIG焊增加1~3倍，如图2-2所示。对板厚12mm以下的低碳钢采用I形对接坡口可一次焊接完成。

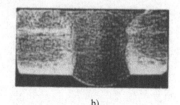

a)　　　　　　　　　　　　　　　b)

图 2-2　一般 TIG 焊与 A-TIG 焊熔深的比较

a）一般 TIG 焊熔深　b）A-TIG 焊熔深

2.1.2 A-TIG焊的特点

　　1）显著增加熔深。在焊接不锈钢时，可由一般TIG焊的熔深3mm增加到12mm。可一次单面焊 10mm 厚的不锈钢板。在采用 A-TIG 焊焊接 16mm 厚的不锈钢板时，采用双面焊正反面各焊一道焊缝，而一般 TIG 焊相应要焊 5~9 层（见表 2-1）。

表 2-1　A-TIG 焊和一般 TIG 焊的比较（钢板焊缝长 1m）

项目	单面焊						双面焊					
板厚/mm	5		8		10		12		14		16	
焊接方法	TIG	A-TIG	TIG	A-TIG	TIG	A-TIG	TIG	A-TIG	TIG	A-TIG	TIG	A-TIG
焊接层数	3	1	4	1	5	1	5	2	7	2	9	2
焊接时间/min	26	7	34	15	40	20	43	24	60	30	77	40
焊丝填充量/kg	0.28	0.06	0.5	0.08	0.64	0.1	0.78	0	0.81	0	1.10	0
氩气用量/m^3	0.26	0.07	0.34	0.15	0.43	0.20	0.43	0.24	0.6	0.30	0.77	0.40
消耗功率/kW	1.10	0.13	1.49	0.63	1.95	0.87	1.90	0.88	2.60	1.10	3.40	1.53

2）高效节能。A-TIG 焊的效率高是指它的综合效率高，由于 A-TIG 焊熔深大，对一定厚度的焊件开 I 形坡口可一次熔透；在焊接厚板时，可加大坡口的钝边，减少坡口加工量，从而减少填充材料、焊层及辅助时间，其综合效率高。由表 2-1 可以看出，板厚相同的情况下，其消耗功率约减少一半，焊接时间可节约一半，是一种高效节能的焊接方法。图 2-3 所示为 1m 长焊缝不同焊接方法所需的焊道层数和焊接时间的比较。

3）减少对不同炉次钢的敏感性。当 S 的质量分数小于 0.002% 时，仍能形成稳定的熔深。

4）焊接变形和残余应力小。

A-TIG 焊存在的不足，主要表现为焊前要求焊件表面待焊接处应认真打磨使之露出金属光泽；焊缝表面成形差；焊后焊缝表面残留的活性焊剂清理较困难。

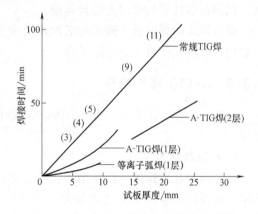

图 2-3　1m 长焊缝不同焊接方法
所需的焊道层数和焊接时间的对比

2.1.3　活性焊剂

1. 活性焊剂的基本类型

（1）卤素化合物型　它们是以氟化物和氯化物为主要组分的活性焊剂，主要用于焊接钛合金，可焊接厚度为 7mm 的钛合金，采用 I 形对接坡口一次熔透。由于此类活性焊剂的组分对人体有害，一般不再使用。

（2）氧化物和氟化物型　其主要组分以氧化物为主，加入一定量的氟化物，主要用于不锈钢、碳钢等金属的焊接。

（3）氧化型　主要组分为氧化物，不含硫、碳氢化合物和氟化物。可用于 300 多种奥氏体不锈钢的焊接。

2. 活性焊剂的组成

A-TIG 焊活性焊剂主要由氧化物、氟化物、卤素盐的混合物组成，主要成分为 SiO_2、TiO_2、CaF_2、Cr_2O_3、CaO、MgO、$NaCl$ 等。

苏联研制的活性焊剂组成（质量分数）为：SiO_2 57.3%，NaF 6.4%，TiO_2 13.6%，Ti 粉 13.6%，Cr_2O_3 9.1%等。

日本的一种活性焊剂组成（质量分数）为：SiO_2 25%，TiO_2 7%，CaO 35%，CaF_2 20%，Al_2O_3 2%，FeO 4%，MnO 7%。

美国的活性焊剂为 SS 系列，例如 LFX-SS7，由纯氧化物组成。

还有一种活性焊剂的组成（质量分数）为：TiO_2 8%～9%，K_2O 7%～8%，BaO 18%～22%，SiO_2 14%～16%，Li_3AlF_6 45%～53%。

我国兰州理工大学、哈尔滨工业大学、洛阳船舶材料研究所等单位也对活性焊剂进行了研究。活性焊剂主要应用以下物质：SiO_2、TiO_2、CaO、MgO、Cr_2O_3、CaF_2、NaF 等。在 A-TIG 焊时，影响熔深最明显的是 SiO_2，其次为 TiO_2。

2.1.4 活性焊剂的使用

首先将活性焊剂的组分混合均匀，然后用乙醇或丙酮等易挥发的有机溶剂，将其制成糊状或悬浮状，或做成喷雾剂状，以备使用。可采用人工方法刷涂，也可用机械方法涂敷或直接喷涂在焊件表面。一般在涂敷前应将焊件表面要涂敷的区域打磨出金属光泽，涂敷宽度 10～20mm，在生产应用中涂敷量以涂层充分遮盖住金属光泽为宜，相应的厚度为 0.013mm 左右，活性焊剂使用量为 0.3g/m 左右。当溶剂挥发后，细微活性焊剂粉末附着在焊件表面，以便在活性焊剂涂层上进行焊接。

焊后焊缝两侧钢板上残留的活性焊剂应清除，清除的方法可用人工，也可用机械方法，一般用铜丝刷或砂轮将其清除干净。

2.1.5 A-TIG 焊的机理

A-TIG 焊能增加熔深，是由于活性焊剂对电弧、熔池表面张力和阴极斑点等共同作用的结果。

1. 电弧收缩学说

活性焊剂在电弧的高温作用下，产生蒸发并以原子态包围在电弧周围区域。在电弧中心区域，电弧的温度高于活性焊剂组分分子的分解温度，保护气体和活性焊剂的原子被电离成电子和正离子。由于电弧周围区域温度相对较低，活性焊剂蒸发的元素仍以分子和原子形式存在，被分解的原子大量俘获该区域中的电子形成负离子，使电弧周围区域作为主要导电的电子大大减少，导电能力下降，迫使电弧收缩，如图 2-4 所示。其次由于活性焊剂的各组分均为多原子分子，在电弧温度下发生热解离而产生吸热反应，也迫使电弧压缩。

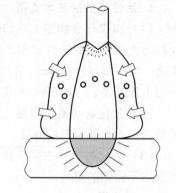

图 2-4　负离子引起的电弧收缩

电子亲和能越大，越易形成负离子，因而氟比氯更有利于电弧收缩。虽然氧化物的电子亲和能比卤化物小，但其解离温度比卤化物高。在相同的条件下，解离温度越高，越有利于电弧收缩。

活性焊剂的组成物本身是不导电的，其熔点和沸点都比被焊金属高，因此只在电弧中心

32

温度较高的区域有金属蒸气，从而使活性焊剂涂层的存在机械性地限制了阳极斑点区，使电弧不能扩展。

以上作用原理已通过试验研究发现，在活性焊剂存在的情况下，阳极根部呈收缩状，相反在一般 TIG 焊时，阳极斑点为发散状，阳极根部形状对熔池表面温度分布也有强烈的影响。

以上原因造成电弧自动收缩、电弧电压增加、热量集中，从而使焊缝熔深增加。

2. 熔池表面张力学说

表面张力理论认为，熔池金属流动状态对焊缝的几何状态有很大的作用。一般焊缝金属在熔化状态下，表面张力具有负的温度系数，即熔池液态金属从表面张力小的区域向表面张力大的区域流动。表面张力决定于熔池液体表面温度梯度和熔池金属中存在的某种微量元素或接触到的活性气氛（如 O、S）。熔池中不存在活性元素时，熔池表面张力一般随温度升高而降低。在电弧正下方的熔池中心处表面张力较小，而熔池边缘表面张力较大。这种表面张力的分布使熔池中液态金属由中心向边缘流动，如图 2-5a 所示。这种液态流动模式使得焊缝宽而浅。一旦熔池中含有某些微量元素或表面活性元素，则熔池液态金属从熔池边缘向中心流动，形成图 2-5b 所示的流动状态，可有效地使熔池中心高温传递至熔池底部，形成冲刷作用，形成了一个相对深而宽的焊缝。

也有人通过试验研究，发现活性焊剂在焊接过程中分解，使熔池中含氧量增加，从而改变了熔池的张力。只有熔池中氧的含量在一定范围内时，才能最大地增加焊缝的熔深。

图 2-5 熔池表面张力对熔池金属流动和熔深的影响

2.1.6 A-TIG 焊的应用

随着用于不同材料的活性焊剂相继研制成功，A-TIG 焊可以用于焊接不锈钢、低碳钢、低合金高强度钢、钛合金、镍合金等，并已应用于航空航天、电力、汽车、造船、化工、压力容器等重要工业领域。俄罗斯已将该技术应用于焊接核反应堆管子部件等重要工程结构的生产中。美国采用 A-TIG 焊焊接一艘双体船壳体及两艘油轮，和一般 TIG 焊相比，可节约工时 75%，现在使用该焊剂焊接舰船及潜艇用管道系统和一些零部件。图 2-6 所示为 A-TIG 焊焊接镍合金管道的情况。

A-TIG 焊在日本已用于修复电厂热力管道焊接接头，可不开坡口直接重熔予以修复。表 2-2 为 A-TIG 焊母材与焊缝的力学性能。表 2-3 为 A-TIG 焊的焊接参数及焊缝几何尺寸，供使用时参考。

图 2-6 A-TIG 焊焊接镍合金管道

表 2-2　A-TIG 焊母材与焊缝的力学性能

钢种	位置	R_m/MPa	A（%）	Z（%）	α_{KU} /（J/cm^2）
42Cr$_2$MnSiNiMoA	母材	1940	8.7	37.3	55
	焊缝	1930	8.5	75.7	52
06Cr18Ni11Ti	母材	490	40	55.0	245
	焊缝	565	49.2	69.0	240

表 2-3　A-TIG 焊的焊接参数及焊缝几何尺寸

材料	板厚	焊剂	焊接电流 /A	电弧电压 /V	焊接速度 /（mm/s）	热输入 /（kJ/mm）	熔深 /mm	熔宽 /mm	深宽比	备注
316L①	12	ss	350	18.0	1.2	5.2	14.4	11.4	1.26	熔透
316L	12	无	350	18.0	1.2	5.2	2.8	14.8	0.19	未熔透
SAF2205	10.5	ss	316	17.0	1.2	4.5	12	11.1	1.08	熔透
SAF2205	10.5	无	316	17.0	1.2	4.5	3	13.8	0.22	未熔透

① 316L 新牌号为 022Cr17Ni12Mo2。

2.1.7　316L 不锈钢管 A-TIG 焊工艺

A-TIG 焊是在母材表面涂敷一层活性焊剂后施焊，在焊接电流不变的情况下，使焊缝熔深大幅度增加。下面介绍一项 A-TIG 焊的工程应用实例。

1. 焊接工艺试验

按照中国船级社《材料与焊接规范》第 3 章的"对接焊工艺认可试验"规定，对 316L 不锈钢管（ϕ114mm×6mm）进行 A-TIG 对接焊工艺试验，然后对焊缝进行射线探伤、外观检查、化学成分分析、力学性能试验和宏观金相检查，以检测此焊接方法的综合性能。

（1）试验材料及设备　材质为 316L 不锈钢，尺寸为 ϕ114mm×6mm×150mm。使用自行研制的 A-TIG 焊剂，采用日本松下公司的 YC-300TWSP 手工 TIG 焊机。气体为纯氩，纯度大于 99.99%（体积分数）。采用铈钨极，直径 2.4mm，尖端角度 45°。

（2）管子装配　管子装配前，将接口端部 20mm 范围内的杂物清理干净。装配间隙小于 1mm，错边小于 1mm。采用对接 I 形坡口，管子焊接位置为水平转动。

（3）涂刷活性焊剂　管子定位后，将已配制好的活性焊剂用毛笔涂敷到钢管接口表面上，待其晾干后，采用旋转 TIG 焊施焊。

（4）焊接参数　不锈钢管的 A-TIG 焊焊接参数见表 2-4。

表 2-4　不锈钢管的 A-TIG 焊焊接参数

规格 d/mm	电弧电压 U/V	焊接电流 I/A	弧长 L/mm	焊接速度 v/（cm/min）	热输入 E/（kJ/mm）	气体流量 Q/（L/min）
ϕ114×6	12	150	1	8.0	1.35	10

2. 试验结果

（1）焊缝外观检查　焊缝表面成形均匀、光滑，无裂纹、焊瘤和咬边，表面有少量黑色氧化渣。焊缝余高为 1.0~1.5mm，正面宽 5~6mm，背面宽 3~4mm，不锈钢管 A-TIG 焊焊缝外观如图 2-7 所示。

（2）射线探伤　检验结果显示整条焊缝无不良缺陷。按照 GB/T 3558—2011 标准，此焊缝的 4 张片均被评为Ⅰ级片。

（3）化学成分分析　316L 钢管母材和焊缝化学成分的实测值与标准值的对照见表 2-5。从检测结果看，316L 钢管 A-TIG 焊后，焊缝化学成分无明显变化，符合 GB/T 3558—2011 标准的要求。

（4）力学性能试验　力学性能试验结果见表 2-6。显然，焊缝的力学性能全部符合有关标准的要求。

（5）焊缝断面宏观检查　焊缝断面熔合良好，无裂纹和气孔等各类缺陷，如图 2-8 所示。

（6）焊缝微观金相组织　焊缝组织均匀细小，铁素体呈网状；熔合线及热影响区的晶粒没有明显增大，没有过热倾向。

图 2-7　不锈钢管 A-TIG 焊焊缝外观

表 2-5　316L 钢管母材与焊缝的化学成分实测值与标准值对照表（质量分数,%）

项目	C	Si	Mn	P	S	Cr	Ni	Mo	Ti
标准值	0.03	1.00	2.00	0.045	0.030	16.00~18.00	10.00~14.00	2.00~3.00	—
焊缝	0.029	0.332	0.935	0.0328	0.006	17.27	13.09	2.38	0.076
母材	0.22	0.342	0.956	0.0316	0.0065	17.46	13.13	2.38	0.074

表 2-6　316L 钢管母材与焊缝的力学性能试验结果

项目	抗拉强度 R_m/MPa	弯曲试验（$D=41mm, \alpha=180°$）	
		面弯	背弯
316L 标准值	483	—	—
A-TIG 焊缝	556/537	合格	合格

3. 结论

试验结果表明，316L 不锈钢管 A-TIG 焊对接试验方法完全符合中国船级社《材料与焊接规范》第 3 章的"对接焊工艺认可试验"的规定，其各项指标均满足规范要求。此工艺具有以下特点：

1）对坡口加工精度要求不高（可机加工、切割）。

2）对管子装配尺寸范围要求较宽（圆度、间隙、错边等）。

图 2-8　宏观焊缝

3）焊接生产效率高，可实现Ⅰ形坡口单面焊双面成形。

4）焊接质量可与等离子弧焊相媲美，但成本很低。

5）焊缝力学性能和化学成分稳定。

6）焊缝收缩量和变形量小。

7）A-TIG 焊可产生小孔效应，焊缝呈指状，但无柱状晶组织产生。

2.2 热丝 TIG 焊

热丝 TIG 焊是在普通填充焊丝钨极氩弧焊的基础上发展起来的，钨极氩弧焊（TIG）由于保护效果好，具有焊接质量高、焊接过程稳定、易于实现单面焊双面成形等优点，但由于其电流容量小，电弧功率受到限制，焊缝熔深浅，焊接速度低，只能焊接厚度较薄的焊件。为了提高焊接的熔敷系数和焊接速度，采用填充焊丝进行钨极氩弧焊，焊接过程中电弧的热量主要用于加热焊丝，损耗能量容易造成熔深变浅、母材熔化不够、焊缝咬边等缺陷。随着焊接新工艺的发展，产生了热丝 TIG 焊。

在焊接发电设备等厚壁压力管道和容器中，由于 TIG 焊能获得优质稳定的焊缝，已被广泛用于需要根部熔透的打底焊道中。为了避免更换焊接工艺和提高 TIG 焊的焊接效率，在厚壁压力管道和容器的焊接中已采用多种窄间隙热丝 TIG 焊进行焊接。

2.2.1 热丝 TIG 焊的原理

热丝 TIG 焊是在普通钨极氩弧焊的基础上附加一填充焊丝，一般焊丝直径为 1.0~1.6mm，焊丝伸出长度为 12~50mm，填充焊丝在进入熔池之前由加热电源对其通电，依靠焊丝的电阻热将其预热，但不产生电弧，焊丝与焊件之间呈无弧的填敷过程，不受电弧热（电弧用于熔化母材金属）影响，焊丝加热后以与焊件成 40°~60°夹角，从电弧后面插入熔池，熔化后与熔池金属形成焊缝，这样在相同焊接电流下能够获得高的熔敷率，从而提高焊接速度。热丝 TIG 焊原理如图 2-9 所示。

热丝 TIG 焊时，由于流过电流的热丝与 TIG 电弧距离很小，流过热丝的电流所产生的磁场会使 TIG 电弧产生磁偏吹，从而影响热丝 TIG 焊过程的稳定性。为了克服磁偏吹，用交流电源加热填充焊丝，或采用脉冲调制，使 TIG 电弧和热丝电流峰值相互交替，以减少磁偏吹，保证了热丝 TIG 焊有良好的工艺性能。

热丝 TIG 焊能够大大提高焊丝的熔敷率，焊丝熔敷速度可提高 1~4 倍，熔池的输入热量相对减小，因此焊接过程热影响区变窄，这对热输入敏感的材料焊接具有重要的意义。有利于提高这些材料的焊接质量。已成功用于碳钢、低合金高强度结构钢、不锈钢、镍和钛等的焊接。

热丝 TIG 焊由于效率高，在一般情况下都能提高生产效益。通常可以提高焊接速度 3~5 倍，因此可以应用于快速焊的生产线上。

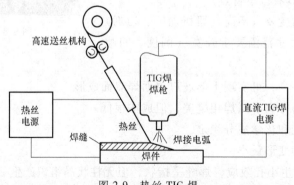

图 2-9　热丝 TIG 焊

2.2.2 热丝 TIG 焊的特点

（1）焊丝的熔敷系数高 热丝 TIG 焊的最大特点是焊丝的熔敷系数高，其熔敷系数最大能为冷丝 TIG 焊的 5 倍，如图 2-10 所示。当 TIG 焊电弧能量为 4kW（电流 330A，电压 12V）时，冷丝 TIG 焊最大熔敷系数为 1.362kg/h，而热丝 TIG 焊可达到 3.632kg/h，如果采取摆动方式填丝，熔敷系数还可进一步提高。热丝 TIG 焊甚至可与熔化极气体保护焊的熔敷系数相媲美，例如在管道焊接中熔敷系数和焊接速度接近于 MIG 焊，大大高于冷丝 TIG 焊。焊接速度和熔敷系数却比冷丝 TIG 焊提高了近 4 倍。当然，在实际应用时并不需要如此大的熔敷系数，但是熔敷系数这一突破无疑对提高生产率有着重要的影响。

热丝 TIG 焊的熔敷速度较冷丝 TIG 焊提高 2 倍以上。

（2）热输入低，焊接热影响区窄 与冷丝相比较，它的热输入较均匀，热影响区小，可有效降低焊接接头的冷脆性。热丝 TIG 焊与冷丝 TIG 焊、熔化极气体保护焊的焊接热输入比较见表 2-7。因为热丝 TIG 焊焊接电弧主要用于熔化母材，形成熔池，而焊丝靠本身的热丝电源加热，热丝熔化所需能量的 85% 是由电流供给的，15% 由电弧提供。因此在较低的焊接热输入下，其焊接速度已达到或超过普通熔化极气体保护焊水平。例如，TIG 焊电弧能量 5850W（电流 450A、电压 13V）时熔敷系数达 5.45kg/h。热丝 TIG 焊的总能量约为熔化极气体保护焊的 80%。从表

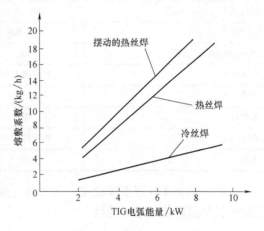

图 2-10 热丝 TIG 焊和冷丝 TIG 焊的熔敷系数

2-7 中可以看出，在热丝 TIG 焊 5.45kg/h 的熔敷率下，熔敷金属所需能量为 1366W/(h·kg)，较 MIG 焊少，不足冷丝 TIG 焊的 1/2。焊接过程中，熔池的热输入相对减少，因此，使得焊接热影响区变窄，这对某些热输入敏感的材料焊接具有更为重要的意义，有利于提高这些材料的接头质量。

表 2-7 几种焊接方法的焊接热输入比较

焊接方法	熔敷系数/(kg/h)	电弧电流 I/A	电弧能量 P/W	热丝能量 E/W	总能量 Q/W	熔敷金属所需能量/[W/(h·kg)]
MIG 焊	5.45	350	9480	—	9480	1740
热丝 TIG 焊	5.45	450	5850	1600	7450	1366
冷丝 TIG 焊	1.36	350	4200		4200	3084

（3）可以单独调节电弧电流和热丝电流 由于分别调节 TIG 焊电弧电流和热丝电流，焊接参数选择范围较广。电弧功率和送丝速度分别控制，能够准确控制焊缝余高和最终的焊缝成形。

（4）焊缝力学性能优良 焊丝表面的水分、油、锈是造成焊缝产生气孔的主要原因，通常情况下，增加焊丝送丝速度会加剧气孔产生，但对热丝 TIG 焊来说，在较宽的焊接范围

内却不会出现气孔。这是由于当焊丝接近于熔池时，其伸出长度上的电阻热已将焊丝表面的易挥发物去除干净，因此热丝 TIG 焊还能有效消除焊缝气孔，提高焊接质量。一般情况下，熔敷系数高，焊缝韧性会下降。但是，通过调整焊接设备和焊接工艺，热丝 TIG 焊焊缝性能得以改善。在焊接低合金高强度钢时，当熔敷系数为 3.5~5.5 kg/h 时，其焊缝性能与常规冷丝 TIG 焊焊缝性能相当，甚至优于冷丝 TIG 焊焊缝性能。因此，热丝 TIG 焊具有在较宽熔敷系数范围内焊接高质量焊缝的能力。表 2-8 为三种焊接方法的焊接参数和焊缝质量对比。

表 2-8 三种焊接方法的焊接参数和焊缝质量对比

焊接参数 \ 焊接方法	MIG 焊	热丝 TIG 焊	普通 TIG 焊
电流(A)/电压(V)	350/26	350/14	350/13
焊接速度/(mm/min)	304~381	304~381	127~203
熔敷速度/(kg/h)	4.5~5.5	5.0~7.3	0.9~1.8
25mm 厚板的焊道数	15	12	15
焊缝质量	焊丝脏时有气孔	无气孔	少量气孔
焊缝成形	一般	优良	好
未焊透	有	无	有
热输入	调节范围小	可调节	可调节
飞溅	有	无	无

总之，热丝 TIG 焊电弧稳定、无飞溅，焊缝成形美观，可显著减少焊缝咬边概率，明显提高钨极氩弧焊的工艺灵活性。

2.2.3 热丝 TIG 焊在管道焊接中的应用

普通的 TIG 焊由于具有焊缝成形好且致密的优点，因而在生产中得到广泛的应用。但随着工业生产的发展，各种大直径、厚壁及特种材料的焊管大量出现，普通 TIG 焊因存在熔敷效率低、焊接速度慢、热影响区大的弱点，已不能满足生产的要求。现在，一种控制精确，高效、优质，具有普通 TIG 焊诸多优点的焊接新工艺——热丝 TIG 焊接工艺的出现，使 TIG 焊工艺产生了一个飞跃。

1. 热丝 TIG 焊全位置自动管焊机结构特点

（1）焊机的结构 热丝 TIG 焊全位置管焊机焊接系统由五部分组成：晶体管焊接电源；负载持续率为 100% 的 140A 逆变焊丝加热电源；双内循环水冷却系统；反应灵敏，具有弧长控制和横摆功能的焊接机头（小车式）；以及可联机或脱机使用的便携式计算机、打印机。此外，焊机还可选配工业摄像监控系统和实时监控系统。焊机的结构示意图如图 2-11 所示。

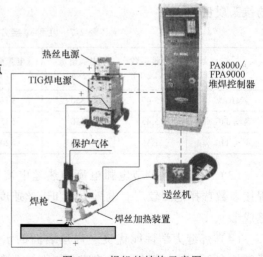

图 2-11 焊机的结构示意图

（2）焊机的特点　电源能实现 TIG 焊或 T1G 热丝焊；可高效监测焊接电流，并能闭环监控全部运动功能；可脱机编程，也可与焊机内计算机联机编程，实现人机对话；焊接过程和所有参数都由计算机实现精确控制，保证焊接参数在不同焊接部位连续改变，确保焊缝连续、优质；可选用脉冲或非脉冲焊接，在焊接主脉冲上还可叠加高频脉冲，其频率在 500～10000Hz 可调；焊接机头具有弧长控制和横向摆动功能，有利于获得良好的焊缝成形，机头上设置有焊丝加热装置和高速送丝机，大大提高了焊接效率。

2. 焊接工艺

在选择焊接参数时应考虑以下因素：

1）焊接热输入的选择对于焊接接头的使用性能至关重要。特别是在焊接中、高合金钢材料时，应首先确定被焊材料的焊接热输入允许范围。例如在焊接 A335—P91 钢时，焊接热输入不应大于 25kJ/cm，否则会造成焊接接头冲击韧度大大降低。

2）在进行全位置焊接时，要求焊接参数尤其是焊接电流应根据焊接位置不同而改变。当焊接机头旋转到管子的上坡区域时（即时钟的 7～10 点钟位置），重力对熔池产生影响，使熔池液态金属朝与焊接方向相反处流动，很难维持熔池的稳定性，造成熔池流淌。应控制好焊丝加热电源，热输入不能过大。当机头开始爬升时，应稍微调低焊接电流。

3）由于管道壁厚一般较大，大多采用多层焊，且焊接时要求前一层焊缝表面呈凹形最好，否则后层焊道质量不易保证。因此选择的焊接参数应能保证该焊层的外观成形，避免产生焊接缺陷。

在焊接材质为 20 钢管时，其坡口形式为 U 形，如图 2-12 所示。选用直径为 1.2mm 的 ER49-1 焊丝，保护气体为 99.99%（体积分数）的纯氩，进行冷、热丝 TIG 焊，焊接参数见表 2-9。

在冷丝焊过程中，打底、第一层填充采用脉动送丝，使打底层焊缝充分熔透，又可避免过大的热输入使焊缝成形变坏。填充二至三层时，电弧在焊缝两侧停留时间应较长，使熔敷金属与焊缝侧壁充分熔合，而盖面时两侧停留时间适当缩短。第一层填充时在侧壁停留时间不能太长，这是因为底层焊道较薄易造成烧穿等缺陷。由于总的热输入不高，在接头的不同空间位置焊接参数可以不用改变。

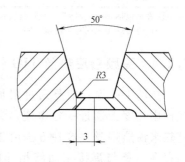

图 2-12　坡口形式

热丝焊送丝速度达到 635mm/min 以上时，接通热丝电源主回路。由于熔敷率的提高，送丝速度在填充第二层时为冷丝的 2 倍以上。可以看出，焊接一个接头的时间由冷丝的 79min 缩短至 67min，热丝用时只占冷丝用时的 77%。而对焊接熔敷时间（填丝时间）而言，将冷丝填丝的 52min 缩短至 34min，热丝用时占冷丝用时的 65%。因此热丝焊不仅可以缩短焊接时间，同时也降低了氩气的消耗。对厚壁管焊接时，热丝的优越性更为突出。

热丝 TIG 焊焊接外径 168mm、壁厚 12mm 的低碳钢管和不锈钢管与进行冷丝焊时的焊接参数对比，其结果见表 2-10。坡口形式为 U 形。保护气体为 99.99%（体积分数）的纯氩。

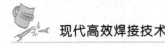

表 2-9　20 钢管冷/热丝 TIG 焊焊接参数

焊接参数		冷丝焊					热丝焊			
		打底	第一层填丝	第二层填丝	第三层填丝	盖面	打底	第一层填丝	第二层填丝	盖面
电弧电压/V		10.3	9.9	9.8	9.8	9.9	10.3	9.9	9.8	9.9
焊接电流	峰值/A	120	124	145	145	145	120	124	145	115
	时间/s	0.6	0.6	0.6	0.6		0.6	0.6	0.6	
	低值/A	65	70	120	120	115	65	70	120	115
	时间/s	0.4	0.4	0.4	0.1		0.4	0.4	0.1	
行走速度/(mm/min)		230	102	41	11	36	230	102	11	36
送丝速度/(mm/min)		356	635	483	483	660	356	635	1143	676
摆动频率/(次/min)		—	50	45	45	45	—	50	15	45
侧边停留时间/s			0.4	0.7	0.7	0.5		0.1	0.7	0.5
热丝电流/A							0	0	80	0
焊接时间		7min10s	15min10s	18min20s	18min20s	20min40s	7min10s	15min10s	18min20s	20min40s

表 2-10　碳钢管和不锈钢管冷丝、热丝全位置 TIG 焊焊接参数比较

焊接参数	全位置 TIG 焊冷丝	全位置 TIG 焊热丝	
管子材料	低碳钢	低碳钢	不锈钢(12Cr19Ni9)
焊道数[①]	8~9	6~7	5~6
打底时间/min[①]	9~11	3~4	3~4
填充时间/min[①]	11~13	4~5	3~4
盖面时间/min[①]	15~18	5~7	5~7
填充焊道参数实例(焊丝直径 0.8mm)			
焊接电流/A	130	260	260
焊接速度/(mm/min)	40~50	160~180	210~240
送丝速度/(m/min)	1	4.5~5	5.5~6.5

①　表示包括预送气时间、引弧时间以及焊完一层焊道后保护气体的维持时间，但不包括绕带时间、更换钨极时间及焊道与焊道之间等待降温时间。

2.2.4　高频感应热丝 TIG 焊

热丝 TIG 焊一般是通过附加预热电源，在焊丝伸出长度上通过一定电流，利用焊丝自身电阻产热来预热焊丝。这种方法由于在焊件和焊丝之间存在一条与焊接主回路相邻的热丝电流回路，产生的磁场相互影响，对电弧产生干扰，焊接电弧受到磁场洛仑兹力的作用而产生磁偏吹，对焊缝形状和电弧的准确定位产生不利的影响，磁偏

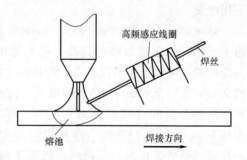

图 2-13　高频感应热丝 TIG 焊的原理

吹严重时甚至不能焊接；再者，对铝及铝合金等电阻率较低的焊丝，电阻加热效率低，焊丝很难达到合适的温度，因而一般热丝 TIG 焊不适合 Al、Cu 等合金的焊接。

高频感应热丝 TIG 焊是采用高频感应加热设备，借助高频交变的电磁场，在焊丝表面近

层形成高密度的涡流，从而加热焊丝。图 2-13 是高频感应热丝 TIG 焊的原理图。与利用焊丝伸出长度上的电阻热的热丝 TIG 焊相比，高频感应热丝 TIG 焊最突出的特点：一是没有旁路电流磁场干扰，消除了电弧磁偏吹现象；二是高频感应加热效率高，加热速度快。一般利用焊丝伸出长度上的电阻热的 TIG 焊送丝速度通常为 1~3m/min，而高频感应热丝 TIG 焊送丝速度可达 6~10m/min，这较常规 TIG 焊提高了 3 倍以上，大大提高了焊接效率。并且适用于各种金属材质的焊丝，特别是低电阻率焊丝的加热。通过对高频输出电流的控制可以精确地控制焊丝的温度，当送丝速度为 6m/min 时，焊丝最高温度达 450℃，当送丝速度高达 10m/min 时，焊丝的温度也接近 300℃，完全满足热丝焊对焊丝温度的要求。通过改变输出振荡频率，利用高频感应集肤效应，可以控制感应加热的深度。

2.2.5　高频振动送丝式热丝 TIG 焊

高频振动送丝式热丝 TIG 焊（TIP TIG 焊）新技术由奥地利发明并于 1999 年申请专利。该技术在欧洲及北美等工业发达国家已得到广泛应用。

1. TIP TIG 焊原理

TIP TIG 焊工作原理如图 2-14 所示。

TIP TIG 焊采用了独特的高频振动自动送丝机构，在实现自动送丝的同时，并以每分钟上千次的频率高频线性振动。

焊丝的高频往复运动，促使熔滴主动脱离焊丝进而过渡到熔池中。与此同时，高频振动的动能通过焊丝，经熔滴传递给焊接熔池，从而对熔池液态金属产生了强有力的搅拌作用，改善了焊接冶金效果，有利于熔池内气孔、夹杂的逸出，TIP TIG 焊时保护气体均采用氩气，使得其体现出 TIG 焊的优质、MIG 焊的高效的技术特点。另外，TIP TIG 焊

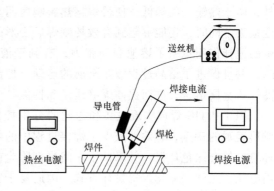

图 2-14　TIP TIG 焊的工作原理

接设备还具备热丝功能，实现对送入熔池焊丝的先行加热，这不仅可以明显改善熔敷率，进一步提高焊接效率，并且调整了焊接熔池的热输入，加快了填充焊丝的熔化速度，无论是对焊接速度，还是对焊接质量都产生了显著影响，并且降低了母材的稀释率。此外，该技术设备简单、操作方便，易于与机械手匹配，实现自动化。

2. TIP TIG 焊的焊接系统组成

TIP TIG 焊的焊接系统主要由焊接电源、振动送丝机构及焊枪组成。该设备采用全数字化控制方式，操作简单、工作稳定，并集焊枪循环冷却功能于一体。由于 TIP TIG 焊接电源设计内在的集成和受控性，控制反馈系统参数少，适用于自动化焊接，在机器人自动化焊机应用方面具备很大潜能。

送丝是焊接过程中非常重要的环节，TIP TIG 焊采用了四辊送丝装置及送丝系统一体化的焊枪，实现了送丝的自动化。更为关键的是，TIP TIG 焊送丝机构在实现自动送丝的同时，附加了高频往返机械运动。由 TIP TIG 焊送丝机构送出焊丝的速度可表达为

$$\vec{v}(t) = \vec{v}_0 + \frac{\vec{F}(t)}{m}t$$

式中，$v(t)$ 为 TIP TIG 焊丝总体速度；v_0 为独立可调的四辊驱动、稳步向前的焊丝送进速度；$F(t)$ 为实现 TIP TIG 送丝机往复运动、方向周期性改变的力；m 为装有焊丝的送丝机构整体质量。

由此可知，TIP TIG 高频往复运动送丝机构使稳步向前送给的焊丝同时具备了高频线性振动功能，从而对焊接效率及焊接质量都产生了有益影响。

3. TIP TIG 焊特点及应用

TIP TIG 焊接新技术独特的送丝机构、专利保护的焊枪设计以及热丝功能，决定了 TIP TIG 焊的优质、高效技术特点。TIP TIG 焊的焊接电流范围大（5~500A），焊接速度与脉冲 MIG 焊相近（手持式操作即能达到 80cm/min），为传统 TIG 焊的 3~5 倍。

TIP TIG 焊焊接时，焊丝的高频振动有利于熔滴过渡，有利于焊丝的高速送进。大幅增加熔敷效率，从而为大焊接电流（5~500A）创造了条件，使焊接速度大幅提高（常规 TIG 焊焊接速度为 5~20cm/min，而 TIP TIG 焊可达 30~100cm/min）。较高的焊接速度一方面降低了对母材金属的热输入，还有利于焊缝的快速冷却成形，防止了焊缝金属的过度氧化。此外，由于热输入的降低，使得焊接热影响区明显减小，这不仅有利于减小母材金属焊后的强度损失，同时，还能够起到有效控制焊后变形的作用。并且高频振动的焊丝对焊接熔池所产生的搅拌作用克服了熔池表面张力，有利于液态金属中气体、夹杂的溢出，减少了焊接缺陷，并且促进了结晶过程液态金属的运动，控制焊接结晶过程，起到改善焊缝金属冶金、提高焊缝金属熔合，进而提高焊缝质量和性能。

因 TIP TIG 焊可实现电弧和送丝的分别控制，焊接缺陷少。且 TIP TIG 焊具有无飞溅、成形美观的特点，有效地减少了焊接过程中的烟雾及焊后打磨的粉尘污染，大大改善了作业环境，符合绿色环保，并降低了车间排烟除尘的设备成本开支。TIP TIG 焊操作简单，并采用电弧、送丝一体化焊枪设计方式，因此易于实现自动化焊接。

因 TIP TIG 焊同时具备 TIG 优质、MIG 高效的双重特点，已引起了广泛关注。该技术在 NASA、西门子、西屋电气等国际知名机构和企业都得到了很大程度的应用。主要集中应用于航天、核电等对焊接质量要求较高的行业。中国海洋石油工程股份有限公司于 2011 年年初引进了此技术，实现了深海复合管线焊接技术方面的重大突破，现已成功地用于我国南海首条复合管天然气管线的铺设。

4. TIP TIG 焊工艺

在 TIP TIG 焊接系统中，除焊接电流和与之相匹配的送丝速度是影响焊接质量的关键因素之外，图 2-15 所示的钨极长度 L_1、焊丝伸出长度 L_2、焊丝与钨极间的距离 D，以及工作时焊枪的角度，同样会影响焊接稳定性，进而成为影响焊接质量的决定性因素。在焊接前，首先将钨极伸长到适合焊接及观察熔池的长度，并将导电嘴调整到适合焊接的位置，检查焊丝到钨极的距离，并确保焊丝通过钨极的中心。焊接操作时，确保焊丝能与熔池接触，并使焊丝与焊缝保持一定角度。图 2-16 所示为 TIP TIG 自动焊的操作。

由于 TIP TIG 焊具有优质、高效的技术特点，在铝合金 TIP TIG 焊时焊接速度与 MIG 焊相近，可达 60cm/min，且焊接过程连续，焊缝表面光滑。更为关键的是，TIP TIG 焊焊接铝合金时，高频振动的焊丝对熔池产生搅动作用，这一方面有助于提高熔池的冶金效果，同时促使液态金属中气体、夹杂的溢出，有利于铝合金焊接质量的大幅提升，具有无飞溅、焊缝质量优良、外观成形美观的技术特点。TIP TIG 焊焊接速度较高，热输入相对较小，有利于解决不锈钢骨架 MAG 焊后变形严重的问题，以及能够减少不锈钢 MAG 焊后大量飞溅的清理、打磨工作。

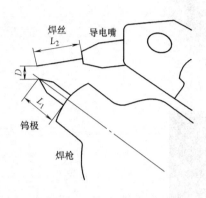

图 2-15　焊枪与热丝导电嘴的位置

图 2-16　TIP TIG 自动焊的操作

　　TIP TIG 焊焊接技术首次将高频振动送丝与钨极电弧结合在一起，可以实现很高的焊接速度、较低的热输入，良好的焊接冶金控制，很好地实现了优质和高效的结合。并且 TIP TIG 焊具有操作简单、设备投资少、易于实现自动化和工艺重复性好的优点。

2.3　超声-TIG 复合焊

　　超声-TIG 复合焊接系统，其装置如图 2-17 所示，由超声波发生器、TIG 焊电源和焊枪三部分组成。TIG 焊电源可以采用直流，也可以采用脉冲电源。超声-TIG 复合焊焊枪由压电陶瓷换能器、超声变幅杆、钨极导电杆、陶瓷喷嘴、保护气体和水冷装置等组成。通过超声振动系统产生超声波，并通过机械装置与焊接电弧耦合，作用于熔池和电弧。超声振动系统可输出最大功率为 300W、工作频率为 20kHz 的超声能量。TIG 焊焊接电源提供稳定的焊接过程。通过机械耦合方式，将超声能量最终耦合到焊接电弧上。与普通焊

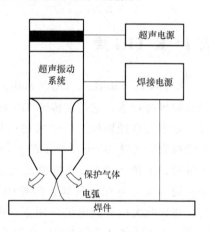

图 2-17　超声-TIG 复合焊的工作原理

接电弧相比，复合电弧具有某些超声特性是该系统的一大特色，超声波使电弧压缩，提高了电弧挺度，使熔深明显增加，深宽比增大，使焊缝的力学性能明显提高。304（06Cr19Ni10）不锈钢的超声-TIG 焊，施加超声后熔深增加，深宽比增大，焊缝组织由粗大的柱状晶转变为细小的树枝晶和等轴晶，熔合区的组织更加均匀，如图 2-18 所示。因此，超声-TIG 焊的焊接方法在改善焊缝成形、提高焊接质量和效率等方面有着很大的优势。

　　该方法能够在相对较小的焊接电流下获得较高的电弧压力，增加焊接熔深的同时，不会导致因焊接热输入增加而导致焊接组织粗大及焊缝性能下降等缺陷。

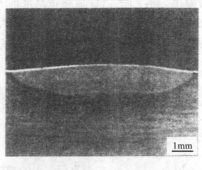

a)

b)

图 2-18 普通 TIG 焊与超声-TIG 复合焊焊缝宏观形貌对照

a）普通 TIG 焊 b）超声-TIG 焊

2.4 K-TIG 焊

K-TIG 焊（Keyhole TIG Welding）是近年来推出的一种新型高效焊接技术，它是在传统 TIG 焊的基础上，通过焊枪的设计，采用大直径钨极，一般采用的钨极直径在 6mm 以上，甚至钨极直径可达 10mm。为了防止钨极烧损过快，其端部为平顶锥形，锥角为 60°；焊接电流大于 300A，甚至可达近千安培；通入大流量保护气体；焊枪采用水冷或冷却液冷却。因而，在如此大的焊接电流作用下，电弧电磁收缩力大大提高，K-TIG 焊电弧在电磁收缩效应和热收缩效应的共同作用下，使电弧具有很高的挺度和冲击力，形成小孔，实现穿孔型焊接。K-TIG 焊焊枪如图 2-19 所示。

该方法的特点是，采用 I 形坡口，最大焊件厚度可以达到 16mm。焊接速度能达到 300～1000mm/min，焊缝组织和接头的力学性能优于传统 TIG 焊。

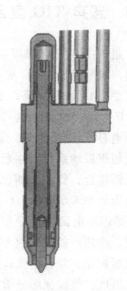

图 2-19 K-TIG 焊焊枪

由于 K-TIG 焊为自由电弧，不像等离子弧受喷嘴孔径的限制，焊接过程中不会产生双弧，所以，即使在大电流下焊接，焊接过程也非常稳定。该种方法主要用于自动焊。

K-TIG 焊适于焊接不锈钢、钛合金及锆合金等金属，不适于焊接热导率过高的铜合金及铝合金等金属，因为焊接时小孔底部过宽，焊接熔池不能稳定存在。

2.5 TIG-MIG 焊

大电流 MIG 焊存在两个难以解决的问题：一是当焊接电流增大时，焊丝熔化量相应增加，熔池中熔化金属量增多，阻碍了电弧对母材的直接加热及机械力的作用，熔深的增加受到了限制；二是焊接过程中 MIG 焊电弧易受到不可控磁偏吹的影响，电弧燃烧不稳定，这会对 MIG 单面焊双面成形的闭环控制产生不利影响。针对这些问题，焊接工作者提出了单电源 TIG-MIG 串联电弧焊接方法。单电源 TIG-MIG 串联电弧焊，采用一台平特性电源供电，电源的正负极分别接在 MIG 焊枪的导电嘴和 TIG 焊枪的钨极上，分别在 MIG 焊丝与焊件、钨极与焊件之间形成 MIG 和 TIG 电弧。

TIG 电弧对熔池有预热作用，增加了焊接热输入，增加了熔深。大庆石油化工总厂机修厂在铝料仓的纵、环缝焊接中，采用了 MIG-TIG 电弧内外侧同步焊技术，实践证明采用熔化极内外侧半同步自动氩弧焊方法，提高了生产效率，保证了焊接质量，节省了焊接材料。

TIG-MIG 焊的特点：可以显著增加焊缝的熔深，提高生产率；焊件变形小；由于焊件不接焊接电源，电流流向一定，电弧磁偏吹方向恒定，焊接中抗干扰能力增加，也为外加磁场控制单面焊双面成形及焊缝熔深控制提供了有利条件；该方法的不足在于最佳焊接参数的范围较窄，焊接位置的可达性差。

第 3 章

高效高熔敷率和低热输入熔化极气体保护焊

3.1 高效 MIG/MAG 焊概述

常规的 MIG/MAG 焊接方法的效率比传统的焊条电弧焊高 3~4 倍，因此，通常将 MIG/MAG 焊视作高效焊接方法。随着工业的发展，要求焊接生产企业不断地改进焊接生产过程，提高效率。尽管在材料加工领域，常规 MIG/MAG 焊的应用比例已经达到全部焊接工作量的 1/3~2/3，但 MIG/MAG 焊的效率与其他高效焊接方法相比尚有一定的差距，例如，埋弧焊的熔敷率大大高于常规的 MIG/MAG 焊接方法。这就阻碍了 MIG/MAG 焊的扩大应用和开辟新的应用领域。鉴于 MIG/MAG 焊具有工艺适应性强、操作简便、易于实现机械化和自动化等一系列优点，特别是焊接成本低，经济效益好，具有较大的吸引力。通过对 MIG/MAG 焊电弧和熔滴过渡的深入研究，MIG/MAG 焊电源和设备的改进，优质焊丝的开发和保护气体配比的优化，使 MIG/MAG 焊的熔化率超越了原有的极限，并对高效 MIG/MAG 焊赋予了全新的概念。国际上对高效 MIG/MAG 焊提出了新的定义，即送丝速度超过 15m/min、熔敷率大于 8kg/h 的 MIG/MAG 焊称为高效 MIG/MAG 焊，某些高效 MIG/MAG 焊的最高熔敷率可达 20kg/h。

在实际生产中，高效 MIG/MAG 焊可用于半自动焊和全自动焊。全自动焊可充分发挥高效 MIG/MAG 焊的优势，采用比半自动焊高得多的电弧功率，选用旋转电弧过渡的高焊接参数，充分利用旋转电弧射流过渡的高效率，最高焊接速度可达 200m/h。而半自动焊的焊接速度受到操作者操作技术的影响，最高焊接速度可达 36m/h，而且可选用的焊接参数只能局限于常规的喷射过渡或短路过渡的范围。

3.1.1 提高 MIG/MAG 焊效率的方法

一般认为，高效弧焊方法包括提高焊接熔敷率、提高焊接速度以及降低焊缝金属填充量等，其中提高焊接速度针对薄板焊接，旨在确保焊接质量的同时，增加单道焊缝的焊接速度，高熔敷率焊接工艺主要针对厚板焊接，它能够减少厚板焊接的层数和降低焊缝金属填充量。为提高焊接速度，基本的出发点是在速度提高的同时增大焊接电流，以维持热输入大致不变。但是，实践表明，简单地通过提高焊接电流并不能实现稳定的高速焊接。焊接速度的提高会带来一些与常规速度焊接时不同的问题。其中最主要的是焊缝成形差，出现焊道咬边的现象，速度进一步提高时出现所谓"驼峰"焊道，甚至造成焊缝不连续。这是由于在高速焊接条件下，熔池的行为是由不同的特点造成的。一般来说，咬边总是先于"驼峰"出现，所以，如何解决高速焊接时焊缝出现咬边的问题，是大幅度提高焊接生产效率的关键。

提高 MIG/MAG 焊的效率除了合理设计坡口形式和采用窄间隙焊技术以外，主要是提高焊丝的熔化率，以加快焊接速度，增大焊接效率。提高焊丝熔化率的方法有以下几种。

1. 加大焊丝伸出长度

在 MIG/MAG 焊中，焊丝的熔化主要是利用两种不同的热源：一种是电流通过焊丝伸出长度时产生的电阻热；另一种是电弧的热量。焊接电流通过焊丝伸出长度时产生电阻热，电阻热的大小取决于焊接电流、焊丝直径和焊丝伸出长度。焊丝直径越小，电流密度越高，焊丝伸出长度上的电阻热越大，焊丝的熔化速度越快。如焊接参数和焊丝直径保持不变，焊丝伸出长度从 10mm 加大到 100mm，焊丝的熔化率可增加 3 倍。在药芯焊丝 MAG 焊中，加大焊丝伸出长度也可成倍地提高焊丝的熔化率。然而在实际焊接中，不可能无限制地利用加大焊丝伸出长度来提高焊接效率。过长的焊丝伸出长度不仅使焊丝的导向失稳，而且还会减弱气体的有效保护，使焊接过程不稳定。

2. 提高电弧的热功率

MIG/MAG 焊时，电弧的热量主要取决于焊接电参数，如焊接电流、电弧电压以及保护气体的物理特性。电弧的热量与焊接电流的平方成正比关系。在常规 MIG/MAG 焊中，为保持稳定的焊接过程，焊接电流与电弧电压有严格的匹配关系。随着焊接电流的提高、电弧电压的改变，熔滴过渡的形式也发生转变。在保证焊缝成形良好的前提下，喷射过渡的极限电流为 400A，如图 3-1 所示。在高效 MIG/MAG 焊中，通过综合利用多元保护气体的物理特性和适度加大焊丝伸出长度，可极大地提高焊丝的熔化速度，熔滴的过渡也发生质的变化。

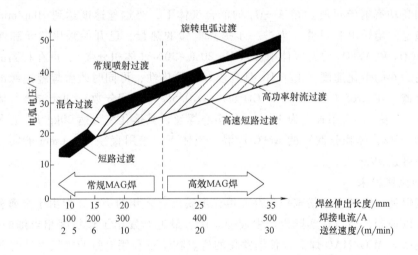

图 3-1　MIG/MAG 焊熔滴过渡形式与焊接参数的关系

由图 3-1 的关系曲线可见，在富 Ar 的混合气体下，采用直径为 1.2mm 的实心焊丝，送丝速度超过 15m/min，焊接电流大于 350A，电弧电压高于 26V 则进入高效 MAG 焊接区。当其他焊接参数保持不变，焊丝伸出长度为 22～35mm，焊接电流为 350～500A，相应的电弧电压为 26～45V，则实现高速短路过渡。这种过渡的特点是短路—燃弧周期性交替，而短路时间相当短，过渡频率相当高，可以达到相当高的焊接效率，并能形成深而宽的焊缝，完全不同于常规短路过渡的焊缝成形。当焊接电流超过 400A、电弧电压大于 38V，焊丝伸出长度在 25mm 以上，则会产生高功率射流过渡。在这种焊接条件下，焊丝端部处于液态的长度

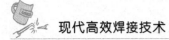

增大，电弧受到周围磁场的压缩而变窄，同时电弧的推力加大，结果使熔池形状变得窄而深。由于这种过渡形式对焊丝伸出长度的变化相当敏感，可能会出现电弧失稳现象，所以在实际生产中应尽量避免采用高功率射流过渡。当电弧电压调整到 40V 以上，焊丝伸出长度大于 30mm，特别是在氩与氧混合气体保护下，焊丝端部液态射流的长度增加，在周围强磁场的作用下，焊丝端部偏离焊丝的轴线，产生径向位移而旋转，即出现旋转电弧射流过渡。这种射流速度是相当稳定的，并能达到 15kg/h 以上的高熔化率。由于电弧是旋转的，故可形成浅而宽的焊缝形状。

3. 优化焊丝与保护气体的组合

高效 MIG/MAG 焊可采用实心焊丝和药芯焊丝来完成。实心焊丝适用的直径为 1.0 ~ 1.2mm，过细的焊丝不能适应高速送丝；而直径大于 1.2mm 的焊丝，即使在大电流下也不易产生稳定的旋转电弧过渡。药芯焊丝可以采用 1.2~1.6mm 的直径，金属粉芯和造渣型药芯焊丝均可以提高焊接参数，实现高效 MAG 焊。尤其是金属粉芯焊丝，由于金属粉的填充率高达 45%，所以采用直径为 1.6mm 的金属粉芯焊丝，以 380A 和 38V 的焊接参数焊接时，其熔化率高达 9.6kg/h。金属粉芯焊丝的熔滴过渡与实心焊丝相似。药芯焊丝可以常规喷射过渡和高速短路过渡形式焊接，但不可能产生旋转电弧过渡。金红石型药芯焊丝的最高送丝速度可达 30m/min，碱性药芯焊丝送丝速度的上限为 45m/min，熔化率最高可达 20kg/h。在高效 MIG/MAG 焊中，最常用的保护气体为二元 Ar+CO_2 混合气体，由于 Ar 具有较高的电离电位而使电弧电压升高，增加了焊接电弧的能量。当以较高的电流焊接时，可产生常规的喷射过渡和高功率射流过渡。在 Ar+O_2 的混合气体下，当送丝速度达到 20m/min 时，则可产生相当稳定的旋转电弧过渡。为进一步提高电弧的热量，已开始采用三元和四元混合气体。在 Ar+CO_2 和 Ar+O_2 混合气体中加入 He 20%~30%（体积分数），可在相同的焊接参数下大大提高焊丝的熔化速度。由于 He 具有较好的导热性，可同时改善焊缝边缘的熔合并形成较宽的焊道。在 Ar65%+He26.5%+$CO_2$8% +$O_2$0.5%（体积分数）四元混合气体下（即所谓的 T. I. M. E. 法），采用直径为 1.2mm 的实心焊丝，其熔化率可达 20kg/h。在另一种加入微量 NO（0.03%，体积分数）的 Ar+CO_2 混合气体下，采用直径为 1.0mm 的实心焊丝，最高的熔化率可达 19kg/h。

4. 添加金属粉末

向焊接熔池中添加金属粉末作为补充填充金属已有多年的历史，但由于金属粉末添加量的一致性难以控制，所以在实际生产中较少应用。最近开发出了颗粒度相当细的金属粉末，并已成功地用于 MIG/MAG 焊。这种细铁粉的优点在于可利用电弧的机械力从焊丝的侧面加入，大部分吸附于焊丝的表面，这种细铁粉粉末不仅在电弧下熔化，而且在电弧弧柱的侧面就开始熔化。由于利用了电弧弧柱的侧面能量，电弧的热效率明显提高，可进一步提高 MIG/MAG 焊的效率，同时改善焊接接头的力学性能。

5. 采用多丝焊技术

多丝焊技术是同时采用两根或两根以上的焊丝进行焊接，可成倍提高焊接效率并改善焊缝的成形。在 MIG/MAG 焊中，最常用的多丝焊技术为双丝焊，基本上有两种工艺方案：一种是送丝机向同一个焊嘴送两根焊丝并由同一个电源供电；另一种是串列电弧法，送丝机分别向两个独立的焊嘴送丝并由两台电源分别供电。在共用同一个焊嘴的双丝 MIG/MAG 焊中，因两根焊丝由同一台电源供电，电弧电压必定是相同的。为充分利用双丝焊的特点，两根焊丝的送进速度可以是不同的。通常前置焊丝选择较高的送进速度，焊接电流较大，电弧较短，可产生较大的熔深；而后置焊丝的送进速度较慢，电弧较长，可形成较平坦的焊缝表面。焊丝之间的距离应调整在 4~9mm 之间。过小的焊丝间距将导致形成同一个电弧，并使电弧燃烧不稳定；过大的焊丝间距则会形成两个分离的熔池，焊接速度降低，使焊缝成形恶化。

双丝 MIG/MAG 焊同样可采用高效 MIG/MAG 焊的焊接参数，总的送丝速度可达 50m/min，最高熔化率可达 20kg/h 以上。在双丝串列 MIG/MAG 焊中，每根焊丝的电弧电压和送丝速度可分别作不同的调节，第一根焊丝的送进速度通常高于第二根焊丝，以获得成形良好的焊缝。

3.1.2 高效 MIG/MAG 焊焊接设备的构成

MIG/MAG 焊通过增长焊丝伸出长度，提高电弧功率，优化焊丝与保护气体组合和采用多丝焊接技术等，提高 MIG/MAG 焊的效率，从而产生高效 MIG/MAG 焊接法。高效 MIG/MAG 焊工艺对焊接设备提出了更高的要求，促进了半自动和自动 MIG/MAG 焊机向高功率、高性能和高质量方向发展。

高效 MIG/MAG 焊焊接设备主要由焊接电源、送丝机及焊枪构成，与普通 MIG/MAG 焊一样还包括送气系统。

1. 焊接电源

焊接电源的额定功率首先应当满足高效 MIG/MAG 焊电弧功率的需要，对于半自动高效 MIG/MAG 焊，焊接电源的额定电流应为 500A，负载持续率为 60%。对于全自动高效 MIG/MAG 焊，焊接电源的额定电流应提高到 630A，负载持续率应为 100%。高效 MIG/MAG 焊用焊接电源最好选用逆变型电源。逆变焊接电源的优点是质量轻、效率高、节能，而且对网路电压波动补偿性能优异，焊接参数的重复性好，焊接电弧稳定。通过调整焊接参数，实现不同的熔滴过渡形式。逆变电源及其控制系统对外部的干扰反应速度相当快，以使焊接电参数保持恒定不变，即使焊接回路的电缆长度成倍加长，也不会降低焊接电功率，这点对于高效 MIG/MAG 焊尤为重要。

2. 送丝机

在高效 MIG/MAG 焊中，送丝速度大大超过普通 MIG/MAG 焊，最高可达 30m/min，因此普通 MIG/MAG 焊机的送丝机已不能满足要求，为保证在高的送丝速度下的送丝稳定性，应当采用测速反馈控制的高功率送丝机。送丝轮应为双主动机构传动，即由两对前后送丝轮组成。送丝轮上的凹槽形状和尺寸应按焊丝的材质（钢、铝、不锈钢）和种类（实心、药芯、金属粉芯）合理设计或选配。对于软质焊丝，如铝丝和药芯焊丝，应采用带 V 形或 U 形槽的送丝轮，凹槽的尺寸按焊丝直径选取，以保证高速送丝时不至于压扁焊丝或打滑，达到稳速送丝。

3. 焊枪

高效 MIG/MAG 焊时，电弧的热量大大高于普通 MIG/MAG 焊，焊枪喷嘴的受热程度急剧增加，必须采用水冷焊枪，以便快速冷却焊枪喷嘴和导电嘴的积累热量，保证焊枪长时间工作时始终处于良好的状态。由于高效 MIG/MAG 焊的焊丝伸出长度较大，最长可达 35mm，故应采用经精心设计的喷嘴结构，保证在最大的焊丝伸出长度下有良好的气体保护。焊枪使

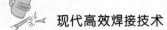

用过程中，应及时清理黏附在喷嘴内壁的飞溅也是十分重要的，以免造成喷嘴堵塞，气体保护效果不良或影响送丝的稳定性。

高熔敷率焊接工艺主要涉及焊接电源和送丝系统的改进、焊接材料的优化以及保护气体的合理选择等诸多方面。从技术角度和实际应用两方面来看，能够实现高熔敷率焊接的工艺有 T.I.M.E. 焊、LINFAST 焊、磁控高熔敷率焊接工艺、双丝熔化极气体保护焊等。

3.2 T.I.M.E 焊

T.I.M.E 是 Transferred Ionized Molten Energy 的字头缩写。T.I.M.E 焊是一种高效率、高熔敷率、低成本的焊接方法。T.I.M.E 焊于 20 世纪 80 年代研制成功，90 年代得到推广应用。

3.2.1 T.I.M.E 焊的基本原理

T.I.M.E 焊是在原有的 MIG 焊基础上，通过增大焊丝伸出长度，采用 T.I.M.E 气即四元保护气体和大的送丝速度，实现高速和高熔敷率的新焊接工艺。由于焊丝伸出长度增大，可充分利用焊丝伸出长度上的电阻热。T.I.M.E 焊应用的保护气体（体积分数）为 O_2 0.5%、CO_2 8%、He 26.5%、Ar 65%，此种四元保护气体称为 T.I.M.E 气体。通过增大送丝速度将焊丝熔敷率提高了 2~3 倍，其焊接过程如图 3-2 所示。在 T.I.M.E 气体中加入 CO_2 和 O_2 的目的是，CO_2 受热分解，对电弧有冷却作用，使电弧电压增高，同时它们均为氧化性气体，一方面降低了液态金属的黏度和表面张力，减少了熔滴尺寸，改善了焊缝金属的润湿性，另一方面又克服了电弧漂移现象，使得 T.I.M.E 焊在大电流下得到稳定的熔滴过渡，保证焊缝成形良好。在保护气体中加入了一定量的 He，He 为惰性气体，具有传热系数大的特点，和 Ar 气相比，加入了 He 的保护气体在相同的电弧长度下，电弧电压较高，电弧温度高，母材热输入大，同时改变了焊接电弧与液流

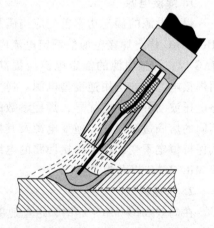

图 3-2 T.I.M.E. 焊的原理

束之间的相对位置和形态，使焊接电弧上爬，从而改变了液流束的受力状态，一方面使部分液流束被笼罩在电弧中，有利于液态金属过渡；另一方面，电弧上爬后，增大阳极斑点面积，作用力分散，同时蒸发、汽化对液流束形成的反作用力减弱。上述诸多方面因素联合作用的结果使得旋转喷射过渡的动力减弱，旋转速度减慢，使旋转喷射过渡的过程趋于稳定，如图 3-3 所示。焊接过程中飞溅减少，焊缝成形得到改善，从根本上解决了焊接电流"瓶颈"问题，从而实现了高熔敷率焊接。

与原有 MIG 焊相比，当送丝速度提高到 50m/min 时，熔滴过渡形式变为旋转喷射过渡，焊接过程稳定，焊缝成形由典型喷射过渡的指状熔深变为碗状熔深，减少了焊缝缺陷，改善了焊缝质量。

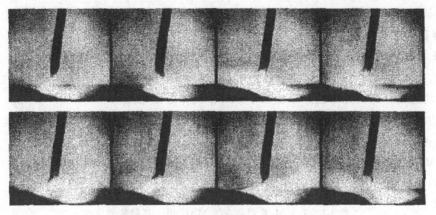

图 3-3　T. I. M. E 焊旋转喷射过渡过程

($v_f = 30\text{m/min}$，$I = 515\text{A}$，$U = 46\text{V}$)

3.2.2　T. I. M. E 焊的特点

1. T. I. M. E 焊的优点

（1）焊丝熔敷率高　与 MIG 焊相比，焊丝熔敷率提高了 2~3 倍，在平焊下焊丝熔敷率可达 10kg/h；在其他位置焊接时，熔敷率也可达 5kg/h。例如，MIG 焊时采用 ϕ1.6mm 焊丝，电流为 450A，送丝速度为 16m/min，熔敷率为 135g/min，而 T. I. M. E 焊时，采用 ϕ1.2mm 焊丝，电流为 700A，送丝速度提高到 50m/min，其熔敷率可达 500g/min。由于 T. I. M. E 焊采用大的伸出长度焊接，不仅提高了焊丝熔敷率，并且对于相同板厚的焊件可以减小坡口角度，因而在同样送丝速度下可以焊接更长的焊缝，减少了焊丝用量，提高了焊接速度，从而大大提高了焊接生产率。

（2）可控制熔滴过渡形式　在 T. I. M. E 焊时，可以进行短路过渡、喷射过渡和旋转喷射过渡，如图 3-4 所示。在小间隙下实现挺度好的喷射过渡，可实现全位置焊接。

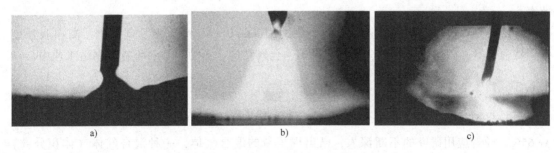

图 3-4　T. I. M. E 焊的熔滴过渡形式

a）短路过渡　b）喷射过渡　c）旋转喷射过渡

（3）焊缝质量好　用 T. I. M. E 焊对 HY80 钢进行全位置焊接试验，在熔敷金属中 P 的质量分数为 MAG 焊时的 60%~70%，S 的质量分数为 MAG 焊时的 65%~80%，提高了焊缝的低温冲击韧度。

（4）改善焊缝成形　由于采用四元保护气体，改善了焊缝成形，减少了未熔合、咬边等缺陷的发生率。在稳定的旋转喷射过渡形式下，焊缝可获得碗状熔深，防止未熔合缺陷的发生，焊缝力学性能好。此外，因为焊接速度高，热输入低，所以焊接变形小。

2. 存在的主要问题

1）T. I. M. E 焊时由于电弧热量高，因而其导电嘴和喷嘴必须采用水冷方式。

2）T. I. M. E 气体对各成分的配合比偏差要求很高，对于氧的质量分数最大允许偏差为 0.02%，其他成分最大允许偏差不能大于 ±4%，气体配比难度大。

3）由于采用大的送丝速度，为了避免送丝过程中的送丝速度波动，对焊丝质量要求高，要求焊丝表面具有很好的清洁度。

T. I. M. E 焊虽源于传统的 MAG 焊工艺，但又与后者有着明显的区别。两者的主要不同点见表 3-1。

表 3-1 T. I. M. E 焊与传统 MAG 焊一些参数的比较

焊接方法	保护气体		焊丝伸出长度/mm	送丝速度/(m/min)
T. I. M. E 焊	O_2 0.5%+CO_2 8%+He 26.5%+Ar 65%（体积分数）		20~35	0.5~50
传统 MAG 焊	Ar+CO_2/O_2		10~15	5~16
焊接方法	焊丝直径/mm	最大许用电流/A	最高送丝速度/(m/min)	最大熔敷率/(g/min)
T. I. M. E 焊	1.2	700	50	450
传统 MAG 焊	1.2	400	16	144

T. I. M. E 焊的弧长很长，电弧完全包围液流束，而且液流束较短。而常规大电流 MAG 焊的情况恰好相反，弧长很短，液流束较长且大部分不在电弧笼罩范围内。T. I. M. E 焊呈现可控、稳定的旋转喷射过渡，如图 3-4c 所示。焊接过程飞溅小，焊接烟尘少，焊缝平滑美观、余高小。而传统大电流 MAG 焊的熔滴过渡呈不规则的旋转喷射过渡，焊接过程极其不稳定，飞溅大、烟尘多、成形差，根本无法应用于生产。T. I. M. E 焊接工艺突破了传统 MAG 焊在大电流区间的瓶颈，开拓了 MAG 焊新的实用领域，大幅度地提高了焊接熔敷效率。

T. I. M. E 焊可以焊接低碳钢、低合金钢、细晶结构钢、耐热钢、低温钢、高屈服强度钢、特种钢等，已应用于船舶、潜艇、汽车、金属结构、压力容器、坦克等制造工业中。

3.2.3 T. I. M. E 焊工艺

（1）保护气体 T. I. M. E 气体的成分（体积分数）为 O_2 0.5%+CO_2 8%+He 26.5%+Ar 65%。随着应用研究的不断深入，已出现了新的混合气体，一种混合气体（体积分数）为：He 30%+$CO_2$10%+Ar 60%；另一种为：$CO_2$8%+Ar 92%+NO 0.03%。此外，还有 T. I. M. E II 气体，其成分（体积分数）为：O_2 2%+CO_2 25%+He 26.5%+Ar 46.5%，主要用于平对接接头的焊接。

（2）焊丝伸出长度 一般为 20~35mm。

（3）送丝速度 送丝速度一般为 2~50m/min，应用的最大送丝速度为 40m/min，实际工业应用中，一般送丝速度约为 25m/min。对于直径为 1.2mm 的焊丝，当送丝速度大于 28m/min 时，焊接电流为 700A，可获得稳定的旋转喷射过渡。

3.2.4　T.I.M.E 焊设备及对设备的要求

T.I.M.E　Synergic 焊机如图 3-5 所示，该焊机的技术参数为：焊接电流 3~450A；电弧电压 0~50V；负载持续率 100%；最大送丝速度 30m/min。

由于在 T.I.M.E 焊时，送丝速度大，一旦发生送丝速度的波动，必然会影响焊接过程的稳定性，从而影响焊接质量。为了防止上述现象的发生，要求 T.I.M.E 焊设备的送丝系统应具有保持送丝平稳的能力，即一旦发生送丝速度波动时，系统有使送丝速度快速恢复的能力。此外，当弧长变化时，焊接电源应具有快速调节能力，以保证焊接过程的稳定。

另外，实现 T.I.M.E 焊接工艺还需配以专用高性能恒压源，并具有电压反馈校正功能。T.I.M.E 焊所采用的焊丝表面应具有很小的表面粗糙度值，以增加电导率、减小送丝波动；送丝装置的电动机功率要适当增大，应具备送丝速度偏差的反馈校正功能。

根据以上要求，T.I.M.E 焊电源外特性应为恒压外特性，并且具有电压反馈校正功能，以保证电弧电压的变化量不大于 0.2V。

图 3-5　T.I.M.E Synergic 焊机

送丝系统应采用动态响应好的 PWM 控制，可以满足送丝系统对高速送丝调节的需要。该系统应能在 0.5~50m/min 范围内进行调节，并且应具备送丝速度偏差的反馈校正功能。

T.I.M.E 焊手持焊枪具有双路冷却系统和可调节导电嘴，电缆线长度有 3.5m 和 4.5m 两种。其外形和内部结构如图 3-6 所示。

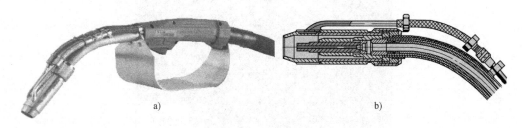

a)　　　　　　　　　　　　　　　b)

图 3-6　T.I.M.E 手持焊枪

a）外形　b）内部结构

3.3　LINFAST 焊接工艺

虽然 T.I.M.E 焊工艺在连续大电流区间可以获得稳定的旋转喷射过渡，但保护气体成分中含有较高比例的昂贵氦气，使其焊接成本较高，难以被普通用户所接受，不利于推广。所以，以无氦或少氦混合气体作保护实现高熔敷率焊接成为多元气体保护焊工艺的发展趋势。

LINFAST 焊接工艺由德国 LINDE 公司推出。它与 T. I. M. E 焊接方法相似，也是通过优化保护气体成分来改变电弧的物理特性，从而实现稳定的旋转喷射过程，其目的都在于提高焊接熔敷效率、改善焊接质量。

LINFAST 的基本思想建立在通过慎重添加活性气体 CO_2、O_2，使电弧类型得以控制，根据不同的焊接参数区间和不同的应用场合，选择不同的保护气体，以便进一步降低气体成本。例如，在较低送丝速度范围（15~20m/min）区间内，可采用 Ar82%~$CO_2$18%（体积分数）气体。如果为了提高焊缝的熔深，则可加入 20%~30%（体积分数）的氦气。当送丝速度超过 20m/min 时，可采用 CORGON He30 和 CORGON He25 混合气体，其成分见表 3-2。其中 CORGON He30 混合气体含较高的 CO_2，在送丝速度高达 27m/min 的情况下，也能可靠地控制喷射过渡电弧。

表 3-2 常用 LINFAST 保护气体成分　　　　　　　　　　　（体积分数:%）

气体类型	Ar	He	CO_2	O_2
CORGON He30	60	30	10	0
CORGON He25	71.9	25	0	3.1

图 3-7 为 LINFAST 焊与传统大电流 MAG 焊的角焊缝截面比较图。由图中可见，采用 LINFAST 焊接工艺，尽管电弧产生了旋转，但通过正确选择保护气体和焊接参数，仍能得到很深的焊缝，这与通常认为旋转电弧只能得到扁平盆状焊缝的说法不同，而采用传统大电流 MAG 焊工艺，尽管焊接参数得到了优化，但在高速喷射过渡电弧的情况下，横截面上仍能看到指状熔深。另外，LINFAST 焊接工艺电弧稳定且几乎没有飞溅。仅有少量焊渣覆盖在焊缝表面上。

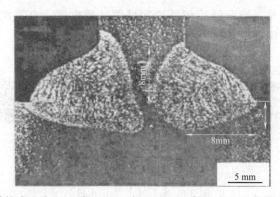

图 3-7 传统大电流 MAG 焊（左）与 LINFAST 焊（右）的角焊缝截面比较

3.4 RAPID ARC 焊接工艺

通过改变保护气体或焊丝成分来增加熔滴和熔池间的润湿性，从而可以避免在高速焊接时咬边现象的产生，得到性能良好的焊缝。实践表明，通过改变保护气体成分，对提高焊接速度会有一定的作用，其中比较成功的是瑞典 AGA 公司的 RAPID ARC 焊接法。

日本神户制钢推出了高速焊接专用焊丝 MIX—IPS，通过加入合金元素，降低了熔滴的表面张力和黏度，增强了其润湿性，通过焊丝表面处理等促进了电弧喷射过渡，与原来的焊丝相比，焊接速度提高了 0.5 倍以上。改变保护气体或焊丝成分的方式虽然可提高焊接速度，但是不可避免地会增加焊接成本。

瑞典的 AGA 公司通过改变保护气体的成分而研发了 RAPID ARC 工艺。该工艺采用高速送丝、大焊丝伸出长度和低氧化性气体 MISON（该公司专利产品），由于 MISON 气体增强了熔池润湿性，因而焊缝与母材过渡平滑，得到的焊缝平坦，可在 1~2m/min 的速度下进行焊接而不出现成形缺陷，通过合理匹配送丝速度、电弧电压、保护气体和焊丝伸出长度等焊接参数，RAPID ARC 焊接工艺可实现不同的熔滴过渡形式。这种焊接方法已经在欧洲得到成功推广。

T.I.M.E 焊、LINFAST 焊和瑞典 AGA 公司的 RAPID MELT 三种高熔敷效率焊接方法，使用的保护气体以及熔敷效率提高程度对比见表 3-3，供使用时参考。

表 3-3　三种高熔敷效率焊接方法的对比

焊接方法	保护气体（体积分数）	熔敷效率提高程度
加拿大 Weld Process 公司的 T.I.M.E 焊	Ar 65%+He 26.5%+$CO_2$8%+$O_2$0.5%	可采用 ϕ1.2mm 或 ϕ1.6mm 的细焊丝，500~700A 的大电流，焊丝伸出长度可达 35~40mm，送丝速度达 50m/min，熔敷效率是传统 MAG 焊的 3 倍
瑞典 AGA 公司的 RAPID MELT	MISON8 气体：$CO_2$8% + NO0.03% + Ar 平衡	喷射过渡熔敷效率提高到 10~20kg/h
德国林德公司的 LINFAST	主要气体为 He 30% + $CO_2$10% 或 He 25%+O_2 3.1%	提高焊接电弧的挺直度，使电弧收缩，熔深加大，同时对焊缝金属还有清洁作用

3.5　磁控大电流 MAG 焊

磁场控制高效 MAG 焊工艺是在传统 MAG 焊工艺的基础上，采用外加磁场控制器件，控制焊接过程中的熔滴过渡行为和焊接电弧形态，以实现在通常的保护气体保护下，在大电流焊接时获得稳定的旋转喷射过渡形式，使不稳定旋转喷射过渡得到有效的控制。磁场控制高效 MAG 焊设备简单，成本低，不需要采用特殊的三元或四元混合气体，具有较好的应用前景。对于直径为 1.2mm 的实心焊丝，普通 MAG 焊极限电流 280A 左右，送丝速度约 18m/min，焊丝熔化速率 9kg/h；而磁控大电流 MAG 焊，最大焊接电流可达 700A，送丝速度高达 50m/min，焊丝熔化速率 26kg/h，比普通 MAG 焊约高 3 倍。焊接过程稳定，熔滴过渡呈可控的锥状旋转喷射过渡，焊缝成形良好。

纵向磁场控制焊接电弧的基本原理如图 3-8 所示。由于带电粒子的扩散运动和熔滴的旋转喷射过渡将产生径向电流 I_r，I_r 在纵向磁场作用下将发生绕焊丝轴的旋转运

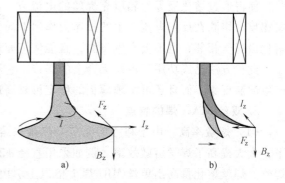

图 3-8　纵向磁场作用下大电流 MAG 焊的基本原理

动。同时产生圆周方向的电流分量 I_z，I_z 在纵向磁场 B_z 作用下，产生向心力 F_z，F_z 作用在焊丝端头的液柱上将使其向中心收缩，即形成稳定的圆锥形喷射过渡。

总之，在磁控高效 MAG 焊时，由于焊丝熔化液柱导电流体的旋转而引起电流偏转，偏转电流线与外加磁场相互作用，从而产生稳定的旋转喷射过渡。

利用单线圈产生的纵向磁场是静止的，只有在焊接电弧出现不稳定的旋转喷射过渡时，磁场才能拘束电弧，同时，空心线圈产生的纵向磁场接近电弧区时磁力线会发散，势必大大削弱磁控效果。为了减小外加磁场对焊接熔池的影响，同时更有效地控制焊接电弧，宜采用高速旋转磁场，控制焊接电弧的旋转。

3.6 双丝高速焊

高效化是当前焊接技术的发展方向。正如前述，要实现高效化焊接，提高焊接速度和焊丝熔敷率，采用多丝焊是有效方法之一。实际应用证明，采用双丝熔化极气体保护焊可提高生产效率和焊接质量，减少焊接变形，节约焊接材料，改善劳动条件。

3.6.1 双丝 MAG 焊（MAX 法）

1. 双丝 MAG 焊的基本原理

双丝 MAG 焊的基本原理是利用熔池过热多余的热量来熔化填充焊丝增加熔敷率，用大电流提高焊接速度，其基本原理如图 3-9 所示。

在双丝 MAG 焊时，前面的焊丝产生电弧，称为熔化极焊丝；后面的焊丝为填充焊丝，它直接插入熔池。前丝的导电嘴与后丝的导丝嘴平行并且相邻地配置在一个喷嘴内。填充焊丝插入由熔化极焊丝的电弧所形成的熔池中，以熔池多余的热量来熔化填充焊丝。在大焊接电流和焊接速度的条件下，由于填充焊丝吸收了熔池的热量，使母材热影响区变窄，减少了变形，改善了焊缝成形。在焊接过程中，焊接电流一小部分流经填充焊丝到地线端而形成回路，使得通过熔化极焊丝和填充焊丝的电流方

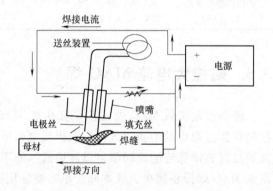

图 3-9 双丝 MAG 焊的工作原理

向相反，熔滴在反向电流产生的排斥力作用下向前倾斜，电弧被推向前方。填充焊丝即使与熔化极焊丝相邻，也不会产生飞溅，且能使填充焊丝顺利送入熔池中。

此种方法已成功用于铝及铝合金的焊接。它不但可实现高速焊接，并且在大电流下也不产生起皱现象，而且还可实现薄板的稳定可靠高速焊接。

2. 双丝 MAG 焊的特点

（1）熔敷率高 由于利用熔池多余热量来熔化填充焊丝，在电源输出功率不变的情况下，大大提高了焊丝熔敷效率。例如采用直径 $\phi2.4\text{mm}$ 的熔化极焊丝和直径 $\phi1.6\text{mm}$ 的填充焊丝，焊丝熔化量高出单丝 MIG 焊 1 倍以上。由于填充焊丝送丝量可根据焊接电流大小独立控制，从而可依据不同接头形式和坡口形状选择不同的填充焊丝送丝量。

（2）减少了母材的热输入　由于母材的热输入少，从而减少了焊接接头的变形。

（3）焊接速度高　当采用直径为 2.4mm 的熔化极焊丝和直径为 1.6mm 的填充焊丝时，焊接板厚 10mm 的 T 形接头角焊缝，焊接速度为单丝 MIG 焊的 2 倍以上，可实现快速焊接。

3.6.2　T.I.M.E TWIN 和 TANDEM 双丝熔化极气体保护焊

近年来欧美纷纷推出一种高速焊接法，即双丝熔化极气体保护焊（简称双丝高速焊）。奥地利 Fronius 公司的双丝高速焊称为 T.I.M.E TWIN，德国 Cloose 公司称为 TANDEM 双丝高速焊。

1. T.I.M.E TWIN、TANDEM 双丝高速焊的基本原理

最初双丝焊的两根焊丝通过一个共用的导电嘴送出，两根焊丝由一个电源或分别由两个独立的焊接电源供电（见图 3-10a）。由于两根焊丝的电位相同，只是送丝速度不同，无法对两个电弧分别进行控制，焊接参数难以调节，在焊接时焊接速度并没有达到预期的那样高。

20 世纪 90 年代开发出的 T.I.M.E TWIN 和 TANDEM 双丝焊技术，将两根焊丝从相互之间绝缘的两个导电嘴送出，这两个导电嘴被安装在一个焊枪喷嘴内。两根焊丝分别由各自的电源供电。双丝高速焊的基本原理如图 3-10b 所示。两根焊丝直径、材质以及送丝速度等都可各自不同。焊接参数非常灵活，彼此独立调节，可以有多种匹配方式。两根焊丝可用或不用脉冲电流，当两个电源都是脉冲方式时，脉冲电流波形可相差 180°，即在某一时刻只有一个电弧燃烧，另一个处于维弧（只有基值电流）状态，双丝高速焊电弧燃烧及熔滴过渡过程如图 3-11 所示，这样可最佳地控制电弧，在保证每个电弧稳定燃烧的前提下，互不影响。

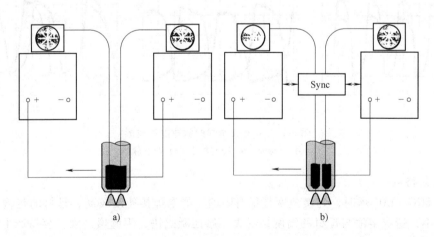

图 3-10　双丝高速焊的工作原理

a）共用一个导电嘴　b）用两个分开的导电嘴

2. 脉冲电流的匹配方式

当采用脉冲焊接时，在两个电源间设置一个协调器，可实现以下三种脉冲电流波形（见图 3-12）。

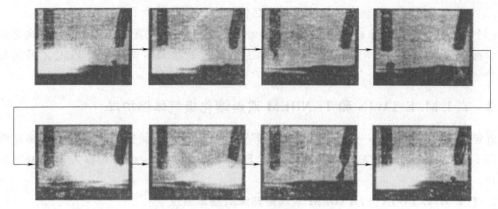

图 3-11　双丝高速焊电弧燃烧及熔滴过渡过程

（1）同步脉冲　脉冲电流波形如图 3-12a 所示，两个脉冲电流同时达到峰值，有利于形成较大熔深，但飞溅较大，一般很少采用。

（2）交替脉冲　脉冲电流波形如图 3-12b 所示，电流波形相差 180°，即在某一时刻只有一个电弧处于燃烧状态。当焊接参数设置最佳时，脉冲电弧无短路、无飞溅、实现一脉一滴，每个熔滴的大小几乎相同，焊接过程稳定，减少了合金元素的烧损，特别适合于铝及铝合金的焊接。

（3）分立脉冲　脉冲电流波形如图 3-12c 所示，由于脉冲电流到达峰值的时间不同，能显著降低电弧的作用力，减少飞溅，可以实现高速焊接。除此之外，每个焊丝可进行单独调节，使之保持短弧。使用短弧焊接时，熔池体积保持很小，易实现薄板快速焊接。

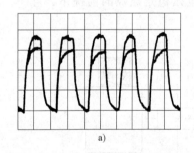 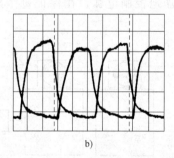 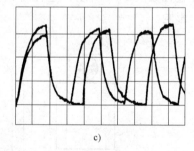

a) 　　　　　　　　　　　　　b) 　　　　　　　　　　　　　c)

图 3-12　双丝高速焊的脉冲电流波形
a）同步脉冲　b）交替脉冲　c）分立脉冲

3. 工艺特点

单丝 MIG/MAG 焊时，焊接速度是很有限的。如果焊接速度较高，母材的热输入小，形成的熔池小，造成熔池与母材的温度梯度大，熔池凝固快，焊缝增高大，容易产生咬边等缺陷，焊缝成形不好。

在双丝高速焊中，一般设置前一根焊丝焊接电流稍大些，加热母材金属使之熔化，形成一定的熔深，紧随其后的第二根焊丝熔化填满熔池。例如，主焊丝电弧电压为 33V，焊接电流为 320A，焊丝熔化速度为 14m/min；从焊丝电弧电压为 32V，焊接电流为 300A，焊丝熔化速度为 13m/min，两丝的焊接速度均为 90cm/min，可获得满意的焊缝成形。在焊接厚度为 2~3mm 的薄板时，焊接速度可达 6m/min，焊接厚度为 8mm 以上的厚板时，焊丝熔敷速度可达 24kg/h。例如焊接板厚 2mm 的铝汽车油箱，接头形式为搭接，焊丝直径为 $\phi1.0mm+\phi1.0mm$，焊接速度高达 130cm/min，熔敷效率为 1.82kg/h。材料为低合金钢起重臂的焊接，板厚 20mm，接头坡口形式为 V 形，采用焊丝直径为 $\phi1.0+\phi1.0mm$，进行双丝高速焊，焊接速度可达 130cm/min，熔敷效率为 15.17kg/h。

由上述可知，双丝高速焊具有以下工艺特点：

1）熔深大，焊缝成形好。双丝高速焊时，前丝焊接电流较大，有利于形成较大的熔深，而后丝焊接电流稍小，起到填充盖面的作用。由于每根焊丝形成的电弧相互为另一根焊丝加热，电弧能量得到充分利用，每根焊丝的送丝速度可达 30m/min，焊丝熔敷率高，金属熔敷量达到了 20kg/h。有前后两个电弧，熔池的尺寸大，有利于气体的析出，气孔倾向减小。熔融金属和母材充分熔合，焊缝成形美观。

2）电弧稳定，熔滴过渡可控，飞溅小。

3）可实现高速焊接。焊接速度最大可达 6m/min。由于焊接速度大，因而对母材的热输入小，焊接变形小。

4）电源可实现数字化。可与计算机相连，可编程，实现焊接数据监控和管理。

4. 保护气体

双丝高速焊用保护气体见表 3-4 和表 3-5。

表 3-4　低碳钢、低合金钢用保护气体成分（体积分数）

一 般 焊 接	脉 冲 焊	特 点
Ar 96%+$O_2$4%	Ar 90%+$CO_2$10%	飞溅小，电弧稳定，熔透性好
Ar 82%+$O_2$18%	Ar 82%+$CO_2$18%	

表 3-5　铝及铝合金用保护气体成分（体积分数）

脉 冲 焊	特 点
Ar 50%+He 50%	电弧稳定，熔透性好，焊接速度高

焊接不锈钢用保护气体为 Ar 97.5%+$CO_2$2.5%（体积分数）。

通常气体流量为 25~30L/min。

5. 双丝高速焊焊机系统

在双丝高速焊中，两个电源根据主从原则相互配合，由协调器协调，两个电源均为逆变电源，每个电源的参数调节范围很宽，在负载持续率为 100% 时，焊接电流为 1000A，脉冲电流为 1500A。数字化脉冲电源，6in（1in=25.4mm）LCD 显示，可编程，连接 PC 机、打印机。每根焊丝的焊接参数可单独设定，材质、直径可不同，相位差可连续调整。焊接参数焊前可预先设定和存储，焊接时按设定的程序进行焊接。焊接数据可监控和管理，有错误代码显示。根据母材、填充金属和保护气体不同，可选择电源外特性为恒流或恒压特性。如有需要也可将两个电源分开用作单电源的传统 MIG/MAG 焊使用。送丝机构通常配备 4 轮驱动机构，送丝速度可达 35m/min。焊接铝及铝合金时，由于铝焊丝比较软，送丝系统常用推拉式送丝机构，送丝速度可达 22m/min。

双丝焊机具有多种数字和模拟接口，根据需要可以选配电弧传感器、PLC 控制器，还可以和 PC 机相连，通过串行接口，利用数字信号或模拟信号实现对电源的网络控制、焊接监控和管理。

焊枪是专门设计的，如图 3-13 所示，焊枪结构紧凑，并配备一个非常强大的双循环水冷系统，使导电嘴及喷嘴得到充分冷却，以适应大功率的焊接，并大大延长了焊枪的使用寿命。两个导电嘴之间的间距为 5~7mm。

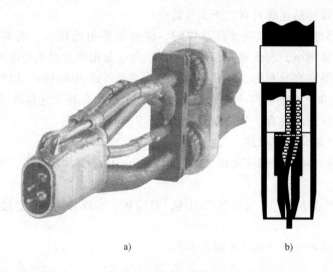

a)　　　　　　　　　　　　　　　b)

图 3-13　双丝高速焊焊枪

6. 双丝高速焊的应用

双丝高速焊可焊接低碳钢、低合金钢、不锈钢、铝及铝合金等多种金属材料，是一种高速高效的先进焊接技术，已应用于机车、船舶、汽车、压力容器、起重机械、发电设备等工业领域。

以下是 TANDEM 双丝高速焊在造船钢板拼焊中的应用实例：钢板材质为 Q235，板厚为 20mm 时，开 Y 形坡口，坡口角度为 30°，钝边为 2~4mm，间隙为 3~6mm，采用陶瓷衬垫反面强制成形，进行多层焊接，焊缝反面宽 10~12mm、正面宽 21~24mm，焊接速度大于等于 700mm/min；板厚为 35mm 时，开 Y 形坡口，坡口角度为 50°，钝边为 2~4mm，间隙为 3~6mm，采用陶瓷衬垫反面强制成形，进行多层多道焊接，焊缝反面宽 10~12mm、正面宽 28~33mm，焊接速度大于等于 500mm/min，采用 3°的反变形。

焊前将焊件进行定位焊，定位焊缝的厚度不大于 4mm，长度不大于 15mm。

进行 TANDEM 双丝高速焊时，焊丝选用 ER70S，焊丝直径为 1.6mm；采用（Ar）80%+（CO_2）20%（体积分数）混合保护气体，气体流量为 25L/min；无预热；机头摆动频率为 20Hz，摆动幅值为 5mm，两侧停留时间为 0.2s；采用交替脉冲模式，脉冲频率为 200Hz；焊接速度为 700mm/min。TANDEM 双丝焊拼板的焊接参数见表 3-6。

表 3-6　TANDEM 双丝焊拼板的焊接参数

焊丝方式	焊接电流 I/A			电弧电压 U/V			送丝速度 v /(m/min)			峰值电压 U/V			基值电流 I/A			脉冲宽度 t/ms		
	打底	填充	盖面	打底	填充	盖面	打底	填充	盖面	打底	填充	盖面	打底	填充	盖面	打底	填充	盖面
前丝	260	420	380	28	32	31	7.0	10.0	8.5	32	36	35	100/100	100/100	100/100	1.90	2.25	2.25
后丝	300	380	320	30	31	32	7.5	8.5	7.8	34	35	36	100/100	100/100	100/100	1.90	2.25	2.25

3.7　低热输入气体保护电弧焊

低热输入气体保护电弧焊技术也称为冷焊技术。随着工业制造轻量化、强韧化、精密化，新型轻合金材料的研发及使用越来越多，许多传统的钢铁材料已逐渐被综合性能更为优良的新型材料取代。轻质合金在各个领域的广泛应用，以及工业对轻质合金性能和加工技术的要求不断提高，在轻质合金、镀层钢板、高强度薄钢板等材料的焊接中，既要保证焊接过程的稳定，又要尽量减少热能输入，降低热变形，保证焊缝质量。因此，要求采用低热输入、节能环保且适宜薄板和轻质材料焊接的新技术进行焊接。由于冷焊技术卓越的性能，以及对节能和轻量化制造的重要意义，冷焊技术的应用日益增多。

奥地利的 Fronius 公司 2004 年推出了一种冷金属过渡 CMT（Cold Metal Transfer）焊接方法，2005 年首次将 CMT 技术应用到汽车领域中，此后相继又推出了 CMT Twin 冷金属过渡双丝焊。2005 年德国 EWM 公司展示了一种适宜薄板焊接的 Cold Arc 冷弧焊技术，德国 Cloos 公司推出了 Cold Process 冷焊技术，OTC 公司推出了 AC-CBT（AC Controlled Bridge-Transfer）技术，即交流短路过渡控制技术；肯贝公司相继推出了 TCS 冷金属过渡单丝和双丝焊接技术。在国内，北京理工大学开发了一种 NLEI（New Low Energy Input）焊接新方法，即新低能量输入电弧焊。这些低热输入焊接新方法极大地改进了薄板、轻质合金材料和异种材料的焊接技术，提高了焊接质量，降低了生产成本。

3.7.1　冷焊技术的特点及应用

冷焊技术的基本原理是通过对焊接过程中焊接电流和电弧电压以及熔滴短路时焊丝脉动送丝的精确控制，在熔滴短路过渡时，迅速降低电流，使过渡在小电流状态下进行。

1. 冷焊技术的特点

传统的熔滴短路过渡在电弧重燃时，在熔滴脱落的瞬间，电压急剧上升，以保证电弧重新引燃。由于电路中电感的存在，熔滴脱落后电流缓慢下降，因此在短路后电弧重燃的瞬间，电流和电压值都很高，电弧能量大，在这一瞬间极易出现飞溅或电弧不稳。在一般的薄板焊接中，由于短路过渡中电弧重燃时较高的电弧能量会产生许多不良影响，短弧焊重新燃弧的高能量会将焊件烧穿，在焊接镀锌板时容易破坏表面的镀锌层等。

冷焊是在短路过渡电弧基础上发展的，仍保持短路过渡特征，但电弧能量比传统短路过渡更低。焊接时不仅可减少焊接飞溅，且焊接薄板时，可避免焊穿现象，减少焊件变形。在打底焊时，冷焊技术具有良好的根部成形。焊接熔池易于控制，焊接缺陷少，适于全位置焊接。

冷焊技术作为一种新的焊接技术，能很好地起到节能降耗的作用。该技术在提高焊接质量的同时可降低 50% 的热输入，在制造中采用冷焊逆变式焊机至少节电 30% 以上，有效地实现了节能目标。平均电流远低于普通的脉冲 MIG 焊，显著降低了焊接热输入。利用新的冷焊技术，焊接速度可达 2~6m/min，能有效地提高生产率，提高企业能源利用率，实现增效节能。

2. 冷焊技术存在的问题

从冷弧焊的工作原理来看，还有许多关键技术问题有待解决，例如系统设备复杂、成本

高、送丝结构复杂、价格高。有的冷弧焊接是采用类似于表面张力（STT）过渡技术，主要依靠电子电抗器实现电流的波形控制，在熔滴短路过渡时将主电路中的滤波电感用电子开关进行旁路，使主电路电流急剧下降。这种方法的冷弧时间短且不可控，效果不好，适用范围窄，并且在送丝控制上没有给予足够的重视。因此以下技术有待提高：

1）精确、可靠的波形协同控制技术，确保在熔滴过渡时电流为零。

2）稳定、兼容性强的送丝方式。针对焊枪上焊丝回抽易导致折断的缺点，必须研制出能够长期稳定、可靠工作，且能兼容各种尺寸焊丝的送丝机。

3）针对冷焊送丝机结构复杂、兼容性差、价格昂贵的缺点，需研制出成本更低、兼容性更强的送丝机。

3. 应用

冷焊技术在薄板、轻质、异种材料的焊接上有着广阔的应用前景。冷焊技术突破了现有焊接工艺的限制，可以直接实现异种金属、涂层金属、铝合金、超薄板的焊接，应用于汽车、船舶、航天等重要行业，可满足汽车、航空航天等领域减重、节能的需要。例如，汽车整车质量降低 10%，燃油效率可提高 6%~8%；汽车车身约占汽车总质量的 30%，空载情况下，约 70%的油耗用在车身质量上，如车重减少 100kg，每 100km 可省汽油 0.5~0.8L，CO_2 排放量将相应减少。为了实现轻量化制造，超薄镀锌板以及轻型铝合金材料的应用已非常普遍。由于薄板焊接对母材的热输入有严格的要求，既要保证焊接过程中的稳定，形成优质美观的焊缝，同时对母材要降低热输入，减少热变形。常规的气体保护焊不能满足这类焊件的焊接要求，采用冷焊是最为可行的方法。因此冷焊作为轻质异种金属材料的连接方式，在实现轻量化制造、节能减排方面具有重要的意义。

3.7.2 CMT 冷金属过渡工艺

1. CMT 焊接技术

CMT 是 Cold Metal Transfer 的字头缩写，CMT 工艺就是冷金属过渡工艺，是一种新的短路过渡形式的熔化极气体保护焊，属于 MIG/MAG 焊。与普通 MIG/MAG/焊相比，冷焊技术有显著特点，送丝运动与熔滴过渡可数字化协调；实现焊接电流为零状态下的熔滴过渡；在短路过渡状态下焊丝回抽运动使焊丝与熔滴分离。

奥地利 Fronius 公司的 CMT 法是在短路过渡基础上开发的。普通的短路过渡过程是：焊丝熔化形成熔滴—熔滴与熔池短路—小桥爆断，短路时伴有大电流（即大能量输入）和飞溅。而 CMT 通过特殊的波形控制减小了电弧能量输入，同时较低的短路电流也降低了短路阶段产生的电阻热，可以更精确地控制焊接热输入。在短路过渡过程中，CMT 将熔滴尺寸控制在一定范围内，防止滴状过渡的发生，实现稳定的短路过渡；另外，特殊的抽拉式脉动送丝能够有效帮助熔滴脱落，避免了大的电磁力和电爆炸，显著地降低了电弧能量，有效消除了飞溅，满足超薄镀锌板与轻型铝合金材料的焊接，扩展了 MIG/MAG 焊在金属连接中的应用范围，CMT 一个周期熔滴过渡的过程如图 3-14 所示。CMT 具有推拉送丝特点的送丝机如图 3-15 所示。这种送丝机在发生短路时可反转回抽焊丝，让焊丝与熔滴分离，使熔滴在几乎无电流状态下过渡，母材熔化时间极短，起弧速度加快，热输入低，焊接变形小，搭桥能力强，焊缝美观，从根本上消除了飞溅产生的原因，其创意新颖独特，但是 CMT 也存在以下不足之处：

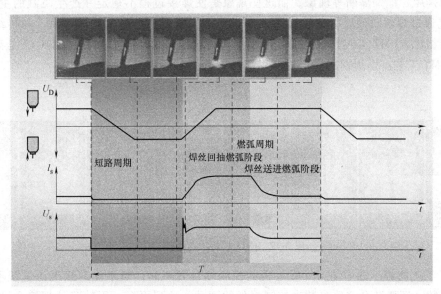

图 3-14　CMT 工艺电流、电压和送丝控制波形

1）送丝由送丝机驱动，回抽由焊枪上的无齿轮电动机驱动，同步协同控制要求高，系统控制过于复杂，技术难度大。

2）回抽有阻力，需要软管缓冲，反复推拉（抽送频率 70Hz）会在焊丝中产生内应力，使强度低的铝合金类焊丝折断。

3）对送丝机要求高，既要完成送丝任务，又要完成焊丝的回抽任务，焊丝抽送频率达 60~70Hz，因此系统的动态性能要求高，送丝设备昂贵。

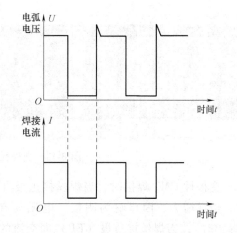

图 3-15　CMT 送丝机

CMT 工艺与传统的短路过渡一样都有短路→燃弧→短路→燃弧的周期性循环过程，不同的是 CMT 工艺在短路时通过焊丝的回抽来脱落熔滴，而不是增大短路电流形成缩颈来脱落熔滴。CMT 工艺使用数字化弧焊电源设备，检测到焊丝与熔池短路的信号后，立即将输出的电流和电压降到几乎为零的状态，不产生短路大电流，从而减少了热输入；同时，焊丝回抽，帮助熔滴过渡到熔池中去。这种回抽的频率可以达到 70Hz 左右。

图 3-16 是 CMT 工艺的焊接电流和电弧电压波形示意图，在发生短路时电压接近于零，而电流也同时下降至极小；极小的电流大大减弱了电磁收缩力对熔滴过渡状态的影响，避免了由此产

图 3-16　CMT 工艺的焊接电流和电弧电压波形

生的熔滴排斥、缩颈爆断等现象，而这些现象是使焊接过程不稳定并产生飞溅的主要因素。CMT 工艺通过焊丝回抽克服短路熔滴表面张力，拉断短路熔滴，完成过渡。与传统的短路过渡焊接相比，CMT 工艺热输入非常低，焊接过程稳定，基本无飞溅。图 3-17 是高速摄像拍摄的 CMT 工艺一个周期的焊接过程。

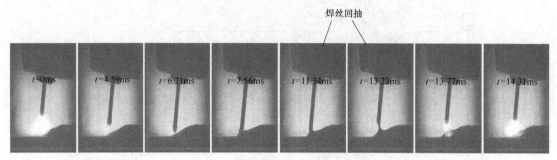

图 3-17　CMT 焊接工艺高速摄像

CMT 工艺将焊丝的运动与焊接过程的控制结合到一起，数字化焊接电源系统不仅要处理焊接参数，还要结合这些参数来控制焊丝的运动，达到更高、更精确的焊接全过程控制；熔滴过渡过程中的焊丝回抽距离可以是固定的，非常有利于弧长的精确控制，不受焊件表面状况或焊接速度的影响。

CMT 工艺热输入低，非常适合薄板焊接，焊缝成形好。实际试验中的 CMT 工艺焊接速度可达 4m/min 以上，可以焊接厚度仅 0.3mm 的薄板，能够用于铝及铝合金、INVAR 钢（可控热膨胀特性精密合金）等焊接难度较大的材料的焊接。

2. 变极性 CMT 工艺

CMT-Advance 技术为第二代的 CMT 焊接工艺。将变极性技术与 CMT 工艺相结合，在保持 CMT 技术原有焊丝双向运动特性的基础上，复加极性变换控制技术，且极性交换发生在短路瞬间，无须大能量强制转换，可以保证 CMT 焊接过程的稳定可靠，原有的高熔敷率、低热输入、焊缝搭桥能力好、无飞溅焊接等特点得到进一步的增强，CMT-Advance 技术焊接过程高速摄像如图 3-18 所示。因此，CMT-Advance 变极性焊接可以进一步控制焊接热输入，同样的焊接能量条件下可获得更大的熔敷效率，焊接变形更小。

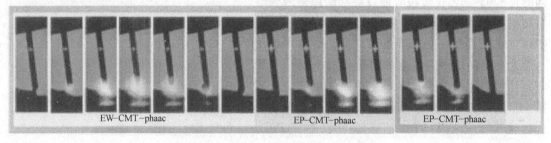

图 3-18　变极性 CMT 焊接工艺高速摄像

变极性 CMT 焊接时，当焊丝接正极（EN）即交流的负半波时，电弧热量多用于加热母材，熔深增大，因母材为阴极，电弧具有阴极破碎作用，在此半波清除母材表面氧化膜（焊铝时）；当焊丝接负极（EP）即交流的正半波时，电弧热量多用于加热焊丝，焊丝熔化量增加，熔滴尺寸增大，作用在母材上的热量大为减少，如图 3-19 所示。即同样的焊接电流，变极性 CMT 与直流 CMT 相比，焊丝熔化速度快，熔化量大，而作用在母材上的热量相应减少。焊接薄板且大间隙焊件时，焊件热量少，填充量大，间隙的桥联能力进一步加强。

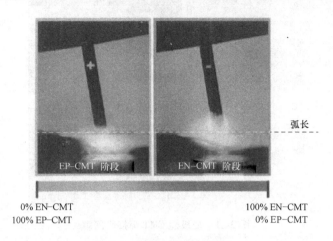

图 3-19　极性对电弧的影响

图 3-20 是焊接电流、电弧电压及送丝速度控制波形，由图 3-20 可以看出，在正半波和负半波各有两个熔滴过渡。变极性 CMT 通过调节正负半波熔滴过渡的数量，从而实现精确调节对焊件的热输入或焊丝熔敷效率，以实现不同的焊缝几何形状，或满足不同的间隙要求。以焊接铝板为例，2mm+2mm 铝板搭接接头间隙可允许至 2.5mm，如图 3-21 所示。

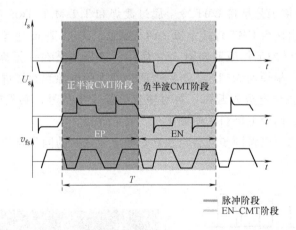

图 3-20　焊接电流-电弧电压-送丝速度控制波形
EN—焊丝接正极即交流的负半波　EP—焊丝接负极即交流的正半波

CMT Advance 还能将正、负极性 CMT 过渡以及脉冲过渡等三种熔滴过渡方式，进行任意的排列组合，实现混合过渡，这样用户能随心所欲地调配热输入。另一方面，同一台设备可实现变极性 CMT 焊、变极性 CMT 脉冲复合焊、CMT 焊、CMT 脉冲复合焊、普通直流 MIG/MAG 焊与脉冲 MIG/MAG 焊等多种焊接方法。这使得 CMT Advance 设备能更柔性化地满足用户的全部焊接需求，创造出巨大的经济效益。

变极性 CMT 焊在以下方面得到了广泛应用：对装配间隙要求容忍度高的汽车及其零部

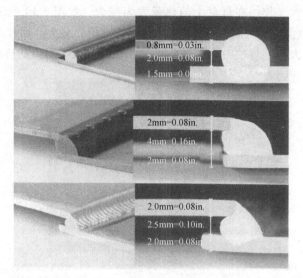

图 3-21　变极性 CMT 焊接头间隙

件镀层板的大间隙搭桥焊；对热输入极其敏感的高强度钢和超高强度钢的焊接；要求无飞溅的焊接；要求最小稀释率的同时要求最大熔敷率的表面堆焊；背面无保护衬垫的打底焊，如石油天然气管道的根焊；各种材料薄板的焊接，如 0.3mm 铝板；异种金属的焊接，如钢和铝；连接金属和非金属的 CMT Pin 焊。

3. CMT Twin 冷金属过渡双丝焊

　　CMT Twin 双丝焊接工艺是将 CMT 冷金属过渡焊和 T. I. M. E Twin 高效双丝焊相结合形成的一种新技术。它由两台 CMT 焊接电源、两个独立的 CMT Twin 送丝系统、一个气体喷嘴组成。CMT Twin 双丝焊的工作原理如图 3-22 所示，该技术是在一把焊枪内送出两根焊丝，一根焊丝为主丝，另一根焊丝为辅丝，分别由两个独立的电源和系统进行供电和控制。CMT Twin 双丝焊焊接时，主丝电极先起弧，再对辅丝电极发出信号，触发辅丝电极燃弧。通过电源之间的协同控制，两个电极自动协调配合，完成焊接。

　　在焊接过程中，两个电弧同步并各自独立。两电极之间的同步化使其产生更加稳定的焊

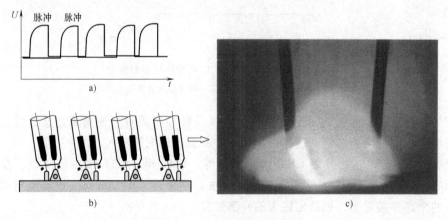

图 3-22　CMT Twin 双丝焊的工作原理

接电弧，而且熔合渗透迅速，形成较大的熔深和优质焊缝。两电极之间的送丝独立控制，可任意调节送丝速度。辅丝电极自动跟随主丝电极动作协调，大大缩短焊接时间。辅丝电极电弧压力较小，动作时对熔池几乎不产生影响，两电极之间电弧干涉极小。相比普通焊接，该技术具有更小的焊接飞溅、更低的焊接热输入、优质的焊缝成形及较好的间隙桥接性能；具有较高的焊接速度和沉积效率；通过对耗材、气体和电能的有效利用，降低焊接消耗；焊接系统可以长时间、连续稳定工作。

根据 CMT Twin 双丝焊不同的应用，两丝可有不同的组合（见表 3-7），主丝可采用 CMT 冷金属过渡或脉冲工艺，辅丝采用 CMT 冷金属过渡工艺。双丝 CMT 焊主要应用于机器人焊接，如图 3-23 所示。根据表 3-7 列出的两丝不同组合焊接的焊缝如图 3-24 ~ 图 3-26 所示。

表 3-7　CMT 双丝焊焊丝不同的组合

CMT Twin 不同的应用	CMT Twin 高速焊	CMT Twin 焊接厚板	CMT Twin 根焊	CMT 堆焊
主丝	脉冲	脉冲	CMT	CMT
辅丝	CMT	CMT	CMT	CMT
应用	高速焊	厚板	根焊	堆焊

图 3-23　CMT Twin 双丝焊接机器人系统

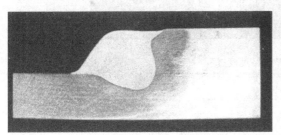

图 3-24　CMT Twin 双丝高速焊

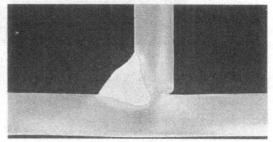

图 3-25　CMT Twin 双丝焊角焊缝（板厚 10mm）

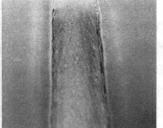

图 3-26　CMT Twin 双丝焊打底焊道

3.7.3　Cold Arc 技术

2005 年德国 EWM 公司推出了一种新型的 Cold Arc 冷弧焊接技术，该技术采用逆变技术结合数字控制系统，通过在短路过后电弧再引燃时将电源输出能量迅速降低，使焊接过程输入能量降低。Cold Arc 技术与传统熔滴短路过渡的波形区别如图 3-27 所示。Cold Arc 技术采用波控技术，电弧从燃烧进入短路阶段，电弧被熄灭，熔池的表面张力将熔滴拉向熔池，使熔滴产生颈缩，随后熔滴与焊丝分离，在焊丝和熔池之间又重新燃烧电弧，电流迅速下降，降低了短路过程中电弧重燃时出现的局部能量高峰，减少了飞溅，且热影响小，焊件变形小，在对镀锌板进行焊接时可以最大限度地保护镀锌层。

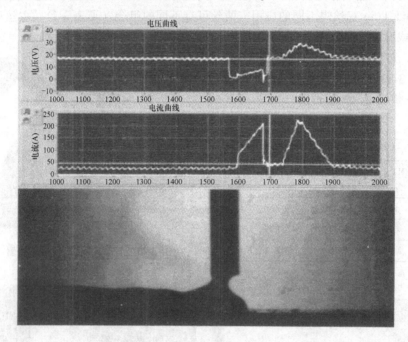

图 3-27　冷弧焊短路过渡过程

3.7.4　CP 冷焊工艺

变极性 MIG/MAG 焊接工艺又称 CP（Cold Process）冷焊工艺，主要用于 0.2~2mm 薄板（钢、不锈钢、铝、镀层板、异种金属）和有磁材料的焊接，可手工焊和自动焊；显著提高了焊接速度，减少了对母材的热输入和焊接变形。

变极性 MIG/MAG 焊由焊丝的正极性时间和负极性时间所构成。其控制熔滴在焊丝正极性半波时间内过渡，并分别以短路和脉冲电流控制熔滴过渡。焊丝为负极性的主要作用是降低电弧输入熔池的热量和电弧对熔池的压力，并且提高焊丝的熔化速度，提高熔敷效率。

CP 工艺利用特有的电流波形，严格控制负极基值参数在焊接过程中的热输入，以获得最佳焊接效果。实际焊接时，增加负极性半波基值时间可以显著提高焊丝熔敷率，提高焊接速度，减少热输入。

特殊的电流波形保证了良好的搭桥能力和优良的焊接效果。在焊丝正极性半波时清理母材表面，氧化膜破裂，热量直接输入母材，脉冲电流峰值时熔滴无飞溅地过渡到熔池；在焊丝负极性半波时电弧围绕焊丝端部，热量输入焊丝从而使焊接熔池处于冷却状态，如图 3-28 所示。

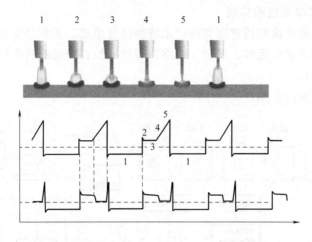

图 3-28 短弧冷焊工艺的电流、电压波形

1—EN 燃弧期 2—EN 燃弧转换 EP 燃弧点 3—EP 燃弧期 4—EP 短路期 5—EP 引弧转为 EN 燃弧点

3.7.5 AC—CBT 技术

OTC 公司提出的 AC—CBT（AC Controlled Bridge Transfer）技术，即交流短路过渡控制技术，通过在正（EP）负（EN）输出极性之间相互切换进行焊接，其极性比率可按需求进行变换。这种方法搭桥能力好，能够满足不同材料薄板低热输入焊接的要求，熔敷率也可以按要求自行调节。AC—CBT 技术对薄板的焊接效果良好，减少了热输入，降低了 CO_2/MAG 焊接过程中的飞溅，缺点是在输出极性切换时，弧长的稳定性控制较困难。

3.7.6 TCS 冷金属过渡双丝焊接技术

肯倍（Kemparc Pulse TCS）推出的高效双丝焊技术是提高焊接速度、效率，降低成本的有效方法。然而，早期的双丝焊技术因为两丝电弧之间需要同步，焊接参数选择和调节较为复杂、耗时较多且可靠性较差，双丝工艺的优点不能充分利用。Kemparc Pulse TCS（双丝焊控制系统）为实现可靠的双丝电弧焊接提供了保障。通过 TCS 智能软件可方便地进行系统设置和自动电弧调节，显著提高焊接速度，并得到可靠的焊接质量。TCS 智能软件对电弧进行主动监视并单独控制，从而可相互独立地对电弧精确调节。可由从电弧持续监视主电弧（双丝焊中，前丝为主电弧，后丝为从电弧）并相应自身调整。

3.7.7 低能量输入电弧焊

低能量输入焊接法（Low Energy Input，LEI）是一种新型的焊接方法，可以控制熔深，实现无飞溅熔滴过渡和良好的冶金连接。它将送丝与熔滴过渡过程协调起来，也就是采用推拉丝的送丝方式。当发生短路后，送丝机回抽焊丝，使焊丝与熔滴之间的液体小桥在电流较低的状态下拉断，从而使熔滴过渡无飞溅。该方法向工件输入热量很少，短路发生时电流较小，能量输入很低，主要靠燃弧时的电弧加热，向母材输入能量，整个焊接过程在冷热交替中循环往复，对焊件的加热受到控制，工件变形极小。该方法由北京工业大学开发，适用于薄板铝合金和薄镀锌板的焊接，还可以实现镀锌板和铝合金板之间异种金属的连接。

1. 低能量电弧焊接系统的构成

低能量电弧焊接系统由焊接电源和送丝系统两部分组成，根据事先设定好的焊丝运动曲线，通过焊接参数配合焊丝运动，实现了短路后焊丝回抽拉断熔滴的推拉丝短路过渡，完成了低能量输入焊接过程。

整个系统的组成框图如图 3-29 所示。

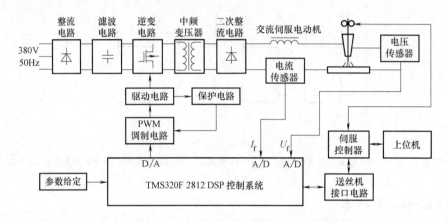

图 3-29　低能量电弧焊接系统的组成框图

焊接电源采用逆变式弧焊电源。送丝系统要完成推拉丝的送丝方式，需要送丝电动机频繁地正反转，对于电动机及其控制要求极高。送丝系统由伺服控制器和交流伺服电动机两部分组成，在焊接过程中实时控制。

2. 波形控制

波形控制包括送丝控制和电流波形控制两部分。通过相互配合，实现了稳定的推拉丝短路过渡。

（1）送丝控制　低能量焊接法采用推拉丝短路过渡的方式，焊丝做周期性的前进—回抽往复运动。在焊接时需要根据事先设定好焊丝的运动曲线，使焊接电流、电弧电压参数在短路/燃弧的不同状态下取不同的值配合焊丝运动，完成稳定的焊接过程。当电动机正转时，焊丝向下送进并发生短路；当根据焊丝运动曲线设定的焊丝前进时间到时，电动机反转，焊丝开始回抽，拉断熔滴并完成电弧的再引燃；在焊丝回抽时间到，电动机再次正转，焊丝开始向下送进直到发生短路，如此周而复始。送丝方向与焊接过程状态的对应关系如图 3-30所示。

图 3-31 为焊丝运动曲线。图 3-31a、图 3-31b分别为焊丝运动的位移曲线和速度曲线，频率60Hz，周期 16.7ms。从图中可以看出，在 $a—b$ 时间内（0~9.5ms），电动机正向转动，焊丝前进；在 $b—c$ 时间内（9.5~16.7ms），电动机反向转动，焊丝回抽；其中 b 点为换相点。

（2）电流波形控制　电流波形控制如图 3-32所示。整个短路过渡电流波形周期由 4 段组成。

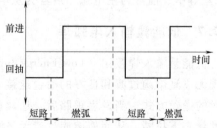

图 3-30　送丝方向与焊接过程
状态的对应关系

其中 a—b、b—c 段为短路阶段，c—d、d—e 段为燃弧阶段。a—b 段为短路初期，这时将电流降至一个较小值 I_w，保证短路瞬间不出现瞬时爆断，防止飞溅产生；b—c 段为短路后期，此时将电流升至一个稍大值 I_h，保证在焊丝回抽拉断熔滴瞬间电弧顺利地再引燃，而且也有利于形成颈缩；c—d 段为燃弧初期，将电流迅速提升至一个较高值，保证电弧顺利地再引燃并促进形成熔滴，该电流记作脉冲峰值电流 I_p，在经过脉冲时间 T_p 后到达燃弧

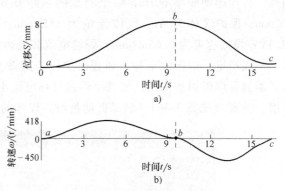

图 3-31 焊丝运动曲线
a) 位移曲线 b) 速度曲线

后期，此时将电流降为基值电流 I_b 直到发生短路，I_b 值较低用以维持电弧燃烧并保证低的能量输入，如图 3-32 中 d—e 段所示。通过电流波形控制配合送丝控制，实现了推拉丝短路过渡下的稳定焊接过程。

3. 低能量输入焊接法的应用

使用低能量电弧焊接系统，焊接 1mm 厚的铝合金板 3A21，采用图 3-31 所示的焊丝运动

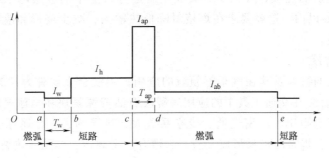

图 3-32 焊接过程的电流波形控制

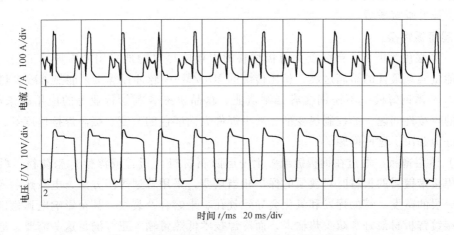

图 3-33 低能量输入焊接电流和电弧电压波形

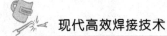

曲线，焊丝运动频率 60Hz，每个周期的步距 0.6mm。焊丝型号为 SAL 4043；焊丝直径为 1.2mm；保护气体为 Ar；气体流量为 15L/min；平均焊接电流为 46A；平均焊接电压为 12.3V；焊接速度为 0.65m/min。焊接电流和电弧电压波形如图 3-33 所示。短路过渡频率均匀、电弧稳定，焊接效果好。和普通的短路过渡相比，在短路时电流很小，降低了能量输入，熔滴靠焊丝回抽拉断，使整个焊接过程电流小、电压低、弧长稳定、几乎无飞溅，焊缝平滑、美观（见图 3-34），满足低能量输入焊接的要求。

图 3-34 焊缝成形

3.7.8 冷焊技术的应用

随着科技的进步，产品设计更趋合理，铝合金连接、镀锌钢板连接以及铝—钢（镀锌钢板）之间异种金属的连接，在汽车、集装箱制造等行业中的应用越来越多，通常这些板材都很薄，在 3mm 以内，这就要求在焊接时降低热输入，减少变形和改善焊接性，并保证焊接过程的稳定性。

1. 轻质合金焊接

由于铝镁合金的特性及其在汽车等领域的应用，铝镁合金被誉为"21 世纪的绿色工程材料"，扩大铝镁合金在交通工具中的应用对解决石油资源紧缺和全球气候变暖具有重要意义。铝镁合金具有电阻率小、密度低、线胀系数大、热导率大、金属原子活性大等物理特性，因而，铝镁合金焊接时极易形成夹渣、未熔合、未焊透、缩孔、热裂纹和氢气孔等焊接缺陷，而氢气孔更是铝镁合金最常见的缺陷。冷焊技术可以精确控制输入到焊丝或输入到母材的热量，特别是当使用直径为 1.2mm 或 1.6mm 的焊丝时，有良好的搭桥能力，显著减少热输入，提升焊接质量。

2. 超薄板焊接

（1）高强度钢薄板 高强度钢薄板材料的焊接应尽可能地采用冷弧焊接工艺。以最少的燃弧能量实现最佳的熔滴过渡，相比传统的 MIG/MAG 脉冲弧焊工艺能显著减少热输入。

（2）不锈钢薄板 不锈钢在容器制造业、食品机械和制管行业等的应用越来越广泛。不锈钢的焊接性问题，如控制热变形、减少焊件表面颜色的改变、提高焊接速度等，冷焊工艺均很好地解决了这些问题。

（3）镀层薄板 通过在钢板镀或渗上一层防腐材料（镀锌或渗铝）来防锈，既高效又经济。焊接带镀层的板材时对镀层的保护相当重要，采用普通焊接方法，电弧热输入太大会导致镀锌层的蒸发，锌的挥发和氧化会导致气孔、未熔合及裂纹，甚至影响电弧稳定性。因此，焊接镀锌板材最好是减少热输入，而冷焊技术低热量输入正好满足这一需要，通过采用合适的参数可以在达到最佳润湿效果的同时不破坏保护层。

3. 异种材料焊接

异种金属的连接在交通、汽车、集装箱制造等行业中的应用越来越多。如将钢与铝及铝合金焊接成为异种金属结构，可充分发挥材料的固有性能且节省材料，并发挥良好的经济效益。异种金属之间焊接的困难主要表现为：对于大多数异种金属组合来说，两种材料之间的熔点、密度、导热性、热膨胀性、晶体学特征、力学性能等相差较大。焊接性与它们在液态和固态时的互溶性及形成金属间化合物（即脆性相）的性能等有密切关系。通常在液态下不能互溶的金属（即"冶金学上的不相容性"）、熔化时分离的液层，冷却结晶后彼此之间很容易分离开裂，所以不能采用常规的熔焊方法。若采用摩擦焊、超声波焊、扩散焊和冷压焊等焊接方法进行焊接，也可以得到良好的接头，但这些焊接方法主要应用于厚板的连接，在薄板中难以应用，另外还有一个缺点就是难以自由选择接头形式，实际应用范围较窄。冷焊相对于传统的 MIG/MAG 焊接而言，电弧温度和熔滴温度比较"冷"，其特点是冷热循环交替，热输入比一般的熔焊方法要少得多，并且容易实现自动化焊接。因此，用冷焊方法焊接铝合金和钢异种金属有着重要的意义。

第 4 章

窄间隙焊

4.1 窄间隙焊概述

窄间隙焊是 20 世纪 60 年代研究开发的一种用于厚板对接接头，焊接开 I 形坡口或只开小角度坡口，并留有窄而深的间隙，采用气体保护焊或埋弧多层焊等完成整条焊缝的高效焊接方法。该方法把厚度 30mm 以上的钢板，按小于板厚的间隙相对放置开小角度 I 形或 U 形坡口，再进行机械化或自动化弧焊的方法（板厚小于 200mm，间隙小于 20mm；板厚超过 200mm，间隙小于 30mm），进行每层 1～3 道的多层焊接。采用特殊的焊丝、保护气体、电极向窄而深的坡口内导入技术以及焊缝自动跟踪等技术而形成的一种专门技术。自开发以来，窄间隙焊作为一种更高效的焊接技术，在工业生产中发挥着巨大的作用。

窄间隙焊具有以下特征：利用了现有弧焊方法的一种特别技术；多数采用 I 形坡口，坡口角度大小视焊接中的变形量而定；多层焊接；自下而上的各层焊道数目相同；采用小或中等热输入进行焊接；全位置焊接。

窄间隙焊按采取的工艺进行分类，可分为窄间隙埋弧焊（NG—SAW）、窄间隙熔化极气体保护焊（NG—GMAW 或 NG—MIG/MAG）、窄间隙钨极氩弧焊（NG—GTAW 或 NG—TIG）等，每种焊接方法都有各自的特点和适应范围。

4.1.1 窄间隙焊的优缺点

与常规焊接方法相比，窄间隙焊的优点如下：

（1）生产率高 图 4-1 是典型的标准坡口和窄间隙焊接接头截面积的比较，焊缝截面积大幅度减小（减小 50%～80%），从而窄间隙焊可显著提高焊接效率。

窄间隙焊接接头和常规标准坡口焊接接头截面积的比较如图 4-1 所示。

（2）省材节能 因焊缝截面积小，焊缝所需熔敷金属少，而且坡口为 I 形或 U 形，母材加工量也少，所以节约母材和焊丝消耗，同时也节约电能消耗。

（3）提高焊接质量，改善接头韧性 窄间隙焊采用多层焊接，前道焊道对后道焊道起回火作用，后道焊道对前道焊道起预热作用，使焊接接头具有较高的力学性能。

（4）减少焊接变形 热输入相对较小，热影响区缩小，冷却速度较快，使接头焊后的残余应力、残余变形明显减小，焊件变形小。

（5）易于实现生产过程自动化。

因此，窄间隙焊在国内外广泛应用于厚板焊接，在焊接界甚至将窄间隙焊和激光焊并称为 21 世纪最适合于厚板焊接的两种方法。

但窄间隙焊也同样存在着不少有待改进的地方：焊接修补困难；要求操作人员有较高的

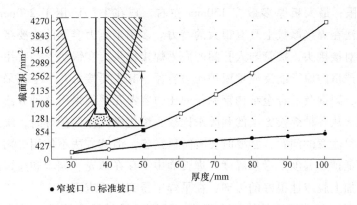

●窄坡口 □标准坡口

图 4-1 窄间隙焊焊接接头和常规标准坡口焊接接头截面积的比较

焊接技能；要调整焊丝对准坡口位置；增加装配时间等。造成这些缺点的原因可能是由于焊接装置自身摆动机构复杂，或者没有特定的电弧传感器跟踪系统等原因造成的。对于窄间隙熔化极气体保护焊而言，焊机、导电嘴、焊接精度以及跟踪系统是有待改进的方面；而窄间隙钨极氩弧焊所要求的高精度的电源特性和窄间隙埋弧焊的控制系统也需要研究改善。人们通过许多方法来改进这些不足，如利用焊丝的特性、减少或消除附加的特殊摆动机构、安装先进的跟踪系统代替传统的目视方法等，将窄间隙焊接技术更广泛地应用于生产实践中。

4.1.2 窄间隙焊的应用

由于窄间隙焊焊缝具有较好的力学性能、较低的残余应力与残余变形，以及窄间隙焊高的焊接生产率与低的生产成本，决定着该技术在钢结构焊接领域有着广阔的应用范围。窄间隙焊焊接的板厚越大，其经济效益也越显著。具有明显经济优越性的最小板厚，可称为窄间隙焊的下限板厚。该下限板厚随着结构钢种、结构可靠性要求、结构尺寸及空间位置而变化，但一般为 20~30mm。上限板厚只取决于所开发的窄间隙焊技术的焊枪可达深度，理论上不存在上限板厚限制。已有的窄间隙焊，可焊接板厚已达 500~600mm。窄间隙焊已成功地应用到了工业生产中的许多方面，其具体应用领域和利用率分布见表 4-1 和表 4-2。

表 4-1 NGW 应用领域分布

NGW 应用领域	利用率(%)	NGW 应用领域	利用率(%)
压力容器和锅炉	52.5	海洋结构和造船	12.5
产业机械	25	压力水管	10

表 4-2 NGW 利用率分布

NGW 方法	GMAW	GTAW	SAW
利用率(%)	75	5	20

由于许多大型钢结构、压力容器、锅炉、重型机械、桥梁以及核反应堆上都要求采用大厚度钢板连接，由表 4-1 可知，窄间隙焊在这些领域获得广泛应用。

（1）压力容器、锅炉 窄间隙焊接技术在压力容器和锅炉行业应用最广，约占半数。其中 70% 为熔化极气体保护焊，其余 30% 为埋弧焊。从经济角度考虑，该方法适用的最小

板厚以 50mm 为限；最大板厚多数在 150mm 左右，现在工厂已用于 250mm 以上板厚的焊接。可见，该方法在焊接厚板上具有很大的潜力。多用于压力容器的主要接头，如筒体纵缝和环缝，封头的对接接头，接管与人孔圈的嵌入焊接接头。在锅炉上，可用于焊接大直径支管接头。对要求严格的原子能反应堆锅炉压力容器，其主要接头几乎全部采用窄间隙焊接方法。在材质方面，碳钢及低合金结构钢制作的压力容器几乎都采用这种方法，对高合金钢也已采用窄间隙焊。从各种焊接方法的利弊来比较，熔化极气体保护焊时，维持良好的气体保护状态是一个值得注意的问题，必要时要有防风措施。但该方法不使用焊剂，焊缝中氢含量少，因此可以降低预热温度及后热温度。埋弧焊中不存在弧光、烟尘和通风的问题，可以利用原有的装置，加上脱渣性很好的焊剂，在平焊中得到广泛应用。

（2）重型机械　随着焊接结构的大型化，采用的板材越来越厚，要求高效率的、节省能源的焊接方法。采用一般的埋弧焊、气电焊焊接时，这些焊接方法焊接热输入大，焊接接头特别是热影响区显著脆化，对冲击韧度要求高的产品必须进行焊后热处理，而这又带来了产品变形等弊端。采用窄间隙焊，不仅经济，而且具有获得优良接头韧性的特点。在重型机械制造中，几乎都采用 400~500MPa 级碳钢，使用的板厚为 100~200mm，也有更厚的，如压力机机身厚度达 325mm。所采用的焊接方法几乎都是埋弧焊和熔化极气体保护焊。值得注意的是，当采用窄间隙焊时，必须认真地比较它们的经济效果，其内容包括：坡口断面积、坡口加工、坡口组装、夹具的装卸、引弧板和引出板的装卸、焊机准备等。

（3）海洋结构　近几年，世界各国在近海的石油、天然气开采中广泛地使用大型海洋结构。在大型海洋结构制造中（采油平台），使用超过 100mm 的厚钢板越来越多，而且焊接质量要求很高。因此，高质量、高效率的窄间隙焊，已成为这一领域很有前途的施工方法。

（4）压力管道　随着压力水管的大型化，大量大直径、大厚度高强度钢管过去采用药皮焊条的焊条电弧焊焊接，焊接压力水管倾斜部分或垂直部分的环焊缝（全位置焊或平焊），现在已采用自动焊接方法。主要采用 U 形坡口的气体保护窄间隙焊接。

窄间隙技术已进入鼎盛时期，无论是窄间隙埋弧焊还是窄间隙 TIG 焊、MIG 焊，都已在各自的领域得以应用，它正在改变焊接中采用常规的大坡口、大填充量、大能耗的局面。窄间隙焊已逐渐成为中厚板焊接的主流技术，成为当今低碳、节能的高效焊接方法。

4.1.3　三种窄间隙焊接方法比较

窄间隙埋弧焊（NG-SAW）、窄间隙钨极氩弧焊（NG-TIG）和窄间隙熔化极气体保护焊（NG-GMAW 或 NG-MIG/MAG）三种窄间隙焊接方法，已形成了三种窄间隙焊接系统，典型参数见表 4-3。从表中可以看出，窄间隙热丝 TIG 焊的热输入最小，窄间隙双丝 SAW 焊的熔敷率最大。

表 4-3　三种窄间隙焊主要参数和能力的比较

焊接方法	坡口宽度 b/mm	焊接电流 I/A	电弧电压 U/V	焊丝直径 /mm	送丝速度 v/(m/min)	焊接速度 v/(m/min)	熔敷率 ρ/(kg/h)	热输入 W/(kJ/cm)
TIG 冷丝	10	300	13	1.2	2.4	12	1.3	19.5
TIG 热丝	10	300 200	13.0 3.5	1.2	6.8	24	3.6	11.5

（续）

焊接方法	坡口宽度 b/mm	焊接电流 I/A	电弧电压 U/V	焊丝直径 /mm	送丝速度 v/(m/min)	焊接速度 v/(m/min)	熔敷率 ρ/(kg/h)	热输入 W/(kJ/cm)
MAG	14	280	30	1.2	10	28	5.3	18.0
SAW 单丝	20	630	32	4.0	1.2	38	7.0	31.8
双丝	20	630 DC 600 AC	30 32	4.0 4.0	1.2	68	14	33.6

　　每种焊接方法固有的特性直接影响到其推广使用。窄间隙埋弧焊（SAW）将普通埋弧焊的优点与窄间隙的特点结合在一起，采用粗丝甚至双丝，具有较高的熔敷率，对接头的装配质量要求不严，焊接质量易保证，虽然热输入相对较高，但在允许范围内，与窄间隙气体保护焊（NG-TIG、NG-MAG）相比，较易推广，因此窄间隙埋弧焊应用越来越广泛。为了发挥窄间隙气体保护焊热输入小的优势，弥补熔敷率低的缺点，通过尽可能缩小焊枪尺寸，改进保护气体对电弧和熔池的保护效果，减少坡口宽度以降低坡口的填充量，缩短焊接时间等措施，提高焊缝质量，扬长避短，提升其竞争力，扩大其使用范围。三种窄间隙焊获得的焊缝如图 4-2 所示。三种窄间隙焊焊接方法的应用形式见表 4-4。

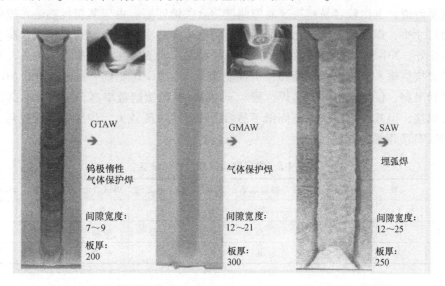

图 4-2　三种窄间隙焊（NG-TIG、NG-MIG/MAG、NG-SAW）的焊缝

表 4-4　三种窄间隙焊焊接方法的应用形式

窄间隙熔化极气体保护（种类 A-G）							窄间隙钨极氩弧焊		窄间隙埋弧焊	
A	B	C	D	E	F	G	磁场控制法	低频率脉冲法	单丝	双丝
BHK 方式	麻花焊丝方式	肘摆动方式	折曲焊丝方式	旋转电弧法	高速旋转电弧法	NOW-B 法				

　　BHK 方法是采用气体保护电弧的多层单道焊接，常应用于火力发电、原子能发电及化学成套装置的大型焊接结构，多应用于 50～250mm 厚的钢板，该方法提高了接头性能，特别是韧性，而且操作简单、废品率低，因而得到了广泛应用。麻花状绞丝电弧焊只适用于平焊，焊丝端部不需要做机械摆动，利用焊丝自身的特性使电弧进行旋转运动，极好地解决了

坡口侧壁未焊透的缺陷，在焊接板厚大于 50mm 时，可以大幅度地降低生产成本。肘摆动方式最大的特征是使细焊丝（直径 1.0mm、1.2mm）在送丝过程中"弯曲"，在进入焊枪之前按弯曲的曲率送入环形机构，再通过导电嘴使焊丝的指向固定，它依靠环形机构往复运动（焊枪不动）来摆动电弧。这种方法虽然操作简单，但焊接机构庞大，且只能通过目视来改变摆动角度，以防止出现侧壁未熔合现象，同时必须调整摆幅及摆动频率，使摆动频率与焊接速度之比大于 1.2，才能保证整个焊道坡口两侧不产生缺陷。另外，只有使焊道表面形状平滑或呈凹形，才能防止夹渣，所以肘摆动方式很难推广。旋转电弧法和高速旋转电弧法都是通过一种驱动装置将电弧旋转起来的方法。其对坡口精度和焊接参数要求严格，却解决了导电嘴的磨损、焊丝的材料特性、焊丝盘卷本身的翘曲弯折造成焊丝不规则摆动等问题，但由于焊枪自动对中控制是一个极为重要的条件，需采用各种控制方法，如检测电弧位置的电弧传感器控制法，才能确保焊接过程的稳定性和焊枪自动对中，所以有待进一步的发展。NOW-B 方法主要应用于建筑工地，已逐渐被淘汰。

表 4-5 是 NG-TIG 与 NG-GMAW 和 NG-SAW 的横向技术对比。从表 4-5 可知，NG-TIG 焊除熔敷率比其他两种窄间隙焊较低外（熔敷速率一般为 $20 \sim 30g/min$，为 NG-GMAW 和 NG-SAW 的 1/3 左右），在其他几项指标上都具有优势。其焊接过程无飞溅，焊接过程稳定性高，不需要清渣，也比较容易解决窄间隙侧壁熔合关键问题。由于其焊接热输入较低，焊接坡口截面尺寸小，焊接热影响区比其他两种窄间隙焊接方法更窄，故其焊缝质量高，焊接接头的抗裂性好。NG-SAW 虽然熔敷率高，但是需要层间清渣，并且容易造成夹渣、气孔等缺陷，且其焊接热输入大，焊缝性能和接头性能相对 NG-TIG 焊要低一些。此外，NG-SAW 焊接位置受到限制，仅限于平焊和横焊位置。NG-GMAW 虽然熔敷率高，生产效率高，能够进行全位置焊接，但其最大的缺点是侧壁不易熔合和焊接飞溅较大，焊接稳定性较差，这是制约 NG-GMAW 应用最主要的原因。

表 4-5 常用窄间隙弧焊的优缺点

焊接方法	飞溅	侧壁熔合	抗裂性	熔敷效率	清渣	焊接稳定性	焊缝性能	焊接位置	间隙尺寸/mm
NG-TIG	无	容易	高	较低	无	高	高	全位置	$6 \sim 8$
NG-GMAW	有	有难度	一般	高	无	一般	较高	全位置	$8 \sim 14$
NG-SAW	无	容易	一般	高	有	高	一般	平焊横焊	$14 \sim 22$

4.2 窄间隙埋弧焊

窄间隙埋弧焊在 20 世纪 80 年代一出现，很快就应用于金属结构的焊接，并取得引人注目的成效。窄间隙埋弧焊是采用特殊的向窄间隙坡口内导入焊丝技术以及焊缝自动跟踪等技术而形成的一种新的焊接方法。目的是克服厚度在 50mm 以上的大厚度焊件采用普通的 V 形、双 V 形坡口，焊接层数或道数多，焊缝金属填充量及所需焊接时间均随厚度成几何级数增长，焊接变形大且难以控制等弊端发展起来的，是近年来应用越来越广泛的一种高效、省时、节能的埋弧焊方法。尽管传统埋弧焊也具有很多优点，比如熔敷速度高，焊道成形好，焊缝质量高，设备简单等；但是，窄间隙埋弧焊与传统埋弧焊相比，它的总效率还是可提高 50%～80%，可节约焊丝 38%～50%、焊剂 56%～64.7%。窄间隙埋弧焊的焊接接头具有较高的抗延迟冷裂能力，其强度性能和冲击韧度优于传统宽坡口埋弧焊接头。窄间隙埋弧焊按焊丝根数有单丝、双丝和多丝。主要用于水平或接近水平位置及环缝的焊接，窄间隙埋弧焊装配质量要求高，要有精确的焊丝位置，保证坡口侧壁均匀焊透。一般采用多层焊，由于坡口间隙窄而深，层间清渣困难，对焊剂的脱渣性能要求很高。要求焊剂具有优良的脱渣效果，并且要求焊剂与熔池金属具有良好的冶金反应，从而使焊缝具有合适的力学性能。

其所用焊丝直径在 2～5mm 之间，很少使用直径小于 2mm 的焊丝。最佳焊丝尺寸为 3mm。直径 4mm 的焊丝用于厚度大于 140mm 的钢板，而直径 5mm 的焊丝则用于厚度大于 670mm 的钢板。

4.2.1 窄间隙埋弧焊的特点及应用

1. 窄间隙埋弧焊的优点

与宽坡口埋弧焊相比，窄间隙埋弧焊坡口窄、焊接材料消耗量少、热输入低、焊接时间短，焊接变形和焊接应力小，降低了开裂倾向，接头具有较高的抗延迟冷裂能力，强度和冲击性能均优于传统宽坡口埋弧焊接头，实现了高效率、低成本、高质量焊接。窄间隙焊的优点如下：

（1）高效 窄间隙埋弧焊时电弧的扩散角大，电弧功率大，焊缝形状系数大，再配合适当的丝—壁间距控制，可直接解决两侧的熔合问题，这是埋弧焊方法在窄间隙技术中应用越来越广泛的重要原因。由于坡口窄，熔敷金属量少，与普通埋弧焊相比熔敷金属节省量可达 60%，大大节约了焊接材料和电能的消耗，焊接生产率高。

（2）优质 焊缝金属的化学成分及金相组织均匀性好，焊接接头的力学性能好。窄间隙埋弧焊母材熔化相当少，焊缝金属很少受母材的影响，因而在相同的焊丝成分下，与普通埋弧焊相比，焊缝具有较好的力学性能。前道焊道对后道焊道起回火作用，后道焊道对前一道焊道起预热作用，使焊接接头具有较高的力学性能。焊接过程中能量参数的波动对焊缝几何尺寸的影响敏感程度低。这是由于埋弧焊方法的电弧功率高，同样的电流波动量，在埋弧焊时所引起的焊缝几何尺寸波动幅度要小得多。

在多层多道方式焊接时，通过每道焊缝形状系数的调节，可以有效地控制母材焊接热影响区和焊缝区中粗晶区和细晶区的比例。通常焊缝形状系数越大，热影响区和焊缝区中的细晶区比例越大。这是由于焊道熔敷越薄，后续焊道对先前焊道的累积热处理作用越完全，通过一次、二次甚至三次固态相变，使焊缝和热影响区中的部分粗晶区转变成细晶区，这对提高窄间隙焊技术中焊态接头的组织均匀性和力学性能均匀性具有极其重要的意义。

（3）变形小，抗裂性强 由于降低了焊接热输入和金属熔敷量，母材的热输入量小，使得母材的热影响区相当窄，因而焊接应力及变形小，提高了焊接接头的抗裂性，焊后焊件不用进行消除应力处理和组织细化热处理。

（4）过程可靠性好 窄间隙埋弧焊过程中不会产生飞溅，这是埋弧焊在所有熔化极弧焊方法中所独有的特性，正是窄间隙焊技术所全力追寻的，这对保证窄间隙焊接的熔合质量和过程可靠性起了决定作用。因为深窄坡口内一旦产生较大颗粒的飞溅，送丝的稳定性、保护的有效性以及窄间隙焊枪的相对移动可靠性都将难以保证。

（5）设备自动控制技术高，易于实现生产过程自动化 采用了传感器及微电子技术进行自动控制，焊接过程操作简单，从坡口的底部一直焊接到顶部全部自动进行，无须操作者

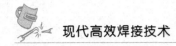

任何调节。焊接过程即使中途停顿，在停顿处重新起弧焊接对接头质量也无影响。

2. 窄间隙埋弧焊的不足

1）由于狭窄坡口内单道焊接时极难清渣，使得窄间隙焊接时，必须采用每层2道（或3道）的熔敷方式，这将带来NG-SAW技术中，不可能把填充间隙缩到像NG-TIG、NG-GMAW那样小（10mm左右），而最小间隙一般也在18mm左右，这是NG-SAW在技术和经济上难以更理想化的根本原因。

2）埋弧焊方法的诸多技术优势起源于大电弧功率，这将使得NG-SAW时焊接热输入增大，焊接接头的塑、韧性难以提高。重要的NG-SAW接头常常需要焊后热处理方可满足使用性能要求。

3）难以实施平焊以外其他空间位置的焊接。

4）焊接修补困难，装配时间长以及对操作人员的技能要求较高等。

此外，为了脱渣方便，需配有专用焊剂。

3. 窄间隙埋弧焊的应用

埋弧焊是工业领域应用较为广泛的焊接方法之一，也是应用到窄间隙技术中最成熟、最可靠、应用比例最高的焊接方法。

窄间隙埋弧焊的主要应用领域是低合金高强度结构钢厚壁容器及其他重型焊接结构，其在大厚度板和超大厚度板对接焊中的效率高、成本低、质量优的特点更加突出。随着其关键技术日益成熟，其可焊间隙越来越小，坡口深度越来越深，特点更明显，应用更广泛。已成功应用于核反应堆压力容器、化学及石油工业、大型管道、桥梁、水轮机、压力容器及锅炉工业，如筒体的纵缝和环缝、封头的对接，可焊厚度达700mm。在大型机械中，如卷扬机、鼓风机等的大厚度中空轴的纵缝与环缝，大型压力机的机身、框架，建筑行业楼房钢架箱形柱的接头等。

我国已将窄间隙埋弧焊成功地应用于10万kW、20万kW、30万kW锅炉筒体和加氢反应器等环缝和纵缝的焊接，所焊焊件的厚度为80~200mm。在厚壁压力容器和重型机械制造中，窄间隙埋弧焊是一种高效率的焊接方法。

窄间隙埋弧焊不仅要求坡口侧壁均匀焊透，而且要求熔渣在窄坡口内应具有良好的脱渣性。采用这些脱渣性好的焊剂，研制了各种窄间隙施工技术：如利用直径1.2~1.6mm的细焊丝摆动焊接400mm以上的压力容器用超厚板；第一、第二层使用TIG焊，其他各层采用直径1.6mm细丝进行单面埋弧焊；日本利用直径3.2mm焊丝双丝埋弧焊焊接压力容器；我国则采用直径更小的3mm焊丝，研制出了双丝窄间隙埋弧焊机，并成功地应用于大型高压容器（如锅炉、化工容器、核反应堆、热交换器、水压机工作缸、水轮机、采油平台桩腿和厚板结构等），不仅可焊环焊缝，也可焊纵焊缝。此外，也有采用埋弧焊与气体保护焊联合焊接桥梁桁架不完全焊透接头（J形坡口）的窄间隙焊接应用实例。

4.2.2　窄间隙焊焊接设备的关键技术

选用性能稳定可靠的控制系统和焊接电源；采用易于脱渣、工艺性能良好的焊剂，是保证窄间隙焊顺利进行的两项关键技术。以下主要叙述窄间隙焊焊接设备的特点、焊机机头、控制系统和焊缝跟踪技术。

1. 窄间隙焊焊接设备的特点

窄间隙焊焊接设备的特点是，焊接过程自动控制技术与一般电弧焊的焊接过程自动控制技术相比要求高。除一般电弧焊的控制系统之外，还有电弧摆动或旋转控制系统、焊枪高度控制系统和焊枪自动对中控制系统。焊枪自动对中控制是一个极关键的技术，特别是在狭窄坡口深处，焊丝端部位置的微小偏差都能影响到焊缝质量，而检测电弧位置的电弧传感器是技术的关键。窄间隙焊的电弧传感器有两种类型：一种是由于电弧摆动或电弧旋转时电弧与侧壁的距离与电弧电压成正比，利用检测出的电弧电压经放大处理后，控制沿坡口宽度方向的移动马达，实现坡口对中控制；另一种类型是利用光学元件，如光导纤维、摄像镜头等摄取坡口位置信息，经处理后对坡口进行对中控制。

计算机的发展为窄间隙焊自动控制提供了技术支持。计算机控制窄间隙自动横摆装置，能根据焊接处的坡口变化，自动给出合适的焊接参数。通过电视摄像系统捕捉坡口状态，依靠微机处理系统将得到的信息进行处理然后发出合适的焊接参数及对正位置的控制信号，这些控制信号通过电气系统来驱动机械系统，用于焊接方向移动、焊枪对焊缝的跟踪，坡口深度方向的位置控制及焊枪摆动角度的控制，实现全自动焊接。

2. 窄间隙埋弧焊机的控制系统

窄间隙焊接的控制系统是实现焊接参数和焊接程序的设定、监控，焊接操作机和滚轮架的联动。其核心技术是控制焊接过程中焊缝跟踪、导电嘴的高度跟踪（焊丝伸出长度）以及每焊一道后的焊缝搭接及转换到下道焊缝的行程、斜率（自动排焊道）。窄间隙的控制系统功能不断提升，由固定的程序、配合人工干预，进入自动化直至智能化控制，其中关键技术是传感器及数据分析、处理能力。

窄间隙埋弧焊机是用 PLC 控制的机电一体化焊接专用设备。它的控制系统由主控制柜、操作控制箱等组成。控制系统采用 PLC 控制。控制柜由 PLC、扩展模块、数字 I/O 模块、模拟量输入模块、模拟量输出模块、信号隔离变送器、步进电动机驱动电源等组成。整个焊接系统都在 POD 触摸屏上进行，可以通过界面修改焊接参数及控制参数。主机系统 PLC 对焊接过程进行监测和控制，POD 触摸屏显示设备的运行状态。在焊接过程中，控制系统对电弧电压、焊接电流、焊接速度及高度跟踪和横向跟踪等参数实时控制，并自动将各参数闭环控制在预置范围内。

通过触摸屏进行人机对话，能方便直观地设定、监视工作模式和各轴运动状态参数，通过对激光等传感器的采集信号分析、处理，实现对焊缝两侧及高度的跟踪。

3. 窄间隙埋弧焊机头

（1）窄间隙埋弧焊机头的作用　窄间隙埋弧焊机头是保证坡口两侧壁的熔合和对焊缝金属保护的核心部件，其基本功能是实现电极的可靠导电、电弧摆动及对电弧和熔池的保护。它是实现窄间隙埋弧焊工艺的执行机构，具有以下作用：

1）向焊接区输送焊丝。为了能顺利地将焊丝（焊带）输送到焊接区，必须有一套校直机构。

2）焊剂的送进和回收。窄间隙埋弧焊是依靠焊剂来保护熔池，通过焊剂斗将焊剂输送到焊接区，并通过焊剂回收机构回收未熔化的焊剂。焊剂的送入和回收管分别安装在焊枪的前后两侧，与机头本体无关，从这点来说，焊枪的结构要简单一些，仅需解决焊丝导电和摆动，以保证焊接过程稳定和焊缝侧壁熔合良好。

3）焊接过程中必须有将导电嘴在三维空间进行移动的自动控制系统，如图4-3所示。导电嘴在 Z 方向上的位置移动，即导电嘴随焊缝焊道的起伏不断调节导电嘴，使其距焊缝表面的距离保持恒定。导电嘴在 Y 方向上的位置移动，即焊接方向上的焊接速度控制。对于不同的埋弧焊系统，焊接速度控制的机械系统结构也不同，例如最常用的焊接小车埋弧焊机，导电嘴在 Y 方向上的焊接速度控制，是控制焊接小车的爬行速度，而最终归结为对小车驱动电动机的转速控制；而对悬臂梁式埋弧焊机械系统结构来说，对导电嘴在 Y 方向上的焊接速度控制，实际是对悬臂梁纵向平移速度的控制，最终归结为悬臂梁驱动电动机的转速控制。

图4-4是一种窄间隙自动埋弧焊机头的机械结构。通过该机头将焊丝、焊剂、焊接电流送入焊接区，同时还要将没用完的焊剂随时回收。

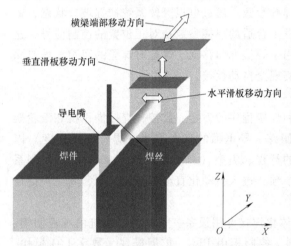
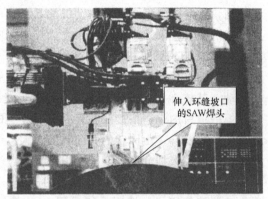

图4-3　导电嘴三维（$X—Y—Z$）位置移动示意图　　图4-4　通用悬臂式窄间隙埋弧焊机（ESAB）

为了适应窄间隙埋弧焊的焊件坡口，焊嘴端部设计成扁平状。为适应窄间隙埋弧焊特有的焊接工艺要求，焊嘴导电嘴的出丝口设计成既可处于中间位置，也可以围绕偏摆轴左右偏摆，如图4-5所示。

（2）焊丝摆动方式　一般导电嘴偏摆装置设计成液压驱动，以适应埋弧焊焊丝较粗、偏摆机械阻力较大的特点。偏摆液压装置可以调节偏摆阻力，使导电嘴偏摆在某一恰当角度也可以锁定导电嘴于中间位置；从焊接方向看，处在机头最前位置的是坡口跟踪装置，采用的检测装置属于光电—机械式坡口检测装置。

在窄间隙埋弧焊时，为了保证坡口两侧壁的熔合良好，往往采用焊丝摆动措施。但由于窄间隙埋弧焊焊丝较粗，刚度大，要实现焊丝摆动相对困难，导电嘴有三种焊丝摆动方式。

1）弯曲导电板/杆回转式。在焊枪的导电板/杆下部，带有较大前倾角（约20°），有利于焊丝导电。当导电杆转动时，能实现焊丝摆动，其中导电杆式的焊枪特别适用于圆弧形的窄间隙焊缝。

2）扁平导电板摆动、导电嘴为弹簧压紧式。即在扁平的焊枪下部有一可左右摆动的导电板，气动或电动摆动轴转动拨叉杆，使下部焊枪以摆动轴为轴心左右摆动，导电嘴为两瓣弹簧压紧，该焊枪是目前的主导结构。但由于长时间工作，弹簧发热导致压紧力下降，导电

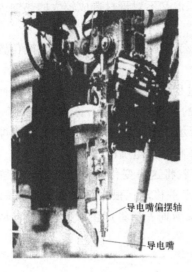

导电嘴偏摆轴

导电嘴

a)

b)

图 4-5　导电嘴的偏摆机构及窄间隙埋弧焊机头

嘴的导电性能下降，该机构目前已得以改进。

机头上配有 14mm 厚比较坚固的焊接导电装置，导电装置底部为弹簧夹紧的防磨损的导电嘴，导电装置安放在一个轴上，通过这个轴，机头与坡口侧壁的夹角可以进行调整。这种设计使导电嘴非常坚固，并保证机头对侧壁的角度可以调整。机头从一面转到另一面焊接的动作是由气动元件完成的。

3）扁平导电板摆动、整体倾斜导电嘴式。其基本结构与弹簧压紧式导电嘴相似，为了改善焊丝导电性采用带倾角的导电嘴，依靠焊丝自身弹性对导电嘴斜面施加压紧力，并具备导电嘴磨损大的自身补偿功能，保证焊丝可靠导电。采用交流伺服电动机来摆动焊枪，不受气压限制且可在焊接过程中微调焊枪摆角。

这三种焊枪的结构比较见表 4-6。此外，窄间隙埋弧焊焊枪的结构在不断改进。第一代为单丝窄间隙 SAW 焊接机头（单丝、机械式焊缝跟踪）；第二代为单丝窄间隙埋弧焊接机头（单丝、激光焊缝跟踪）；第三代为双丝窄间隙埋弧焊接机头（双丝、激光焊缝跟踪）。

表 4-6　三种窄间隙焊枪的结构比较

类型	焊丝摆动方式	焊丝摆动	导电嘴形式	导电嘴前倾角
1	弯曲导电杆/板回转式	步进电动机	整体倾斜式	20°
2	扁平导电板摆动式	气动	弹簧夹紧式	7°
3	扁平导电板摆动式	交流伺服电动机	整体倾斜式	7°

4. 焊缝跟踪

窄间隙埋弧焊设备中除了一些基本功能外，还具有一些关键的功能。例如，必须具有可靠的双侧横向与高度的自动跟踪功能；每条焊道必须保证与坡口侧壁的均匀良好熔合，但又不能过多地熔入母材金属，因母材的含碳量一般较高；焊道应尽可能薄而宽，可以充分利用后一道焊道焊接时的热量对前一道焊道的热影响区进行有效的热处理，改善过热粗晶区的性能；具有较高的熔敷效率，既提高焊接生产率，但又不对母材造成较大的热输入而损害母材热影响区性能等。

焊缝跟踪是窄间隙焊接中的关键技术之一。为了保证焊枪始终处于正确位置和过程自动化，必须全程跟踪坡口的侧壁和焊缝高度。

焊缝跟踪的基本原理如以下所述，在焊接过程中，导电嘴在焊缝的宽度方向必须一直处于居中位置（见图4-6），即导电嘴在 X 方向上的位置控制，通常称为焊缝跟踪。严格地说，导电嘴焊缝跟踪应是焊接坡口跟踪，如图4-7所示。窄间隙埋弧焊的导电嘴的焊接坡口跟踪实际情况是：在焊接过程中，通过检测系统一直检测导电嘴的中心线距焊件坡口两侧的距离偏差变量 $\pm\Delta x$，只要有位置偏差变量 $\pm\Delta x$ 产生，就将这一变化送至导电嘴的位置控制执行机构，执行机构驱动水平滑板使焊头在 X 轴方向水平移动；根据位置偏差变量 $\pm\Delta x$ 使机头产生反向位移（即正向偏差变量产生反向位移、反向偏差变量产生正向位移），从而使导电嘴一直保持居中位置。

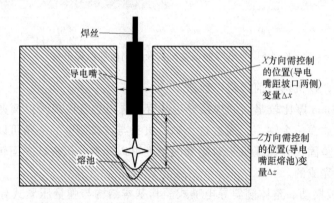

图4-6　窄间隙埋弧焊导电嘴 $X—Z$ 位置控制示意图

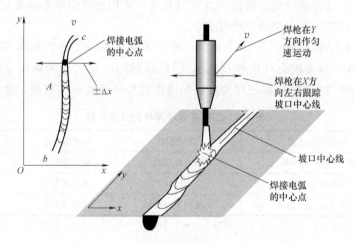

图4-7　焊缝跟踪的几何含义

（1）跟踪模式　窄间隙埋弧焊设备中的跟踪系统，一般具有横向和高度两维跟踪功能。坡口横向跟踪的目的是保证焊丝端距两侧的距离不变，有多种跟踪模式。

1）单侧跟踪　仅保持焊枪至坡口内一侧的距离不变，由于不跟踪另一侧，当出现焊件装配精度或焊接时坡口收缩变形等问题，就会导致在焊接另一侧时出现问题。

2）双侧跟踪　保持焊枪在坡口的中心，两个横向跟踪爪（触头）始终与坡口侧壁保持弹性接触，横向跟踪采用高精度角位移传感器作为传感元件测量焊件的横向位移窜动量，通过控制系统调节横向跟踪溜板，控制焊枪（焊丝）与焊件侧壁的距离并保持恒定。采用双侧跟踪传感器，分别以坡口的两侧侧壁为跟踪基准面，使焊枪保持在坡口中心。这种跟踪模式是随着焊枪提升，焊丝至侧壁的距离会逐渐增大。由于焊丝端离侧壁距离越来越远，势必要影响到侧壁的熔合，必须及时修正焊枪的中心。

横向跟踪传感器上的两个跟踪爪（触头）在跟踪时处于放开状态，两个跟踪爪（触头）与侧壁弹性接触，当需要停止横向跟踪时，两个跟踪爪要收回：PLC控制横向跟踪传感器上的两个收爪轮（里、外）向里推到底再旋转90°，然后松开就可以收回两个横向跟踪爪。当焊枪及跟踪机进入坡口需要跟踪时，将传感器的两个收爪轮向里推到底再旋转90°，然后松开就可以放开两个横向跟踪爪（触头）与坡口侧壁弹性接触。

3）双侧交替跟踪　激光检测点与焊丝指向同步，即焊丝指向左侧时，激光点检测焊枪中心至左侧根部的距离，保持焊丝端部至左侧壁的距离不变，反之亦然。其优点是对坡口的加工和对焊件的装配精度要求不高，对焊接时坡口收缩变形也不敏感。随着焊枪的提升，焊丝至侧壁根部的距离保持不变，从而保证两侧熔合良好。这对有一定角度的坡口具有重要意义。由于焊缝跟踪的关键是要保证焊丝端至侧壁的距离保持不变，因此交替跟踪坡口侧壁是较为合理的。

高度跟踪机构也采用接触式跟踪方式，高度跟踪轮始终与焊件的焊道表面弹性接触。高度跟踪采用高精度位移传感器作为传感元件，测量焊件焊道表面的高度误差，通过控制系统调节高度跟踪溜板控制焊丝的伸出长度。

跟踪系统在手动状态下，扳动十字开关下降键，将焊枪下到坡口内。放开两个横向跟踪触头。扳动十字开关键，调整焊枪焊丝端头与坡口侧壁的距离，双丝焊接时，一般距离为3~3.5mm。此时，操作控制箱的POD显示屏显示有控制系统测量的横向跟踪数据，横向跟踪测量数值范围为0~20mm。将"横左或横右跟踪测量数值"存入"跟踪参数设定修改"中的"横左跟踪或横右跟踪设定值"。高度跟踪传感器调整与横向跟踪传感器调整道理相同，焊丝的伸出长度一般调整至35mm，高度跟踪测量数值范围为0~25mm。将测量数值存入"跟踪参数设定修改"中的"高度跟踪设定值"。

（2）跟踪方式　窄间隙埋弧焊的焊缝跟踪主要采用机械—光电跟踪装置，坡口侧壁的机械接触传感装置，即机械式靠轮或机械式位移传感器以及激光跟踪方式。常用的激光跟踪达不到如此深坡口的跟踪。近几年来，已开发出在深坡口内的激光跟踪器。还有能够获得电弧图像的工业电视监视装置和反馈装置。

1）机头的机械—光电焊缝跟踪系统　机械—光电式导电嘴横向和高度两维跟踪检测系统的基本原理如图4-8所示。深度导向小轮①与坡口底缘（或焊道）直接接触，并可绕小轴②随着坡口底缘高度变化而上、下浮动，从而在支点③处使顶杆上、下运动；在顶杆上还同时安装有坡口壁侧向探测导向销④（"触角"）。左右两边均有侧向导向销，当导向销接触坡口两侧壁时，都会被侧壁顶回，从而使安装发光二极管的托架围绕导杆轴产生顶杆偏转。

顶杆偏转从而使托架随之偏转。而在固定支座的垂直方向和水平方向分别安装四只光敏晶体管，它们都可以接收到由发光二极管发出的光通量，如图4-9所示。

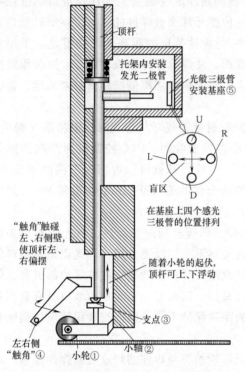

图 4-8　坡口的检测（传感器）系统构成

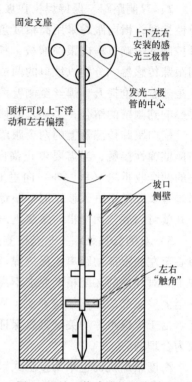

图 4-9　坡口传感器的工作零位

垂直方向上的 U 和 D 光敏晶体管分别检测机头相对于坡口底部给定深度的升起和下降的位移量±Δz，如图 4-10 所示。

横向方向上的 L 和 R 光敏晶体管则检测机头纵向中心线相对于坡口侧壁的左右偏移量±Δx，如图 4-11 所示。

焊前调整时，可通过传感器上的调节螺钉使发光二极管中心点恰好与四只三极管的中心重合，这就是坡口跟踪的起点。

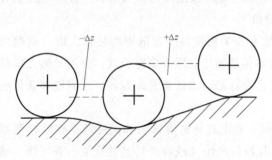

图 4-10　焊道底部不平引起小轮
轴心出现高度方向偏差±Δz

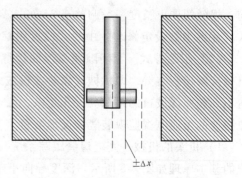

图 4-11　坡口侧面不平直引起顶杆
中心线出现水平偏差±Δx

跟踪执行机构是两台直流电动机分别驱动的横向滑板和纵向滑板，如图4-12所示。单台跟踪执行机构的控制电路结构如图4-13所示。图4-13中，UT、DT表示两只纵向安装的光敏晶体管，当其中任一只接收到来自发光二极管光通信号±Δz偏差信号后，就立即转变为电压信号 V_U、V_D。V_U 由上限光敏晶体管 UT 输出，V_D 由下限光敏晶体管 DT 输出。

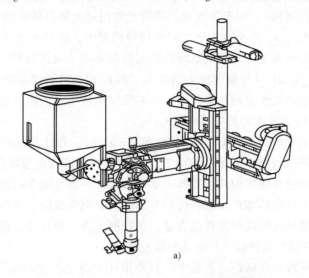

a)

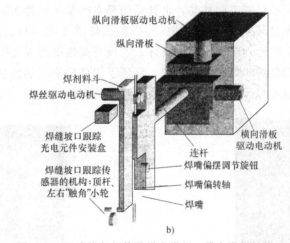

b)

图 4-12 跟踪执行机构及纵向滑板、横向滑板结构

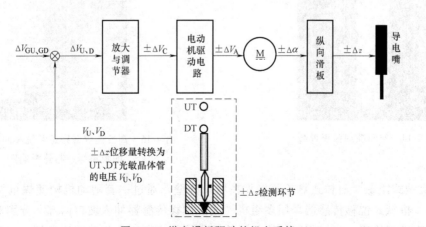

图 4-13 纵向滑板驱动的机电系统

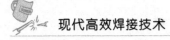
对图 4-13 所示的纵向滑板位移负反馈控制电路来说，电压信号 V_U、V_D 就是 $\pm\Delta z$ 位移负反馈信号；而 $\pm\Delta z$ 位移给定电压信号 $\Delta V_{GU,GD}$ 实际上隐含在坡口传感器的结构中，即图 4-8 中四只光敏晶体管的"盲区"。只有当发光二极管光线扫过光敏晶体管的"盲区"后，光敏晶体管才有电压信号 V_U、V_D 产生。由于实际坡口传感器中，四只光敏三极管的"盲区"区间很小，因此可以满足焊接工艺对控制系统的控制精度要求。电压信号 V_U、V_D 实际上也就是偏差信号电压 $\Delta V_{U,D}$。$\Delta V_{U,D}$ 经偏差放大器放大，再送入晶闸管功率放大器，作为控制纵向滑板上、下运动的电动机的驱动功率信号，即晶闸管功放电路的输出就是使纵向滑板伺服用电动机 SDV 产生不同旋转方向的电枢电压 $\pm\Delta V_A$。

同理，横向安装的光敏晶体管 LT、RT，检测到 $\pm\Delta x$ 后，通过偏差放大器、晶闸管功放电路，最后输出使水平滑板伺服电动机 SDH 产生左右方向的旋转电枢电压 $\pm V_{HA}$。

焊前调整焊嘴潜入坡口底部的到位控制，也是通过同一套系统实现的。其原理为：焊机启动，首先调整发光二极管的零点位置；然后开启纵向驱动电动机，焊头开始向焊缝坡口底部送进；一旦传感器的导向轮接触到焊缝底部，顶杆被上顶，使发光二极管上移；碰到上限光敏三极管 UT 后，立即发到位信号使电动机停止转动。

同理，焊头向焊缝坡口底部送进过程中，只要顶杆上的左右"触角"碰到坡口左右壁，都会使横向滑板朝离开坡口壁方向移动，也就是使导电嘴基本保持在坡口中间位置。

使用窄间隙埋弧焊自动跟踪系统得到的厚板接头焊道如图 4-14、图 4-15 所示。由图可知：鱼鳞状焊道非常工整，焊趾位置熔透良好，若没有高性能的焊缝跟踪系统不可能达到其焊接工艺要求。因采用良好的焊缝跟踪系统，保证了焊件的输入热量少，从而使得焊接热影响区窄，这就使窄间隙埋弧焊能获得优于普通埋弧焊的焊接质量。

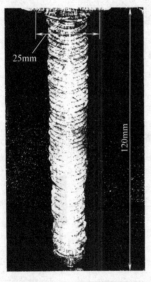

图 4-14　窄间隙埋弧焊焊缝

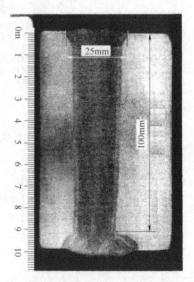

图 4-15　高性能焊缝跟踪系统窄间隙埋弧焊
的鱼鳞焊道与热影响区

2）机械式跟踪　机械式靠轮直接靠在坡口侧壁，通过一套随动机构使焊枪始终保持在坡口中心。机械式位移传感器采用多组机械式的位移传感器伸入坡口内部，分别对坡口两侧和焊缝高度进行检测，通过伺服机构及时修正焊枪位置。整个传感器体积较大，且要考虑适当冷却。以下介绍一种机械式跟踪方法。

焊缝跟踪系统的机械结构如图 4-16 所示。焊缝跟踪系统由以下 4 个部分组成一个杠杆机构，分别是旋转电位器和齿轮、扇形摆板、检测导杆、复位弹簧。在进行窄间隙焊接的过程中，两个导轮借助于拉力弹簧始终紧贴住焊件的侧壁。开始时，通过调整使得焊枪相对焊缝中心线保持对中，此时，两侧壁检测系统角位移传感器输出电压差为零；一旦因坡口位置变化或焊枪行走机构安装误差使焊枪偏离中心线，则两侧壁检测系统角位移电位器产生压差 ΔU。由于预先已经设定了一个窗口阈值，通过将此窗口阈值与得到的电压差值 ΔU 比较，判断是否要调节焊枪当前位置。当电压差值等于窗口阈值时，系统认为此时焊枪仍然处于居中位置，不用调节焊接过程可以继续进行；一旦电压差值 ΔU 超过窗口阈值时，则必须向相反方向调整焊枪位置。

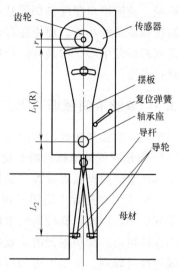

图 4-16 焊缝跟踪系统的机械结构

当然，系统对检测到的 ΔU 需进行放大，然后转换为步进电动机驱动脉冲，其中放大的倍数由两部分决定：机械杠杆的放大倍数 U_1 和摆板大齿轮与电位器小齿轮的半径比例关系 U_2。对于机械杠杆而言，放大倍数 U_1 可简单地表示为 $U_1=L_1:L_2$（L_1 表示扇形摆板的半径，L_2 表示导向轮与轴承座在纵轴方向上的距离），由于结构的原因，放大 L_1 和缩小 L_2 的量是十分有限的。本系统中 U_1 的值接近 2。信号放大的主要途径在于合理地设计大齿轮的半径 R 及选择适当半径的电位器齿轮 r。因为，$U_2=R/r$，可以将 U_2 充分放大，得到理想中的 U 值。本系统中二者半径的比值设定为 15∶1，很好地解决了信号放大这一非常困难的问题。

焊缝跟踪系统以焊枪位置作为控制对象，焊枪相对于焊缝中心偏移作为调节量，步进电动机作为伺服电动机，控制电路以 CPU 为核心。跟踪系统对大幅值、长脉宽信号具有较好的响应能力，系统对焊接过程中坡口内侧壁上出现的小颗粒物质（颗粒直径小于 3mm）也具有较强的抗干扰能力。

3）激光跟踪 受激光头性能的限制，激光头和焊件表面的距离一般限制在 200mm 以内，跟踪深度也只有 100mm。因此，窄间隙深坡口内的激光跟踪成为一个难点。一种新型简单、可靠的激光跟踪技术是直接采用一个激光位移传感器，通过扫描，检测坡口内不同点的高度参数，经与基准值比较，确定坡口侧壁的偏差位置和焊缝高度，由十字伺服机构实现对深坡口侧壁和焊缝的高度跟踪。

图 4-17 是采用激光与光纤技术、光电-机械式坡口检测装置用于窄间隙埋弧焊、双丝埋弧焊的焊接接头坡口跟踪。

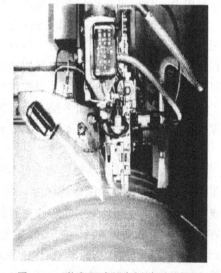

图 4-17 激光跟踪的窄间隙埋弧焊机

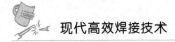

高精度激光传感器可距离焊件表面400mm。其特点是激光头远离焊件，不受焊件热量的影响。检测坡口深度最深可达350mm。跟踪系统简单，一个激光头具备了焊缝跟踪和焊枪高度跟踪两种功能。焊枪能自动寻找焊缝中心，自动到达焊接位置。与常规的跟踪不同，不是跟踪焊缝中心，而是与焊枪摆角的方向同步，分别跟踪焊缝左右侧壁，焊丝端至侧壁距离保持不变。

4.2.3 单丝窄间隙埋弧焊工艺

窄间隙埋弧焊按焊丝数量分为单丝窄间隙埋弧焊和双丝窄间隙埋弧焊。

1. 单丝窄间隙埋弧焊的分类

单丝窄间隙埋弧焊按焊层和焊道可分为以下几种：

（1）多层单道焊　适用于焊接厚度为70～150mm的焊件，坡口间隙一般为12～21mm。由于间隙小，因此具有较高的生产率。在焊接过程中，焊丝必须严格对准坡口中心，焊接参数应保持恒定，使焊道光滑且成弯月形。为保证良好的脱渣性和层间熔合，必须采用具有良好脱渣性的焊剂。每层1道的焊接虽然效率较高，但易引起侧壁熔合不良（窄间隙埋弧焊的一个缺点）、夹渣、焊缝成形系数过小，易引起结晶裂纹、脱渣不易等问题，在窄间隙埋弧焊中很少应用。

（2）多层双道焊　适用于焊接厚度为100～300mm的焊件，坡口间隙比单道焊时大，一般为14～22mm，当板厚超过200mm时，最好选择22～24mm的间隙。该工艺适应性比多层单道焊好，可采用的焊接参数范围较宽，对焊接参数的波动敏感性减小，焊缝成形比较容易控制，易于脱渣，焊接缺陷产生的可能性减少。每层两道的焊接应用较为普遍。

对于每层两道的窄间隙埋弧焊，为了保证坡口侧壁的良好熔合而不出现夹渣等焊接缺陷，在每一个焊道焊接时，焊丝端头必须偏向各自接近的坡口侧壁。即导电嘴与导电杆之间有一活动关节，在焊完一侧焊道后使它摆动而偏向另一侧，导电杆始终处于坡口间隙的中心位置。

（3）多层三道焊　用于焊件厚度大于300mm的深坡口接头的焊接。为便于操作和观察，必须适当加宽坡口的间隙，一般为33～38mm，因而可以采用较大直径的焊丝和较大的焊接电流，从而可获得较高的熔敷率和生产效率。

NG-SAW焊道熔敷方案的选择与许多因素有关。单道焊仅在使用专为窄坡口内易于脱渣而开发的自脱渣焊剂时才采用。尽管具有较高的坡口填充速度，单道焊方案与多道焊相比仍有一些不足之处。除需要使用易脱渣焊剂之外，它还要求焊丝在坡口内非常准确地定位，对间隙的变化有较严格的限制。对焊接参数特别是电压的波动以及凝固裂纹的敏感性大，限制了这一工艺的适应性。而多层多道焊的特点是坡口填充速度低，但其适应性强，可靠性高，焊接缺陷少。尽管焊接成本较高，但允许使用标准的或改进的焊剂以及普通SAW焊接工艺。

2. 单丝窄间隙埋弧焊工艺

（1）坡口形式　厚壁容器壳体的窄间隙埋弧焊可采用图4-18所示的三种基本坡口形式，图4-18a、b主要用于筒体的纵缝，图4-18c用于环缝的焊接。坡口间隙的大小，在多层单道或双道焊时，可根据采用的焊丝直径按以下公式确定：坡口间隙 $B = (4.5\sim6.5)d$（d 为焊丝直径）。坡口倾角可在1°～3°之间变化。

（2）焊接参数的选择　在窄间隙埋弧焊中，为确保焊缝的质量，获得优质无缺陷的焊缝，应正确地选择焊接参数。其选择原则是焊接参数应保证每一焊道与坡口侧壁良好熔合，

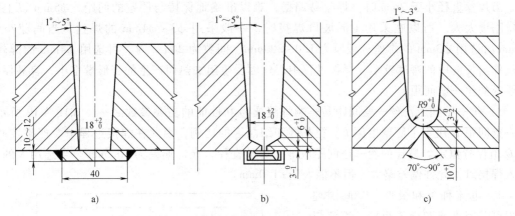

图 4-18　窄间隙埋弧焊通用的坡口形式

a）固定衬垫单面坡口　　b）陶瓷衬垫单面坡口　　c）背面封底单面坡口

不致产生未熔合等缺陷。焊缝成形好，表面平滑。既不能有焊缝中心的热裂纹，又要脱渣容易。焊缝金属及热影响区性能要完全符合技术要求。在保证焊缝质量的基础上尽可能提高焊接效率。窄间隙埋弧焊的主要焊接参数有坡口宽度和角度、焊丝直径、焊丝至侧壁间距（简称丝—壁间距）、焊接电流、电弧电压和焊接速度等。

1）焊接电流和电弧电压。焊接电流根据板厚、间隙大小及焊丝直径等来选取。为了防止根部的第一道焊缝产生裂纹，应选择焊接电流较小的焊接参数。焊接电流过大，容易造成坡口侧壁咬边，而且熔敷金属量大，焊缝成形差，易产生缺陷；焊接电流过小，则熔深减小，成形也不良。除了每层三道焊缝工艺外，一般焊接电流均不超过 600A。电弧电压是决定焊道侧壁熔深和成形的重要参数，电弧电压的波动对焊缝成形、咬边及未熔合将产生很大影响，一般电弧电压为 25~30V，可获得良好的焊缝，小于 25V 时会造成焊道凸起、焊道侧壁熔合不良，并造成夹渣等缺陷；大于 32V 会产生咬边，并且在这两种情况下都会造成脱渣困难。

2）焊丝成分及直径。焊丝的选择原则上与传统埋弧焊相似。首先根据对焊接接头提出的化学物理性能要求，确定焊丝的基本合金成分，如 Mn-Mo 系、Mn-Ni-Mo 系、Cr-Mo 系和 Cr-Ni-Mo 系等。其次应按照焊剂的碱度，即焊剂的氧化还原特性，确定焊丝中的硅含量，如 SJ101 焊剂呈中性，焊接过程中焊剂对焊缝金属的渗硅量很低，故应选择硅的质量分数在 0.10%~0.30% 的合金焊丝。采用硅的质量分数低于 0.10% 的焊丝，在某些情况下会造成焊缝金属还原不足而出现气孔等缺陷。H08MnMo、H08Mn2Mo、H08Mn2NiMo、H06CrMo 等焊丝均可配 SJ101 或 SJ102 焊接相应钢种的压力容器。第三应考虑窄间隙焊的工艺特点，母材对焊缝金属的稀释率小，各焊道化学成分和金相组织均一，焊道重叠产生调质处理作用，允许在较低的预热温度、层间温度下焊接，以及焊后热处理可在较低的温度和较短的保温时间下完成。因此，与传统埋弧焊相比，选用合金成分较低的焊丝即能保证获得与母材等强度的焊缝金属。

一般焊接厚度相对较薄的焊件和较窄的间隙时选用直径较细的焊丝；反之则用直径较粗的焊丝。粗焊丝可承载较高的焊接电流并获得较高的熔敷率。但在窄间隙埋弧焊时为防止未熔合等缺陷，可通过导电嘴将焊丝弯曲成一定角度，使电弧指向坡口侧壁，保证侧壁的熔

合。当焊丝直径小于2mm时，焊丝易偏摆，难以准确地保持与侧壁的间距，$\phi5mm$以上的焊丝刚度太大，所以在采用I形坡口焊接时，一般采用$\phi3 \sim \phi4mm$的焊丝。当间隙小于16mm时选用$\phi3mm$的焊丝；板厚为$150 \sim 200mm$、间隙为20mm时，可选用$\phi4mm$的焊丝，焊丝伸出长度段的弯度较小，焊接过程中焊丝因受电阻加热而产生的变形量也小，容易保持所要求的丝—壁间距。

3）丝—壁间距。丝—壁间距是影响焊缝质量和性能的主要参数之一。如图4-19所示，丝—壁间距D决定了侧壁熔深E、粗晶区和细晶区的比例，因此在焊接过程中要严格控制，使D值保持恒定。最佳的丝—壁间距应等于焊丝直径，允许偏差为$\pm0.5mm$。当选用大的热输入焊接时，允许偏差略大，但不能大于$\pm1.0mm$。

4）电流种类和极性。窄间隙埋弧焊可采用直流和交流焊接。直流焊接时一般采用反接，以便获得稳定的焊接过程和高质量的焊缝。通常在焊接纵缝时，最好采用交流焊接，因为采用直流焊接时会产生电弧偏吹。在环缝焊接时，采用直流焊接不至于产生电弧偏吹现象。

5）焊接速度。焊接速度是决定焊接热输入和焊缝成形的重要参数。在每层单道焊时，为保证侧壁可靠地熔合和良好地润湿，形成弯月形焊缝

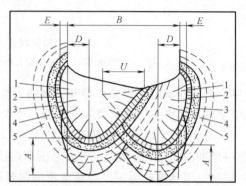

图4-19　丝—壁间距对侧壁熔深和粗晶区形成的影响
1—焊缝金属　2—过热区　3—细晶区　4—回火区　5—低温回火区
A—焊道未重熔厚度　B—坡口宽度　E—侧壁熔深　U—焊道搭接

表面，应采用较低的焊接速度。在每层双道焊时可选用比单道焊较高的焊接速度，最佳速度范围为$25 \sim 30m/h$。

（3）焊剂的选择　窄间隙埋弧焊用焊剂除应满足对普通埋弧焊焊剂提出的所有要求外，还应特别强调要有良好的脱渣性，这一性能是实现窄间隙埋弧焊的重要因素之一。

虽然窄间隙埋弧焊具有熔敷率高、无飞溅、焊接质量稳定、设备简单等优点，但由于每道焊后需清渣，窄而直的坡口往往使脱渣困难，影响了窄间隙埋弧焊的推广使用。根据熔渣在熔化阶段和凝固阶段的物理性质与脱渣性的关系，已研制出在窄间隙焊接时脱渣性能良好的焊剂，促进了窄间隙埋弧焊的实际应用。窄间隙埋弧焊时脱渣性变坏的主要原因是渣的侧面紧密黏附于坡口内表面，使坡口内表面对渣产生拘束，因此窄间隙用焊剂要求熔渣侧面与坡口内表面接触面积要小，这样熔渣的断面形状最好是椭圆形或三角形，而不是正方形。影响熔渣断面形状的主要因素是渣的黏度，要求熔渣在高温时黏度小、流动性好，和液体金属一起向熔池后方流动，且随着温度下降，黏度急剧增加，在未润湿坡口内表面时就已凝固，成为断面接近于椭圆形或三角形的固态熔渣。另外，熔渣在凝固时收缩量要大，这种焊剂一般来说在窄间隙焊接时脱渣性比较好，能够满足焊接要求。

已得到成功应用的窄间隙埋弧焊用焊剂有下列几种：

1）日本的KB-120烧结焊剂。渣系为$MgO-BaO-SiO_2-Al_2O_3$，具有优良的脱渣性。在焊剂中添加了碳酸盐，可使焊缝金属的含氢量降低到普通埋弧焊工艺的一半以下。适合于要求高韧度的压力容器用Cr-Mo钢的焊接。

2）日本钢管株式会社研制成功的两种窄间隙焊专用焊剂。其渣系相应为 TiO_2-SiO_2-CaF_2 和 CaO-SiO_2-Al_2O_3-MgO。使用后一种焊剂，焊缝金属具有较高的冲击韧度。这些焊剂的特点是具有较高的熔点（高于 1300℃），因此脱渣性良好，可用于每层单道焊工艺。

3）AH-17M 熔炼焊剂。其化学成分（质量分数）为：$SiO_2$21.6%、$Al_2O_3$25.18%、$Fe_2O_3$3.46%、CaO15.95%、MgO10.20%、MnO0.52%、$CaF_2$22.57%。配用 Mn-Si 焊丝，可获得 Mn、Si 含量适中的焊缝，并具有良好的脱渣性。用于每层双道焊的窄间隙埋弧焊。

4）我国生产的烧结焊剂 SJ101。其主要成分（质量分数）为：（SiO_2 + TiO_2）25%、（CaO + MgO）30%、（Al_2O_3 + MnO）25%、$CaF_2$20%，与 H08MnA、H08MnMo、H08Mn2Mo 焊丝相匹配，焊接低合金高强度结构钢常温压力容器，可保证焊缝金属 -40℃ 的冲击吸收能量 ≥27J；与 H08MnMo 焊丝相匹配焊接的窄间隙焊缝，经 580℃/5h 消除应力处理后，0℃ V 形缺口冲击吸收能量实测值大部分高于 100J。SJ102 的主要成分（质量分数）为：（SiO_2 + TiO_2）15%、（CaO + MgO）40%、（Al_2O_3 + MnO）20%、$CaF_2$25%，与低合金钢焊丝配用，焊接低温压力容器和对回火脆性有较高要求的压力容器，保证焊缝金属 -60℃ 冲击吸收能量大于 27J。与 H08Mn2Mo 焊丝相匹配，焊缝金属 -20℃ V 形缺口冲击吸收能量大于 100J，-40℃ 大于 90J，-60℃ 大于 45J，能很好地适应每层双道窄间隙焊工艺。SJ101、SJ102 相当于瑞士奥力康公司的 OP122 和 OP121TT。

5）瑞典 ESAB 公司有两种商品焊剂适用于每层双道的窄间隙焊工艺，其牌号为 OK flux 10.71 和 OK flux 10.62。前一种是氧化铝基碱性烧结焊剂，碱度系数为 1.7；后一种是氟化钙基烧结焊剂，碱度系数为 3.5。它们可用于冲击韧度要求较高的高强度钢的焊接，并具有良好的脱渣性等优异的工艺性能。

窄间隙埋弧焊的典型焊接参数见表 4-7~ 表 4-9。

表 4-7　窄间隙埋弧焊的典型焊接参数

工 艺 方 法	每层焊道数	焊丝根数	直径/mm	坡口宽度/mm	坡口倾角/(°)	电流种类及极性	焊接电流/A	电弧电压/V	焊接速度/(m/h)
每层单道焊（日本川崎）	1	1	3.2	12	3	交流	425	27	11
		1	3.2	18	3	交流	600	31	15
		2	3.2	18	3	交流	（前置）600（后置）600	32 / 28	27
每层单道焊（日本钢管）	1	1	3.2	12	7	直流反接	450~550	26~29	15~18
每层双道焊（瑞典 ESAB）	2	1	3.0	18	2	直流反接	525	28	
每层双道焊（原苏联巴东）	2	1	3.0	18	0	交流	400~425	37~38	
每层双道焊（哈尔滨锅炉厂）	2	1	3.0	20~21	1.5	直流反接	500~550	29~31	30
	2	1	4.0		1.5	直流反接	550~580	29~30	30
每层三道焊（德国 GHH）	3	1	5.0	35	1~2	交流	700	32	30

3. 窄间隙埋弧焊在液压机缸体制造中的应用

缸体形状如图 4-20 所示。它是液压机的重要载荷部件，其工作压力为 25MPa。

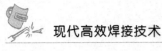

表4-8　筒体纵缝窄间隙埋弧焊焊接参数

坡口形状及尺寸	焊接工艺方法及顺序
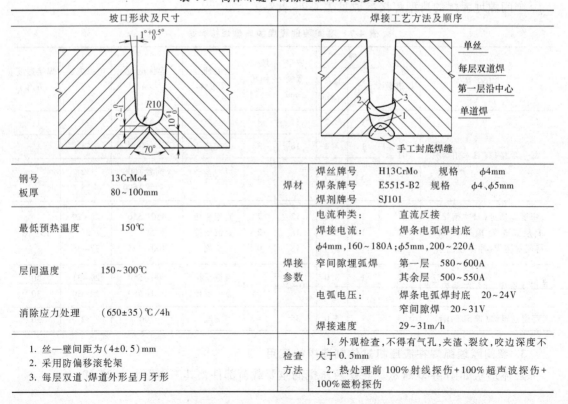	单丝 每层双道焊

母材	钢号	SA-299	焊材	焊丝牌号	H08MnMo
	钢种	C-Mn		规格	φ4mm
	板厚	170~200mm		焊剂牌号	SJ101

焊接温度参数	最低预热温度	150℃	焊接电气参数	电流种类	直流反接
	（整体预热）	100℃		焊接电流	第1、2层 400~450A 第3、4层 500~550A，其余层 550~580A
	层间温度	150~300℃		电弧电压	29~31V
	后热温度	250~300℃		焊接速度	第1、2层 30~32m/h，第3、4层 30~32m/h，其余层 27~28m/h
	消除应力处理温度	600~630℃/3.5h			

操作技术	1. 丝—壁间距(4±0.5)mm 2. 对称焊接，焊缝A先焊20mm厚，接着焊B焊缝至40mm，再焊焊缝A至60~70mm，依此类推直至焊满	检查方法	1. 焊后检查焊缝外表 2. 100%射线探伤+100%超声波探伤 3. 焊接过程中随时检查焊缝外观。如发现严重咬边或焊瘤等缺陷应立即停止焊接。修磨焊接缺陷至合格

表4-9　筒体环缝窄间隙埋弧焊焊接参数

坡口形状及尺寸	焊接工艺方法及顺序
	单丝 每层双道焊 第一层沿中心 单道焊 手工封底焊缝

钢号	13CrMo4	焊材	焊丝牌号	H13CrMo	规格	φ4mm
板厚	80~100mm		焊条牌号	E5515-B2	规格	φ4、φ5mm
			焊剂牌号	SJ101		

最低预热温度	150℃	焊接参数	电流种类：	直流反接
			焊接电流：	焊条电弧焊封底 φ4mm，160~180A；φ5mm，200~220A
层间温度	150~300℃		窄间隙埋弧焊	第一层 580~600A 其余层 500~550A
			电弧电压	焊条电弧焊封底 20~24V 窄间隙焊 20~31V
消除应力处理	（650±35）℃/4h		焊接速度	29~31m/h

1. 丝—壁间距为(4±0.5)mm 2. 采用防偏移滚轮架 3. 每层双道、焊道外形呈月牙形	检查方法	1. 外观检查，不得有气孔，夹渣、裂纹，咬边深度不大于0.5mm 2. 热处理前100%射线探伤+100%超声波探伤+100%磁粉探伤

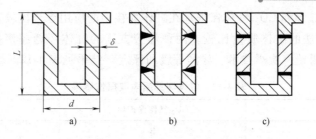

图 4-20　液压机缸体示意图

a）整体形缸体　b）、c）焊制而成的缸体

（1）液压机缸体制造概况

1）机加工制造。材质为 35 钢的实心锻钢坯，经粗加工后成缸体毛坯，其参数见表 4-10，此加工方法不仅浪费钢材，而且加工周期长，费用大。

表 4-10　粗加工后缸体毛坯参数

直径 d/mm	长度 L/mm	壁厚 δ/mm	质量/t
460~2000	800~3000	50~300	0.5~20

2）CO_2 气体保护焊。将整体缸体改为筒和底分体结构（见图 4-20b、c），采用 CO_2 气体保护焊工艺焊接而成。CO_2 气体保护焊焊接厚壁缸体环焊缝有下列不足之处：

① 当壁厚 δ>80mm 时，打底层易熔合不良，填充层侧壁易夹渣。

② 盖面层焊枪摆幅较宽，难免外界空气侵入，降低气体保护效果。

③ 焊接过程产生的飞溅不但降低焊丝的熔敷率，而且会黏附在喷嘴内壁和导电嘴端部，使送丝阻力加大，焊缝成形不良，需要停止焊接并进行清理，增加了焊接难度。

④ 施焊环境不佳，劳动强度大。

（2）窄间隙埋弧焊在缸体焊接中的应用

1）特点

① 热输入低，以一层两道连续堆焊的方式，焊道多次经受回火，使热影响区的冲击韧度得到提高。

② 采用 I 形坡口，节省焊接材料。

③ 机头提升行程 300mm，可焊厚度 300mm。

④ 对焊接参数进行焊前预置，焊接全过程微机自动控制。

⑤ 对各控制参数进行的在线修改，不需停焊。

⑥ 焊缝质量优良，一次探伤合格率 99% 以上。

⑦ 劳动强度低。

2）工艺要点。选用焊丝 H10Mn2，规格 ϕ3.2mm，焊剂 SJ101。焊接参数见表 4-11。

表 4-11　窄间隙埋弧焊的焊接参数

焊接位置	I/A	U/V	v/（m/min）
打底层	370~420	32	1.45
填充层	420~450	35	1.2
盖面层	450~480	35	1.0

（3）窄间隙埋弧焊和 CO_2 气体保护焊在缸体焊接中的应用综合比较

1）两种焊接方法的缸体质量比较。两种焊接方法的缸体环缝超声探伤 GB/T 11345—2013《焊缝无损检测超声检测技术、检测等级和评定》结果见表 4-12。

表 4-12　缸体环缝超声波探伤结果

焊接方法	CO_2 气体保护焊	窄间隙埋弧焊
检验等级	B	C
评定等级	Ⅲ	I

2）两种焊接方法的缸体坡口断面积（相同壁厚）比较。相同壁厚缸体坡口断面积比较见表 4-13。

表 4-13　相同壁厚缸体坡口断面积

壁厚 δ/mm	CO_2 气体保护焊 （U+V 形坡口，R13mm，β10°） /mm²	窄间隙埋弧焊 （I 形坡口，R11mm，1°） /mm²	相对百分比 （%）
50	1579	1068	67.6
100	3963	2237	56.4
150	7458	3491	46.8
200	11485	4821	42
250	16974	6404	37.2
300	23225	7993	34.4

相同壁厚下，两种焊接方法的坡口断面积之比随壁厚的增加差距越来越大，相对小的坡口断面所耗用的焊接材料、时间、电力等相应减少，成本也随之降低。

3）两种方法熔敷相同壁厚缸体环缝单位质量金属主要成本的比较。熔敷相同壁厚缸体环缝 1000cm³ 金属的主要成本见表 4-14。窄间隙埋弧焊所焊液压机缸体环缝的质量和成本是其他方法不可替代的，其成本仅为 CO_2 焊成本的 82.5%。

表 4-14　熔敷相同壁厚缸体环缝 1000cm³ 金属的主要成本　　　　（单位：元）

项　目	CO_2 气体保护焊	窄间隙埋弧焊
焊丝	67.12	45.32
焊剂	—	32.97
气体	17.01	—
电力	30.23	27.50
工资	40.50	18.00
合计	154.86	127.79

（4）应用情况　根据窄间隙埋弧焊焊接缸体的实际情况，对焊缝高度跟踪装置进行了改进，使原可焊缸体最小内径 ϕ500mm 降低到 ϕ360mm。配置了简易焊接操作机和简易滚轮架后，操作人员只需 1~2 人。

在不到一年的时间内，焊接不同规格型号的液压机缸体 50 余件，经测算已回收投资的

80%左右。此项技术的应用对提高缸体焊接质量、降低生产成本、减轻劳动强度、缩短生产周期、增强市场竞争能力起到了显著作用。

4.2.4　双丝窄间隙埋弧焊工艺

随着石油化工、电站锅炉工业的不断发展，容器的尺寸和壁厚也越来越大，焊接工作量逐渐上升，且对焊接质量的要求也越来越高。因此，提高焊接生产效率和焊接质量，减少焊接缺陷存在的高效焊接方法已成为压力容器生产的迫切需求。而提高焊接生产效率，其主要途径是提高单位时间内填充金属的熔化量和熔敷速度，然而提高熔敷速度意味着热输入的增加，这样易引起焊接变形；提高焊接速度易产生未焊透、焊道不连续及咬边等缺陷。双丝窄间隙埋弧焊工艺的开发应用，既可有效地避免上述缺陷的产生，保证焊接质量，又能提高焊接生产效率。双丝窄间隙埋弧焊是一种高效化焊接方法，早在 20 世纪 80 年代中期就已经成为国际上主要焊接方法。我国的一些主要大型锅炉和压力容器厂也相继引进了窄间隙埋弧焊技术和成套设备，使窄间隙埋弧焊工艺优先在厚壁高压锅炉和压力容器壳体制造中得到广泛应用。双丝窄间隙 SAW 焊机如图 4-21 所示，双丝窄间隙 SAW 焊枪如图 4-22 所示。

图 4-21　双丝窄间隙 SAW 焊机

图 4-22　双丝窄间隙 SAW 焊枪

1. 双丝窄间隙埋弧焊的特点

双丝窄间隙埋弧焊是一种高效、节材省能的工艺方法。选用合适的焊接材料及焊接参数，采用双丝窄间隙埋弧焊可以得到高韧度、综合性能优良的焊接接头。操作中要注意保证焊接过程的稳定。与传统埋弧焊相比，采用窄间隙埋弧焊可提高工效，降低焊工劳动强度，且可节省焊接材料 20% ~ 40%。厚度越大，其效果越明显。对环缝可从底部至顶部实施连续自动焊接，层间温度易于保持，故焊接过程中很少需要补充加热；还可取消环缝的中间热处理。双丝窄间隙埋弧焊具有如下特点：

（1）采用窄间隙坡口，焊缝截面积小，从而减少坡口加工量，节约焊接材料，节约工时，提高了生产效率。

（2）对母材热输入小，热影响区窄，同时大大降低了残余应力和焊接变形，焊缝金属中积聚的氢也较少。

（3）弯丝指向侧壁，保证了侧壁熔透；直丝垂直向下，用以控制焊缝成形，使焊缝呈下凹形，不易产生未熔合、夹渣等缺陷。

（4）由于后续焊道对前焊道的重叠加热作用，加之选用的热输入不大，大大改善了接头组织形态，提高了力学性能，所以焊接接头具有较高的冲击吸收能量。

（5）双丝焊接时，前丝采用直流反接，保证与母材侧壁的熔合；后丝采用交流方波电源焊接，改善了焊缝成形，提高了熔敷率。母材熔化少，可以得到高质量焊缝，更适合于对低温韧性有较高要求的钢材的焊接。

（6）设有横向跟踪和高度跟踪装置，准确控制焊枪行动，焊接质量易于保证，焊接环缝时，可以从坡口底部连续焊到顶部，实现焊接过程的自动化。自动化程度高，减少了人为的质量事故。

2. 双丝窄间隙埋弧焊的原理

双丝窄间隙埋弧焊的基本结构和布置如图 4-23 所示。双丝窄间隙埋弧焊时，两根焊丝纵向排列，前丝（弯丝）由直流电源供电，焊接时，向焊接方向的后方倾斜，并斜指向坡口一侧的侧壁（与侧壁相距 2~3mm）；后丝（直丝）用交流方波电源供电，焊接过程中，直丝垂直向下，与坡口一侧的侧壁相距 6~7mm；两根焊丝端头的中心距为 10~11mm。焊丝端部燃烧的两个电弧共同形成一个熔池。在焊接环缝时两焊丝先沿坡口侧壁焊满一周并搭接一定长度后，再分别自动转向，并横移到坡口的另一侧继续施焊，如此反复地以一层两道的方式填满坡口，如图 4-24 所示。整个焊接过程连续进行，无须手动调节。

两根焊丝布置成空间交叉的形式，有效地解决了厚壁容器焊接效率与质量的矛盾。前丝向侧后方倾斜，焊丝端头靠近侧壁，保证其电弧对侧壁的均匀熔合，但又不会对侧壁造成强烈的冲刷。在一般情况下，埋弧焊过程中焊接电流的波动是不可避免的（波动可达 50A 以上），如果焊丝垂直指向侧壁，焊接参数的波动容易造成过多地熔入侧壁，影响焊缝金属成分的均匀性。后丝垂直向下并离侧壁较远，其电弧有助于形成较宽而薄的焊道，既能提高熔敷率，又不会对母材造成过大的热输入，并可能利用后续焊道焊接时的热量改善热影响区中过热粗晶区的组织。这些特点单丝窄间隙埋弧焊是难以兼顾的。

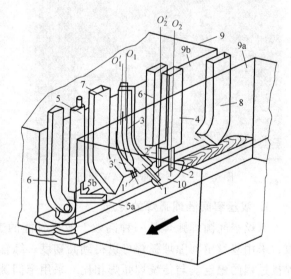

图 4-23　双丝窄间隙埋弧焊的基本结构和布置
1—前丝（向后、侧倾斜）　2—后丝（垂直向下）
3—前丝导丝焊嘴　4—后丝导丝焊嘴
5—双侧横向跟踪连杆　6—高度跟踪触轮　7—焊剂送入管
8—焊剂回收管　9—焊件　9a/9b—坡口两侧壁
$O_1 O_1'$、$O_2 O_2'$—换边后焊接另一侧的焊丝位置

3. 双丝窄间隙埋弧焊的焊接工艺

（1）坡口的选择　为提高焊接生产效率，焊接坡口越窄越好。但坡口太窄，不仅焊缝成形差，还易产生夹渣及咬边等缺

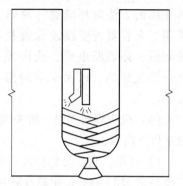

陷，而且会造成焊接过程也无法正常进行；而坡口太宽，又会造成侧壁熔合不充分。由于双丝窄间隙埋弧焊的坡口狭窄，若焊接参数选择不当，焊道断面形状则呈梨形，容易产生热裂纹，特别是在坡口底部，母材熔合比较大，更易产生热裂纹。为防止上述现象，在选择焊接参数时应考虑两点：一是焊道是否成形良好，且将两坡口壁连接起来；二是不产生咬边，并且脱渣容易。根据焊枪的结构尺寸、机头的操作方式以及产品的焊接特点，选择坡口形式和间隙大小。双丝窄间隙埋弧焊坡口间隙宽度为 20～24mm，结合容器环缝的焊接特点，为防止焊接过程中焊件

图 4-24　双丝窄间隙埋弧焊的坡口形式和焊丝的位置

因发生收缩及角变形，导致焊件上口收缩而妨碍脱渣，在厚壁容器焊接时，外侧为小角度 U 形坡口，坡口角度为 2°～3°，焊道的底部半圆形半径 R 为 10～11mm，内侧为单边 V 形坡口，如图 4-25 所示。

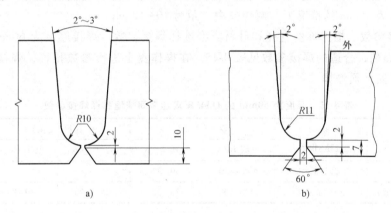

图 4-25　双丝窄间隙埋弧焊的坡口形式

（2）焊剂的选用　选择焊剂时，既要考虑与相应的焊丝匹配后其化学成分及力学性能能满足设计要求，又要比传统宽坡口埋弧焊焊剂具备更优良的焊道成形和脱渣性。为获得良好的脱渣性，熔渣凝固后的收缩量要大，渣的断面形状为椭圆形或三角形的熔渣容易清除。国内传统的焊剂都采用熔炼型碱性焊剂，其焊缝金属的扩散氢含量高，在多层焊的情况下，易产生延迟裂纹，且渣壳脱落困难。因此，熔炼型碱性焊剂不是双丝窄间隙埋弧焊的理想焊剂。而烧结型焊剂则具有使焊缝金属的扩散氢含量低、焊缝平滑、成形美观、母材无咬边、脱渣性能好且价格低等优点，因而在双丝窄间隙埋弧焊中得到广泛应用。国内生产的 SJ204 SH、CHF-603，日本神钢的 PF-200，均可用于窄间隙埋弧焊。PF-200 是超低氢型烧结焊剂，匹配相应焊丝，可用于 1.25Cr-0.5Mo、2.25Cr-1Mo、Mn-Mo-Ni 等耐热钢的焊接，其抗裂性能优良，焊缝金属的低温冲击值高。SJ204 SH 是为 Q345R（HIC）抗氢钢设计的专用焊剂，与 H09Mn SH 焊丝配用，焊缝金属的 S、P 等杂质含量低，具有较高的低温韧度和良好的抗氢诱导裂纹能力。

（3）预热与后热措施　焊前预热和焊后消氢处理（后热）是厚壁容器焊接过程中的重要工艺环节，在制定预热、后热措施时，必须确保加热效果。采用电加热和火焰加

热并用的方法对环缝进行预热，通过顶紧螺杆将贴包式电加热器固定在容器内壁坡口两侧，在容器外壁覆盖保温材料。焊前通电加热，当达到规定的预热温度并恒温一段时间后，即切断电源，拔出导线，起动滚胎，实施焊接。同时采用火焰加热器在外壁进行补充加热，以保证层间温度不低于规定值。焊完环缝后，立即接通电加热器进行后热。

（4）机头焊前调整　机头调整影响到焊接过程是否能正常进行，这是焊前的重要工作，包括以下内容：

1）弯丝、直丝与侧壁距离的调整。通过调整传感器上的微调螺钉，将弯丝与侧壁的距离调整至 3.5~4mm；用修改脉冲和调整弯丝臂与直丝臂之间的"对中滑块"的方式，使直丝与侧壁的距离达到规定值（6~8mm）。

2）高度跟踪的调整。按调整键上、下移动机头，保证导电嘴端头与坡口焊缝表面的距离为 35mm 左右。将高度跟踪的滚轮与焊缝表面接触并下压 2~3mm。

3）调节焊丝间距。调整机头上弯丝及直丝两个横向伸缩臂之间的距离，保证弯丝、直丝在伸出长度为 35mm 的情况下，两焊丝中心距为 10~12mm。

（5）焊接参数　根据焊丝直径和母材类型选择焊接参数。焊接厚度为 60mm 的 Q345R，选用 PF-200 焊剂，合适的焊接参数见表 4-15。在操作盘上进行参数预置，焊接过程中还可作参数修改，而无须停焊。

表 4-15　厚度为 60mm 的 Q345R 双丝窄间隙埋弧焊焊接参数

层次	焊丝（直径×根数）	弯丝（直流）		直丝（交流）		速度/（m/h）
		电流 I_1/A	电压 U_1/V	电流 I_2/A	电压 U_2/V	
1（单道）	$\phi3.2mm×1$	400~430	30~32	—	—	28
其余层（每层双道）	$\phi3.2mm×2$	380~400	30~32	400~420	30~33	30

采用双丝窄间隙埋弧焊焊接壁厚 215mm、直径 1435mm 的 2500t 压力机主缸，材料为 20MnMoNb，坡口形式如图 4-26 所示，焊剂为工艺性能和脱渣性能较好的国产烧结焊剂 SJ 101。合适的焊接参数见表 4-16。

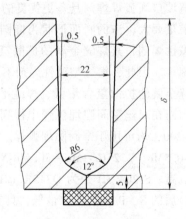

图 4-26　焊接坡口形式

双丝窄间隙埋弧焊工艺的典型应用实例见表 4-17。

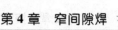

表 4-16　壁厚 215mm、直径 1435mm 的 2500t 压力机主缸焊接参数（材料：20MnMoNb）

焊层数	焊接方法	焊接材料	弯丝		直丝		焊接速度/(m/h)
			焊接电流/A	电弧电压/V	焊接电流/A	电弧电压/V	
1 层	单丝焊	H08Mn2MoA+SJ101	550	35			25
2~18 层	双丝焊	H08Mn2MoA+SJ101	500	35	300	42	34
盖面层	单丝焊	H08Mn2MoA+SJ101	550	35	—		25
反面封底层	焊条电弧焊	E1015	170	22	—		9

表 4-17　双丝窄间隙埋弧焊工艺的典型应用实例

	双丝窄间隙埋弧焊		焊丝直径/mm	焊接速度/(m/h)	弯丝参数		直丝参数	
					焊接电流/A	电弧电压/V	焊接电流/A	电弧电压/V
粗甲醇收集槽 主体材质：Q345R 壁厚：δ=70mm 坡口形式：	单丝	第 1 层	3	18~20	435~485	35~37	—	—
	双丝	第 2~9 层	3	29~32	420~435	35~36	400~450	34~36
脱硫槽 主体材质：SA387Gr11CL2 壁厚：δ=42mm 坡口形式：	单丝	第 1 层	3	18~19	475~480	35~37	—	—
	双丝	第 2~9 层	3	30~32	420~430	35~36	380~400	35~36
加氢换热器 主体材质：SA387Gr22CL2+SA240TP321 壁厚：δ=(46+4)mm 坡口形式：	单丝	第 1 层	3	19~20	480~485	35~37	—	—
	双丝	第 2~9 层	3	29~32	425~435	35~36	370~410	35~36

101

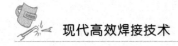

4. HSS-2500W 型双丝窄间隙埋弧焊焊接设备

HSS-2500W 型双丝窄间隙埋弧焊机是微机控制的机电一体化设备，它由机头、微机控制柜、操作盘、测速器、两台焊接电源及其附件组成。具有焊前预置参数，自动稳定电弧电压、焊接电流和焊接速度的功能，采用闭环控制。设有高度及横向自动跟踪系统，可以实现环缝的自动焊接。该焊机配置了两个扁平形特制导电嘴和焊剂输送管，与跟踪传感器一起构成长扁形焊枪系统，结构紧凑，适合窄间隙（宽为 18~22mm）、深坡口内的埋弧焊。生产过程中，可根据需要选择单丝或双丝焊。

双丝窄间隙埋弧焊机具有如下特点：

1）100% 负载持续率时的焊接电流可达 1000A。

2）数字化双脉冲电源，可编程，连接 PC 机、打印机，可实现焊接数据监控和管理。

3）每根焊丝的焊接参数可单独设定，大大提高了熔敷效率和焊接速度。

4）在熔敷效率增加时，仍保持较低的热输入，因而焊接变形小。

5）采用的最小焊缝金属填充量和自动分道（每层两道）焊技术，可获得性能优良、致密性高的焊接接头。

6）采用带有侧壁光电跟踪和自动防偏的焊接转胎，能提供最佳焊接操作和确保产品焊接质量的可靠性。

7）焊缝成形美观，提高了产品的信誉度。

双丝窄间隙埋弧焊机采用两根焊丝以纵向串列的方式布置进行焊接，双丝焊接时两根焊丝分别燃烧的两个电弧共同形成一个熔池，按一层焊接两道的方式连续进行焊接。两根焊丝先沿坡口的一侧进行焊接，由横向跟踪传感器控制焊丝端头在坡口侧壁的距离并保持恒定，由高度跟踪传感器控制焊丝的伸出长度并保持恒定。在焊接环形焊缝时，采用焊接速度信号发生器测量并控制焊件的焊接速度及焊件的旋转圈数，当两根焊丝沿坡口的一侧焊满一周并搭焊一定长度（一般为 50~100mm）后，两根焊丝自动转向及横移到坡口的另一侧继续焊接，这样反复地以一层两道的方式进行焊接，直到焊满坡口为止。焊接过程全部自动化控制并连续进行焊接。

4.3 窄间隙热丝 TIG 焊

窄间隙热丝 TIG 焊不仅克服了普通 TIG 焊焊接效率低的缺点，而且具备了熔化电极式焊接方法所不具备的特征。由于电弧的稳定性，也很少产生明显的焊接缺陷，可进行全位置焊接。窄间隙热丝 TIG 焊通过独立的焊丝加热电源和加热装置对焊丝进行加热，使焊丝在被送入熔池前加热到 300~500℃。这样比采用冷丝的熔敷率增大 2 倍，从而提高了焊接效率。

4.3.1 窄间隙热丝 TIG 焊的分类

窄间隙热丝 TIG 焊按钨极是否摆动主要分为三大类（见图 4-27），每种方法各有优缺点。

（1）每层单道钨极摆动焊　优点是坡口加工精度相对较低，焊枪可达性好；缺点是焊枪结构复杂，控制系统较复杂，生产效率较低，侧壁熔深较浅。

（2）每层两道钨极摆动焊　优点是坡口范围较宽，坡口加工精度相对较低；缺点是生

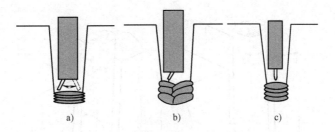

图 4-27　窄间隙热丝 TIG 焊的分类

a）每层单道钨极摆动　b）每层两道钨极摆动　c）每层单道钨极不摆动

产效率较低，AVC 控制较复杂，可靠性较差。

（3）每层单道钨极不摆动焊　优点是焊枪结构简单，控制系统不复杂，易于操作，生产效率高，侧壁熔合较好；缺点是焊接工艺调节难度大，坡口加工精度要求高。

在窄间隙钨极氩弧焊 NG-GTAW 方法中，有在送进的焊丝中通入直流电，并使由此产生的磁场偏向焊接前进方向的焊接方法；也有采用低频脉冲电流窄间隙热丝 TIG 焊立焊或横焊的焊接方法。此外，为了防止因向填丝中通电而引起电弧偏吹，还研制了周期性增减电弧电流，并在电弧电流减少的瞬间填丝通电的焊接方法。

4.3.2　窄间隙 TIG 焊需要解决的问题

采用窄间隙 TIG 自动焊技术需要解决如下几个问题。

（1）坡口的组对　坡口的组对质量难以达到均匀一致的高精度，要求自动焊设备能根据坡口尺寸及偏差自动调整有关参数，以降低或消除坡口尺寸不均匀对焊接质量的影响。

（2）焊接参数匹配　由于焊缝空间位置不断变化，不同的焊接位置应有相应的焊接参数相匹配，因此要求焊接系统能根据焊枪所在的位置自动地调整焊接参数，实现在一道焊道上各处焊缝成形基本一致。应使坡口尺寸、焊接熔池的形状、焊接参数调节三者合理匹配，以保证焊缝的质量。

（3）侧壁熔合　为了保证焊接质量，在选择合理的坡口尺寸条件下，如何保证窄间隙 TIG 焊工艺在焊接过程中侧壁熔合良好，是保证焊缝质量的一个重要方面。

主要采用以下技术保证坡口的侧壁熔合。

1）电磁偏吹技术。在一定的焊接参数下，当焊接熔池不能达到坡口的两侧，不能保证坡口两边侧壁熔合良好时，采用依靠电磁力使焊接电弧发生周期性的偏转，从而达到侧壁熔合。采用电磁偏吹技术控制焊接过程中的电弧偏转。

2）转动钨极技术。焊前将钨极端头磨出一定斜度，在焊接过程中将钨极始终对准坡口中心，旋转钨极，从而使焊接电弧发生偏转，以保证侧壁熔合良好，如图 4-28 所示。

3）脉冲技术。脉冲 TIG 焊可调参数多，能够精确地控制焊接热输入及熔池的形状和尺寸，可以用较小的热输入获得较大的熔深，从而减小了焊接热影响区和焊件变形。在焊接过程中，脉冲电流对点状熔池有较强的搅拌作用，而且熔池金属冷凝快，高温停留时间短，焊缝金属组织细密。脉冲 TIG 焊和普通 TIG 焊的主要区别在于它采用低频调制的直流或交流脉冲电流加热焊件，焊件加热熔化主要靠脉冲电流幅值按一定频率周期性地变化。焊接时通过对脉冲波形、脉冲电流的幅值、基值电流的大小、脉冲电流持续时间和基值电流持续时间的

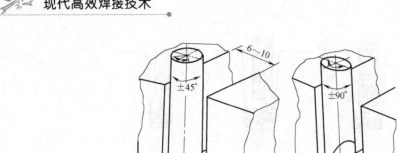

图 4-28　转动钨极控制电弧偏转示意图

调节，就可以对焊接热输入进行控制，从而控制焊缝及热影响区的尺寸和质量。采用脉冲 TIG 焊在焊接过程中能够很好地控制焊缝的外观成形和焊接质量，而对于效率低的缺点可以采用窄间隙坡口进行解决。

4.3.3　窄间隙热丝 TIG 焊的基本原理

各种窄间隙热丝 TIG 焊的基本原理和特点简述如下。

1. 窄间隙热丝 TIG 焊

窄间隙热丝 TIG 焊的工作原理如图 4-29 所示。热丝电源可采用直流或交流，通过控制流过热丝的交流或直流电流来避免电弧偏吹。

2. 开关型窄间隙热丝 TIG 焊

开关型窄间隙热丝 TIG 焊的工作原理如图 4-30 所示。采用高速切换的开关电源，以很高的开关频率来切换电弧电流和热丝电流，可以实现在增大电流无电弧偏吹的情况下获得很高的熔敷率。

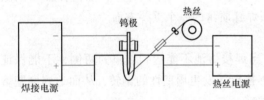

图 4-29　窄间隙热丝 TIG 焊的工作原理

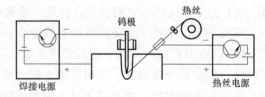

图 4-30　开关型窄间隙热丝 TIG 焊的工作原理

3. 双层气体保护窄间隙热丝 TIG 焊

双层气体保护窄间隙热丝 TIG 焊的工作原理如图 4-31 所示。通过流过外层喷嘴的气流来保护焊缝，由流过喷嘴中心的气体压缩电弧弧柱，从而使电弧的电流密度大大增加，提高了电弧挺度，避免了电弧偏吹，又达到了高熔敷率的目的。

4. 摆动电极窄间隙热丝 TIG 焊

摆动电极窄间隙热丝 TIG 焊的工作原理如图 4-32 所示。这种方法是在焊机机头上安装了一个复杂的驱动机构，驱动坡口内的端部偏斜的电极进行摆动，以保持坡口侧壁的熔化，获得可靠的熔深。

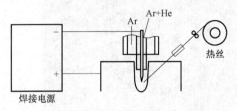
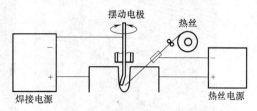

图 4-31 双层气体保护窄间隙热丝 TIG 焊的工作原理　　图 4-32 摆动电极窄间隙热丝 TIG 焊的工作原理

5. 高频脉冲窄间隙热丝 TIG 焊

高频脉冲窄间隙热丝 TIG 焊的工作原理如图 4-33 所示。脉冲频率一般为 5~15kHz，脉冲峰值电流可达 500A。由于脉冲频率高，脉冲峰值电流大，对电弧产生强烈压缩作用，从而可在间隙小于 6mm 的坡口内进行焊接。

6. 双电极窄间隙热丝 TIG 焊

双电极窄间隙热丝 TIG 焊的工作原理如图 4-34 所示。该种焊接方法所用的电极为长方形，用绝缘材料保证两电极之间的绝缘，在两电极之间送入热丝，三者都采用脉冲电流，两个电极的脉冲和基值电流时间同步协调并互补。

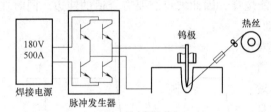
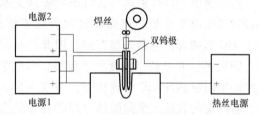

图 4-33 高频脉冲窄间隙热丝 TIG 焊的工作原理　　图 4-34 双电极窄间隙热丝 TIG 焊的工作原理

4.3.4 TIG 窄间隙焊焊机机头

TIG 窄间隙焊的焊机机头如图 4-35 所示，包括矩形的保护气罩和钨极以及带一定角度的旋转机构，可实现电弧摆动，改善坡口两侧的熔合。由于受坡口的空间限制，仅能保证在坡口内的保护效果，当焊到坡口的上部和表面时，焊枪下部离开坡口，单靠焊枪自身的气体保护已不能满足对熔池保护的要求，通常需更换焊枪或加设辅助的气体保护装置，即双重气体保护装置。

4.3.5 单道多层不摆动窄间隙热丝 TIG 焊

窄间隙脉冲热丝 TIG 焊是一种优质、高效的焊接方法，它的焊接质量好、焊接过程稳定，其填充金属量仅为窄间隙埋弧焊的 1/2，可以提高焊接效率、节约焊接材料。同时焊接过程中没有熔滴过渡，几乎没有合金元素烧损，因此对焊丝质量要求相对较低，尤其是在高等级材料的焊接中，与埋弧焊相比其焊接材料的选择更为容易。

1. 焊缝坡口形式

在窄间隙热丝 TIG 焊焊接工艺中，窄间隙坡口的设计对焊接质量的影响尤其重要。合理选择接头、坡口形式是保证焊接质量、提高焊接生产效率的重要环节。实际上，一定的焊接

a)

b)

图 4-35　窄间隙热丝 TIG 焊焊机机头

参数必然要求相对应的坡口形式，两者是不可分割的。窄间隙热丝 TIG 焊工艺坡口确定的原则是：在焊接工艺可以实现的情况下，采用尺寸较小的坡口，减少焊缝熔敷金属的填充量，最大限度地提高工作效率。

在窄间隙 TIG 焊根部打底时既要焊透又不能烧穿，因此坡口需要有合适的钝边。同时在焊接过程中由于在坡口里面焊接时焊枪不摆动，加之 TIG 焊的焊接参数调整有限，因此焊接时对坡口圆弧半径 R 及坡口角度要求较高。多层单道不摆动窄间隙热丝 TIG 焊焊接时，每焊一层，坡口都有一定的收缩，窄间隙热丝焊的理想状态是每一层焊缝宽度几乎相等，因此需要根据不同材料及规格的产品确定合适的坡口角度，以使焊接过程中焊缝宽度变化与焊接参数相匹配，保证施焊位置的坡口间隙保持不变，每层焊缝宽度一致，保证焊接质量。常选择的坡口形式如图 4-36 所示。

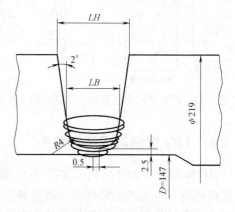

图 4-36　窄间隙热丝 TIG 焊的坡口形式

由于枪体最大宽度为 6mm，因此窄间隙热丝 TIG 焊每层单道不摆动焊接时其焊缝宽度一般在 8.5～10.5mm 时较为合适，小于 7.5mm 时枪体容易与侧壁相碰，而大于 11mm 则焊缝侧壁熔合不好，容易产生未熔合。坡口钝边一般推荐为 2.0～3.5mm，钝边太小打底焊时容易烧穿，而钝边太大不容易焊透，因此坡口钝边定为 2.3～2.7mm。同时为保证焊接过程中焊缝宽度 LB 在 8.5～10.5mm 范围内，坡口角度定为 2°，坡口根部圆弧为 $R4mm$。圆弧半径太小，根部焊接时应力较大，容易产生裂纹；圆弧半径太大，在第二、三层焊接时根部容易烧穿。焊接过程中前三层焊接收缩量最大，焊缝坡口变宽量比焊接收缩量小，焊缝宽度变窄；从第四层开始由于焊缝刚度增加，焊接收缩量小于坡口宽度增加量，因此焊缝宽度逐渐增加。为适应焊缝宽度的变化，在焊接过程中焊接参数也应相应地变化，以保证焊接质量。每层焊缝的宽度在 8.9～10.10mm，通过相应的焊接参数匹配可以得到较好的焊接质量。

2. 焊接参数的选择

焊前需调节的参数有钨极—焊丝夹角、钨极—焊丝距离以及钨极与管子中心的偏移距离、焊丝伸出长度、钨极伸出长度等（见图 4-37）。这些参数直接关系到焊接过程的稳定、焊缝成形及焊接质量，因此合理调节这些参数是得到满意焊接质量的重要保证。这些参数在焊前调节好，焊接过程中保持不变。

（1）钨极夹角　钨极夹角与焊接电流、钨极与管子偏移距离以及坡口钝边等有关系，夹角太大，焊接电弧能量不集中，容易产生焊接缺陷；夹角太小，焊接熔池不稳定，且熔深较大，焊缝成形变差。在其他参数一定的情况下，可以通过调节夹角来保证焊接熔池的稳定，得到合适的熔深。钨极夹角可在 0°～10° 之间调节，一般定为 5°。

（2）钨极—焊丝夹角　此夹角一般情况下在 60°～90° 之间，小于 60° 时，热丝电流的磁场与 TIG 焊接电流的磁场容易发生干扰，影响焊接过程的稳定；大于 90° 时，焊丝不容易准确插入熔池。焊接时在 60°～65° 之间效果较好。

（3）焊丝伸出长度　热丝电流一定时，热丝热量与焊丝伸出长度成正比。伸出长度较长时，所需热丝电流较小，但焊丝的指向性受影响，焊接过程中焊丝不能准确地插入熔池，影响焊接质量；伸出长度太短时，所需热丝电流较大，从而对热丝电源要求较高。因此将焊丝伸出长度定为 18～20mm 是合适的，这样既能保证焊丝的指向性，又使热丝电源在正常的负荷下工作。

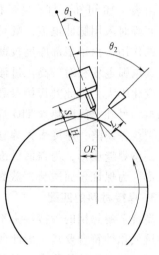

图 4-37　钨极、焊丝及焊件的相对位置

（4）钨极—焊丝端部距离　该距离必须进行合适的调节，以使焊丝在快熔化时能进入熔池。距离过大时，焊丝在熔池前插入不能进入熔池；距离较小时，焊丝在熔池上方熔化以熔滴形式进入熔池，影响焊接过程的稳定性。钨极与焊丝端部距离在 2.5～3.5mm 范围内比较合适。

（5）钨极伸出长度　要从气体保护效果考虑，在坡口根部和中间进行焊接时由于熔池位置周围密封性好，保护气体不容易散失，钨极伸出长度可达到 50mm；另外基于保护考虑，管子表面与焊枪喷嘴的距离最多 5mm，若此距离过大，有一部分气体就到不了坡口里面，从而影响保护效果。因此，每焊接两层左右就需要调节一下钨极伸出长度，以满足管子表面与焊枪喷嘴距离在 5mm 以内。

（6）钨极与管子中心的偏移距离　偏移距离是否合适直接关系到焊缝成形和根部焊接质量。偏移距离与管子直径成正比，管子直径越大，偏移距离越大，反之亦然。在相同管径的情况下，偏移距离太大，焊缝熔池重力的切向分量大于熔池表面张力，熔池就会往下淌，导致成形不良或产生焊接缺陷。另外焊接位置的根部钝边也与偏移距离存在关系。当偏移距离变大时其钝边厚度也增大，因此偏移距离有时也应根据钝边厚度在保证熔池稳定的前提下作适当调整，以保证根部焊接质量。例如在焊管规格为 $\phi219mm\times40mm$、根部钝边 2.5mm 的情况下，其钨极与管子中心的偏移距离在 15～20mm 之间是合适的。

热丝 TIG 焊时热丝电源对填充丝加热的理想状态是，焊丝插入熔池时差不多达到熔点，为此必须合理选择焊丝直径、焊丝伸出长度、热丝电流、送丝速度、焊丝插入角度及插入点与电弧中心之间的距离等参数，同时焊接电流、电弧电压必须与焊缝宽度在焊接过程中的变化相匹配，这样才能保证焊缝质量。窄间隙脉冲热丝 TIG 焊的焊接参数见表 4-18。

表 4-18　窄间隙脉冲热丝 TIG 焊的焊接参数

焊接参数	焊接电流/A	电弧电压/V	焊接速度/(mm/min)	热丝电流/A	送丝速度/(m/h)
打底层	220~250	8.5~9.5	80~100	40~60	1~1.5
过渡层	270~300	9.0~10.0	100~130	60~80	2~2.5
填充层	380~420	9.0~10.0	100~130	80~100	3.5~4
盖面层	300~320	9.5~10.5	100~130	70~90	2.3~2.8

由表 4-18 可知，打底层焊接参数要求较高，既要保证根部焊透，又要避免烧穿。因此在打底焊时采用脉冲电流，既可以保证熔深又减少热输入，避免烧穿。过渡层的焊接起承上启下的作用，由于根部厚度较薄，所以其焊接电流不能太大；同时希望其焊缝成形为凹形，因此其电弧电压相对较高。过渡层焊缝成形直接关系到填充层的焊接质量。填充层由于焊缝宽度变化不大，因此其焊接参数变化不大，主要是根据焊缝宽度的变化，电弧电压有一些小的调整。另外窄间隙热丝 TIG 焊填充层的厚度一般希望在 2.0~3.5mm 之间，厚度太薄容易产生裂纹等缺陷；厚度太大焊缝成形不好或产生焊接缺陷，同时焊缝性能变差。在盖面的前一层调整焊缝成形，为盖面做准备，其焊接电流适当降低，送丝较少，以得到较为平滑的焊缝成形。为保证盖面质量，盖面时焊枪进行摆动，同时要求较大的电弧电压。

3. 焊接材料的匹配

高合金耐热钢的焊接接头不但要保证常温力学性能的要求，更要保证其高温持久强度和高温抗氧化性符合要求，因此所选择的焊接材料不但要满足母材常温性能的要求，同时还要满足母材的高温性能要求。另外，窄间隙热丝 TIG 焊焊接电流较大，焊接速度慢，同时有热丝电流，因此焊接过程中热输入较大，焊缝金属结晶的方向性较强，焊缝偏析较严重，从而会影响焊接接头的性能，因此对焊接材料的要求较高，尤其是对焊接材料化学成分的要求。例如焊接 SA-335P91 高合金耐热钢时，与 SA-335P91 匹配的 TIG 焊丝选择余地较大，综合因素考虑，选择了符合 AWS 标准中 ER90S-B9 的 ThermanitMTS3 焊丝（ϕ1.0mm），由表 4-19 和表 4-20 可知，Thermanit MTS3 焊丝的化学成分完全满足要求。

表 4-19　SA-335P91 高合金耐热钢力学性能及化学成分

力学性能	$R_{eL} \geqslant 415$ /MPa		$R_m \geqslant 415$ /MPa					$A \geqslant 20\%$				
化学成分（质量分数,%)	C	Si	Mn	S	P	Cr	Mo	V	N	Nb	Al	Ni
	0.08~0.12	0.20~0.50	0.30~0.60	≤0.010	≤0.020	8.00~9.50	0.85~1.05	0.18~0.25	0.03~0.07	0.06~0.10	≤0.04	≤0.40

表 4-20　Thermanit MTS3 焊丝的化学成分（质量分数,%)

化学成分	C	Si	Mn	S	P	Cr	Mo	V	N	Nb	Al	Ni	Cu
标准	0.07~0.13	0.15~0.30	≤1.25	≤0.010	≤0.010	8.00~9.50	0.80~1.10	0.15~0.25	0.03~0.07	0.02~0.10	≤0.04	≤1.00	≤0.20
校验值	0.08	0.28	0.57	0.007	0.006	9.08	0.94	0.18		0.04		0.64	0.02

在焊接材料为 10CrMo910，外径为 420mm、壁厚为 70mm 的管道时，焊丝采用 TIG-R40，焊丝直径为 0.8mm，焊接参数见表 4-21。此外，焊前预热温度 120~180℃，层间温度 120~

160℃，焊后保温温度 230~280℃，焊后保温时间 12h，共施焊 34 层，如图 4-38 所示。结果表明，采用计算机精确控制焊接参数，应用快速脉冲电流，更易获得良好的焊缝成形。根部焊道的背面及盖面焊道的成形可按要求进行控制，焊缝无缺陷，完全符合工艺标准。

表 4-21 焊接参数

焊缝 种类	脉冲 电流 /A	基值 电流 /A	脉冲 时间 /ms	基值 时间 /ms	焊接速度 /(mm/min)	送丝速度 /(mm/min)	Ar 流量 /(L/min)
打底焊	180	80	200	200	100	1350	40
填充焊	380	200	200	200	110	3800	50
盖面焊	250	170	100	100	80	2500	50

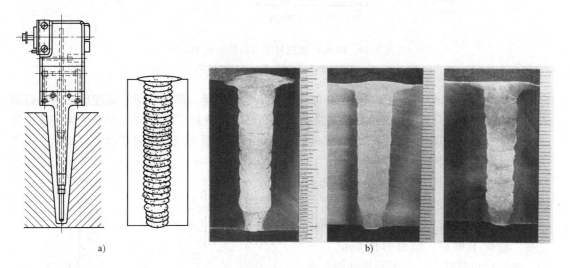

图 4-38 窄间隙热丝 TIG 焊焊缝

4.3.6 BHK 电极旋转式窄间隙热丝 TIG 自动焊

BHK 电极旋转式窄间隙热丝 TIG 焊（旋转 HST 法）如图 4-39 所示，通过将安装着倾斜电极的旋转头伸入窄间隙内左右旋转，焊接时使电弧左右摆动，实现电弧旋转。将旋转控制参数（即旋转速度、角度、停止时间）共同输入控制装置，与焊接电流同期控制以获得最佳焊道。

该方法的特点是具有稳定优良的焊接质量，电极旋转式焊接法通过电弧旋转使电弧朝向坡口壁，使坡口壁完全熔透；由于焊接时采用大的焊接电流焊接坡口两壁，而在电极摆动的中间过程采用小焊接电流，达到控制焊接热输入的目的。旋转电极焊接方法的另一个特征是，通过电弧电压可以上下、左右跟踪。

该方法已用于核电反应堆的部分构件制造，全位置焊接装置用于厚壁管道焊接。在厚壁管窄间隙全位置 TIG 焊过程中，为了使厚壁管两侧壁充分熔透，采用脉动送丝和钨极摆动 TIG 焊工艺技术，同时配以弧长调节，完成厚壁管侧壁熔透。

1. 焊前准备

焊前清理是保证焊接质量的重要工序，焊接工艺对坡口内外两侧的清洁度要求较高，坡

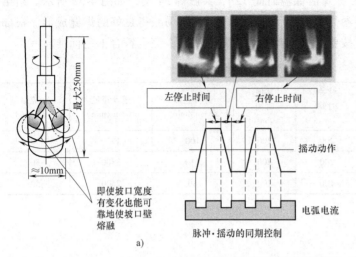

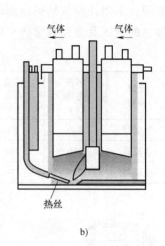

图 4-39　BHK 电极旋转式窄间隙热丝 TIG 焊

a）电极摇动系统　b）热丝系统气体保护

口边缘及内外壁 50mm 左右的范围内应加工至露出金属光泽。焊件及焊丝清理后必须保持清洁，放置时间不得超过 24h，否则必须重新清理，最好是清理后立即进行焊接。为了减小焊丝填充量，在保证焊枪能够到达坡口底部的情况下，应尽量选择截面较小的坡口尺寸。在全位置焊接时，钝边尺寸偏差及组对间隙应严格控制。坡口形式及尺寸如图 4-40 和表 4-22 所示。

当接头对接时，均保留间隙 0.5mm 左右，若焊不锈钢，则组对间隙应大一些。如组对间隙过小，由于所焊部位的收缩，而使两管挤紧，造成很大的变形；如组对间隙过大，易使打底焊时出现烧穿现象。另外，为了提高焊缝成形质量，U 形坡口上端在焊接前最好修钝锐边，以防止焊接变形。

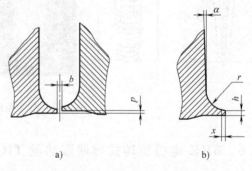

图 4-40　坡口形式及尺寸

表 4-22　坡口尺寸

管壁厚度 δ/mm	预置角度 $\alpha/(°)$	圆角半径 r/mm	根部厚度 h/mm	延伸区 x/mm	允许间隙 b/mm	允许偏移 p/mm
20~40	3~5					
40~80	2~4	2.5~5.0	1.2~2.5	$x_{min}=h/2$ $x_{max}=h$	$b=h/5$	$p=h/2$
≥80	1~3					

2. 钨极摆动

钨极摆动的控制参数有内端点停留时间、外端点停留时间、中间摆动时间、时间调节步长、摆动的角度及控制精度。

钨极摆动控制机构用以保证焊缝均匀且熔合良好，焊枪实际运动轨迹如图 4-41 所示。

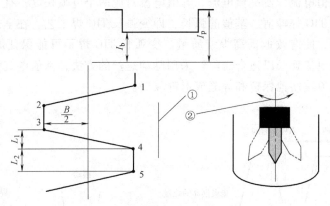

钨极运动组合：① 沿环缝移动；② 沿焊枪轴线转动

图 4-41　钨极摆动脉冲 TIG 焊钨极的运动轨迹

由钨极摆动的运动轨迹可以看出，在钨极摆动到端点 5 至 4 和 3 至 2 区间，焊接电流为峰值 I_p；而在钨极摆动至 4~3 和 2~1 区间，焊接电流为基值 I_b。由电弧静特性曲线可知，峰值电流与基值电流分别对应了两个电弧电压 U_p 和 U_b。电弧电压随电流的变化不是瞬间的，而是存在一个小的振荡现象，振荡时间为几毫秒。如果仅取电压作为控制参量，只设定 1 个电压值，对应基值、峰值电流会有两个电弧长度，影响电弧稳定性。所以要设定两个电压值，分别对应基值电流和峰值电流，只要两个电压值设定合理，两个电流会有一个电弧长度，如图 4-42 所示。

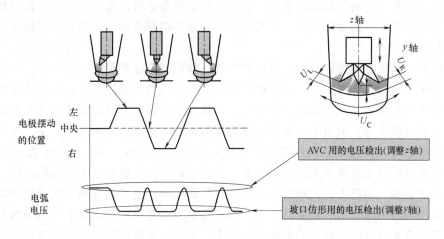

图 4-42　电弧电压控制的基本原理

通过电极左右摆动，控制系统可检测到钨极与熔池（高度方向）、钨极与坡口两壁（左右方向）的电弧电压。通过对三方向电弧电压的定值设定，达到控制焊枪位置的目的，实现上下及左右方向的电弧自动跟踪。无须安装摄像头及探针，无须更换焊枪，在窄间隙内可以单层单道焊接。

同时也可通过设定不同电压值的方法设置基值电流、峰值电流对应两个电弧长度，且基值和峰值电弧长度的差别可控，实现变弧长控制，如图 4-43 所示。根据一定条件下电弧长度与电弧电压呈线性关系，通过调节电弧电压控制电弧长度，采用两个电压参量，分别对应焊接基值电流和峰值电流，使基值电流、峰值电流对应两个电弧长度，且长度差别可控。

适当控制脉冲TIG焊峰值、基值的弧长，即变弧长TIG焊工艺，在全位置TIG焊过程中有利于熔池的保持，能有效地提高焊缝质量。变弧长TIG焊不可能保证焊丝都恰好指向熔池，但可调节峰值电流弧长以适合送丝。采用脉动送丝的方法，基值电流弧长时不送丝或慢送丝，试验证明此方法熔池保持和焊缝成形都较好。

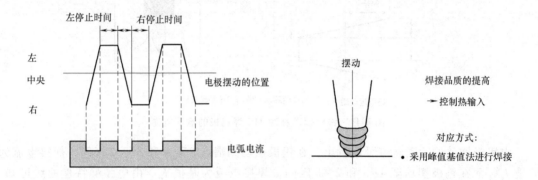

图 4-43　峰值基值控制法

3. 弧长调节

由于焊接过程中焊接电流脉动、钨极的烧损、前道焊缝的成形、熔池变化及焊件几何形状等因素的影响，使弧长在焊接过程中发生变化。弧长是最敏感的焊接参数之一，弧长过短，则电极和焊件容易短路而损坏电极，也使电极金属落进熔池造成夹钨；弧长过长，电弧的有效加热面积增大，使熔深减小、熔宽增加，从而影响焊缝成形。因此，需要在焊接过程中进行弧长调节。

由于导轨安装精度和坡口机加工精度的限制，导轨与环缝不可能处处平行，焊接过程中钨极的摆动中心常偏离焊缝中心，使钨极摆动中有一端点离焊道侧壁过近，按照电弧电压最小原理，将在钨极尖端和侧壁之间建立电弧，电弧电压下降，此时若以峰值时电弧电压量参量控制弧长，焊枪将上提，但由于上提中钨极尖端与焊道侧壁间的距离几乎不变，使焊枪持续上提直至钨极回摆。其后果是无法实现钨极摆动过程中两端电弧短、中间电弧长的工艺性能；弧长的大范围变化使焊丝不能送入熔池，熔池难以保持；焊枪的上下剧烈运动，使熔滴易飞溅到钨极尖端，钨极失去尖端放电的特性，弧长控制紊乱。如果钨极摆动在两端停留时间短，钨极在两端沿焊道的移动距离很小，弧长几乎不会变化，则峰值电流不调弧长，即可防止电弧爬壁现象出现。这样在钨极摆动过程中，弧长将保持一致，虽失去变弧长TIG焊的优点，但坡口内焊接对焊缝成形美观要求不高，仍可保证焊缝的填充质量。

弧长控制模式有如下两个选择：一是仅在基值电流控制弧长；二是依据两个电流值来控制弧长。第1种方式应用于坡口内，可避免电弧爬壁现象。由图4-41可以看出，电流基值区间钨极尖端在焊道表面的位移一般大于峰值区间的位移，仅依据基值电流来控制弧长相对合理且实用。但这种控制方式忽略了峰值电流区间的弧长控制，所以峰值电流区间钨极沿焊道的位移不可过大，即钨极摆动在两端的停留时间不能过长且焊接速度不宜过大。如果钨极摆动选择两端停留时间与中间摆动时间相同，当钨极摆动频率大于0.5Hz，此方法能保证焊接过程中弧长稳定。

坡口盖面焊时通过控制两个电压参量的差别，可实现变弧长调节。实际焊接时，在坡口盖面焊中，峰值电流时的电弧短，基值电流时的电弧长，长弧与短弧差控制在 1mm 以内，焊接效果较好。为了实现有节奏的变弧长调节，钨极摆到两端时，焊枪要有足够的时间下调至短弧，钨极在摆动中，焊枪要有足够的时间上拉至长弧。如果钨极在两端点的停留时间与中间的摆动时间相同，当摆动频率大于 2Hz 时，难以实现有节奏的变弧长调节。

4. 单道焊全位置的分区

图 4-44 所示为全位置焊时的分区示意图，图中的 1、2 区处于下坡焊位置，熔化的液态金属位于钨极前方向下流淌，此时峰值电流应比平焊时稍大，以利于电弧吹开液态金属去熔化其下的钝边部分母材，电压适中；3、4 区属于仰焊位置，由于重力作用，送丝速度应比平、立焊时小一些，以利于熔滴过渡；5、6 区段处于上坡焊位置，熔化的液态金属向下流淌，位于钨极后方，钝边直接暴露在电弧之下，为防止烧穿，这两个区的电流应比其他各区都小，且送丝速度应加大，以填补电弧熔化钝边后向下流淌的母材金属，此时电压也应比 3、4 区有所提高；7、8 区基本处于水平位置，电压、电流均可比 5、6 区稍大，送丝正常即可。各区可按需要设定焊接参数，但为了保持焊缝成形的连续性，使

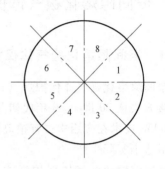

图 4-44 全位置焊时的分区示意图

其波纹均匀美观，相邻各区之间的参数不宜过大，即区与区之间的过渡应平滑。

5. 送丝

在全位置焊中，为了进一步加强对熔池的控制，采用送丝与脉冲电流和钨极摆动同步控制技术，即脉冲电流峰值与钨极摆动左右端点停留时间、送丝速度峰值同步，脉冲电流基值与钨极摆动中间运行时间、送丝速度基值同步。通过机械装置使送丝与钨极摆动同步，即钨极在摆动过程中不送丝，钨极停留在窄间隙两侧时送丝，保证焊丝充分熔化，避免送丝干扰电弧电压，影响弧长调节的精度。

保证焊丝熔化充分，避免送丝干扰电弧电压，影响弧长调节精度。送丝速度对焊缝成形影响很大，当送丝速度过大时，会使送丝速度大于熔化速度，未熔化的焊丝会穿过焊接弧柱区，成段烧断，破坏焊缝成形，影响焊接质量，同时也干扰电弧电压，造成弧长调节紊乱，影响焊接过程正常进行。当送丝速度过慢时，造成填充金属量不足，易形成咬边，当送丝速度不稳定时，易使焊缝高低不平、宽度不均，波纹粗劣。在全位置焊中送丝速度的及时变化至关重要，在下坡焊和仰焊时送丝速度应比平焊时略小，在上坡焊时送丝速度应比平焊时略大，填充熔池下淌金属。焊接时要求焊枪、焊丝和焊件之间保持正确的相对位置示意图，如图 4-45 所示，防止焊丝与高温的钨极接触而烧损钨极，影响钨极发射电子的能力和电弧稳定性，若送丝角度太大，焊丝端部可能会有一部分插入熔池中，使焊丝熔化速度比原有给定送丝速度慢，焊丝端部会插入熔池底部，影响焊丝正常送进，破坏焊缝成形和焊接质量。若送丝角度太小，钨极摆动时焊丝会和熔池前端焊道刮擦，使焊丝发生颤动，造成熔滴飞溅，影响焊接过程正常工作和焊接质量。

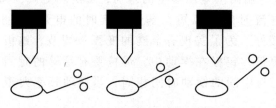

图 4-45　焊丝送入熔池的位置示意图

4.4　窄间隙熔化极气体保护焊

4.4.1　窄间隙熔化极气体保护焊的特点及分类

窄间隙熔化极气体保护焊（即窄间隙 GMAW）是焊接厚板的一种高效率焊接方法，这种焊接方法从 20 世纪 60 年代初开展试验研究，70 年代末已逐渐在工业中得到应用。窄间隙 GMAW 技术在应用中占有很高的比例。从综合的角度看，窄间隙 GMAW 技术难点最多，但也最适于实际生产。

窄间隙熔化极气体保护焊主要采用 I 形坡口形式，为了防止焊接变形也可采用具有 0.5°~1.5° 小角度的 I 形坡口。在厚壁管接头焊接时也可以采用不对称的双 U 形坡口，接头间隙窄而深，其宽度一般为 6~15mm。

与普通熔化极气体保护焊相比，窄间隙熔化极气体保护焊在焊接中可能遇到的问题是：在向窄而深的坡口内送进焊丝时可能产生焊丝与坡口壁短路而起弧的现象；输入保护气体时还可能带进空气；为了使填充金属与坡口侧壁充分熔合，因而向间隙内送进焊丝使之处于正确的位置，并进行有效的观察和控制，以及可靠地输送保护气体，成为实现窄间隙熔化极气体保护焊的关键。

1. 窄间隙熔化极气体保护焊的特点

（1）优点　窄间隙焊与普通熔化极气体保护焊相比具有以下优点。

1）生产率高。在窄间隙焊时，坡口形状简单且断面面积小，因而减少了坡口加工，减少了总的熔敷金属量，且不用层间清渣，提高了焊接生产率，降低了材料和电能的消耗，大大降低了焊接成本。例如焊接直径为 610mm、壁厚为 20mm 的管接头只需 7min；采用外径 660mm、内径 230mm、长 350mm 的筒体，拼焊成总重为 700kg 的大型柴油机轴时，间隙为 9mm，坡口深为 215mm，焊接 72 层，总共用时 140min。

2）焊接质量好。由于热输入低，热影响区小；在深窄坡口内进行多层焊时，后一焊道对前一焊道有回火作用，使焊缝组织细密均匀；焊接热影响区窄以及焊缝氢含量低，氢含量仅有埋弧焊的 1/3，使焊接接头的力学性能特别是韧性及疲劳强度得到改善；对某些材料的焊缝不需焊后热处理，这对焊接低合金高强度结构钢有重要的意义。

3）降低残余应力。由于窄间隙焊熔融金属的容积小，焊接过程中产生的应力幅度和应力值都减小，因而减小了残余应力和焊件的变形。

4）可实现全位置焊接。因为低热输入窄间隙熔化极氩弧焊采用细丝、小参数，焊接热输入小，有利于熔池液态金属的凝固和保持，可进行全位置焊接；也适用于平焊、横焊。可焊的极限厚度较大,一般为 300mm。

(2)缺点 这种焊接方法存在以下问题:

1)窄间隙熔化极气体保护焊设备复杂。它包括气体及焊丝输送系统、电弧监控及跟踪系统,以及焊接参数自动调整系统等。其功能上除了要满足要求外,还要能长时间运行稳定可靠,但仍缺乏 100% 的稳定性,而且价格较昂贵。

2)对电弧的变化敏感。电弧电压的变化将极大地影响焊接质量。若焊接参数选择不当,除了产生焊接裂纹外,也会产生熔合不良、气孔等缺陷。

3)需要特殊的保护气体喷嘴,以保证气体对电弧的有效保护,一般坡口深度大于50mm 时,要求喷嘴必须伸入坡口中。

4)焊接过程中的飞溅黏在侧壁和喷嘴上,可能阻碍焊枪的正常行走或引起短路,且工艺可靠性不高,因此对焊接工艺要求比较严格。

5)由于 GMAW 电弧的张角较小,电弧集中作用在坡口底部,在较低的热输入下,容易产生侧壁未熔合,这也是窄间隙 GMAW 技术最关键的问题。

6)对焊丝在坡口中的位置十分敏感,对装配精度要求严格。

总之,窄间隙熔化极气体保护焊虽然是一种高效、低耗、优质的焊接方法,但要保证焊接过程稳定、百分之百获得成功也并非易事,所以窄间隙熔化极气体保护焊的核心思想就是保证侧壁熔合,改善焊缝成形,防止焊接裂纹。

2. 窄间隙熔化极气体保护焊的分类

根据送进焊丝方式或按照热输入量的大小,窄间隙熔化极气体保护焊可分为以下两种类型:一种是导电嘴在坡口内,采用小能量参数的低热输入窄间隙熔化极气体保护焊;另一种是导电嘴在坡口外,采用粗丝及较大能量参数的高热输入窄间隙熔化极气体保护焊。

围绕着解决侧壁熔合,改善焊缝成形,开发了许多具体的窄间隙熔化极气体保护焊应用形式,主要分类如图 4-46 所示。窄间隙熔化极气体保护焊按照焊丝数量可分为单丝焊和多丝焊,多丝焊中应用最多的是双丝焊;单丝时按照电弧形式可分为摆动电弧、旋转电弧和不摆动电弧三种。近年来又开发出了间隙 5mm 以下的超窄间隙焊。

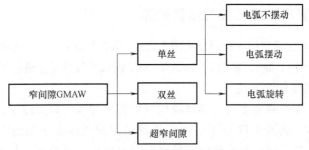

图 4-46 窄间隙熔化极气体保护焊方法的分类

3. 应用

窄间隙熔化极气体保护焊已应用于压力容器、锅炉、高压及大直径管道、原子能及发电设备的焊接。在化工设备(如转化器、热交换器等)、建筑、桥梁等制造中也获得了应用。它适用于焊接各种材料,特别是热敏感性较高的材料,例如低合金高强度结构钢、合金钢、不锈钢、耐热钢以及碳钢、铝、钛等金属。采用单面焊可焊接板厚为 20~305mm,采用双面

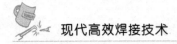

焊可焊接最大厚度为560mm。从经济上考虑，窄间隙熔化极气体保护焊最适用的板厚下限为20~50mm。它不仅在工厂内而且在现场安装时也可使用。

4.4.2　低热输入窄间隙熔化极气体保护焊

1. 送丝方法

采用特殊的导电嘴插入间隙内，小直径焊丝通过导电嘴送至焊接区，焊丝直径一般为0.8~1.6mm，焊丝熔化后形成熔敷金属。坡口间隙与被焊金属厚度无关，一般为6~9.5mm，在此坡口间隙内电弧稳定性好，熔敷金属量少，焊接质量好，可进行全位置焊接，且具有最佳经济效果。由于是低热输入焊接，熔池小，可能导致侧壁熔合不良，为解决此问题采用以下技术。

（1）采用双丝或三丝串列式焊接技术　采用双丝焊时，焊丝间距为50~300mm，两根细丝端部分别对着坡口的两个侧壁送进。三丝焊时，除两根细丝对着坡口的两个侧壁外，第三根焊丝处于两根焊丝的中间，不仅侧壁能熔合良好，而且提高了焊缝金属熔敷效率。

（2）采用电弧摆动技术　电弧摆动既有助于改善熔池形状，也可改善坡口侧壁的熔合。具有代表性的摆动方式有以下几种：一种是导电嘴在坡口内做横向直线摆动或导电嘴端部弯曲15°在坡口内左右扭转来实现电弧的摆动；另一种是焊丝呈波浪形送进，焊丝在进入导电嘴前，被预弯成波浪形，送出导电嘴后仍保持原形状，导电嘴不动，通过波浪形焊丝熔化使电弧从坡口一侧摆向另一侧；还有一种摆动方式为绞合焊丝法，绞合焊丝是由两根焊丝扭曲绞合在一起，焊丝熔化时，绞合焊丝的扭曲造成电弧连续地来回转动，在不使用特殊摆动机构的情况下，坡口侧壁可得到充分的熔合。

2. 保护气体的输送

输送保护气体的方式有两种：一种是将气体喷嘴装在导电嘴的两侧插入到坡口间隙中，这种输气方式在窄而深的坡口内会造成很强的空气吸入；另一种是普遍采用的双层气体保护法，内层喷嘴向焊接区输送保护气体，外层喷嘴向坡口间隙内输送一定量的保护气体，并利用气流的压力使熔池形成凹形，可防止未熔合及咬边等缺陷的产生。

4.4.3　高热输入窄间隙熔化极气体保护焊

高热输入窄间隙熔化极气体保护焊是采用大直径（$\phi2.5$~$\phi4.8$mm，通常用$\phi3$mm）焊丝，坡口间隙较宽（一般为10~15mm，常取12.5mm），采用较大的焊接电流进行焊接的一种方法。

1. 送丝和保护气体输送方法

由于采用粗丝，焊丝的刚度大，焊丝经校直后直接伸入坡口间隙中，导电嘴和保护气体喷嘴处于坡口的外部，如图4-47所示。因而使输送保护气体方法变得简单，导电嘴与坡口侧壁之间不会产生短路，焊丝和侧壁间的短路也很少发生。焊丝伸出长度较长，比坡口深度要大一些，例如板厚为152mm时，焊丝伸出长度为162.5mm；板厚为76mm时，焊丝伸出长度为89mm。采用单道焊，一层一层往上焊，直至焊满整个间隙。当坡口深度大于90mm时，每焊完一层，焊丝伸出长度要缩短一些；在填充到坡口深度为90mm时，维持焊丝伸出长度不再改变，此后导电嘴随焊道的增高及时向上提升，而保护气体喷嘴始终保持在坡口的上部。为了防止由于焊丝摆动而造成电弧不稳，常采用由耐热钢制造并带有绝缘支撑的焊丝导向杆，使焊丝准确导向。由于间隙宽度大，允许焊丝相对坡口中心偏差小于1.5mm。

2. 极性

在高热输入窄间隙焊接时，为了防止焊缝中产生裂纹，可以采用直流正极性焊接。生产实践证明，在窄间隙这一特定条件下，采用直流正极性焊接时，电弧燃烧稳定，焊接出的焊道浅而宽，每层焊道的成形系数大，产生结晶裂纹的倾向比负极性小得多。此外，正极性时焊丝熔化速度快，生产率也比负极性时高。

这种窄间隙焊接方法热输入高，熔池的体积大，不能进行全位置焊，只能用于平焊。在理论上该方法可焊的厚度无限制，但至今只焊到 152mm，比低热输入窄间隙焊的焊接厚度小。

低热输入或高热输入窄间隙熔化极气体保护焊均可采用脉冲电流进行焊接，使焊缝形状得到改善。高热输入窄间隙熔化极气体保护焊采用脉冲电流焊接，即使在负极性下，也可得到无裂纹的优质焊缝。

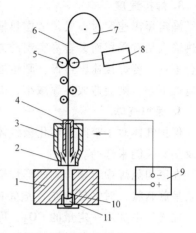

图 4-47　高热输入窄间隙熔化极气体保护焊示意图

1—焊件　2—可换喷嘴　3—喷嘴　4—导电嘴
5—送丝轮　6—焊丝　7—焊丝盘　8—送丝电
动机　9—电源　10—电弧　11—焊缝

4.4.4　焊接参数的选择

窄间隙熔化极气体保护焊与其他焊接方法相比，由于此方法对焊接参数的变化十分敏感，因而在窄间隙熔化极气体保护焊时，必须正确选择焊接参数，以保证获得高质量的焊缝。

1. 电弧电压

在窄间隙焊中电弧电压是一个重要参数，它对坡口两侧壁的熔化深度起着重要作用。提高电弧电压，即弧长增大，不仅电弧热功率增大，而且电弧的加热范围加大，使坡口两侧壁熔化深度变大。若电弧电压过大，坡口侧壁将产生咬边，甚至造成夹渣等缺陷。如果电弧电压过低，那么坡口侧壁的加热作用减弱，焊道凸起。采用喷射过渡焊接时，电弧最稳定。在此过渡形式下，一般弧长较长，电弧电压较高。如果弧长过长，电弧将在坡口侧壁上产生回烧现象，造成导电嘴损坏，使焊接过程不能正常进行。为了避免发生回烧现象，曾在低电弧电压下进行短路过渡焊接试验，其结果是侧壁熔合不良，并且飞溅大，飞溅金属黏附在坡口两侧壁和导电嘴上，也会破坏焊接过程的稳定性。若采用脉冲电流进行焊接，不仅易实现喷射过渡，而且在低电压下电弧也很稳定，并使飞溅大大减少。

2. 焊接电流

焊接电流决定着金属熔敷率、电弧的稳定性和焊道形状。

低热输入窄间隙焊接是从焊接接头的金相组织、力学性能和焊接变形等方面考虑的，应采用小焊接电流进行焊接。若焊接电流过大，则熔池深而窄，侧壁熔化深度浅，焊缝成形系数变小，将会增加焊缝中心的热裂敏感性。为获得良好的焊缝成形和适宜的焊缝成形系数，需对应于焊接速度来调整焊接电流。一般低热输入窄间隙焊接成形系数以 1.2～1.6 为宜。而高热输入窄间隙焊一般采用大电流焊接，所选取的焊接电流应使获得的焊缝成形系数为 2.5。

3. 焊接速度

确定焊接速度时，必须考虑热输入及熔化金属的流动性等因素。利用提高焊接速度来降低热输入是常采用而又容易实现的方法。但焊接速度过快，会使侧壁的熔化深度减小而导致熔合不良。若焊接速度过慢，则熔池存在时间长，液态金属的流动性增大，一旦熔融金属流入电弧下方，则会造成熔深减小，焊道层间熔合不良，应尽量避免这种现象的产生。

4. 保护气体

保护气体对于窄间隙熔化极气体保护焊是极其重要的，一般根据电弧的稳定性、焊道形状及接头性能来选择。

在窄间隙焊中希望得到凹形焊道，当采用氩气为保护气体在直流负极性下焊接时，焊道形状呈蘑菇状，对多层焊是不适宜的，而且易产生气孔，所以用纯氩为保护气体是不适宜的。在氩气中加入一定量的 CO_2，可显著改善上述缺点，$Ar+CO_2$ 作为窄间隙熔化极氩弧焊的保护气体，可用于各种钢的焊接。最常用的混合气体成分是 $Ar+CO_2$ 20%～25%（体积分数）。

综上所述，焊接参数应根据母材的性能、焊接位置、允许的热输入、焊缝性能、变形及其他条件来选择。典型的焊接参数见表 4-23。

表 4-23　窄间隙熔化极气体保护焊的典型焊接参数

焊接技术	焊接位置	间隙 /mm	电源极性	焊接电流 I/A	电弧电压 U/V	热输入 $E/(kJ/mm)$	焊接速度 $v/(m/h)$	保护气体
低热输入	横焊	9.5	直流反接	260～270	25～26	0.4～0.5	60	
低热输入	横焊	10～12	直流反接（脉冲频率）120Hz	220～240	24～28	1.1～1.2	18～21	
低热输入	平焊	9.5	直流反接 120Hz	280～300	29	2.0～2.1	13～15	$Ar+CO_2$
高热输入	平焊	12.5	直流正接	450	32～37.5	2.2～2.5	22	
高热输入	平焊	12～14	直流正接	450～550	38～42	2.3～2.6	27～31	

4.4.5　窄间隙熔化极气体保护焊焊丝和保护气体的送进技术

应用最多的 NG-MIG（或 NG-MAG）与普通 MIG（或 MAG）主要的区别是焊丝和保护气体的送进技术。NG-MIG（NG-MAG）焊要求把焊丝和气体送进很深、很窄的坡口中，同时应防止在焊丝与侧壁之间产生电弧和把空气抽吸进坡口中。另外，侧壁必须有足够的熔深，这样就比普通的对接焊方法难多了。NG-MIG 焊焊丝与气体送进技术可分为两种：一种是导电嘴伸进坡口中，主要用于细焊丝（≤1.6mm）和间隙值较小的焊接；另一种是导电嘴位于焊件上面，不进入坡口中，主要用于粗焊丝和较宽间隙值的焊接。

解决上述焊丝和气体送进技术的关键是设计一种能完成稳定送丝和良好保护性能的焊枪。现国内外用于窄间隙 MIG 焊的焊枪，其结构形式大致有长喷嘴焊枪、主喷嘴与侧喷嘴联合保护焊枪、内喷嘴与外喷嘴联合保护焊枪三类，这三类焊枪一般结构复杂、体积大，有的在施焊时还需 2 套提升机构和 1 套保护气体切换系统。

窄间隙 MIG/MAG 焊枪应具有气体保护和焊丝摆动功能。由于受窄间隙坡口空间的限制，窄间隙 MIG/MAG 焊枪的保护气体采用分离式，即在导电导丝管两侧各有一根保护气体导管通向电弧区和熔池。在坡口上方增添一套辅助气体保护装置，以改善保护效果。焊丝摆动的方式包括通过专门的焊丝左右预弯机构，使焊丝离开导电嘴后交替指向坡口两侧；或高速旋转偏心导电杆，使焊丝端部以偏心轴为中心回转，实现电弧的偏转。以上两种机构已成功地应用于生产。

NG-MIG 焊的第二个技术关键是当采用细焊丝低热输入焊接时，焊接熔池体积小、侧壁易出现未熔合现象，为了解决这一问题，出现了多种控制技术，如双丝、电弧摆动、电弧旋转、绞合送丝，以及采用脉冲电流控制等。电弧摆动技术需要较复杂的机构，而使用脉冲电流控制技术可以简化设备。

4.4.6 窄间隙坡口侧壁熔合技术

窄间隙熔化极气体保护焊为了使 I 形坡口的两侧充分焊透，使电弧指向坡口两侧壁，采用了多种方法，如在焊丝进入坡口前，使焊丝弯曲的方法；使焊丝在垂直于焊接方向上摆动的方法；采用麻花状绞丝方法；药芯焊丝的交流弧焊方法；采用大直径实心焊丝的交流弧焊方法等。另外，也有采用 $Ar+CO_2$ 作为保护气体与直径为 1.6mm 的实心焊丝相配合的气体保护焊方法，来焊接形状复杂的接头。在横焊方法中，为了防止 I 形坡口内熔融金属下淌，以便得到均匀的焊道，提出了利用焊接电流周期性变化，使焊丝摆动或将坡口分成上下层的焊接方法，以及将各种方式组合起来的焊接方法等。在立焊窄间隙 MIG/MAG 焊接方法中，为了保证坡口两侧焊透，研制了摆动焊丝焊接方法以及焊接电流与焊丝摆动同步变化的焊接方法。

1. 单丝电弧不摆动

（1）脉冲电流窄间隙焊　脉冲电流窄间隙焊多用于粗丝，间隙为 7~11mm 时的单道焊，脉冲频率为 50~100Hz，可以有效地改善焊缝成形和防止焊接裂纹。但这种方法热输入较大，为保证熔合良好，热输入一般大于 20kJ/cm，不适用于力学性能要求较高的接头焊接。该方法在窄间隙发展初期被应用于锅炉大直径厚壁管的焊接，现在很少采用。

现在有一种新的窄间隙脉冲焊方法，其特点是脉冲电流变化的同时电压也随之变化。峰值时电压同时升高，电弧拉长，加大了母材的熔化范围，以保证母材的熔合；基值时电压随之降低，为短路过渡，热输入降低，促进熔池凝固。因为这种方法热输入很低，基值电流时可以促进熔池的凝固，所以多用于窄间隙横焊或全位置焊，且对电源的要求较高。

（2）直流正极性窄间隙焊　与反极性相比，正极性时熔深较浅，焊缝成形系数大，结晶裂纹的倾向减小，焊丝熔化效率提高近 50%，对焊接设备没有特殊要求。但焊接参数区间很窄，各个参数之间必须配合得很恰当才能保证接头的质量；由于熔池的热量较低，电弧直接在侧壁燃烧，容易在侧壁与底部的拐角处形成未熔合，因此这种方法在重要结构焊接中未得到广泛应用。

窄间隙中正极性时电弧燃烧稳定，这一现象引起了各国学者的关注，通过对直流正极性窄间隙焊接进行全面研究，认为直流正极性窄间隙焊接，电弧在侧壁燃烧，电弧张角远大于平板焊接，电磁力促进熔滴过渡，从而导致熔滴规律性地过渡，焊接过程稳定。随着间隙的减小，作用效果更加明显，甚至由滴状过渡转变为喷射过渡。

（3）交流熔化极窄间隙焊　交流电流综合了直流正极性和直流反极性的特点，并且避免了直流电弧容易产生的电弧偏吹现象。为了解决在交流电流过零点时，产生电弧熄灭和电弧再引燃困难的问题,该方法在交流电源之外,外接脉冲电源,在过零点瞬间由脉冲发生器发出一个脉冲,以维持电弧的稳定燃烧。采用交流窄间隙 MIG/MAG 焊方法焊接 980MPa 的超高强度钢,间隙为 12mm,板厚为 50mm,焊丝直径为 4mm,热输入达到 36kJ/cm。焊后接头性能与普通 MIG/MAG 焊相比,屈服强度提高 10%,冲击韧度提高 50%。

这种方法正负半波的幅值和周期不能单独调节,而且需要外加脉冲电源。近年来用变极性电源代替交流电源,取得了更好的焊接效果,但关于将变极性电源应用于窄间隙焊的报道不多。

2. 电弧摆动

电弧在坡口中横向摆动,电弧对侧壁直接熔化,可以合理地分配电弧热量,改善焊缝成形。与电弧不摆动相比,电弧摆动有以下优点:侧壁熔深显著增加,保证侧壁熔合;可以避免形成指状熔深及热裂纹;焊接参数调节范围较宽。

实际应用的窄间隙熔化极气体保护焊大都采用电弧横向摆动技术,但电弧摆动的方式各有不同。

(1)波浪式(折曲式)焊丝窄间隙焊 该方法是通过弯丝装置使焊丝来回弯曲,随着焊丝的熔化,电弧在坡口内实现横向摆动。弯丝机构一种是采用使送丝轮横向往复摆动的方法,称为波浪式,如图 4-48 所示;另一种是采用特殊形状的送丝轮,称为折曲式,如图 4-49所示。焊丝左右扭动,电弧也随之左右摆动,亦即电弧旋转,可使坡口壁完全熔合,实现熔合良好的优质焊接。波浪式方法通过摆动幅度来改变焊丝弯曲程度,进而调节电弧摆动范围,调节过程简单,易于实现,并且可以实现电弧在靠近侧壁处的短暂停留,摆动频率小于 2Hz。折曲式摆动频率可以达到 15Hz,但不具有上述波浪式的优点,并且特殊形状的送丝轮制造复杂,所以在实际应用中大部分为波浪式。将波浪式电弧摆动技术用于直流正极性窄间隙焊,不仅可以改善焊缝成形,而且焊接参数区间显著增加。用波浪式摆动电弧焊接600MPa 级的高碳钢,在较低的热输入下可以有效地防止热影响区的高温裂纹和组织偏析。

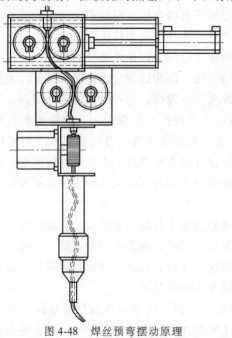

图 4-48 焊丝预弯摆动原理

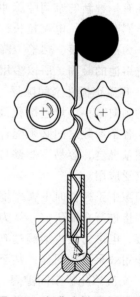

图 4-49 折曲式焊丝成形机构

电弧摆动窄间隙焊枪为水冷，一次保护气体从电极两侧流过，二次保护气体从焊件表面流出，形成良好的保护特性，如图 4-50 所示。焊丝（电弧）在窄间隙坡口中的摆动形态如图 4-51 所示。

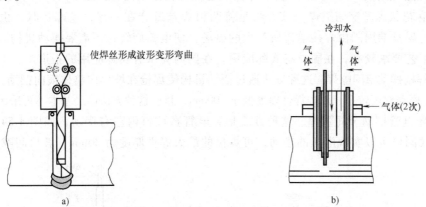

图 4-50 电弧摆动窄间隙 MIG 自动焊
a）焊丝摆动机构 b）系统的气体保护

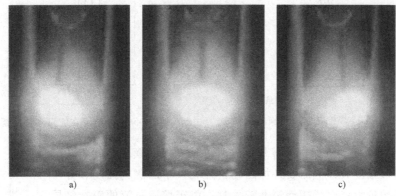

图 4-51 窄间隙 MIG 自动焊焊丝的摆动形态

焊丝摆动机构的工作原理如图 4-52 所示，将焊丝摆动机构布置在导向管及拉丝辊轮之间，并在摆动机构前端增加一送丝导向管以利于焊丝的成形。将送丝辊轮移到摆动机构和导电嘴之间，送丝辊轮变成了拉丝辊轮。这样，焊丝就能以稳定的线速度送入导电嘴，稳定地燃烧。并且，在摆动辊轮与拉丝辊轮之间加设一对导向辊轮，可调节焊丝的弯曲半径，提高了焊丝的摆动频率。焊丝自导向管送至摆动机构上的摆动辊轮，摆板做往复摆动，焊丝被折曲成波浪形，送入导电嘴，随着导电嘴出口的焊丝不断送出熔化，电弧发生左右摆动。

通过步进电动机的正反转可实现辊轮成形机构的往复摆动，而通过调节步进电动机的转速可调整辊轮摆动机构的频率，可通过控制步进电动机正反转的位移量调整

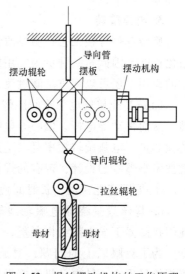

图 4-52 焊丝摆动机构的工作原理

摆幅。

焊丝摆动参数为：直径 1.2mm 的镀铜焊丝，摆幅 15mm，摆动速度 20mm/s，两侧停留时间 0.1s，送丝速度 15mm/s。焊丝被弯曲成近似正弦曲线的波浪形。

（2）麻花状焊丝窄间隙焊　该方法是将两根焊丝绞合在一起，呈麻花状，由于焊丝的刚度再加上焊丝端周围由焊接电流所产生的磁场，使电弧旋转，不需要摆动机构。但这种方法对制丝工艺要求较高，在国外有实际应用，在国内尚未有实际应用的报道。

（3）焊枪摆动窄间隙焊　这种方法通过摆动机构使焊枪在坡口内整体横向摆动，如图 4-53 所示。由于摆动幅度较小，可焊焊件厚度低于 100mm，目前这种方法已经基本不再采用。

（4）导电管摆动窄间隙焊　这种方法是导电管在坡口内左右摆动，如图 4-54 所示。这种摆动方式同样可以实现电弧的摆动，可焊接的最大焊件厚度为 80mm，坡口间隙为 14mm。

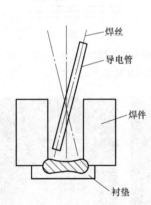

图 4-53　焊枪在坡口内横向摆动

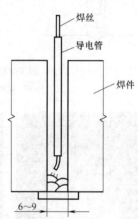

图 4-54　导电管在坡口内左右摆动

（5）磁场控制摆动电弧窄间隙焊　这种方法电弧的摆动幅度和频率易于调节，调节幅度大，但需要外加磁场，且坡口中的磁场强度和分布受外界条件影响较大；电弧摆动幅度较大时，由于熔滴过渡的影响将导致焊缝成形不良。

3. 电弧旋转

旋转电弧焊接工艺在明显改善焊缝侧壁熔透的同时，还能提高焊丝熔化速度，因此是一种更为实用的方法。旋转电弧不仅可以起到电弧摆动的作用，还可以促进熔滴过渡，提高熔敷效率。

（1）高速旋转电弧窄间隙焊　这种方法通过电动机驱动齿轮高速旋转，从而带动导电杆、偏心导电嘴和电弧一起旋转，旋转半径为导电嘴的偏心量，电弧旋转频率可以达到 100Hz，如图 4-55 所示。该方法的关键技术是焊枪的设计，现有的焊枪存在着以下缺点：

① 采用齿轮传动，长时间使用会造成齿轮磨损而导致转动不稳定。

② 焊丝只是绕导电嘴轴线转动，二者之间存在高速的相对运动，在焊接高温下导电嘴磨损严重，不能用于长时间连续焊接。

为了克服以上的问题，对旋转焊枪进行了改进，如图 4-56 所示。该焊枪采用空心轴电动机直接带动导电杆旋转，焊丝从电动机轴的空心

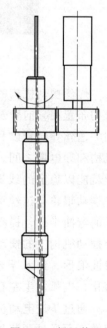

图 4-55　焊丝偏心
旋转摆动原理

通过，省略了齿轮传动，提高了旋转稳定性。高速旋转电弧焊接系统，主要由空心轴电动机、电刷、导电杆和偏心导电嘴等构成。送丝机送出的焊丝，通过电动机的空心轴和导电杆后，从偏心导电嘴送出。电刷与焊接电缆相接，同时在压缩弹簧的作用下，与导电杆上的法兰台面保持滑动接触，以实现电缆无缠绕下的焊接馈电。电动机直接驱动导电杆和偏心导电嘴运动，并带动焊丝端部的电弧以一定直径作高速旋转。导电杆上套装了一个光电编码器，用于检测旋转速度。根据需要，旋转速度可以在 0～100Hz 的范围内实时调节，更换不同偏心距的导电嘴可方便地调整旋转半径的大小。电弧旋转运动的过程和在接近焊缝左侧壁时的形态如图 4-56b、c 所示。由图 4-56b 可知，这种旋转工艺的主要参数有两个，即电弧旋转直径 D 和旋转速度 N。由于电弧的高速旋转，焊接熔池得到了充分搅动，加快了对流传热过程，另一方面电弧会周期性地偏向两侧壁，因而可以在焊缝侧壁上形成足够的熔深，同时还可避免在焊缝底侧出现指状熔深，从而提高了窄间隙电弧焊接的质量。

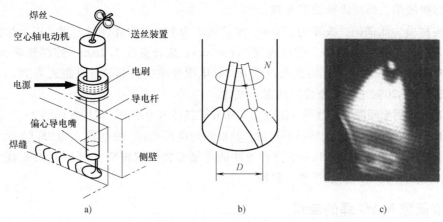

图 4-56　新型高速旋转电弧窄间隙焊接系统的原理图
a）旋转机构　b）电弧旋转　c）实际电弧形态

该高速旋转电弧窄间隙焊接系统，使得焊枪更小、更轻，而且旋转噪声小、运动控制精度高；随着旋转速度和电弧电压增加，焊缝侧壁熔深和焊缝表面弯曲程度增大，而焊缝截面厚度则下降；当旋转速度增大时，作用在熔滴上的离心力增大，从而加快了熔滴过渡过程，使得同样电弧热输入条件下的焊丝熔化速度提高；旋转电弧焊能有效地避免指状熔深和侧壁熔透不足等不良焊缝成形，明显地提高了窄间隙焊焊接质量和焊接熔敷效率。

但高速旋转电弧焊枪的电源接入困难，由于导电杆旋转，焊枪电缆与导电杆之间不能直接连接，需要用电刷式石墨滑块连接二者，不仅制造复杂，而且由于磨损容易造成导电不良、导电嘴磨损大等缺点没有实质性的改进。

（2）高速旋转电弧焊焊接工艺

1）电弧旋转速度。在采用旋转电弧焊接时，随着旋转速度的增加，焊缝侧壁熔深和表面弯曲程度增大，而焊缝厚度则减小。这种变化趋势在旋转速度 50Hz 和 100Hz 时较为明显。电弧旋转明显地改善了焊缝侧壁熔深，避免了指状熔深的形成，从而有效地防止了未焊透、裂纹和气孔等一般窄间隙焊常见缺陷的出现。

在送丝速度不变的情况下提高旋转速度，焊接电流会出现下降的现象，其下降程度随旋转速度的变化而不同。出现这种现象的原因是，由于离心力的作用，在旋转状态下熔滴更容

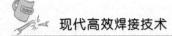

易脱离焊丝端部。也就是说，熔滴不需要过多的加热就可以脱离焊丝向熔池中过渡，这样过渡同样多的液态金属所需要的电弧热下降，因此焊接电流就会出现上述下降现象。鉴于此，为了保证焊接结果的可靠性，在不同旋转速度下的送丝速度是不同的，以使焊接电流不变。旋转速度过快会使作用在熔滴上的离心力增大，容易引起较多的飞溅。

2）旋转电弧电压。电弧电压对焊缝侧壁熔深的影响，随着电弧电压的增加，一方面电弧产热增大；另一方面由于弧长增长，电弧斑点活动范围变宽，使得输入到焊缝侧壁中的热能增加，从而增大了焊缝侧壁熔深。不过，在电弧电压为34V时，由于电弧搅拌以及侧壁过多热输入的作用，焊缝侧壁上的熔融金属下塌，出现了咬边现象。另外，当电弧电压增大时，焊缝表面弯曲量增加。另一方面，由于一部分热量用于增加侧壁熔深，同时弧长的增长又会增大电弧的热损失，结果导致了焊缝截面厚度的减小。

多层焊时，层与层之间熔合情况良好，并且在焊缝侧壁上形成了足够的熔深，没有出现未焊透等焊接缺陷，焊缝表面成形美观。

在焊接材质为低碳钢、板厚为20mm、坡口间隙为12mm的焊件时选用了以下焊接参数：焊接电流300A，电弧电压31V，焊接速度23cm/min，旋转直径5.2mm，旋转频率和电弧电压分别在0~100Hz和28~34V的范围内调节，导电嘴到坡口底部的垂直距离为18mm，保护气体采用 Ar+CO$_2$20%（体积分数）的混合气体。

（3）旋转喷射窄间隙焊　这种方法以 T.I.M.E 焊接技术为基础，保护气体为 Ar、O$_2$ 和 CO$_2$ 的混合气体，在大电流下产生旋转喷射过渡，从而达到电弧旋转。在热输入为25kJ/cm、间隙为10mm时，焊缝熔宽可以达到17mm。这种方法的焊接参数区间较窄，与 T.I.M.E 技术一样，对保护气体的成分和比例要求严格，热输入较大。

4.4.7　窄间隙 MAG 焊的应用

某压力容器厂承接了直径为 ϕ250mm、壁厚为40mm、材质为45钢的焊接加工任务。在一系列焊接性试验的基础上，并根据窄间隙焊的特点，决定采用窄间隙 MAG 焊焊接工艺。

1. 焊接参数的选择

混合气体保护焊对焊接参数的变化十分敏感，因此必须正确选择焊接参数，以保证获得高质量的焊缝。

（1）电弧电压的选择　电弧电压对坡口的熔深有着重要影响。提高电弧电压即弧长增大，不仅电弧热功率增大，而且加热范围加大，使坡口两侧壁熔深增加。但电弧电压过大，坡口侧壁将产生咬边，甚至造成夹渣等缺陷；若电弧电压过低，则坡口侧壁的加热作用减弱，焊道凸起。最后选定电弧电压为28~30V。

（2）焊接电流的选择　试验证明：喷射过渡焊接时，电弧最稳定，但此时电弧电压一般较高。而在低电压短路过渡时，侧壁熔合不良，并且飞溅大，飞溅金属黏附在坡口两侧壁和导电嘴上，会破坏焊接过程的稳定性。因此决定采用脉冲电流进行焊接，不仅易实现喷射过渡，而且在低电压下电弧也稳定，并能使飞溅大大减少。

焊接电流决定着金属的熔敷率、电弧的稳定性、焊缝的形状及熔滴的过渡状况。若焊接电流过大，则熔池深而窄，侧壁熔深浅，同时将会增加焊缝中心的热裂敏感性，降低焊缝金属的力学性能；而焊接电流过小，则不容易形成喷射过渡，甚至熄弧。经试验决定焊接电流在 250~300A 之间，并根据焊缝成形情况随时进行调节。

（3）保护气体的选择 氩气作为保护气体焊接中碳钢时，容易产生气孔和电弧飘移等问题，且焊缝呈蘑菇状，对多层焊不利。为此，决定在 Ar 中加入一定比例的 CO_2 气体，这种混合气体保护焊既具有氩弧焊的优点（电弧稳定、飞溅小、易获得喷射过渡），又克服了氩弧焊的缺点（熔池黏度大、表面张力大、焊缝呈蘑菇状），同时由于其具有氧化性，可稳定和控制阴极斑点的位置，改善焊缝熔深及其成形。因此，焊接中低碳钢时，一般在 Ar 中加入 15%～20%（体积分数）的 CO_2。

（4）其他选择 焊前火焰预热温度为 120～200℃，焊后缓冷。采用 U 形坡口。焊丝牌号为 H08Mn2SiA，焊丝直径为 $\phi1.2mm$；焊接电源采用平特性脉冲电源；送丝方式为等速送丝；焊接方式为多层连续焊；焊件运动方式为转胎带动焊件旋转；焊后检验方式为超声波无损探伤。

2. 焊接过程中遇到的问题及解决措施

（1）深坡口中气体有效保护作用 焊接厚壁管深坡口底层焊道时，若使用普通焊枪焊接，不能伸入坡口中，喷嘴距离电弧区较远，出自喷嘴的保护气体不能有效地保护电弧区，使焊缝产生蜂窝状气孔；另外，焊丝伸出长度过长，引弧困难。随着焊接层数的增加，焊丝伸出长度的变化又将影响焊接参数的稳定性。为此需要设计一把能够伸入窄间隙坡口中的水冷导电嘴及能向窄而深的坡口中送保护气体的专用焊枪，焊枪的结构如图 4-57 所示。

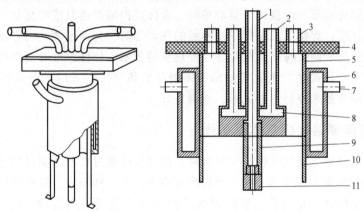

图 4-57 焊枪的结构

1—导丝管 2、7—冷却水管 3—保护气管 4—绝缘支架 5—内
保护罩 6—水冷外套 8—冷却头 9—导电杆 10—导流片 11—导电嘴

其结构为：喷嘴为椭圆形，焊枪的导电嘴可伸入到坡口中，随着焊缝层数的增加，焊枪可通过丝杠螺母传动机构提升，以保证多层焊每道焊缝的焊丝伸出长度不变。另外，送入保护气体，提高了电弧的稳定性，改善接头的力学性能和保持焊缝合理成形。在长轴方向有两个导流片，在喷嘴外附加一个椭圆形水冷保护外套。在坡口中焊接时，导流片和水冷导电杆伸入坡口中，保护气体由喷嘴喷出。靠导流片和坡口侧壁引入焊接区进行保护，随着焊道增加，焊枪提升带动导流片和导电杆一起上升，以保证每层焊道的气体保护效果和焊丝长度基本不变。

（2）窄间隙焊中电弧失稳现象及其控制 窄间隙焊时，电弧应在坡口中部引燃，但是若电弧控制不良，电弧的阴极斑点可能沿坡口侧壁上移，即在焊丝与侧壁之间形成电弧，这时导电嘴受电弧高温而熔化，并与焊丝熔合，电弧熄灭，焊接过程被破坏。这种现象通常称

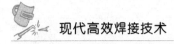

为"侧壁打弧"。

抑制侧壁打弧现象的方法是焊丝在坡口中要严格保持对中,但由于人工操作,很难一直保持绝对对中,为了解决该问题,采用气流控制方法,即在焊枪下带两个导流片,导流片和坡口侧壁组成导气通道,通气时从喷嘴出来的冷态气体沿导流片和坡口侧壁流动,形成近壁气流层,它对坡口侧壁起隔热绝缘作用,限制了电弧阴极斑点沿坡口侧壁上移,使阴极斑点稳定,避免了侧壁打弧现象。

(3) 根部焊道焊透问题 由于坡口间隙小,焊缝背面无法焊接,只能要求根部焊道单面焊双面成形。为了保证焊透,决定在管内放永久性垫块来控制根部成形。垫块在焊缝处与管内壁留有 1~1.5mm 高的成形槽。这样,根部焊道可以采用较大的参数焊接,以保证焊透而不担心烧穿,垫块的存在不会影响管的使用。

采取上述措施后,根部焊道绝大部分可以焊透,但在引弧时因为零件整体温度较低,而安装时为方便起见,焊缝坡口有 1.5~2.0mm 的钝边而无间隙,易产生未焊透。因此需在引弧处加工一段长 15~20mm、宽 1.5~2.0mm 的间隙,未焊透问题基本上得到解决。

(4) 调节焊接电流控制焊缝成形 窄间隙焊焊缝成形的主要问题是侧壁熔合问题。窄间隙焊中可以用于侧壁熔化的热量主要有电弧直接加热、熔池金属的热传导和对流。但电弧直径一般小于坡口尺寸,不能直接加热侧壁。为使电弧能够直接加热侧壁,决定通过焊接参数的调节来控制焊缝成形。焊接第一层焊道时,为保证根部焊透且成形良好,采用较大的焊接电流和低焊接速度;焊接第二层焊道及随后的各焊道时,为保证侧壁可靠地熔合而用大电流和快速焊;当焊至表面层时,为避免多层焊热量的积累,焊件温度升高而过热,致使焊缝表面成形恶化以及出现咬边、气孔等缺陷,需要降低热输入,采用小电流快速焊。实践证明:通过调节焊接参数来控制焊缝成形,效果良好。

4.4.8 双丝窄间隙熔化极气体保护焊

采用双丝窄间隙熔化极气体保护焊焊接时,两根焊丝通过弯曲或通过斜孔导电嘴,各自指向一侧侧壁,为避免电弧间的干扰,两根焊丝间距为 50~100mm,每根焊丝的热输入小于 5kJ/cm,形成两个熔池,相当于一次行程熔敷两道互相搭接的角焊缝。由于热输入较小,主要用于焊接高强度钢和热敏感性较高的材料;也大量应用于窄间隙横向焊接,此时前丝形成的焊道抑制后丝熔池金属下溢,起到控制横焊成形的作用。

采用交替脉冲进行双丝共熔池窄间隙 GMAW 焊接,双丝间距小于 10mm,发现电弧仍可保持稳定燃烧,且飞溅较少。采用每层 21kJ/cm 的热输入,进行高强度钢 HY-100 的多层焊,焊缝力学性能较好,-46℃时焊缝的冲击吸收能量为 42J,热影响区的冲击吸收能量达到 20J。

在此基础上多丝窄间隙 GMAW 也已应用于实际焊接中,如同时采用两套双丝系统的四丝窄间隙焊接,焊接时,焊枪横向摆动,摆动频率为 10Hz,与单丝相比,熔敷速度提高 4 倍。

1. 双丝分立熔池窄间隙 MAG 焊

双丝分立熔池窄间隙 MAG 焊是采用两个独立的焊接机头。焊丝预先弯曲成特定的曲率,如图 4-58 所示。当焊丝伸出焊机机头的导电嘴时,它将电弧引向窄间隙坡口的一个侧面。在第二个焊机机头上,焊丝弯向相反的方向,因此电弧被引向坡口的另一侧面。在每一焊层熔敷两个焊道，并焊成适宜于非平焊位置焊接的角焊缝形状的断面。然而，电弧相对于侧壁的位置不稳定，无损检测已探测到由此而产生的未焊透缺陷。这是由于当焊丝在伸出焊接机头时，要保持焊丝末端的精确定位是困难的。

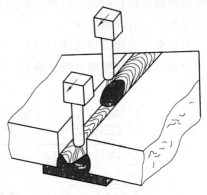

图 4-58　双丝分立熔池窄间隙
MAG 焊的焊丝位置示意图

　　为了解决以上问题，可以使焊丝预先成形，从而更为精确地控制电弧的摆动。焊丝的预先成形必须使焊丝在伸出焊接机头时产生一个具有最佳频率和摆动幅度的精确而一致的侧向摆动。为了得到所需的摆动图形和精度，采用折曲式焊丝成形机构（见图 4-49）。这一机构由不对称的齿轮组成，将焊丝弯成锯齿形。一个链轮将焊丝保持在它的成形位置，并确保可靠而连续地送丝。焊丝在保持它的形状的同时通过焊接机头进入坡口。

　　焊接机头采用分开的横向和垂直定位机构。横向定位器是一个焊接接头的跟踪装置，该装置位于黏贴在板材表面的一种软性材料内开的凹槽中，离焊缝有一定的距离。由于跟踪装置定位于焊接区域外部的凹槽内，从而避免了焊道外形不一致和飞溅改变接头跟踪装置的轨迹而造成的跟踪不精确的问题。不用变换焊缝跟踪器也能焊接最终的盖面焊道。垂直传感装置是一种为脉冲熔化极气体保护焊工艺研制的电弧长度调节器，这一装置检测在电弧上所测得的焊接参数以保持恒定的电弧长度。

　　采用脉冲电源，便于在给定的送丝速度下对焊接电流、熔滴过渡以及电弧能量进行精确控制。这种电源具有在基础电流阶段（恒流）和脉冲电流阶段（恒压）之间改变静特性的能力。这就提供了一个恒定的送丝速度。通过使带有主从电源调节器的两个焊接电源同步，解决了电弧偏吹问题，电弧偏吹现象被减弱到最小程度。主调节器控制两个电源的脉冲宽度和基础时间，每个电源的电流调节是独立的。这一焊接装置具有优良的电弧稳定性和金属过渡特性。

　　保护气体的选择是个关键因素，它决定了焊道的熔透特性，保证获得良好的侧壁熔透。对窄间隙 MAG 焊，采用 Ar88%+CO$_2$ 12%（体积分数）的混合气体效果最佳。在最后焊道焊接之前窄间隙坡口提供了一个腔室效应。在焊接最后的盖面焊道时采用另一种气体保护装置。

　　采用两个机头进行双丝分立熔池窄间隙 MAG 焊。焊接了 Hies100 钢（相当于美国的 Hy130），板厚为 101.6mm。选用的坡口形状为带有供跟踪和初始焊接用的宽 10mm、深 15.87mm 的反面坡口的平行窄间隙坡口。采用直径为 1.2mm 的焊丝以及 Ar88%+CO$_2$ 12%（体积分数）的混合保护气体。预热温度为 121℃，层间温度低于 171℃，热输入为 8.5kJ/cm。用这种窄间隙焊接工艺对 Hies100 钢进行全位置焊接获得了优质焊缝。焊缝均匀，没有任何缺陷，性能优良，力学性能满足母材的要求。由于坡口尺寸减小，采用两个焊接机头以及较高的熔敷速度，焊接效率高，适宜于 31.75mm 以上厚板的焊接。这一窄间隙焊接工艺比常规的 V 形坡口自动焊工艺具有更高的经济效益。

2. 双丝共熔池窄间隙 MAG 焊

　　双丝窄间隙 MAG 焊可以提高焊接效率，消除粗丝大电流时形成的指状熔深等缺陷。但是为避免双丝间距很近时电弧间的电磁干扰，现有的双丝窄间隙 MAG 焊，双丝间距为 50~120mm，形成双熔池，相当于一次熔敷两道相互搭接的角焊缝，多应用于小焊接参数领域，不能起到提高焊接效率的目的。采用交替脉冲进行的双丝共熔池窄间隙 MAG 焊，电弧可保持稳定燃烧，且飞溅较少。

双丝窄间隙焊焊接系统配以 CLOOS 公司的双丝焊接电源，双丝交替脉冲方式供电，焊丝不弯曲，焊丝和导电杆整体倾斜，交叉指向侧壁，如图 4-59 所示。

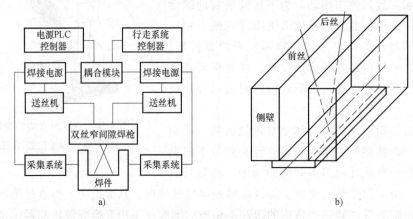

图 4-59　双丝共熔池窄间隙 MAG 焊焊接过程

a）双丝 NG-DMAW 焊接组元　b）双丝 NG-DMAW 焊接过程

窄间隙焊缝除了要求表面成形美观、焊缝与侧壁过渡圆滑，以及无咬边、裂纹和未熔合外，主要考查侧壁熔深、焊缝熔深和表面下凹三个参数，如图 4-60 所示。窄间隙焊缝成形系数（熔宽/熔深）大于 1.2 时，可以防止焊接热裂纹的产生，而只有焊缝表面呈凹形面时才能有效地避免层间未熔合。所以较大的侧壁熔深和表面下凹，以及较小的焊缝熔深对焊接过程是有利的。

焊接时采用陶瓷衬垫进行多层焊，层间与底部均熔合良好，焊缝的表面下凹可以很好地消除层间未熔合，并且在焊缝侧壁上形成足够的熔深。

双丝共熔池窄间隙 MAG 焊双丝焊接参数除了焊接电流、电弧电压及焊接速度以外，还有前后焊丝间距（沿焊接方向上的距离）、焊丝与侧壁的夹角以及焊丝沿焊接方向的倾角等。通过改变焊丝与侧壁的夹角，调节焊丝与侧壁间距以及电弧的燃烧位置。但由于焊丝与侧壁的夹角小于 2°，不易精确调节，所以用焊丝端部与侧壁间距代替焊丝与侧壁的夹角。

（1）双丝沿焊接方向间距　双丝间距小于 20mm 时，两个电弧形成一个熔池，焊接过程稳定，尤其当双丝间距为 5mm 时，焊接效果良好，可避免指状熔深和弧坑裂纹的形成；当双丝间距为 20~30mm 时，双丝电弧处于由共熔池向独立熔池转变阶段，焊接效果不稳定，焊接时伴有"噼啪"声，飞溅明显增多，焊缝成形呈卧蚕状，咬边现象严重。当双丝间距大于 50mm 时，两个电弧形成两个完全独立的熔

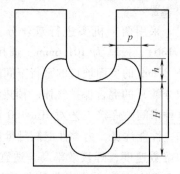

图 4-60　焊缝成形示意图

p—侧壁熔深　H—焊缝熔深

h—焊缝表面下凹程度

池，相当于两个独立的 GMAW 焊枪进行焊接，过程稳定性和焊缝成形也非常良好。而当双丝间距增加时，表面下凹量和侧壁熔深都呈现先增大后减小的趋势，这是由于随着双丝前后间距的增加，加大了熔池的尺寸，熔池热量不集中，所以双丝前后间距大于 10mm 时侧壁熔深将有所减小，但仍大于双丝并排。前后间距为零时双丝并排，形成指状熔深，焊缝表面有弧坑裂纹，这也是两个电弧动压力叠加的结果。在双丝间距为 5~10mm 时表面下凹量和侧壁熔深达到最大值，所以双丝间距取 5~10mm 为宜。

（2）焊丝与侧壁距离　当窄间隙的焊缝成形系数（熔宽/熔深）大于 1.2 时，可以防止焊接热裂纹的产生，所以提高熔敷率的前提是在保证熔合良好的情况下得到足够大的侧壁熔深，以保证焊缝成形系数大于 1.2。电弧越靠近侧壁燃烧，即焊丝与侧壁间距减小，输入到侧壁上的热能增加，燃烧持续时间延长，导致侧壁熔深明显增大。另外，在双丝与侧壁间距为 4.4mm（双丝串列）时，形成明显的指状熔深，这是因为当双丝的距离较小时，在电弧正下方的熔池热量集中，并且受到两个电弧产生的压力叠加，此时熔池的受力和受热与单丝大电流时相似，因而形成与单丝大电流相同的指状熔深；随着焊丝与侧壁间距的减小，双丝距离增大，电弧热和电弧压力叠加的效果减弱，从而避免了指状熔深的形成。送丝速度为 10m/min，保持两焊丝前后间距 5mm，当焊丝与侧壁的间距大于 2.5mm 时，焊缝表面成形美观，飞溅很少；在焊丝与侧壁间距为 2.5mm 时表面下凹最大，继续减小间距，间距为 1.5mm 时电弧不能稳定燃烧，焊接过程变得不稳定，电弧在侧壁上燃烧，焊缝成形不均匀，表面凸凹不平，飞溅增多。可见，焊丝与侧壁的距离应不小于 2.5mm。

（3）焊丝前后倾角　焊丝前后倾角如图 4-61 所示，前后丝平行或后丝向前倾斜 10°，焊接电流波形非常平稳。但双丝倾角对熔深和侧壁熔深影响不大，前丝保持垂直可以获得较大的表面下凹，侧壁熔深和表面下凹均在双丝垂直时得到最大值。双丝沿焊接方向夹角为 0°时，焊接过程稳定，若前丝后倾则会加剧电弧的偏移，从而导致电弧被拉断而产生断弧，焊接稳定性变差。

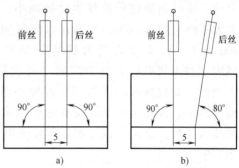

图 4-61　双丝沿焊接方向的倾角示意图

（4）送丝速度　在 U/I 方式中，送丝速度对焊接过程的影响显著。在送丝速度一定时脉冲频率也相对固定，确定送丝速度后，主要通过调节峰值时间和峰值电压来控制熔滴过渡和焊缝成形，基值电流保持电弧稳定燃烧即可。脉冲焊时，一脉多滴和一脉一滴的飞溅较小，所以一脉一滴和一脉多滴都是较好的脉冲焊过渡形式。

在送丝速度较小时，过程稳定且无侧壁咬边的区间很窄，当焊丝与侧壁间距为 2.5mm 时将不存在过程稳定且无侧壁咬边的焊接参数区间。

送丝速度较大，为 10m/min 时，即使焊丝与侧壁间距 2.5mm，焊接过程稳定且无侧壁咬边的参数区间较大，采用大规范焊接时电压变化不大，由于焊接电流显著增加，从而可以得到较宽的焊接参数区间和良好的表面成形。

综上所述，双丝共熔池是一种很好的窄间隙焊接方法，采用交替脉冲可以保证焊接过程的稳定进行，飞溅很小，焊缝成形良好，无指状熔深，成形系数较大，多层焊层间、侧壁均熔合较好。双丝共熔池方法仅适用于大参数窄间隙焊接，对于直径为 1.2mm 的焊丝，送丝速度大于 10m/min，才会获得较宽的焊接参数区间和稳定无表面缺陷的焊道。随着双丝与侧壁间距的缩小，焊接稳定性下降，为保证焊接过程的稳定，双丝与侧壁的间距应大于 2.5mm。随着双丝前后间距的增大，焊接稳定性下降，易发生断弧，为保证电弧稳定，双丝间距应小于 10mm。

采用双丝共熔池窄间隙 MAG 焊焊接低碳钢 Q235 时，选用 I 形坡口，如图 4-62 所示。根部间隙为 10mm，坡口深为 20mm。焊丝为直径 1.2mm 的 ER49-1，保护气体为 Ar80% + $CO_2$20%（体积分数）的混合气体，保护气体流量为 50L/min，导电嘴到坡口底部的垂直距离为 22mm，其焊接参数见表 4-24。

表 4-24　焊接参数

送丝速度 $v_f/(m/min)$	焊接速度 $v/(mm/min)$	脉冲频率 f/Hz	峰值电压 U_p/V	峰值时间 t_p/ms
10	350	210	34	2.6

4.4.9　超窄间隙熔化极气体保护焊

一般情况下，当间隙小于 7mm 时，窄间隙熔化极气体保护焊电弧不能稳定燃烧；间隙在 5mm 以下焊接无法进行，甚至烧毁导电嘴。

超窄间隙焊接是相对现有窄间隙焊接技术而言的，坡口间隙较传统技术大幅减小，一般认为大厚板（如厚 100mm）时最大组装间隙在 10mm 以下。以工业应用为目的的超窄间隙

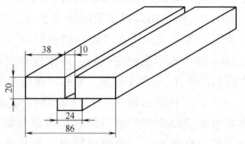

图 4-62　窄间隙焊焊接坡口尺寸

GMAW 焊技术研究始于 21 世纪初（首次报道于 2000 年）。超窄间隙 MAG 焊以其焊接热输入较低、焊接热影响区的塑韧性损伤极小、一次焊缝组织晶粒更细、焊接残余应力与残余变形小、焊接生产率较现有弧焊技术提高 2~3 倍、焊接生产成本降低 40%~80% 的显著技术优势，决定着该技术在高强度钢、超高强度钢、超细晶粒钢焊接领域有着广泛的应用前景。

超窄间隙焊对焊接电源、装配精度和焊接参数要求较高，焊缝跟踪技术制约着这种方法的实际应用。

1. 贴覆焊剂片超窄间隙焊

该方法是在坡口的两侧壁上贴覆焊剂片，焊剂片的成分主要以大理石和萤石为主，焊剂片熔点高，导电性差，可以抑制电弧沿侧壁攀升，并且能起到稳弧和造渣、造气的作用。在适当的焊接参数下，可以实现间隙为 3.5mm、热输入为 5kJ/cm 以下的超窄间隙焊接。但这种方法焊剂片的制造和贴覆不方便。

2. 超窄间隙焊（摆动电弧）

超窄间隙熔化极气体保护焊，间隙为 5mm。为了改善焊缝成形，采用脉冲电流、脉冲电压控制，电弧在坡口内上下摆动。在此基础上采用超低飞溅率波形控制脉冲逆变电源，开发了超窄间隙 MAG 焊方法。超窄间隙的热输入一般小于 10kJ/cm，热影响区只有 1~2mm，非常适于高强度钢、细晶粒钢和超细晶粒钢的焊接。

超窄间隙 MAG 焊系统组成如图 4-63 所示，包括弧焊电源、自动控制器、气瓶、焊接小车、超窄间隙焊枪、送丝机构、自动跟踪装置和焊接轨道系统。由于超窄间隙的坡口面角度极小，焊枪与坡口侧壁间的距离极小，传统的跟踪技术和单一传感方式的跟踪技术完全不适应超窄间隙条件下的跟踪精度和响应速度要求。超窄间隙 MAG 焊系统具有倾角、平面回转、横向居中、焊枪高度 4 个自由度的跟踪功能，且不同的自由度采用不同的传感方式和控制策略，横向居中和高度跟踪采用自适应控制方式。集成送气、送丝、导电、循环水冷和绝缘功能于一体的超窄间隙焊枪可以伸入焊接坡口内。弧焊电源为逆变脉冲 MIG/MAG 系统。

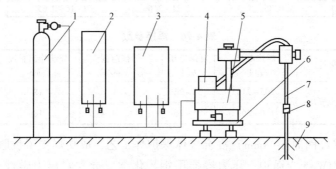

图 4-63　超窄间隙 MAG 焊系统组成

1—气瓶　2—自动控制器　3—弧焊电源　4—送丝机构

5—焊接小车　6—焊接轨道　7—焊枪　8—跟踪传感器　9—焊件

3. 超窄间隙 MAG 焊工艺

厚度为 50mm，采用对称和不对称双 U 形坡口，如图 4-64 所示。对称坡口作业时，前 2~3 层最好交替进行，也可以两台焊机同时焊接（立焊或横焊位置时）。不对称坡口作业时，先焊正面打底焊层，之后焊反面封底焊层（兼反面盖面焊层）。极小的坡口面角主要用于横向收缩量的补偿。

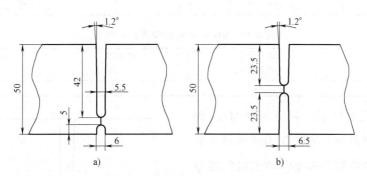

图 4-64　超窄间隙熔化极气体保护焊（MAG）坡口几何形状

a）不对称双 U 形坡口　b）对称双 U 形坡口

选用与 980 钢性能基本匹配的 WHH-75 焊丝，直径为 1.2mm。母材和焊丝的化学成分见表 4-25。

采用单层单道式的多层熔敷方法，保护气体是 Ar80%+$CO_2$20%（体积分数）混合气体；直流反极性，焊接参数见表 4-26。该方法成功地用于厚板超高强 980 钢的高效焊接，焊接效果：焊接接头热影响区未见异常组织，无强度弱化区，热影响区窄，过热区脆化和软化倾向很低，焊缝没有出现脆硬现象，拉伸试验表明焊缝与母材等强，热影响区的冲击吸收能量仅减少17.9%。

表 4-25　母材和焊丝的化学成分

种类	$w(C)$	$w(Si)$	$w(Mn)$	$w(P)$
980 钢	0.09~0.13	0.18~0.31	0.54~0.60	0.011
WHH-75	≤0.14	0.20~0.35	1.02~1.50	≤0.35
种类	$w(S)$	$w(Ni)$	$w(Cr)$	$w(Mo)$
980 钢	0.010	4.40~4.54	0.53~0.68	0.36~0.44
WHH-75	≤0.35	2.21~2.6	0.46~0.65	0.42~0.68

表 4-26　焊接参数

焊道	极性	焊接电流 I/A	电弧电压 U/V	焊接速度 $v/(mm/s)$	焊丝伸出长度 l/mm	气体流量 $Q/(L/min)$
打底焊道	直流反接	205~210	23~26	4.4	18	16
填充焊道		180~200	24~26	4.2~4.4	18	16

　　采用超窄间隙（间隙 6~8mm）混合气体保护焊工艺，成功焊接了板厚 97mm 的 BHW35 低合金热强钢。BHW35 为锅炉、压力容器用钢，化学成分和常温力学性能分别见表 4-27、表 4-28。采用双面 U 形对接坡口，如图 4-65 所示。混合气体内 Ar80%+CO₂20%（体积分数），采用单道多层焊接。焊丝选用 1.2mm 的 H10Mn2NiMoA。Ar 气流量 13L/min，CO₂ 气体流量 3L/min。采用脉冲电源，焊接电流 210A，电弧电压 24.2V，焊接速度 4.66mm/s。预热温度为 150℃，层间温度为 110℃。

表 4-27　BHW35 钢的化学成分

$w(C)$	$w(Mn)$	$w(Cr)$	$w(Mo)$	$w(Ni)$
≤0.15	1.0~1.6	0.2~0.4	0.2~0.4	0.6~1.0
$w(P)$	$w(S)$	$w(Si)$	\multicolumn{2}{c}{$w(Nb)$}
≤0.025	≤0.025	0.1~0.5	0.005~0.020	

表 4-28　BHW35 钢的常温力学性能

屈服强度 R_{eL}/MPa	抗拉强度 R_m/MPa	伸长率 $A(\%)$	冲击吸收能量 KV/J
390	614	≥18	≥31

　　较低热输入条件下的超窄间隙 MAG 焊技术，其焊接热影响区宽度仅为传统技术的 1/5~1/3，且韧性损失极小，冲击吸收能量仅比母材降低 8.2%。依据 JB 4708—2005《承压设备焊接工艺评定》标准，对焊接接头进行了拉伸、冲击、弯曲试验以及显微组织与显微硬度分析，所有技术指标均满足标准要求。

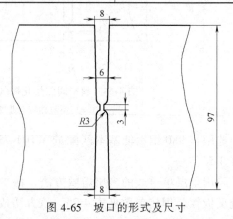

图 4-65　坡口的形式及尺寸

等离子弧焊新工艺

5.1 变极性等离子弧焊

铝合金焊接结构大量地应用于航空航天、石油化工、国防、交通运输、汽车、船舶以及电子通信等领域，是航空航天领域中应用最广泛的有色金属结构材料。随着铝合金材料及其焊接技术的发展，载人航天和可重复使用航天器对焊接结构的可靠性提出了更高要求，自动化、高质量、高可靠性焊接是 21 世纪对焊接技术的基本要求。作为再制造工程中最主要的应用工业领域之一的汽车工业，近年来采用铝合金的比例越来越大，很多重要部件（车体、发动机、轮毂、化油器）都采用了铝合金结构。

铝合金焊接存在的主要问题有焊接裂纹倾向、热变形、焊后热处理以及环境污染。环境污染的危害可以通过相关措施降至最小。对于传统的钨极氩弧焊和熔化极气体保护焊，焊缝裂纹倾向和热变形很难避免，尤其是焊接具有一定厚度的结构件时。

虽然交流 TIG 焊、MIG 焊可成功地焊接铝及铝合金，但在焊接厚大铝及铝合金时，其生产效率以及缺陷的产生仍是一个待解决的问题。在穿孔型等离子弧焊时，由于一般采用直流正接，此时无阴极清理作用，故不能成功地焊接铝及其合金，此种情况下，变极性等离子弧焊应运而生。

变极性等离子弧焊主要应用于航空航天、高压输变电、船舶、化工及空分设备等领域。例如美国宇航局马丁公司采用计算机控制的变极性等离子弧焊接设备焊接了直径 8m 的铝合金航天飞机外储箱的 6400m 焊缝，焊缝内部"无缺陷"；波音公司在"自由号空间站"项目中，采用变极性等离子弧焊方法焊接了长 2080m 的铝合金焊缝，焊缝内部也"无缺陷"。我国也已在航空航天器中应用了此种焊接方法。

5.1.1 变极性等离子弧焊原理及特点

1. 变极性等离子弧焊技术原理

变极性等离子弧焊是采用正、反极性电流及正、负半波时间均可调节的交流方波电流进行焊接的一种方法。

电弧交替地变为反极性和正极性的作用是：反极性电弧作用于焊件表面，以清除阻碍液态金属良好熔化、流动和熔合的氧化膜，并对焊件预热，为正极性电弧的到来做好热量的储备；而正极性电弧在加热焊件的同时，形成一定的电弧力集于熔池中心，充分利用等离子弧所具有的能量密度高、挺直性好和高的弧焰流速特性，在焊接过程中实现小孔焊接，实现焊件深而窄的熔化和穿透。因而变极性等离子弧焊可以将被焊金属表面的污物很容易地从小孔吹出焊件背面，减少焊前对焊件的清理，实现单面焊双面成形。变极性等离子弧焊对气孔

等缺陷不敏感，焊缝成形好，使小孔周围的熔化区更加对称，在焊接中、厚板焊件时减少了焊接层数，焊后变形小，极大地提高了焊接效率。

2. 变极性等离子弧焊的特点

变极性等离子弧焊能有效地破碎 Al_2O_3 氧化膜。采用立焊时，能使熔池中形成的气孔充分逸出，焊接质量比一般气体保护焊要好。铝合金变极性穿孔等离子弧焊的方法与其他熔化极焊接方法相比，它既能满足交流焊铝的阴极清理作用，又能将钨极的烧损减少到最低。穿孔型等离子弧焊压缩电弧能量集中，穿透力很强。铝合金变极性穿孔型等离子弧焊有以下优点：正极性的高加热能力，热量输入较大，改善接头的性能，减少焊接变形；反极性的高效清理特性，减少焊前准备工作；焊缝无气孔，减少返修工作量；2~20mm 厚接头一次完全焊透，可实现单面焊双面成形，成功地实现了厚大铝及其铝合金的焊接。

变极性等离子弧焊（VPPA）与 TIG 焊或 MIG 焊相比，具有能量集中、电弧挺度大、一次穿透深度大、焊后变形小、效率高、成本低等特点。变极性等离子弧焊分别调节正负半波的时间、电流大小，通过调节参数，在实现阴极清理的条件下，获得更强的穿透能力。在不填丝、不开坡口的情况下，实现单道穿透 20mm 铝合金，可以实现单面焊双面良好成形，极大地提高了焊接生产率。由于具有阴极清理作用，对焊前清理和组对要求低。采用小孔焊接时，有利于熔池杂质、气孔的逸出，实现零缺陷焊接。但是，变极性等离子弧焊接设备比较昂贵，焊接技术不好掌握。

5.1.2 变极性等离子弧平焊

1. 变极性等离子弧平焊工艺

在变极性等离子弧焊接过程中，在小孔等离子弧焊接铝及铝合金时，正负半周电流持续时间是非常重要的焊接参数。反极性持续时间和电流的合理配合，在满足阴极清理的同时，又能获得稳定的焊接工艺过程，并可获得较大的焊缝深宽比，钨极烧损少。负半周电流持续时间对焊接工艺的影响主要表现在焊缝成形上，很短的负半周电流持续时间就可以提供足够的阴极清理作用。但负半周电流持续时间太短，使得一个周期内电流在一个很短的时间内两次过零，因为在过零瞬时电流为零，使得电弧温度下降，等离子弧冲击力急剧下降。当过零后电流迅速上升，电弧温度也迅速上升。由于电弧力的急剧变化造成穿孔力不均匀，同时在很短的负半周电流持续时间不能提供足够的热和形成小孔所需的能量，影响焊缝成形，特别是背面成形。负半周电流持续时间一般取 4~5ms，可获得比较满意的焊缝成形。

如果负半周电流持续时间过长，极容易引起双弧，造成喷嘴的烧损，在有维弧存在的情况下，负半周电流持续时间过长会造成主弧与维弧相互干涉。为保证变极性等离子弧焊焊接电流过零时等离子主弧燃烧稳定，往往采用一个加在钨极与喷嘴之间的直流电源作为维弧电源。在焊接过程中引燃主弧时，有时却造成维弧熄灭，使主弧不能顺利引燃，更严重的是在焊接过程中发生电弧不稳定的放电，造成主弧熄灭，这种现象即为主、维弧的相互干涉现象。一旦产生主、维弧的相互干涉现象，严重影响焊接过程的稳定性和焊缝成形，也会造成钨极的烧损。当负半周电流持续时间小于 2ms 时，焊缝容易出现气孔。正半周电流持续时间一般取 15~20ms。

实际的变极性等离子弧焊接电流波形如图 5-1 所示。

从图 5-1 中可见，负半周电流大于正半周电流，一般大 30~50A，这不但加大了阴极清

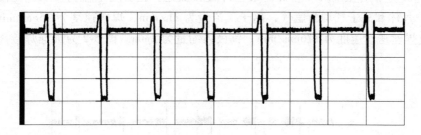

图 5-1 变极性等离子弧焊焊接电流波形

理作用，同时还使压缩喷嘴孔径表面得到清理。

铝合金变极性等离子弧平焊工装卡具简单，但焊缝成形困难，很难保持铝合金熔池的稳定性。在满足焊件表面氧化膜清理的前提下，为减少钨极烧损量，采用大的反极性电流幅值和短的反极性持续时间是较为理想的参数匹配。这种匹配方式可在反极性期间，伴随着反极性电流短时、集中、高效地对焊件表面窄小区域内氧化膜的清理，使得在反极性期间内焊件的加热较集中，为随后正极性电弧更集中地作用于该区域，形成窄小且深的熔池创造了有利条件。

2. 焊接参数的选择

（1）正极性电流 铝合金变极性等离子弧焊接时，相同电流幅值条件下，正极性电弧力大于反极性电弧力，并且正极性等离子电弧能量更集中。因此，正极性电弧主要作用于熔池中心部位，它是保证焊件获得熔池的主要因素。

（2）反极性电流 主要用于加热母材并清除其表面的氧化膜，为正极性电弧的到来做好热量储备。若取反极性电流比正极性电流大，使焊缝背面熔宽和余高增大，正面熔宽增大、余高减小。

在平均电流相同的情况下，减少正、反极性电流幅值差值时，变极性等离子弧平均电压降低，电弧功率下降，使得正面焊缝余高增高而背面焊缝余高降低，甚至出现有些未焊透的现象。在变极性等离子弧焊工艺中，能够形成稳定、较好焊缝成形的焊接电流区间很窄。

（3）离子气流量 离子气流量较大时，可提高等离子弧的熔透能力，使焊缝背面余高和宽度增大，正面余高和宽度减小。如果离子气流量太大，电弧压缩强烈，在焊接过程中容易出现咬边甚至切割现象。离子气流量过小时则电弧能量不足以形成稳定的焊接熔池，使焊缝正面余高增大，背面余高减小，有时会产生未焊透。

（4）喷嘴至焊件的距离 喷嘴距离焊件越近，等离子弧越稳定。因此在满足焊缝正面成形的前提下，喷嘴至焊件间的距离应尽可能短。喷嘴至焊件的距离由低到高变化时，等离子电弧力以及离子气对焊缝的压力减小，焊缝正面余高增大，背面余高减小。若喷嘴至焊件的距离过大会使焊接熔池前的小孔闭合，或者出现电弧熄弧现象。

（5）填丝的送丝速度 如果减小或停止送丝，焊缝成形会出现正面余高的减小；若不送丝，在焊缝正面会出现贯穿焊缝纵向很深的凹陷。

（6）钨极内缩量 钨极内缩量越大，电弧受到的水冷喷嘴和离子气的压缩作用越强烈。在喷嘴和离子气的联合作用下，弧柱会受到强烈压缩，电弧能量变得很高。太大的钨极内缩量，会导致熔池不稳定，焊缝成形困难，易产生切割。

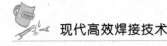

焊接 3mm 厚铝合金 VPPA 平焊的最佳焊接参数是：正极性电流为 84A，反极性电流为 106A，保护气体和离子气均为氩气，离子气流量为 3L/min，焊接速度为 35cm/min，弧高为 3mm，填充焊丝送丝速度为 176cm/min，钨极内缩量为 2mm。图 5-2 为最佳焊接参数的电流波形。

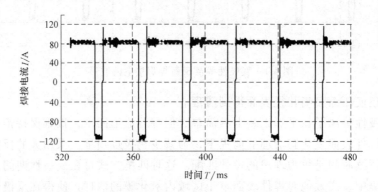

图 5-2　最佳焊接参数的电流波形

5.1.3　变极性等离子弧立焊

变极性等离子弧平焊时，可焊板厚范围小，从而在一定程度上限制了变极性等离子弧焊在生产中的应用。而变极性穿孔型等离子弧立焊工艺（Variable Polarity Plasma Arc Welding，VPPAW），除了具有等离子弧平焊的特点之外，还具有工艺稳定性好、焊接质量高、一次可焊板厚大等优点，同时又具阴极清理的作用。而且，变极性穿孔型等离子弧立焊焊接接头采用 I 形坡口，大大缩短了焊前准备时间，焊缝中气孔和夹杂物少、焊接变形小、成本低，被称为"零缺陷"焊接方法，是一种高效焊接方法，尤其适用于密闭容器和小直径管等背面难于施焊的结构件。但是变极性等离子弧立焊工艺工装复杂，对工装及其控制的精度要求非常高，焊接过程稳定性差，焊接参数匹配区间窄，焊接参数的合理匹配是保证穿孔过程和焊缝成形稳定的一个重要前提条件。

变极性穿孔型等离子弧立焊根据焊接时焊枪或焊件移动，具有两种立焊方式，一种是焊枪移动式变极性穿孔型等离子弧立焊；另一种是焊件移动式变极性穿孔型等离子弧立焊。根据填丝的数量，又可分为变极性等离子弧单填丝立焊和变极性等离子弧双填丝立焊。

1. 焊枪移动式变极性穿孔型等离子弧立焊

焊枪移动式变极性穿孔型等离子弧立焊采用垂直立向上焊接，用先凝固的焊缝托住熔池。等离子弧束直接穿透焊件，形成一个穿透焊件厚度方向的小孔。随着小孔在垂直方向上的移动，熔融金属沿小孔孔壁流淌形成焊缝。中等厚度的铝合金在不开坡口、不需背面强制成形的条件下，可实现单面焊双面成形。变极性穿孔型等离子弧立焊时，熔池中的熔融金属向下流淌扩大了熔池液态金属的表面积，有利于杂质和气体的逸出，使焊缝气孔率极低。

焊枪移动式变极性等离子弧立焊焊接系统示意图如图 5-3 所示。

变极性等离子弧焊主弧电源结构的工作原理如图 5-4 所示。焊接电源最大输出电流 400A，交流频率 1～100Hz，正（负）半波通电时间比 0～100%，正向脉冲频率 1～1000Hz，正向脉冲占空比 0～100%。主弧电源采用双逆变方案和 IGBT 大功率元件，获得了 400A 稳

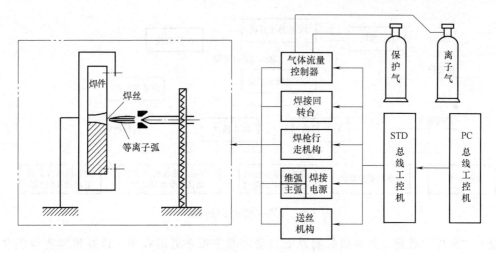

图 5-3　变极性等离子弧立焊焊接系统示意图

定的焊接电流输出。通过稳弧电路保证电源在 100A 以下焊接时电弧的稳定性。通过控制电路进行调制，产生出焊接所需波形。控制电路同时控制二次逆变器正反向交替导通，实现变极性控制。采用晶体管直流电源作为维弧电源，输出电流 5~35A，采用高压引弧方法，避免高频引弧对控制电路和计算机系统的干扰。维弧电源具有高压引弧的防护，减弱、吸收和消除高压的作用。

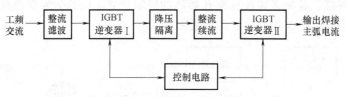

图 5-4　变极性等离子弧焊主弧电源结构的工作原理

　　电源系统还包括：焊枪行走和机头调整机构、送丝机构、气体流量控制器和焊接回转台等几个部分。等离子焊枪通过行走机构上的夹紧装置固定在行走支架上，其上还固定有焊丝盘及送丝机构，焊枪连同送丝机构可实现三个方向的移动。焊枪行走机构采用三相异步电动机驱动并配变频调速器及控制器，行程为 0~1000mm。送丝机构由一台 24V 直流电动机驱动，控制电路采用逆变方式，体积小、质量轻、性能稳定。采用流量控制器对离子气流量进行调节和显示，流量范围 0~5L/min，精度为 ±2%。焊接回转台采用 220V 交流电动机驱动并配有 WA 型调速器，最大回转直径 500mm。

　　计算机控制系统框图如图 5-5 所示。

　　焊接过程如下：焊接系统接通电源后，接通冷却水、离子气和保护气并引燃维弧，启动计算机控制程序，在控制界面上设置好焊接参数并按下"确认"按钮，准备开始焊接。按下"开始焊接"按钮，计算机开始按设定的参数控制焊接过程，包括：引燃主弧、参数递增、正常焊接、参数衰减及切断主弧，最后切断维弧，焊接过程结束。系统控制软件实现主弧电源、气体流量控制器、送丝机构、焊枪行走机构及焊接回转台的计算机控制。焊接过程中计算机定时检测主电路短路过流、无冷却水、无离子气等故障报警信号，出现异常，自动切断主弧并在控制界面上弹出错误提示对话框。同时焊接过程中，如果操作人员发现异常，

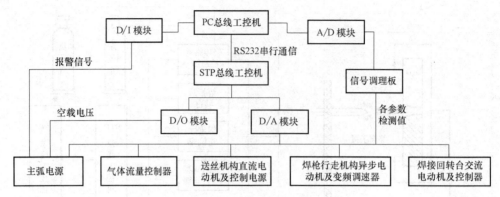

图 5-5　计算机控制系统框图

也可按下"急停"按钮,计算机控制系统自动切断主弧并退出程序。计算机实现焊接电流参数的给定、电流递增、电流衰减以及电流参数采集、显示和记录。为提高整个系统工作的可靠性和稳定性,必须解决计算机控制系统的抗干扰问题。

2. 焊件移动式变极性穿孔型等离子弧立焊

焊件移动式变极性穿孔型等离子弧立焊系统结构图如图 5-6 所示。焊件移动式变极性穿孔型等离子弧立焊要求在焊件行走之前形成稳定的穿孔熔池,然后实现起弧过程向焊接过程的平稳过渡。起弧过程控制的好坏决定了整个焊缝成形的成功与否,因此要获得稳定的焊接过程和高质量的焊缝,首先必须保证穿孔熔池的稳定建立。图 5-7 为变极性穿孔型等离子弧立焊 VPPAW 穿孔型焊接焊缝及熔池的示意图。

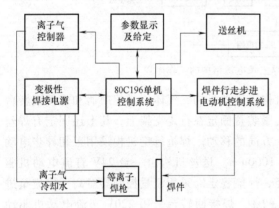

图 5-6　焊件移动式变极性穿孔型等离子弧立焊系统结构

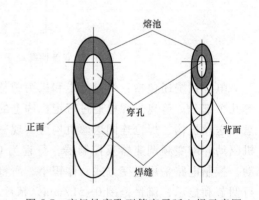

图 5-7　变极性穿孔型等离子弧立焊示意图
焊接焊缝及熔池

在焊接过程中,采用焊接电流和离子气流量按一定规律联合递增的方法实现穿孔熔池的稳定建立。形成的穿孔圆滑、孔径大小合适,不会导致穿孔消失,穿孔过程平静,熔池内部液态金属的流动状态稳定。

焊接过程结束时不能随即熄弧,而是采用收弧工艺。而且,焊接参数较多,焊接参数匹配区间窄,因此需要对焊接工艺时序进行合理的设计与控制。

焊接参数对起弧过程中穿孔熔池的传热及受力状态影响很大,焊接参数中的焊接电流、离子气流量及预热时间对小孔的形成和稳定起着主要作用。在合理选取焊接电流和离子气流量的前提下，预热时间是影响穿孔熔池稳定建立的一个重要因素。如果预热时间过短，小孔还未形成，焊件就开始行走，此时焊接电流和离子气流量都增加到正常的焊接参数，而焊件仍未穿透，导致熔池对电弧的反冲力很大，从而破坏了焊接熔池的正常受力平衡，焊接过程不稳定；相反，如果预热时间过长，在穿孔较长时间后焊件才开始行走，那么焊缝正面会下凹，背面会形成很大的焊瘤，焊缝成形变差，降低了焊缝质量，或者形成切割。因此，熔池前穿孔的稳定建立直接影响到焊接过程的顺利进行。

变极性等离子弧立焊可按下述的工艺程序进行，如图 5-8 所示，开始焊接之前，先提前通入少量离子气；焊接开始时，焊接电流逐渐递增，当电流达到焊接电流值之后离子气流量再增加；在离子气增加的过程中，t_1时刻形成穿孔熔池，然后经过短时间的过渡后，t_2时刻穿孔熔池稳定建立，此时离子气流量升至选定值；穿

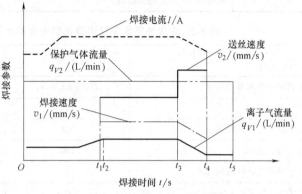

图 5-8　焊接工艺时序图

孔熔池稳定建立之后，焊件开始行走，送丝机开始送丝；在整个焊接过程中，保护气始终保持其流量不变；t_3时刻进入收弧过程，此时焊接电流、焊接速度以及离子气流量逐渐减小，送丝速度增加；t_4时刻，整个焊接过程结束。为了保护焊缝，完成焊接后，应延时至t_5时停止离子气与保护气。

采用变极性等离子弧立焊工艺，实现了铝合金薄板及中厚板的单面焊双面成形，焊缝成形良好，并应用在重要的厚板铝合金焊接结构中。例如厚度为 10mm 的 2A14 铝合金变极性等离子弧焊（VPPA）焊接时采用穿孔型立焊，焊接参数为：正极性和负极性焊接电流分别为 200A 和 260A；离子气流量为 3.2L/min；喷嘴孔径为 4.0mm，钨极内缩量为 4.0mm。焊接过程中电弧稳定，焊缝成形良好。

变极性等离子弧立焊焊接厚度为 3mm、6mm 的 2219 铝合金采用的焊接参数见表 5-1，变极性等离子弧焊焊接板厚 6.4mm 的铝合金的典型焊接参数见表 5-2（供参考）。

表 5-1　2219 铝合金变极性等离子弧立焊焊接参数

起弧阶段	焊接电流 I/A	60	110
	离子气流量 $q_1/(L/min)$	1.2	1.8
	焊接时间 t/s	7.0	12
主焊接阶段	焊接电流 I/A	75	155
	离子气流量 $q_1/(L/min)$	2.0	2.4
	焊接速度 $v_1/(mm/s)$	2.5	2.0
	送丝速度 $v_2/(mm/s)$	16	18
	焊接时间 t/s	100	120
收弧阶段	焊接电流 I/A	65	130
	离子气流量 $q_1/(L/min)$	0.3	0.3
	焊接速度 $v_1/(mm/s)$	1.0	0.6
	送丝速度 $v_2/(mm/s)$	19	26
	焊接时间 t/s	7.0	10

（续）

其他参数	保护气流量 q_2/(L/min)	6.0	12
	铝合金焊丝牌号	2319	2319
	焊丝直径 d/mm	1.6	1.6
	喷嘴直径 D/mm	4.0	4.0
	钨极与焊件间的距离/(L/mm)	4.0	4.0
	电源占空比 f	0.83	0.83
	焊件尺寸/(mm×mm×mm)	300×100×3	300×100×6

表 5-2　变极性等离子弧焊焊接铝合金的典型焊接参数（板厚 6.4mm）

焊接位置　焊接参数	平焊	横焊	立焊
填充焊焊丝牌号及直径	2319/ϕ1.6mm	4043/ϕ1.6mm	4043/ϕ1.6mm
正半周电流/A	140	140	170
正半周电流持续时间/ms	19	19	19
负半周电流/A	190	200	250
负半周电流持续时间/ms	3	4	4
离子气 I 流量/(L/min)	Ar0.9	Ar1.2	Ar1.2
离子气 II 流量/(L/min)	Ar2.4	Ar2.1	Ar2.4
保护气流量/(L/min)	Ar14	Ar19	Ar21
钨极直径/mm	3.2	3.2	3.2
焊接速度/(mm/s)	3.4	3.4	3.2

3. 变极性等离子弧双填丝立焊

变极性等离子弧双填丝立焊是利用两根焊丝，在电弧前部同时等速送进完成焊丝的填充。

（1）变极性等离子弧双填丝立焊的优点

1）在穿孔熔池的前端为电弧让出空间，避免焊丝对电弧的引导作用，有利于保持电弧的稳定存在、形成稳定的穿孔效应。

2）熔化的焊丝金属沿穿孔熔池的两侧均匀地向熔池后部流动，有利于焊缝成形，避免了切割现象的产生。

3）使用较小的送丝速度就存在较大的送丝量，这样容易保证焊丝填充过程的平稳，有利于焊缝的稳定成形。

（2）双填丝 VPPAW 焊的焊枪端部机构

变极性等离子弧双填丝立焊的焊丝填充装置如图 5-9 所示，包括压丝机构和送丝头机构两部分。压丝机构为双槽轮单电动机驱动，实现了两根焊丝的同步送入。送丝机构具有多自由度，可以实现前后、上下、俯仰角度、双丝之间距离以及双丝之间形成的夹角角度等的调节。

（3）送丝参数的确定

图 5-9　双填丝 VPPAW 焊的焊枪端部机构

1）送丝位置。当液态金属的填充量不足时，焊缝会出现正面平塌、背面回缩的现象，解决的唯一途径是填充焊丝。如图 5-10 所示，焊丝的填充有两种方式：一种是焊丝尖端接触穿孔熔池前沿送入熔池区域；另一种是焊丝悬空不与熔池接触送入电弧区域。采用焊丝尖端接触穿孔熔池前沿送入熔池区域，可获得平滑均匀，正、背面的熔宽和余高都比较均匀而无波动的焊缝；采用焊丝悬空不与熔池接触送入电弧区域，填充焊丝所得的焊缝背面成形良好，但正面存在明显的鱼鳞状条纹。因此选择焊丝尖端接触穿孔熔池前沿送入熔池区域的送丝位置。

2）送丝角度。送丝角度包括两根焊丝形成平面与焊件所在平面间的夹角以及两根焊丝之间的夹角两个角度。两根焊丝所成平面与焊件所在平面间的夹角的大小对背面成形的影响很大，该角度越大，则背面的金属量越多。两根焊丝所成平面与焊件所在平面间的夹角在 0°~45° 的范围内均能得到满意的焊缝成形，超过 45° 则会严重影响焊缝成形。

两根焊丝之间的夹角以及其在穿孔熔池前沿的间距的调整，必须满足焊丝尖端能被电弧充分加热至熔化，如图 5-11 所示。两根焊丝之间的夹角可以任意选择，但是必须满足两根焊丝在焊接小孔熔池前沿的间距不能超过 4.5mm。若超过 4.5mm，则由于距离太宽使焊丝得不到充分的熔化，甚至会出现焊丝成段进入熔池的情况，严重影响焊缝成形。

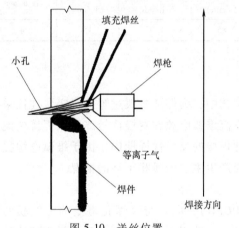

图 5-10　送丝位置

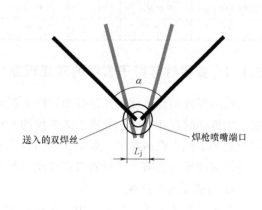

图 5-11　焊丝间夹角的调整

3）送丝速度。随着送丝速度的增加，焊缝正面宽度变化不明显，正面增高、背面宽度和增高都明显增加。反之，减小送丝速度，焊缝正面增高、背面宽度和增高都减小。送丝速度增大，焊接电流也要随之增加，以保证焊丝的充分加热及液态金属的良好流动。因此，在其他条件不变的情况下，送丝速度必须与焊接电流合理匹配，才能获得满意的焊缝。

（4）其他参数的确定

1）装配间隙。采用变极性等离子弧双填丝立焊时，两根焊丝以一定的角度从穿孔熔池前沿接触送入熔池区域，这样焊丝尖端与熔池的接触面积增大，避免了装配间隙较大时穿孔熔池前沿容易断开造成穿孔熔池难以动态稳定存在的现象，同时也能尽可能地使熔化的液态金属沿穿孔熔池的两侧壁均匀、平稳地流向熔池的后部形成焊缝。

采用双填丝的工艺，即使装配间隙达到 4.0mm 也能够实现稳定的焊接过程、形成良好的焊缝成形。这与单填丝工艺中在间隙为 2.0mm 时就出现切割现象相比具有明显的优势。装配间隙越大，焊缝正、背面的宽度和余高量就都有所减小，这是由于填充金属量的减小而造成的。以间隙为检测对象，采取送丝机的反馈式控制，即可以完全实现焊缝的稳定成形。

2）错边量。由于装配错边量的存在，在电弧与焊缝中心对中时，焊缝中心两侧的电弧长度不同，较长一侧容易出现电弧的偏移，从而降低电弧力的作用，破坏穿孔稳定性和焊缝成形稳定性。

采用双填丝工艺，可以使两根焊丝以不同的角度送入，且分别与对接缝两侧的母材接触，通过焊丝的引导作用，避免了弧长较长一侧的电弧不稳定现象，有利于焊缝的稳定成形。变极性等离子弧双填丝立焊虽然对错边量有较大的适应性，但是不能过大。错边量不能超过板厚的一半。另外，需要注意的是，不管焊件焊前装夹存在间隙还是错边量，对焊枪对中性的要求都很严格，否则会严重破坏焊缝成形。其焊接参数见表5-3。

表 5-3　变极性等离子弧双填丝立焊焊接参数

正极性电流/A	反极性电流/A	正、反极性时间比	焊接速度 v/(m/min)	双填丝的送丝速度/(m/min)	初始起弧电流占正常焊接电流的比例（%）	初始起弧电流持续时间 t/s	起弧电流过渡到焊接电流的时间/s
120	145	21:4	0.18	0.675	60	2	3
收弧阶段电流占正常焊接电流的比例（%）	焊接电流过渡到收弧电流的时间/s	收弧电流持续时间 t/s	焊接起弧阶段等离子气流量/(L/min)	正常焊接阶段等离子气流量/(L/min)	焊接收弧阶段等离子气流量/(L/min)	焊接过程保护气流量/(L/min)	钨极的内缩量 b/mm
51	5	2	1.78	2.85	1.07	15	4

5.1.4　变极性等离子弧焊的双弧现象

在大厚度铝合金变极性穿孔型等离子弧焊接工艺中，为保证电弧过零的稳定，往往采用主、维弧同时存在的联合等离子弧焊接的方法。直流维弧电源在变极性等离子弧焊接电流过零时起再引燃电弧的作用，但是，在铝合金变极性焊接的反极性周期内，由于维弧电源提供了主电流的导电通路，易形成双弧现象，严重时会产生主、维弧相干涉的情况。

1. 双弧现象的产生

变极性等离子弧焊接工艺中，正极性期间（DCEN），电弧与喷嘴孔道壁的冷气膜的厚度也比较稳定，冷气膜不容易被击穿，产生双弧的可能性很小，正极性等离子弧焊接比较稳定。维弧电流和主弧电流方向相同，不容易产生双弧和主、维弧相干涉的现象。

在反极性期间（DCEP），钨极为正极，焊件为负极，而钨极又与维弧电源的负极相连。此时主弧电流大部分经过维弧电源，通过喷嘴端面流向焊件，维弧电源其实已经不工作了。主电源部分电流经维弧变压器的中间抽头和整流二极管流向喷嘴，再流入焊件，另一部分主电流则形成等离子电弧，直接从钨极流向焊件。在有维弧的变极性焊接的反极性期间，实际上是一种双弧现象，在喷嘴孔道处两个电弧之间的冷气膜会由于电弧的加热而减薄，如果反极性时间较长，就会使其很容易被击穿形成由钨极到喷嘴、再由喷嘴到焊件的串联电弧，即形成双弧。变极性穿孔型等离子弧的反极性期间，维弧电源提供了主电源的导电通路是形成双弧的根本原因。

产生双弧时主弧电流全部流过喷嘴，造成喷嘴的烧损，同时大部分电流经维弧电源流过，容易使维弧电源产生过流保护，造成维弧电源不能正常工作，严重时也会造成维弧电源的输出整流二极管烧坏，这就造成主、维弧相干涉。由于在反极性期间出现双弧现象，反极性电弧的冲击力很小，只对去除焊件上的氧化膜有作用。并经常使得阴极清理作用在焊缝两侧不均匀。由于大部分主电流流过喷嘴，如果反极性时间太长会造成喷嘴的烧损。

为了避免反极性期间双弧对等离子喷嘴的烧损，在满足焊件阴极清理的情况下，应尽量缩短反极性时间，而变极性电源的最大优势在于可以独立调节反极性时间和电流的大小，尤其是能够将反极性时间压缩到很小，在通常的变极性等离子弧焊接中，反极性时间不超过5ms，因而可将双弧的危害降低到最小。

2. 消除双弧现象的措施

由于维弧的存在是形成双弧现象的主要原因，为了避免双弧的产生，在转移弧形成后应立即切断维弧电源。变极性等离子弧焊接时采用合理的焊接参数：采用尽可能短的负半波时间以及减小负半波电流幅值，反极性时间越长，形成双弧的可能性就越大，在满足清理氧化膜的前提下，尽可能减小反极性时间。焊接电流与离子气流量合理匹配，变极性等离子弧焊接电流越大，所需要的离子气流量也必须增大，否则喷嘴与等离子弧之间的冷气膜易被击穿而形成双弧。

喷嘴孔径与内缩量是表征等离子弧压缩程度的重要参数，喷嘴孔径越大，内缩量越小，等离子弧压缩程度越不明显，虽不易产生双弧，但等离子弧的穿透力减弱，不易实现穿透型焊接。反之，喷嘴孔径过小，内缩量增大时，等离子弧压缩程度提高，易产生双弧，破坏等离子弧过程的稳定性，甚至烧坏喷嘴。喷嘴至焊件端面间距在焊接过程中要求保持稳定，否则，易产生双弧。填丝的送丝稳定性要好，如果送丝不稳，造成焊丝抖动，特别是在反极性期间，等离子弧易产生跳动，使电弧失稳。

5.2　活性等离子弧焊

活性等离子弧焊是采用活性化焊剂进行等离子弧焊的一种工艺方法。活性化焊剂在增加焊接熔深、提高焊接效率方面有明显效果。活性化焊剂已成功用于 TIG 焊，而等离子弧焊具有能量集中、穿透力强、焊接速度快、焊接变形小、接头强度高、可以不开坡口、单面焊双面成形、对裂纹敏感性低等特点，广泛地用于不锈钢、钛合金、铝合金和高温合金等材料的焊接。但对于中厚焊件的焊接就需要增大电流，这样会导致熔宽增大，而熔深却增加得很少。将活性化焊剂应用到等离子弧焊过程中，可获得以上两者共同的优点。

活性等离子弧焊用活性剂的主要成分为 TiO_2、Cr_2O_3、ZrO_2 和 CaF_2 等。使用时首先将活性剂粉末用丙酮调和成溶液，然后用扁平毛刷均匀地将其涂敷在焊件表面上，在涂敷过程中尽可能地保证涂敷的均匀性。

图 5-12 为在无活性剂和有活性剂下焊得的焊缝横截面图，有活性剂的焊缝熔宽比无活性剂的焊缝熔宽减小，有活性剂的背面焊缝宽度比无活性剂的背面焊缝宽度增大。

有活性剂的焊缝熔宽减小，是由于添加活性剂后温度分布集中所造成的；有活性剂的焊缝背面熔宽增大是由于添加活性剂后电弧收缩、电弧穿透力增强所造成的。

图 5-13a 为不添加活性剂等离子弧焊温度场，图 5-13b 为同样条件添加活性剂等离子弧焊温度场，从图可见，与普通等离子弧焊电弧相比，活性剂等离子弧焊电弧的温度分布比较紧密，外形较窄，分布范围较集中，电弧中心区温度较高，电弧径向梯度较大。普通等离子弧焊接电弧温度场宽，温度分布较分散，电弧径向的温度梯度较小。但这两种焊接电弧温度

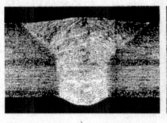 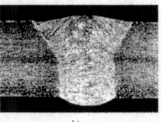

a)   b)

图 5-12　焊缝横截面形貌

a）无活性剂　b）有活性剂

场的本质特征无明显区别，沿焊接电弧中心线，温度场均对称分布；在电弧径向上温度梯度相等，其等温线为一系列同心圆。添加活性剂后的等离子弧焊接电弧温度分布曲线下的面积并不改变，即添加活性剂后的等离子弧焊接电弧的总能量不变，说明添加活性剂并不增加等离子弧焊接电弧的总能量，只是改变了等离子弧焊接电弧的热量分布。在其他焊接条件不变而活性剂的涂敷量增加时，等离子弧的温度分布更加集中，中心区域的温度升高，焊接电弧径向温度梯度增大。在活性剂涂敷量一定时，其他焊接条件不变，改变焊接电流，当活性剂等离子弧焊接电流增大时，焊接电弧的温度升高，焊接电弧的温度梯度增大；同时焊接电流的增大使活性剂的作用更明显，但焊接电弧温度分布的特征不变。

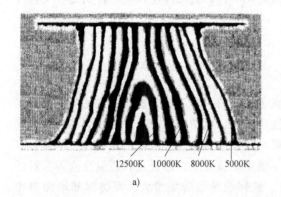 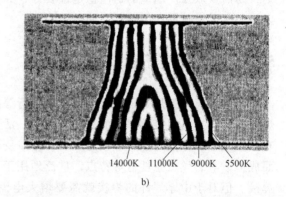

12500K 10000K 8000K 5000K   14000K 11000K 9000K 5500K

a)   b)

图 5-13　不添加活性剂和添加活性剂的等离子弧

a）不添加活性剂　b）添加活性剂

添加活性剂后电弧形态也发生了明显的变化，电弧中心变亮，电弧收缩加大，电弧穿透力增强。

在其他条件不变的情况下，随着活性剂的添加，电弧电压升高。导致电弧电压增加的原因，是由于活性剂分解后的金属原子比 Ar 原子容易电离，电子数量增加；另外加入活性剂后，由于电弧力更集中，导致弧柱实际导电面积相对缩小，弧柱阻抗增大。

5.3　等离子弧-TIG 焊

对于某些压力容器和压力管道，要求焊缝内表面不得有余高或者余高较小，为此提出了等离子弧-TIG 焊方法。该方法采用单电源的等离子弧（PAW）和钨极氩弧焊（TIG）对焊缝正反两面同时施焊，如图 5-14 所示。通过 TIG 电弧扩大了等离子弧的热效应，显著提高了焊接生产效率和熔合比，增加了熔深，减少了热影响区及焊接变形，能够得到满意的力学性能。例如，绳索取芯钻杆的焊接，采用了等离子弧-TIG 焊，即钻杆外等离子弧焊（PAW）和钻杆孔内钨极氩弧焊（TIG 焊）同时进行焊接。尽管该工艺的适用范围很窄，但因其焊接生产效率高而得到应用。

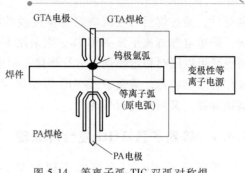

图 5-14 等离子弧-TIG 双弧对称焊

5.4 等离子弧-MIG 焊

等离子弧-MIG 焊是 20 世纪 70 年代出现的一种复合电弧焊接方法。等离子弧-MIG 焊接工艺由于焊丝和 MIG 电弧均被电离气体包围，电弧燃烧稳定，保护效果好，等离子体的阴极清理作用清除了氧化膜，并且将熔滴和熔池的前沿与空气隔离，有助于获得优质焊缝。在等离子弧和 MIG 电弧共同作用下，可以加速焊丝的熔化，提高熔敷效率，是一种高效的焊接方法。

等离子弧-MIG 焊近几年来研究和应用的主要是同体式焊枪，同体式焊枪有两种形式，分别为同体式和旁轴式。图 5-15 所示的同体式焊枪又分为偏置钨极式和喷嘴电极式，喷嘴电极式焊枪又称为同轴式等离子弧-MIG 焊焊枪；相对于偏置钨极式焊枪具有结构简单、体积小等优点，而且喷嘴采用水冷结构可以承载更大的等离子电流。旁轴式等离子弧-MIG 焊焊枪的工作原理如图 5-16 所示。

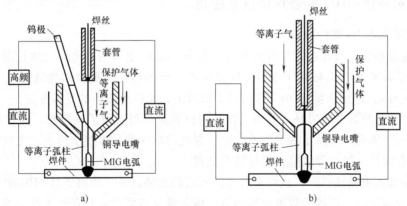

图 5-15 同体式等离子弧-MIG 焊原理
a）偏置钨极式等离子弧-MIG 焊 b）喷嘴电极式等离子弧-MIG 焊

等离子弧-MIG 焊按电源的接法，又分为两个电源分别为等离子弧和 MIG 弧供电的方法和单电源等离子弧-MIG 焊。

等离子弧-MIG 焊一般采用两个电源分别为等离子弧和 MIG 弧供电的方法。一台陡降特性的焊接电源为环状等离子弧供电；另一台平特性电源为 MIG 弧供电，两弧一起熔化焊丝

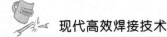

和焊件，通过焊丝的电流决定熔滴过渡的特点。哈尔滨焊接研究所提出了一种新的焊接方法，即单电源等离子弧-MIG焊，它采用1台陡降特性的电源同时为等离子弧和MIG弧供电，两电弧可以同时稳定燃烧，进行焊接。单电源等离子弧-MIG焊与双电源相比具有设备简单、操作容易等特点。等离子弧-MIG焊在选用不同的焊接参数时，既可以进行深熔焊接、薄板高速焊接、又可以进行堆焊。

5.4.1 等离子弧-MIG复合焊原理

等离子弧-MIG复合焊的原理如图5-15所示，由两台独立的焊接电源和等离子弧-MIG焊枪组成。一台具有平特性的MIG焊电源其正极与焊丝相连，负极与焊件相连；另一台具有下降特性的等离子弧焊接电源其正极和偏置钨极相连，负极与焊件相连，形成电流回路。焊接时，先起动等离子电源的高频引弧器，在等离子弧焊枪内部的钨极与喷嘴之间产生小弧，当距焊件适当高度时在钨极与焊件间建立起等离子弧，同时引燃MIG焊接电弧，进而建立主弧。待形成熔池并稳定存在后，焊枪开始沿焊缝移动进行焊接。

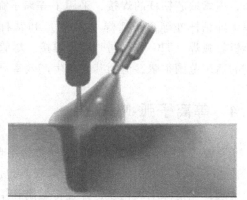

图5-16　旁轴式等离子弧-MIG焊焊枪的工作原理

在等离子弧-MIG焊时采用的保护气体，可根据所焊接的材料选择。一般焊接低碳钢或低合金钢时应采用氩气与二氧化碳的混合气体，焊接铝合金时应采用氩气或氩加氦混合气体，焊接不锈钢采用氩气与二氧化碳或采用氩气与氧的混合气体。

5.4.2 等离子弧-MIG复合焊特点及应用

1. 等离子弧-MIG焊的特点

1）焊接效率高。与普通的MIG焊相比，焊丝和MIG电弧均被电离气体包围，电弧燃烧稳定，等离子弧和MIG电弧共同作用，可以加速焊丝的熔化，提高熔敷效率，大电流下可以达到500g/min，焊接速度比MIG焊提高1倍以上，是一种高效的焊接方法。

2）保护效果及焊缝成形好。等离子体的阴极雾化作用清除了氧化膜，并且将熔滴和熔池的前沿与空气隔离，有助于获得优质焊缝，焊接热输入低，焊接变形小，飞溅小、焊缝表面光滑、没有裂纹、气孔等缺陷，背部熔合良好。

3）焊接参数可单独调节，且可实现不同形式的熔滴过渡。等离子弧-MIG焊因由两台独立焊接电源分别供电，焊接参数可分别调节，熔化极电流可以从0安到几百安调节，其熔滴过渡可实现短路过渡、颗粒过渡和喷射过渡；而等离子弧电流的增加对熔滴过渡的影响较小，MIG焊的电流是影响熔滴过渡的主要因素。

但等离子弧-MIG焊也存在一些不足：焊接系统繁杂，而且焊接过程中等离子弧与MIG电弧同时在焊枪内燃烧，因此对焊枪设计要求较高；如果焊枪结构设计不当，会造成焊枪不能正常工作，以至于产生串弧现象使焊枪烧毁。再者，等离子弧-MIG焊常采用直流反接进行焊接，对于偏置钨极式等离子弧-MIG焊，当等离子弧焊接电流较大时，偏置钨极烧损严重，所以，等离子弧焊接电流不能过大，对于喷嘴电极式等离子弧-MIG 焊，要求喷嘴必须得到充分冷却。等离子弧-MIG 焊焊接参数较多，焊接参数的调节比较复杂。

2. 等离子弧-MIG 焊的应用

由于等离子焊接和熔化极气体保护电弧焊这两种焊接方法的交互作用，等离子弧-MIG 复合焊在生产中越来越具有吸引力。可用于焊接铝及铝合金、铜及铜合金、低碳钢及低合金钢、不锈钢、高温合金、钛及钛合金以及难熔的活性金属。已广泛应用于造船、电力行业（火电、风电、核电设备）、石化、石油管道、轨道交通、压力容器等领域的中厚板结构件自动焊接。

5.4.3　等离子弧-MIG 复合焊枪

等离子弧-MIG 复合焊能成功稳定地进行焊接，关键在于成功地设计制造出复合焊枪，以下介绍 TBI 公司的 Plasma-MIG 复合焊枪和以色列激光复合焊接技术公司（PLT 公司）推出的 Super-MIG 复合焊枪。

1. 等离子弧-MIG（Plasma-MIG）复合同轴焊枪

由于等离子弧焊和熔化极气体保护电弧焊这两种焊接方法的交互作用，等离子弧-MIG 焊在生产中越来越具有吸引力。以往由于焊接工艺被焊枪性能所限，难以满足焊接构件的高精度尺寸要求。TBI 公司推出的等离子弧 Plasma-MIG 复合同轴焊枪，为实现这一精确焊接提供了可能。它包括一个等离子弧同轴钨极和送进填充焊丝的同轴导电嘴。等离子弧-MIG 复合焊枪如图 5-17 所示。

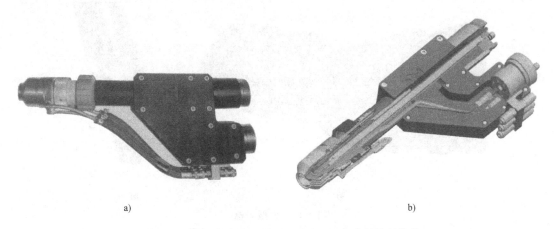

a)　　　　　　　　　　　　　　　　　　　　b)

图 5-17　等离子弧-MIG（Plasma-MIG）复合焊枪的结构

a）复合焊枪的外部结构　b）复合焊枪的内部结构

2. 等离子弧-MIG（Super-MIG）复合旁轴焊枪及焊机系统

等离子弧-MIG（Super-MIG）复合焊枪将 MIG 焊和等离子弧焊结合在一把焊枪内，系统兼容现有的 MIG 焊接系统。这种新的焊接技术，适合于自动化（机器人）焊接，可以改善常规 MIG、MAG、等离子弧焊等焊接工艺，并且可用于连续搭接焊、熔透焊等，适合合金钢、铝合金、铜和铜合金、钛金属等多种金属材料的焊接，成本大大低于激光焊接和激光-MIG 复合焊接。

等离子弧-MIG 一体式焊枪分为标准型、中型和大型三种焊枪。标准型焊枪适用于等离子弧焊接电流 200A、MIG 焊接电流 300A；中型焊枪适用于等离子弧焊接电流 200A、MIG 焊接电流 400A，如图 5-18 所示；大型焊枪适用于等离子弧焊接电流 400A、MIG 焊接电流 750A，如图 5-19 所示。

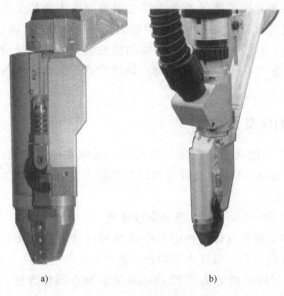

a)   b)

图 5-18　中型焊枪

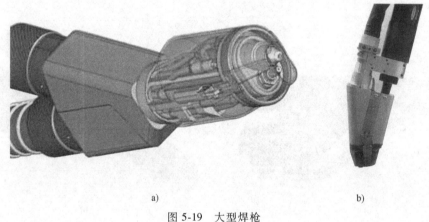

a)   b)

图 5-19　大型焊枪

焊枪由等离子弧焊和 MIG 焊接组件构成，结构紧凑，喷嘴规格齐全，易于更换，便于维护，水冷，电绝缘，具有起弧、稳弧和快速断弧装置。适用焊丝规格为 1.0～1.6mm。

5.4.4　等离子弧-MIG 焊机系统

等离子弧-MIG 焊机负载持续率为 100%，具有可编程序控制器；可储存多个焊接程序和参数；配置气体流量监视器，可以进行气体混合调整；内置水泵和水箱；与大多数常规机器人和自动化控制设备兼容；独特的一体化焊枪结构，优良的等离子引弧软起动技术，满足与普通 MIG 焊同样的焊接参数，可与普通 MIG 焊、机器人焊接兼容，使等离子弧-MIG 焊接系统在机器人和其他自动焊接中得到更好的应用。典型的等离子弧-MIG 机器人焊接系统如

图 5-20所示，主要包括一体式焊枪、控制主机（包括等离子电源）、焊枪自动清理装置以及常规的 MIG 焊电源、送丝装置和焊接机器人，也可以配备变极性等离子弧电源。

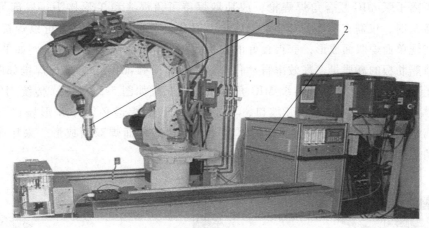

图 5-20　等离子弧-MIG 机器人焊接系统
1—一体式焊枪　2—电源

5.4.5　等离子弧-MIG 焊与常规 MIG 焊温度场的比较

图 5-21 是等离子弧-MIG 焊与常规 MIG 焊温度场的比较。图 5-21a 是常规 MIG 焊的温度场，图 5-21b 是等离子弧-MIG 焊温度场。由等离子弧-MIG 焊与常规 MIG 焊的温度场相比较可知，等离子弧-MIG 焊具有能量集中、热影响较小、焊件变形小、焊接飞溅少的优点。等离子弧-MIG 焊的焊接质量显著优于普通 MIG 焊。等离子弧-MIG 焊时，前面等离子弧的"挖掘"作用，使得熔深增大，并为后面的 MIG 焊提供了快速填充焊丝的条件，从而提高了焊接速度，也显著提高了焊缝质量和焊接能力。在相同条件下，等离子弧-MIG 焊的焊接速度是传统 MIG/MAG 焊的 2~3 倍，在更窄坡口及 I 形坡口条件下，仍能保持较高的焊接速度。焊后焊件不易变形；单道焊接厚度可达 20~25mm。

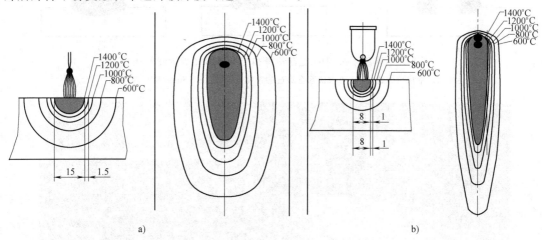

图 5-21　等离子弧-MIG 焊与常规 MIG 焊温度场的比较
a）常规 MIG 焊温度场　b）等离子弧-MIG 焊温度场

5.4.6　等离子弧-MIG 复合角焊

　　采用等离子弧-MIG 复合角焊焊枪，成功地焊接了角焊缝和 T 形接头，根部可全焊透；焊接 T 形接头时，仅需在单边开 20°~30° 坡口，留有 2~4mm 钝边，最大可以焊接 12mm 厚的钢板，实现单面焊双面成形，获得良好的接头性能，并且生产效率提高。例如采用这种工艺实现了造船肋板的高质量、高效率自动化焊接。等离子弧-MIG 复合角焊焊枪如图 5-22 所示。等离子弧-MIG 复合角焊和传统 MIG 角焊工艺的比较如图 5-23 所示，传统 MIG 焊角焊时，对于厚度较大的焊件如果不开坡口，不能焊透，要想焊透必须开 K 形坡口双侧焊接，而采用等离子弧-MIG 复合角焊在同样的厚度下，可实现单面焊双面成形。采用等离子弧-MIG 复合角焊焊接的角焊缝如图 5-24 所示。

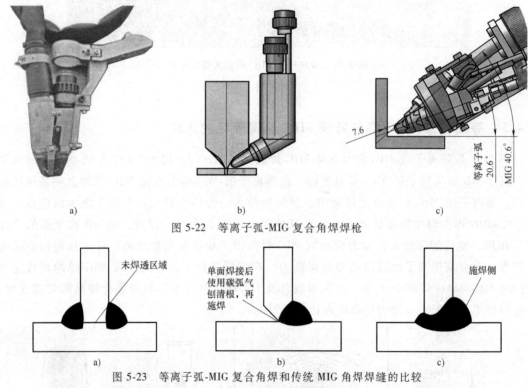

a)　　　　　　　　　　b)　　　　　　　　　　c)

图 5-22　等离子弧-MIG 复合角焊焊枪

a)　　　　　　　　　　b)　　　　　　　　　　c)

图 5-23　等离子弧-MIG 复合角焊和传统 MIG 角焊焊缝的比较

a）常规角焊缝　　b）要求根部全焊透的常规角焊缝　　c）Super-MIG 角焊缝

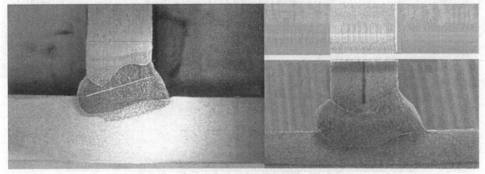

图 5-24　等离子弧-MIG 复合角焊的角焊缝

5.4.7 双等离子弧-MIG 复合堆焊

双等离子弧-MIG 堆焊是一种新型电弧堆焊技术。堆焊能力与常规电弧焊相比,效率提高 1 倍以上。其堆焊焊枪如图 5-25 所示,由焊枪结构可知两个等离子弧成一定角度排列,使两个等离子弧燃烧时相互叠加,中间通入焊丝,焊丝在两个等离子弧焰共同作用下熔化,堆敷到母材表面形成堆焊焊道,两个等离子弧为非转移弧,母材受热少,稀释率低,堆焊效率高。双等离子弧-MIG 堆焊过程如图 5-26 所示,堆焊的焊道如图 5-27 所示。

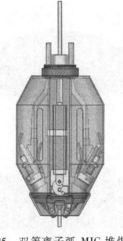

图 5-25　双等离子弧-MIG 堆焊焊枪

图 5-26　双等离子弧-MIG 堆焊

a)

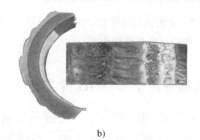

b)

图 5-27　双等离子弧-MIG 堆焊焊道

5.4.8 变极性等离子弧-MIG 复合焊

如前所述,等离子弧-MIG 焊常采用直流反接进行焊接,当等离子弧焊接电流较大时,钨极烧损严重。如采用变极性电源,负极性半波时间很短,只要满足清除氧化膜即可,正极性电弧在加热焊件的同时,形成一定的电弧力集中于熔池中心,充分利用等离子弧所具有的能量密度高、挺直性好和高的弧焰流速特性,在焊接过程中实现穿透型焊接,从而大大减少钨极的烧损。

等离子弧-MIG 焊使用变极性电源,采用一体化的等离子弧-MIG 复合焊枪如图 5-28 所示,成功地焊接了铝及铝合金,如图 5-29 所示。在焊件装配精度不高的情况下,实现了大熔深、低飞溅、小变形、高效率的焊接。与 MIG 焊相比,变形减少 85%,焊接速度提高 1

倍以上，焊件厚度为 4mm，I 形坡口，间隙为零，焊接速度 2.5m/min，焊缝无缺陷。焊接 6mm 厚的铝合金焊接速度为 0.8m/min，焊缝无氧化物夹渣，焊缝质量高。

该方法可有效去除氧化膜，保护效果好，电弧热量高度集中，显著增大焊接熔深，对焊件装配质量要求不严格，焊接质量优良；减少焊接热输入，变形小，飞溅少；焊接速度比 MIG 焊快 2~3 倍；适合焊接自动化；焊接厚大铝合金不需在 MIG 焊保护气体中加入 He 来增加电弧的热量。焊接材料消耗少，具有经济、高效、生产率高等优点。该系统已用于轨道交通铝合金车身的焊接。

图 5-28　旁轴式等离子弧-MIG 焊
焊枪结构及焊接状态

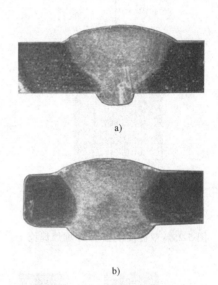

图 5-29　铝及铝合金的变极性
等离子弧-MIG 焊

5.4.9　低碳钢等离子弧-MIG 焊工艺

在进行等离子弧-MIG 焊时，首先起动等离子弧电源的高频引弧器，在熔化极等离子弧焊枪内部的钨极与喷嘴之间产生小弧，当距焊件适当高度时在钨极与焊件间建立起等离子弧，同时引燃 MIG 焊接电弧，进而建立主弧。待熔池产生并稳定存在之后，焊枪开始沿焊缝移动进行焊接。

焊接过程中，焊接参数对焊接过程的稳定性和焊缝成形有很大影响。当其他参数保持不变，只改变等离子弧电流的大小时，随着等离子弧电流的增大，焊缝熔宽和熔深都随之增大。相对于熔宽的变化率而言，熔深增加的幅度较小，对焊缝的熔宽影响显著。而 MIG 焊的焊接电流大小是决定焊缝熔深的主要因素，并且随着 MIG 焊焊接电流的增大熔滴直径减小，熔滴过渡类型随之变化，熔滴过渡方式由颗粒过渡变为喷射过渡。熔滴过渡越均匀，焊接过程越稳定。保持 MIG 焊焊接电流不变，改变等离子弧电流大小，熔滴过渡类型相对 MIC 焊接电流对熔滴过渡的影响而言，效果不大。

焊前对焊件表面进行脱脂等的清理。采用直径 1.0mm、牌号为 KC50-T 的焊丝，钨极直径 3.0mm，离子气和保护气均是纯氩气。焊接 3mm 厚的低碳钢 Q235 的焊接参数见表5-4。

焊后的焊件正面与背面焊缝成形较为均匀一致。保护良好，焊缝没有气孔和裂纹等缺陷，但有轻微的咬边现象。当等离子弧电流约为 MIG 焊焊接电流的一半时，焊接效果较好，焊接过程较稳定；等离子气的送气量小于保护气，且流量为保护气流量的 3/5 时，没有气孔，焊缝成形较好。利用等离子弧-MIG 焊焊接低碳钢 Q235，可以得到表面光滑、没有裂纹和气孔的接头，背部熔合良好。与普通的 MIG 焊比较具有焊接效率高、飞溅小等优点。

表 5-4 低碳钢等离子弧-MIG 焊接参数

熔化极电流 I_M/A	熔化极电压 U_M/V	等离子弧电流 I_p/A	等离子弧电压 U_P/V	离子气流量 $q_1/(L/min)$	保护气流量 $q_2/(L/min)$	焊接速度 $v/(nm/min)$
242	26.4	100	27.1	8	14	660

5.4.10 窄间隙等离子弧-MIG 复合焊

窄间隙等离子弧-MIG 复合焊的焊接原理如图 5-30 所示。等离子弧-MIG 焊枪伸入窄间隙坡口内，焊接时等离子弧和 MIG 电弧都进行摆动。由于等离子弧的摆动，对窄间隙坡口侧壁进行了良好的加热；摆动的 MIG 电弧熔化焊丝和母材，与等离子弧作用于同一个熔池，可以完成单层单道焊，使焊接效率大幅度提高，焊缝无气孔、夹杂等缺陷。

与现有窄间隙埋弧焊、窄间隙熔化极气体保护焊相比，等离子弧-MIG 电弧复合焊能够成功地进行窄间隙焊接，最重要的突破是该技术具有高效坡口侧壁加热技术。窄间隙等离子弧-MIG 电弧复合焊在等离子弧-MIG 复合焊的基础上，在等离子弧焊枪内增加了交变磁场。等离子弧在沿焊接方向移动的同时，以一个稳定频率左右偏摆，如图 5-30b 所示。等离子弧摆动的作用是在焊接方向形成熔池的同时，加热窄间隙坡口的两个侧壁，以保证坡口侧壁的熔合。MIG 焊丝熔化金属与坡口侧壁可在良好的冶金环境下熔合，形成质量优良的焊缝。在摆动等离子弧的作用下，MIG 焊的熔敷速度和熔敷量都大于常规的摆动 MIG 窄间隙焊接工艺。

该方法的主要优点是，焊缝均匀一致性好，焊缝质量和焊接速度优于其他窄间隙焊接技术；窄间隙等离子弧-MIG 电弧复合焊接技术不仅具有接近窄间隙钨极氩弧焊的质量，而且具有比窄间隙 MIG 焊（NG-GMAW）更高的焊接效率，焊接速度可提高 1 倍以上。与窄间隙埋弧焊相比，能量消耗大幅度降低、没有清渣工序，操作更为简单、质量更为可靠。

窄间隙等离子弧-MIG 复合焊焊接电源的参数为等离子弧电流 500A，MIG 电流 750A；窄间隙等离子弧-MIG 复合焊的焊枪为一体化等离子弧-MIG 焊枪，枪体要求水冷，绝缘性要好。

窄间隙等离子弧-MIG 复合焊适于 50~300mm 厚度钢板的窄间隙焊接，采用 I 形坡口，坡口间隙一般为 20mm。

窄间隙等离子弧-MIG 复合焊技术，可用于焊接易氧化的有色金属及其合金、不锈钢、高温合金、钛及钛合金以及难熔的活性金属，如钼、铌、锆等，尤其在超高强度钢超厚板（厚度 300mm）焊接方面，例如，在高强度钢管道焊接领域（如 X100 管线钢）和高强度钢工程机械制造领域，窄间隙等离子弧-MIG 复合焊可以达到埋弧焊（SAW）、MIG/MAG 无法完成的焊缝质量，焊接效率远远高于 TIG 焊工艺。在高强度钢汽车薄板（厚度 0.7mm）焊接领域，窄间隙等离子弧-MIG 复合焊比激光和激光电弧复合、CMT 等现有工艺更稳定；接头具有良好的韧性，焊缝金属中的氢含量很低。

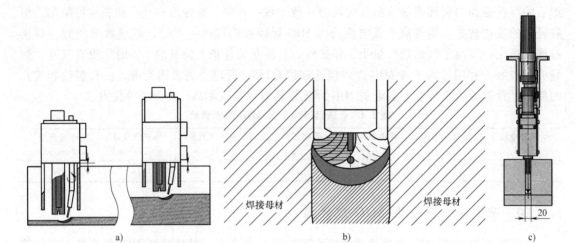

图 5-30　窄间隙等离子弧-MIG 复合焊的焊接原理

a）一体化窄间隙等离子弧-MIG 复合焊的焊接过程　b）摆动的等离子弧对坡口侧壁加热

c）一体化等离子弧-MIG 焊枪在窄间隙坡口内

5.5　精细等离子弧焊技术

　　精细等离子弧焊是一种利用磁场效应压缩等离子弧，并使电弧旋转进行焊接的焊接方法。等离子弧产生后，通过磁场产生的洛仑兹力使电弧收缩并旋转，从而提高电弧的稳定性，并延长电极寿命。由于精细等离子束流集中，精细等离子弧焊具有焊接烟尘少、噪声低等特点。通常都被用在过去采用激光焊的领域中，而精细等离子弧焊较之激光焊的优势在于能量利用率和焊接效率上。因此，在制造产业中的应用具有十分广阔的前景。它可作为点焊方法应用在汽车车体制造过程中，既可以手工操作也可以实现自动化控制，而且焊接质量高、变形小、焊点抗拉强度优于普通的电阻点焊。

第6章

激光焊与激光切割

激光是利用原子受激辐射的原理，使工作物质受激而产生一种单色性高、方向性强以及亮度高的光束。由于激光单色性和方向性均极好，经聚焦后可获得极高的能量密度（可达 $10^{13}W/cm^2$），在千分之几秒甚至更短的时间内，将光能转变成热能，其温度可达上万摄氏度，极易熔化和汽化各种对激光有一定吸收能力的金属和非金属材料，因此在工业上已成功地用激光来进行焊接和切割。

激光焊（LBW，Laser Beam Welding）是利用高能量密度的激光束作为热源，对金属进行熔化形成焊接接头的一种高效精密焊接方法。由于激光具有非常好的优点，20 世纪 70 年代，激光技术就已经开始在焊接领域应用，在焊接方法领域的研究比例中，激光焊约占 20%，仅次于气体保护焊。随着航空航天、汽车、微电子、轻工业、医疗及核工业等的迅猛发展，产品零件结构形状越来越复杂，对材料性能要求越来越高，对加工精度和表面完整性的要求也越来越高，人们对加工方法的生产效率、工作环境的要求也越来越高，传统的焊接方法已难以满足要求。以激光束为代表的高能束流焊接方法，日益得到广泛应用。近年来，不断有不同类型的大功率激光器涌现。适用于焊接的 CO_2 气体激光器的最大功率约为 30kW，固体激光器约为 10kW。

激光焊因具有高能量密度、可聚焦、深穿透、高效率、高精度、适应性强等优点而受到广泛重视，并已应用于航空航天、汽车制造、微电子、轻工业、医疗及核工业等领域。

6.1 激光的产生

激光的英文名称 Laser 是"Light Amplification by Stimulated Emission of Radiation"的缩写，意为"通过受激辐射实现光的放大"。激光和无线电波、微波一样，具有波粒二象性；但激光的产生机理与普通光不同，由此决定它具有比普通光优异的特征。

光的产生都与光源内部的原子运动状态有关。原子运动状态改变了，其内能将会有相应的变化。原子具有一系列的不连续的 E_1、E_2、E_3、$\cdots$、E_n 等能量状态，称为原子的稳定状态。这些不连续的能量值，通常称为原子的能级。"原子的能级"实际指的是原子中电子的能量大小具有不连续的一级一级的形式，这是一切微观粒子（原子、离子、分子等）所共有的属性。原子能量的特点可用能级图形象地表示出来。图 6-1 所示为最简单的氢原子的能级分布情况。最低的能级为 E_1，称为基能级（或者叫基态），其他任何能级称为激发能级（或者激发态）。基态的能量值记为"0"，这并不是说基态原子的内能为"零"，而是说由于电子运动"轨道"的变化所引起的原子内能转变，是从这里算起的。

原子总是使自己的能量状态处于最低值，即为基态。如果要使这些粒子产生辐射作用，首先就要把处于基态的粒子跃迁到高能级去，这一过程称为激发，而激发后原子所处的状态称为激发态。使原子由低能级跃迁到高能级，这意味着它的内能（或者说状态）发生了变化，必须要给原子一定的能量，例如可通过加热、光照、碰撞等方式。当粒子吸收外来光子的能量 $h\nu$ 正好等于 E_2-E_1 时，则此原子就会从其低能级向能量为 E_2 的状态跃迁（见图6-2）。

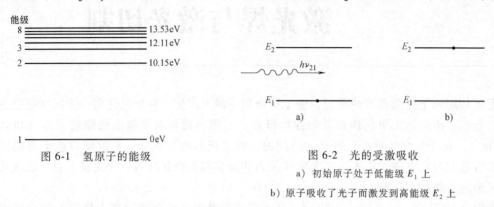

图6-1 氢原子的能级

图6-2 光的受激吸收

a) 初始原子处于低能级 E_1 上

b) 原子吸收了光子而激发到高能级 E_2 上

对于激发态的原子或粒子，其较高的内能使之处于不稳定状态，它总是试图通过辐射跃迁的方式回到较低的能级上。在完全没有外界作用，原子由高能级向低能级的跃迁，称为自发跃迁。自发跃迁时，释放能量的方式有两种：一种以热的能量放出，叫作无辐射跃迁；另一种是如果跃迁过程中发射一个光子，以光的形式辐射出来，叫作自发辐射跃迁。辐射出来的光子的频率 ν，由两个能级间的能量差所决定。例如，从能级 E_2 向能级 E_1 跃迁所辐射出来的光波的频率

$$\nu = \frac{E_2-E_1}{h}$$

式中 h——普朗克常数。

其特点是：自发辐射时每个光子的频率都满足普朗克公式 $h\nu = E_2-E_1$；处于较高能级 E_2 上的粒子跃迁时都各自独立地发出一个光子，这些光子是互不相干的。因此，虽然它们的频率相同，但是它们的相位、方向和偏振都不同，故是混乱、随机、无法控制的。

若处于激发态的原子受外界辐射（光子）感应，使处于激发态的原子跃迁到低能态，同时发出一束光，则称为受激辐射跃迁（感应跃迁）。这束光在频率、相位、传播方向、偏振等方面和入射光完全一致，这就称为受激辐射跃迁。受激辐射相当于加强了外来激励光，即具有光放大作用，因此受激辐射是激光产生的主要物理基础。图6-3是自发辐射跃迁和受激辐射跃迁的示意图。

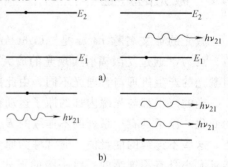

图6-3 自发辐射跃迁和受激辐射跃迁示意图

a) 自发辐射跃迁 b) 受激辐射跃迁

要使受激辐射超过吸收，必须使系统处于高能态的粒子数多于低能态的粒子数，即使处于高能级的原子数大于处在低能级的原子数，这种分布称为粒子数反转。形成粒子数反转的方法很多，一般可以用气体放电的方法来利用具有动能的电子去激发介质原子，称为电激励；也可用脉冲光源来照射工作介质，称为光激励；还有热激励、化学激励等。各种激励方式被形象化地称为泵浦或抽运。为了不断得到激光输出，必须不断地"泵浦"，以维持处于高能级的

粒子数比低能级多。常见的是光泵浦和电激励，光泵浦是用光照射激励工作物质，利用粒子系统的受激吸收使较低能级的粒子跃迁到较高能级上形成粒子数反转，如钇铝石榴石晶体的粒子数反转是依靠氙灯照射实现的，电激励是通过介质的辉光放电，促成电子、离子及分子间的碰撞，以及粒子间的共振交换能量，使较低能级上的粒子跃迁到较高能级形成粒子数反转，如 CO_2 气体等的粒子数反转。

在受激跃迁中，一个光子遇到一个受激态原子，变成两个光子，光子数增加 1 倍。这两个光子又可以与其他受激原子作用变成四个光子。如此下去，在谐振腔中来回反射，重复上述过程，就使光越来越强。谐振腔是在工作物质的两端面上直接蒸镀上多层介质膜作为反射镜，或在工作物质两端的前面装两块反射镜所组成。在两块反射镜中，一块对光束是全反射的，另一块是可部分透过的。光束在两块反射镜之间来回反射加强激发并多次经过工作物质而形成振荡。使沿轴向的光子与亚稳态上的激发粒子作用，发生受激辐射，使光得到进一步放大（加强），并在装有部分透过反射镜的一端输出成为激光束。

对于连续输出的激光器来说，这时就达到了稳定的激光输出。对于脉冲输出的激光器来说，当激光输出最强时，由于受激辐射使得高能级粒子数减少，低能级粒子数增多，所以接下来必然是激光的减弱，直至停止。

激光是一种崭新的光源，它具备高方向性、高亮度（光子强度）、高单色性和高相干性的特性。正是因为激光具有这些特点，故用其作为加工热源是十分理想的。激光的发散角很小，接近平行光，而且单色也好，频率单一，经透镜聚焦后可形成很小的光斑，并且可以做到使最小光斑直径与激光波长的数量级相当，再加上激光的高亮度，使聚焦后光斑上的功率密度达 $10^4 \sim 10^{15} \, W/cm^2$ 或更高，材料在如此高功率密度光的照射下，将光能转变成热能，会很快使其熔化或汽化。因此激光用于焊接、切割和打孔，是一种很好的高功率密度能源。

6.2　激光焊设备

激光器分为气体、固体、半导体、液体等几个大类。因此相应地就有气体激光器、固体激光器、半导体激光器、液体激光器等。焊接用激光器要求功率密度高（$10^{14} \sim 10^{15} \, W/cm^2$），功率密度分布呈基模态、光束质量好。常用的焊接激光器主要包括如下几种：CO_2 气体激光器、Nd：YAG 激光器、光纤激光器、碟形 YAG 激光器和半导体激光器等。

6.2.1　激光焊设备的组成

为了进行材料的焊接和加工，常用的有固体激光设备和气体激光设备。激光焊设备的组成包含以下几部分。

（1）激光器　激光器是激光焊接设备中的重要部分，提供加工所需的光能。对激光器的要求是稳定、可靠，能长期正常运行。

（2）外光路、光束处理与聚焦系统　用以进行光束的传输和聚焦。在小功率系统中，聚焦多采用透镜，在大功率系统中一般采用反射聚焦镜。

（3）机床主机及带有专用功能的数控系统　用以产生工件与光束间的相对运动。激光加工机的精度对焊接或切割的精度影响很大。根据光束与工件的相对运动，加工机可分为二维、三维和五维。二维的在平面内 x 和 y 两个方向运动，三维的增加了与 x—y 平面垂直方

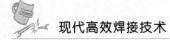

向上的运动；五维的则是在三维的基础上增加了 $z—y$ 平面内 $360°$ 的旋转以及 $x—y$ 平面在 z 方向 $±180°$ 的摆动，可实现全方位加工。

（4）计算机及应用软件　计算机用于对整个激光加工机进行控制和调节。如控制激光器的输出功率，控制工作台的运动，对激光加工质量进行监控等。利用计算机可以控制整个加工机的焊接参数或加工参数，使焊接和加工过程在最好的焊接和加工参数范围内进行，得到良好的加工质量。

（5）检测与控制系统　包括辐射参数传感器、工艺参数传感器及其控制系统。辐射参数传感器用来监测激光输出参数变化。监测加工区的温度、加工件表面的状态、光束截面的亮度，并将信号传给程控设备，主要用于检测激光器的输出功率或输出能量，并通过控制系统对功率或能量进行控制。工艺参数传感器主要用于检测加工区域的温度、工件的表面状况以及等离子体的特性等，以便通过控制系统进行必要的调整。控制系统的主要作用是输入参数并对参数进行实时显示、控制，另外，还有保护和报警等功能。

（6）辅助气体控制与冷却系统　焊接时该系统的主要功能是输送惰性气体和保护焊缝。大功率激光焊时，在熔池上方产生蒸气等离子体，该等离子会对光束产生反射、吸收和散射，减小能量利用率，使熔深变浅，这时，输送适当的气体可将焊缝上方的等离子体部分吹走。针对不同的焊接材料，输送适当的混合气以增加熔深。

（7）准直激光器　一般采用小功率的 He-Ne 激光器进行光路的调整和工件的对中。

以上是激光焊接设备的典型组成，实际上，由于应用场合不同，加工要求不同，上述的各个部分不一定都具备，各个部分的功能也差别很大，在选用设备时可根据实际应用而定。

6.2.2　固体激光设备

在固体激光器中最有实用价值而又比较成熟的是红宝石、钕玻璃和掺钕钇铝石榴石激光器。用于激光焊接的固体激光器主要是 Nd：YAG（neodymium：yttrium, aluminum garnet）激光器。掺钕钇铝石榴石激光器可以是脉冲的，也可以是连续的。这类激光器的特点是输出功率高、体积很小而结构牢固；其缺点是光的相干性与频率的稳定性差些，不如气体激光器。

1. 固体激光器的基本结构

固体激光器主要由激光工作物质（红宝石、YAG 或钕玻璃棒）、聚光器、谐振腔（全反镜和输出窗口）、泵浦光源、电源及控制设备组成。

工作物质是激光器的核心，是用来产生光的受激辐射的。激光器的工作物质分为基质和激活物质两部分。激活物质是发光的，基质是镶嵌激活物质的。激活物质一般是过渡金属（如 Cr、Co、Ni 等）、稀土金属（如 Nd、Sm、Ce、Er 等）、锕系金属（如 Ae、Th、U 等）等的离子。基质中一般要求掺入的离子和基质的离子半径相近，价态相同，这样就可以得到性能较好的材料。

掺 Nd^{3+} 钇铝石榴石是一种晶体，它是在钇铝石榴石晶体中加入少量 Nd_2O_3 得到的。钇铝石榴石的分子式为 $X_3Al_5O_{12}$，简称为 YAG。Nd^{3+} 是激活物质，YAG 是基质。Nd^{3+} 在晶体中取代了部分钇原子。一般 Nd^{3+} 的含量约为 1% 原子比，所以写成分子式 $Y_{2.97}Nd_{0.03}^{3+}Al_5O_{12}$，简写为 Nd^{3+} YAG。

激活物质 Nd^{3+} 的能级有四个，属于四能级系统。四能级系统的工作原理如图 6-4 所示。

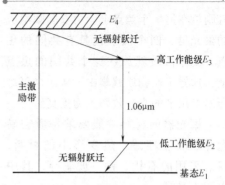

由图中可见，当氙灯激发时，部分钕离子吸收光能从基态激发到 E_4。激励到 E_4 上的粒子又很快以无辐射跃迁方式回到 E_3。E_3 是亚稳态能级，寿命较长。在 E_3 上能积累粒子。只要光泵较强就可以实现 E_3 与 E_2 间的粒子数反转。因此光泵只要往能级 E_4 上激发少量粒子，就能实现 E_3 与 E_2 间的粒子数反转。

图 6-4　四能级系统的工作原理

2. 泵浦光源

泵浦光源又称为激励源，用来激励工作物质，以获得粒子数反转分布。固体激光器是用光来激励的，所以也称光源，一般是氙灯、氪灯等。

（1）泵浦光　对于固体激光器，最通用的泵浦手段是光泵。在脉冲固体激光器中，一般都是采用脉冲氙灯作光泵。常用氙灯的几种形状如图 6-5 所示。现在用得最多的是直管形。在使用中要考虑到光谱匹配的问题。在连续固体激光器（即 Nd^{3+} YAG 激光器）中，用作连续光源的有氪灯、碘钨灯、连续发光的氙灯。在小功率时，碘钨灯输出功率高；大功率时可用氪灯和氙灯，氪灯比氙灯好一些。

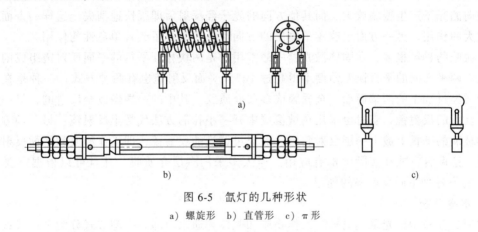

图 6-5　氙灯的几种形状

a）螺旋形　b）直管形　c）π 形

（2）二极管激光器　作为固体激光器的泵浦源，用于激发高功率 Nd：YAG 晶体。采用直接二极管阵列激发输出波长在近红外区域的激光，其平均功率已达 1kW，光电转换效率接近 50%。二极管还具有更长的使用寿命（10000h），有利于降低激光设备的维护成本。

3. 聚光器

为了更好地利用光泵发出的光，把光泵发出的射向四面八方的光反射回工作物质，在固体激光器中还采用了聚光器。聚光器就是一个光的反射器。它可以使光泵发出的光的 80% 汇聚到工作物质上。

用聚光器的目的就是把离散的光经聚光器的反射集聚到工作物质上，以提高效率。因此要求聚光器的形状有利于把更多从光泵来的光汇聚到工作物质上去，并且聚光器内表面镀的反射涂层对工作物质吸收峰处的光应具有高的反射率，内表面应进行抛光，以减少对光的散射。

聚光器的形状有许多种，常用的有椭圆柱形（包括双椭圆柱形）和圆柱形（包括双圆筒形），如图 6-6 所示。由图中可见，在椭圆形聚光器中，工作物质放在椭圆的一个焦点上，氙灯则放在另一个焦点上。由双椭圆组成的聚光器，四个反射镜具有共同的焦点，工作物质就放在这个共同的焦点上，这样工作物质就集中了从四个氙灯所发射出来的光，效率大为提高。

聚光器的材料一般要求是质密易抛光、散热性好、热变形小的材料，目前采用的有铝、铜、玻璃等，其中以铜为最多。

聚光器内的镀层多采用金属镀膜。常用的金属有金、银、铝等，以提高反射率。

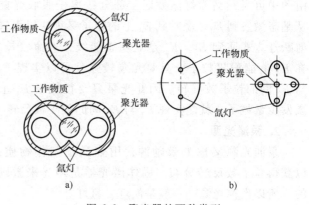

图 6-6　聚光器的两种类型
a）圆柱形　b）椭圆柱形

4. 谐振腔

谐振腔一般是用两块互相平行的多层介质膜平面镜组成，它可以使沿轴向的光子经反射回到工作物质中，产生受激辐射，得到许多频率、传播方向、相位、偏振都相同的光子，即使沿轴向的光子产生振荡放大，而其他方向的光子经反射后即很快地消失。这样一方面起到振荡放大的作用，另一方面也改善了输出的方向性，还起到了改善单色性的作用。

谐振腔的种类很多，在固体激光器中最常用的是两块相互平行的平面反射镜组成的平面谐振腔，两平面间的平行误差角度不得超过 10"。平面反射镜也有两种方式：一种是在晶体工作物质经过加工的两端面涂上金属膜或多层介质膜，其中的一端做成全反射的，另一端则做成半反射的反射镜，有时也采用在被覆层中开一小孔的方法代替半反射镜；另一种方式是在光学玻璃的基板上镀上一层反射膜层，做成可调换的反射镜，即工作物质和平面反射镜是分开的。这两种方式在实际中都有应用。但大多采用多层介质膜，并且可以根据需要（如波长）制成各种不同反射率的膜层。

5. 水冷系统

常用的办法是把光泵、电极、工作物质和腔体都通水冷却。冷却方式分为全冷式或分冷式两种。

为了使光泵发光还需要有一套供电线路，这样就构成了一个完整的固体激光器。

图 6-7 所示为脉冲固体激光器的结构。脉冲固体激光器的简单工作过程是：当电容器充电有高压之后，用一个几万伏的脉冲高压，使灯管内形成火花，把储存在电容器中的电能释放出来，使氙灯发光，一部分直接照射到工作物质上，另一部分经聚光器的一次或多次反射再汇聚到工作物质上。汇聚到工作物质上的光能一部分被工作物质吸收，把低能级的粒子激发到高能级，使工作物质处于粒子数反转状态。在谐振腔的作用下，当输入能量足够强时，放大作用超过损耗，就可以产生振荡，输出激光。

图 6-8 所示为 Nd：YAG 激光器的结构。Nd^{3+}：YAG 的主要优点是易于实现粒子数反转，所需的最小激励光强度小。同时，掺钕钇铝石榴石晶体具有良好的导热性，线胀系数小，适宜于在脉冲、连续和高重复率三种状态下工作，是在室温下唯一能连续工作的固体激光工作物质。它的光泵采用氙灯，由于氙灯发射的波长为 $0.75\mu m$ 和 $0.8\mu m$ 的光谱线最强，这正好与 Nd^{3+} 的强吸收带相匹配。YAG 激光器输出激光的波长为 $1.06\mu m$，是 CO_2 激光波

长的 1/10。波长较短有利于激光的聚焦和光纤传输，也有利于金属表面的吸收，这是 YAG 激光器的优势，但 YAG 激光器采用光泵浦，能量转换环节多，总效率为 3% ~ 4%，比 CO_2 激光器低，而且泵浦灯使用寿命较短。另外，YAG 激光器一般输出多模光束，模式不规则，发散角大。

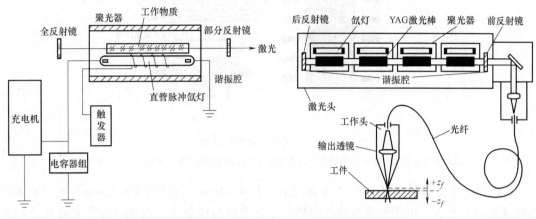

图 6-7　脉冲固体激光器的结构　　　　图 6-8　典型的 Nd：YAG 激光器的结构

Nd^{3+}：YAG 连续激光器工作时，氙灯通电发出强光，照射在激光工作物质（YAG 激光棒）上，使之发生粒子数反转，受激辐射产生光的过程比光的吸收过程占优势，受激辐射的光在谐振腔内振荡放大后，通过窗口射出激光。为了提高 Nd^{3+}：YHG 激光器的连续输出功率，可以将几个 Nd：YAG 棒串联起来获得较高功率的激光束。Nd：YAG 激光器系统可实现 8 个腔串联，输出功率已达 5kW 以上。

6.2.3　碟片激光器

碟片激光器（Disk Laser）又称圆盘激光器，它与传统的固体激光器的区别在于激光工作物质的形状。将传统的固体激光器的棒状晶体改为碟片晶体，这一创新理念将固体激光器推向了一个新时代。碟片激光器以其极佳的光束质量和转换效率在制造业中得到了日益广泛的应用。

与传统的固体激光器相比，碟片激光器具有很多优点：热透镜效应很低，碟片激光亮度很高；对泵浦光源亮度要求低、电光转换效率高、成本效益高，尤其是在高平均功率系统中；在内部强度不变的情况下，光束横截面与输出功率成正比；深增益饱和避免了常见于光纤激光器系统中的有害背向反射；模区横截面大，可避免一些由非线性效应所引起的问题。正是由于这些优点，碟片激光器克服了诸多传统棒状增益介质激光器无法克服的困难，从而带来了巨大的应用前景。

1. 碟片激光器的基本原理

激光器的一个重要问题是激光工作物质的冷却，冷却效果直接关系到激光器的质量。如图 6-9 所示，由于传统的棒状 Nd：YAG 激光晶体只能侧面冷却，即冷却须通过晶体棒的径向热传导来实现，因此棒内温度呈抛物线形分布，导致在棒内形成所谓的热透镜。这种热透镜效应会严重影响激光束的质量，并随泵浦光源功率的变化而变化。泵浦光源功率越大，热透镜效应越大，热透镜的焦距越短，激光甚至可能由稳态变为非稳态，从而严重限制了固体

激光器向高功率方向的发展。

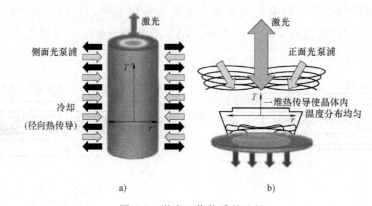

图 6-9　激光工作物质的比较

a) 二维热传导致晶体棒内呈抛物线形温度分布的棒状激光晶体　b) 背面冷却碟片激光晶体

　　而碟片激光器将圆盘 Nd：YAG 晶体（直径约为 14mm，厚度约为 0.15mm）放置在水冷热沉（散热）片上，由于圆盘晶体面向热沉片且圆盘晶体很薄。因此冷却非常有效且产生的热梯度几乎可以忽略。碟片激光器使晶体内部（碟片）和表面的温度保持恒定。

　　碟片激光晶体的厚度只有 200μm 左右，激光二极管进行泵浦。泵浦光从正面射入，而冷却在晶体的背面实现。因为晶体很薄，径厚比很大，因此可以得到及时有效的冷却，这种一维的热传导使得晶体内的温度分布非常均匀，因此碟片激光晶体从根本上解决了上述热透镜问题，大大改善了激光束质量、转换效率及功率稳定性。

2. 碟片激光器的结构

　　碟片激光器的结构如图 6-10 所示，它由泵浦模块、晶体腔体、谐振腔、导光系统和光导纤维接口组成，并装有功率实时反馈控制系统。

　　（1）二极管泵浦系统　采用二极管泵浦可显著增强电效率及激光效率。其主要原因是，二极管能发出特定波长的激光，而灯发出的是一种多波长的非相干光，其中仅有

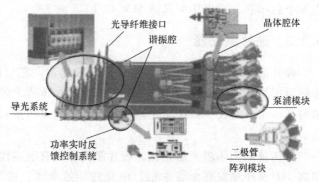

图 6-10　碟片激光器的结构

一小部分可用于激光粒子数反转，其他是多余的热量。采用二极管泵浦，二极管对一块为硬币大小的盘形晶体进行表面泵浦。当泵浦两个或多个盘形晶体时，输出功率显著提高，且不会降低光束质量。碟片激光器仅需简单增加激光晶体泵浦区面积，可在不改变任何部件最高温度的前提下使激光器平均输出功率提升，可实现单碟大功率水平的碟片激光器。若要进一步提高功率，可以通过耦合多个碟片完成。采用一个二极管模块泵浦 4 块碟片如图 6-11 所示。

　　（2）谐振腔的结构　图 6-12 所示为碟片激光器晶体的腔体。由二极管阵列组成的模块即二极管激光器发射泵浦光束，经准直后进入晶体腔体，借助于腔内的抛物形反射镜聚焦在晶体上，被晶体吸收一部分后，透射的那部分光被晶体背面高反射镀层反射回来，又被晶体

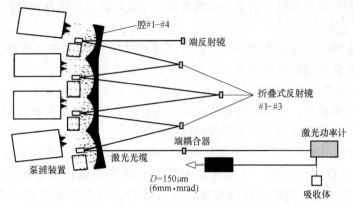

图 6-11　采用一个二极管模块泵浦 4 块碟片

吸收一部分，然后入射到腔内的棱镜上，再由抛物形反射镜和其他反射镜聚焦在晶体上。如此重复往返的入射使得一束泵浦光自从二极管阵列发出、进入晶体腔体至离开晶体腔体的过程中将途经激光晶体 20 次。泵浦光能量被激光晶体充分吸收。这种方法可使光-光转换效率高达 65%。

（3）碟片激光器谐振腔的工作原理　来自二极管叠堆泵的泵浦光束通过谐振腔内的反射镜多次反射，最高可 20 次穿透碟片激光器。然后，碟片激光器将泵浦光线"转换"为可用于加工的激光光束。

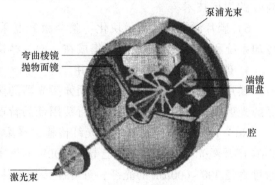

图 6-12　碟片激光器晶体的腔体

通过单一谐振腔串行耦合，可使光学布局更简单。串行耦合还可保证输出光束的质量，可实现高达 8kW 的平均输出功率。激光光束质量为 8mm·mrad 的 3 串行碟片激光器，可取得高达 14kW 的平均输出功率。高光束质量碟片激光器的功率平均水平将超过 100kW，获得如此大功率的主要原因在于采用了半导体二极管泵浦激光晶体，半导体二极管仅发射出一段波长的光，可以被激光晶体很好地吸收。使整个的电光转换效率最高可达到 30%，与灯泵浦系统相比其效率提高了大约 10 倍。

（4）激光功率实时反馈控制系统　采用激光功率实时反馈控制系统，可使到达工件上的功率保持稳定，加工结果具有极好的可重复性。碟片激光器预热时间几乎为零，可调功率范围为 1%~100%。由于碟片激光器彻底解决了热透镜效应的问题，因此在整个功率范围内激光功率、光斑大小、光束发散角都是稳定的，光束的波形不发生畸变。

3. 碟片激光器的特点

1）碟片激光器的最大功率与碟片晶体的数量成正比。图 6-11 所示的是采用 4 片晶体的碟片激光器，最大输出功率为 4kW。近年来，单碟片晶体激光器的输出功率达到 4kW。碟片激光器的输出激光可以很方便地用光纤传输到待加工的工件上。一台激光器可以供给 6 路输出。它们可以按能量或时间来分配激光输出。因此一台激光器可以供给多个工作站，使其得到充分利用，时间转换速率为 50ms。

2）光束质量好。一个 4kW 碟片激光器的光束质量优于一个 4kW 灯泵浦激光器光束质量的 3 倍，其焦距长度也可以 3 倍于灯泵激光器，与此同时，其焦点直径仍可保持在适于深熔焊接的 0.6mm 左右。

3）可以利用 500mm 或以上的焦距，称为"遥控焊接"。更长的工作距离可以大幅降低激光污染，并延长防护玻璃的使用寿命，从而有利于降低运营成本。

4）可以增加光学扫描仪的场尺寸，通过电动机驱动的可动反射镜对光束进行定位。此类光学扫描仪的可编程性，可以对任何焊接形状进行加工。可动反射镜将光束从一个焊接位置重新定位到下一个焊接位置几乎不存在时间损耗。

5）可编程聚焦的光学仪器可以对光束进行高速三维定位，将光束在不到 30ms 的时间内从一端重新定位到另一端，可实现对直线形、圆形或弧形等各种焊接模式的加工。扫描仪控制器系统可以与机器人运动控制器进行耦合，与机器人实现完全同步。这使得在进行极高速材料加工的同时机器人可以移动光学扫描仪，从而可扩大加工的空间，并对部件进行三维接触。这种将两种系统耦合在一起的技术称之为"实时加工"，这是最为高效的焊接技术。

6）碟片激光器结构模块化。整个激光器采用模块式结构，各模块均可现场迅速更换。冷却系统和导光系统与激光源集成在一起，结构紧凑，占地面积小，安装调试快。

4. 碟片激光器焊接特点及应用

碟片激光器由于解决了传统固体激光器的热透镜效应问题，即使在大功率下也能保持良好的光束质量。转换效率高、运行费用低的特点使其在工业应用中发挥着独特的优势。

Nd：YAG 碟片激光器可以光纤传输，在柔性制造系统或远程加工中更具适应性。Nd：YAG 碟片激光器的输出功率已超过 10kW，汽车工业生产中应用较多的是 4kW 和 6kW。可通过直径 $300\sim600\mu m$ 的光纤，分 6 路传到工件，直接搭载于机器人上进行焊接。

可以最少的热量输出完成对较小焊缝的精确焊接；在焊接铝材中，可以较低的功率和较小的聚焦光点尺寸达到临界强度；采用大作业视场扫描光学系统，可焊接极为复杂的工件，而无需对工件进行机械移动；当焊接必须在狭小且人员难以到达的地方进行时，用小型焊接光学系统可方便地完成这些工作。

6.2.4　半导体激光器

半导体激光器由多个二极管激光堆栈组成。每个堆栈内部含有堆叠在一起的单个二极管，如图 6-13 所示，输出功率可达 15kW。使用专利技术将单个二极管发射的激光束整合为单束激光并将其耦合到光纤或通过加工镜头可以直接应用。二极管激光器尺寸小及轻量化的特征使其易于集成，而其高效率和可靠性使其运转成本极低。二极管激光器作为材料加工的新型激光源获得应用。

1. 二极管激光器

二极管激光器是由不同掺杂的 GaAlAs 层构成的序列。有时 GaAlAs 层的厚度仅为几个原子层的厚度，而光实际上是从其中一层发出的，这一层的厚度仅为 $1\mu m$。二极管激光器的基本构成材料是 n 型半导体掺杂 GaAs 单晶体，晶体被分割成厚度约 $350\mu m$、直径为 2in 或 3in（1in＝25.4mm）的晶片。其层状结构是采用化学气相沉积工艺和外延生长法而形成的。接触层经沉积和结构化处理后，分割成独立的二极管。在二极管的两侧制备多层反射镜面形成激光谐振腔，从这样一个激光二极管单元中获得数毫瓦的激光。为了提高功率，通常将几个这样的激光器并排排列或将发射区扩展成条状。

将几个这样的元件集成为一个尺寸约为 $10000\mu m \times 1000\mu m \times 115\mu m$ 的半导体元件（见图 6-14），可使激光器的功率进一步提高。在这种情况下，$1000\mu m$ 是谐振腔的长度，而高功率激光器发光区的长度可达 2mm，这种元件被称为激光条。激光条的特殊发光特性如图 6-14 所示。

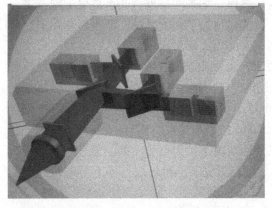

图 6-13　半导体激光二极管阵列激光器

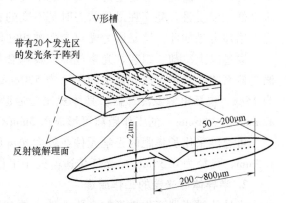

图 6-14　几个单二极管激光器集成为一个半导体元件

激光条的电-光效率达到 40%，甚至超过 50%，如果功率随着电流进一步增加，必须在较小的区域散失大量的热量，因此必须将激光条安装在特殊的水冷热沉上，热沉将多余的热量散去，这样就可防止与反射镜的解理面相连的激光条出现热损伤。热沉包括一个由小通道形成的网络，其截面积约 $300\mu m \times 300\mu m$。为了获得有效的致冷，水流通过位于激光条下方的微通道（见图 6-15）。这样的冷却效率使激光器可在 50A 电流下工作，即激光器的功率可达 40W 或 50W，甚至更高而无损伤。

用于材料加工的高功率激光器不仅能量或功率高，还在于将高功率光束聚焦成一个小光斑，即聚焦性与光束质量有直接关系。半导体激光器的光束质量一般采用光参量积（BPP）来评价。光束质量的级数即所谓的光束参数乘积（BPP）与束腰和激光束的发散角的乘积成正比（见图 6-16）。

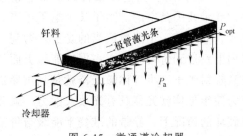

图 6-15　微通道冷却器

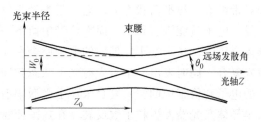

图 6-16　对光束参数乘积（BPP）的解释

对于一个单发光区而言，慢轴的 BPP 是通过发光区宽度和发散角求出的，通常为 5 ~ 20mm·mrad。而快轴的 BPP 约为 0.3 ~ 0.6mm·mrad。对于二极管激光条而言，发散角并不改变，而与发光区总宽度总和有关的所有宽度数值必须考虑在 BPP 之中，从而推导出 BPP 的数值约为 400 ~ 700mm·mrad。

光束质量越高，激光束的聚焦越好。如果 BPP 的数值减小，则光束质量提高。但无论如何，可达到的功率是高功率激光器可利用性的重要指标，因为功率和光斑尺寸决定功率密度。通过聚焦激光束，可使能量密度最大化，即亮度与功率 P 成正比，与光束参数乘积 BPP 成反比。实用的高功率二极管激光器，高功率和较低的光束参数乘积是必须保证的。

为进一步提高功率，几个组装好的二极管条可以互相堆叠起来。一个叠层内的元件数目可高达 30 个，这意味着每一叠层的发光功率可达 1kW 甚至更高。由于可使用的叠层数目几乎不受限制，因此从理论上讲，功率也不受限制。然而，如果并排堆叠几个叠层，则会进一步降低光束质量。亮度在最佳状态时是不变的，但通常情况下是下降的，即使功率在上述情况下增加也是如此，这是因为光束参数乘积在同一时间内大幅增大。

通过以上冷却、组装、光束成形以及耦合技术，可以组装功率达 4kW 的高功率二极管激光器系统。二极管激光器头的尺寸为 580mm（包括光学元件）×180mm×155mm，质量仅为 15kg，包括电源及冷却器。其体积比普通激光器小得多，且具有较高的效率。该系统在 42mm（f = 66mm）的工作距离可形成 1.3mm×1.3mm 的聚焦光束。

可通过采用长焦距的光学元件在较大光斑尺寸的情况下扩大聚焦光束。通过一个直径为 1.5mm、孔径为 0.35mm 的光纤传递给处于工作状态的激光头，可形成直径 1.5mm 的光斑。

2. 半导体激光器的工作原理

半导体激光器产生激光的必要条件主要包括五个方面：泵浦源、工作物质（粒子数翻转）、谐振腔、正反馈、输出。

半导体激光器以半导体材料为工作物质，常用材料有砷化镓（GaAs）、硫化镉（CdS）、磷化铟（InP）、硫化锌（ZnS）等。半导体激光器件一般可分为同质结、单异质结、双异质结。同质结激光器和单异质结激光器室温时多为脉冲器件，而双异质结激光器室温时可实现连续工作。

激励方式有电注入、电子束激励和光泵浦激励三种形式。电注入式半导体激光器一般是由 GaAs（砷化镓）、InAs（砷化铟）、InSb（锑化铟）等材料制成的半导体面结型二极管，泵浦源即是由两端所加的正向偏压提供；即沿正向偏压注入电流进行激励，在结平面区域产生受激发射。在半导体激光器件中，性能较好、应用较广的是：具有双异质结构的电注入式镓铝砷-镓砷（GaAlAs-GaAs）二极管半导体激光器。

工作物质是双异质结的 $N-Al_xGa_{1-x}As/P-GaAs/P-Al_yGa_{1-y}As$。其能带结构由价带、禁带和导带组成。热平衡状态下，电子基本处于价带中，导带几乎是空的。给予某个电子适当的能量，电子就能进入导带，而在价带中留下一个空穴，如果有一个能量适当的光子入射到半导体介质中，这个处于导带中的电子便会在光子作用下跃迁到价带中空穴占据的能级上而与空穴复合，同时发出一个与入射光子状态相同的受激辐射光子。半导体激光器就是利用导带中的电子和价带中的空穴复合来产生受激辐射的。为使半导体激光器具有光放大能力，就要求半导体激光器发生粒子数反转。在热平衡状态被破坏的情况下，导带的准费米能级与价带的准费米能级之间的距离大于介质的禁带宽度，从而使半导体介质具有增益作用。最终在正向偏压的作用下，在 GaAs 中形成粒子数翻转。

要使半导体激光器产生激光，还必须考虑衰减，即只有在增益等于或大于衰减的情况下，激光器才能输出激光。激光器的衰减主要包括因发生受激辐射而减少的载流子（即处于激发态的粒子）数、少量自发辐射而减少的载流子数和与介质发生非辐射碰撞而减少的载流子数等。所以一般半导体激光器需要一定大小的注入电流才能发出激光，这种电流称为阈值电流。

谐振腔通过迫使光子在介质中往复传播，并且可以选择激光器的输出模式和调整光向。半导体激光器通常采用半导体材料的解理面作为谐振腔，不同用途的半导体激光器会在解理面上镀一层或多层不同的物质以提高某些方面的性能。

自发辐射光所引起的受激辐射光在谐振腔中传播时，只有沿着轴向的激光才能持续地在平行平面腔内往复振荡，进行滚雪球式放大，当光强足够大时，便输出为激光。

3. 二极管激光器的优缺点

二极管激光器具有效率高、设备成本低、体积小、维护费用低，稳定性及可靠性高，热输入小，焊接表面好，无须或较少再加工，易与生产设备整合，维护容易，使用/操作界面友好，通过有效的冷却技术可达到最大输出功率及稳定性等特点。

二极管激光器较短的激光波长能使材料很好地吸收激光能量，3~4kW 的二极管激光器系统能完成 6~8kW CO_2 激光器系统所做的同样工作，这是因为 CO_2 激光器的大部分能量没有被材料吸收而是浪费了，而二极管激光器发出的较短波长激光能被多种材料更多地吸收，尤其是在对 CO_2 激光吸收很差的低功率密度情况下，从而降低了表面处理对激光器总输出功率的要求。二极管激光器焊接系统进行熔敷加工所需的激光功率一般只有 CO_2 激光器的一半。二极管激光器具有高的光电转化效率，其光电转换效率一般为 25%~30%，最高可达 45%，而 CO_2 激光器的光电转换效率只有约 10%，是灯泵浦 Nd：YAG 激光器的 10 倍；体积小，是灯泵浦 Nd：YAG 激光器的 1/5；寿命长，可达 20000h 以上；维护费用低，是灯泵浦 Nd：YAG 激光器的一半。

二极管激光器能采用光纤传输光束，因而更适于自动化加工领域。

使用二极管激光器加工金属材料，不必像使用 CO_2 激光器那样在金属表面包覆预涂层来增加对光能的吸收。

尽管二极管激光器具有上述优点，但是光束模式差、光斑大、功率密度较低。频繁开关的长周期微脉冲工作方式会对二极管产生很大的热冲击，如果散热不好会导致偶然失效。亮度是限制二极管激光器应用的另一个因素，为了改变二极管激光器输出的固有低亮度和高度非对称性，需采用光束整形和光束融合技术。

4. 二极管激光器在材料加工中的应用

二极管激光器已在金属材料焊接、表面硬化、合金化和熔敷堆焊等领域得到应用。

在加工金属零件方面，激光表面处理是激光能量利用率最高和热处理过程最易控制的技术之一。激光加工技术，如材料热处理、焊接、熔敷和合金化等技术，在汽车、航空航天、能源、国防和机械加工等领域已确立其重要的应用地位，应用范围涵盖了从增加涡轮叶片的抗磨损能力到提高汽车发动机的抗锈蚀能力等诸多方面。在石油工业中，采用二极管激光器进行硬质耐磨损涂敷层的堆焊，已应用于大量的石油钻井工具上。

二极管激光焊既能用于汽车工业中车身焊装时对电子元件的精密点焊，又可应用于日常生活用品工业中的热传导焊接及制管工业中的长焊缝焊接，如图 6-17 所示。

相对于传统堆焊技术，二极管激光堆焊（见图 6-18）的优势在于：通过低热量输入达到质量高、经济效益好和牢固性强的效果。

二极管激光钎焊广泛应用于汽车外壳可见部分的连接。接头强度高，受热区域狭窄，适于可见接缝的焊接。例如，行李舱盖、车顶盖的接缝以及车门和立柱等。

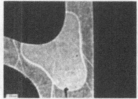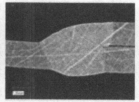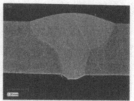

图 6-17　二极管激光焊接及焊接的焊缝

图 6-18　二极管激光堆焊及堆焊焊道

6.2.5　光纤激光器

高功率掺镱光纤激光器的发展异常迅速，功率可高达 50kW，宝马公司 BAM 安装了一台 20kW 掺镱光纤激光系统。由于掺镱光纤激光器的优良性能，决定了体积庞大的其他传统的高功率激光器（如高功率 CO_2 激光器和 YAG 激光器）势必被这种高功率、高效率、长寿命、小体积、灵活小巧的光纤激光器所替代，而应用于大型的激光加工（包括切割、焊接、打孔等）、材料处理等领域。而且可使设备体积减小，节约空间，降低费用。

光纤激光器具有如下特点：免调节、免维护、高稳定性；电光转换效率高；体积小巧、光纤传输；光束质量优异，单模光纤激光器光束质量接近理论极限，多模光纤激光器光束质量接近 CO_2 激光器 TEM00 模。优异的光束质量使光纤激光器具备多领域的应用能力，如焊接、切割、钻孔、熔敷等；与传统激光器相比，相同功率的激光器，可以获得更大的熔深、更快的焊接速度、更小的焊接变形量，从而获得更高的焊接质量。

作为新一代激光光源，光纤激光器比 CO_2 气体激光器更容易进行能量传输，简化系统设计。经过参数优化，不锈钢及铝合金切割的质量可以做到气体激光器优异的切割效果。针对石油管线 X100 低碳钢进行焊接，使用 YLS—10kW 激光器达到，焊接熔深达到 12mm，焊接速度 0.8m/min，实现了单面焊双面成形，力学性能、无损探伤均满足相应标准。

1.　光纤激光器的结构及工作原理

光纤激光器就是利用稀土掺杂光纤作为增益介质的激光器。近年来发展了一种以双包层光纤为基础的包层泵浦技术，提高了光纤激光器的输出功率。掺镱双包层光纤激光器的输出功率与单模光纤激光器相比提高了几个数量级，而且具有光束质量好、结构紧凑、体积小巧、全固化、低阈值、超高的转换效率、完全免维护、高稳定性等优点，因此，对传统的激光行业产生了巨大而积极的影响，在工业加工等领域具有广泛的应用前景。

（1）光纤激光器的结构　与其他类型的激光器一样，光纤激光器主要由三部分组成：能产生光子的增益介质、使光子得到反馈并在增益介质中进行谐振放大的光学谐振腔以及可使激光介质处于受激状态的泵浦源，即由泵浦源、谐振腔和增益介质三要素构成，如图 6-19 所示。泵浦源一般采用高功率半导体激光器 LD，增益介质为稀土掺杂光纤或普通非线性光纤，谐振腔可以由光纤光栅等光学反馈元件构成各种直线型谐振腔，也可以用耦合器构成各种环形谐振腔。泵浦光经适当的光学系统耦合进入增益光纤，增益光纤在吸收泵浦光后形成粒子反转或非线性增益并产生自发辐射。所产生的自发辐射光经过受激放大和谐振腔的选模作用后，最终形成稳定的激光输出。

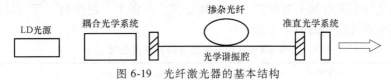

图 6-19　光纤激光器的基本结构

（2）工作原理　作为最新一代激光器，光纤激光器激光的产生及传输均在光纤部件中完成，其工作原理如图 6-20 所示。

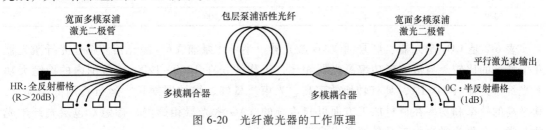

图 6-20　光纤激光器的工作原理

半导体泵浦二极管产生的激光经树权结构，进入双包层的谐振光纤中。在光纤纤芯中掺入稀土钇离子，泵浦光通过光纤时，纤芯中的稀土钇离子吸收泵浦光，跃迁到较高激发能级，产生粒子数反转。反转后的粒子在自发辐射光子或者特别注入的光子诱导下以受激辐射形式从高能级跃迁到激光下能级，并且释放出能量，完成受激辐射，同时发射出与诱导光子相同的光子。谐振光纤一端具有全反射膜，一端具有半反射膜，在谐振腔的作用下，光子发生雪崩般的放大，于是发射出激光。激光的波长为 1060nm。这就是光纤激光器的基本原理。选择在光纤中掺稀土钇离子构成光纤激光器，部分原因就是稀土钇离子的吸收范围正好与半导体激光器的辐射范围重合，因而能方便地采用成本低廉的、工艺较为成熟的半导体激光器作为泵浦光源。掺杂光纤夹在两个仔细选择的反射镜之间，从而构成 F—P 谐振器。泵浦光束从第 1 个反射镜入射到稀土掺杂光纤中，激射输出光从第 2 个反射镜输出来。激光的输出可以是连续的，也可以是脉冲形式的。激光输出是连续的还是脉冲的输出形式主要依赖于激光工作介质，如果是连续形式输出，激光上能级的自发辐射寿命必须高于激光下能级以获得较高的粒子数反转。如果是脉冲形式输出，激光下能级的自发辐射寿命就会超过上能级，此时就会以脉冲的形式输出光纤激光器。

光纤激光器的所有器件均可由光纤介质制作，因此光纤技术是决定光纤激光器性能的关键因素。几种不同功率的光纤激光器见表 6-1。

2. 光纤激光器的优越性

与传统 YAG 激光器相比，光纤激光器的优点是：由于泵浦源采用的是光纤输出、体积小、模块化的高功率半导体激光器，因此光纤激光器具有结构简单、体积小巧、质量轻、使用灵活方便的特点。其激光腔是与光纤连接在一起的，激光的调试非常简单和方便，在加工中也能更灵活地应用。在很多 YAG 激光器激光不容易到达的地方，利用光纤激光器能很方便地到达。另外，相对 YAG 激光器无法克服的缺点，如效率低、寿命短、要定期停产更换闪光灯，光纤激光器则具有高效率、寿命长的特点，很少需要为此停止生产，这在工业生产中显得尤其重要。光纤激光器的功率效率一般在 60% 以上，电光转换效率大于 20%。它能达到非常高的功率和功率密度。光纤束集成的光纤激光器现在已经有 50kW 的产品在销售。寿命可达 10 万小时以上，故光纤激光器的使用可以大大提高生产效率、降低成本。与机械加工相比，激光加工具有加工对象广、非接触加工、公害小、速度快、可自动控制等优点，被誉为未来制造系统的共同加工手段。

表 6-1　几种不同功率的光纤激光器

功率/W	光束质量/(mm/m·rad)	光纤直径/μm	特点
400	0.35	15	偏振光束
1000	0.35	15	衍射极限
4000	2	50	—
5000	4	100	—

表 6-2 是 CO_2 激光器、灯泵浦 YAG 激光器、半导体泵浦 YAG 激光器和掺镱光纤激光器几个特点的比较。与传统高功率激光器相比，工作波长在 1060~1200nm 范围内的掺镱大功率光纤激光器（YDFL），具有转换效率高、光束质量好、维护周期长、运行费用低等优点，其极高的效率和功率在材料加工方面可与传统的 YAG 激光器相媲美，掺镱双包层光纤激光器非常适合作为激光加工设备的激光光源。

表 6-2　几种高功率激光器的主要参数比较

参　　数	CO_2 激光器	LP-NdV-YAG	DP-YAG	YDFL
电-光效率(%)	5~10	1~3	5~10	15~20
光束参数/(mm·mrad)	>100	50~80	25~50	1~20
维修周期/kh	1~2	<1	3~5	40~50
运行年费(1kW,8h/d)/万元	20	65	30	3

3. 光纤激光器在焊接中的应用

大功率光纤激光器凭借其一系列优点，以及可达几十千瓦的输出功率，在汽车、舰船、航空器制造业中获得广泛的应用。

应用 6kW 掺镱光纤激光器于汽车零件的钢、铝合金的焊接和切割，光纤激光器的切割和焊接速度要比 YAG 激光器快得多。掺镱光纤激光器已用于车门焊接生产线，与机械加工相比，不但可以提高汽车等产品的质量，而且可以提高生产速度，降低成本。此外，高功率光纤激光器在造船工业中也有广泛的应用。

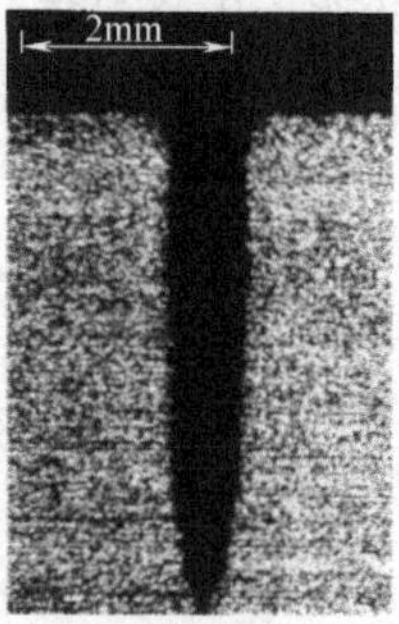

图 6-21 所示为用 4kW 光纤激光器焊接厚 8mm 的低碳钢焊缝截面（汽车齿轮箱中的机构）。利用光纤激光器进行低变形焊接是最佳的选择。光纤激光器不但在齿轮传动机构焊接中有广泛的应用，而且在远距离焊接中同样具有很大的优势。

由于光纤激光器拥有极高的光束质量，因此可以使用非常紧凑、小巧的聚焦和扫描光学系统而无须改变焊接参数，同时适用于远场技术。

图 6-21　4kW 光纤激光器焊接 8mm 厚的低碳钢焊缝截面的照片

在这两种情况下，高质量激光光束会生成特定的焊接等离子体（与 Nd：YAG 和蝶形激光器相比），为此一定要使用保护气体，否则会发生吸收和主体散射效应。图 6-22 给出了光纤激光器、蝶形激光器、Nd：YAG 激光器和 CO_2 激光器的焊接速度与熔深的比较。图中数据表明：并非不同的激光器就会造成不同的焊接结果，而是不同的光束质量造成了不同的焊接结果。

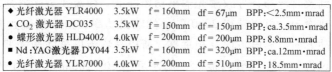

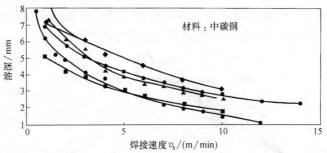

图 6-22　用几种激光器进行焊接时焊接速度与熔深的比较

6.2.6　CO_2 激光器

1. CO_2 激光器的特点及分类

（1）CO_2 激光器的特点　CO_2 激光器的主要特点是：输出功率大，在实验室进行焊接实验的最大输出功率已达 100kW；能量转换效率高，转换率在理论上可达 40%，实际应用中最高可达 25%，一般器件的效率也在 15% 左右，输出波长为 10.6μm，这对远距离传输有其独特的优点；工作条件要求不高，如对工作气体的纯度要求不高，一般只需达到工业纯度即可。因为 CO_2 激光器有以上特点，所以发展很快，应用也日益广泛。焊接和切割也是其主要应用方面。

（2）CO_2 激光器的分类　CO_2 激光器是工业应用中数量最大、应用最广泛的一种气体激光器。CO_2 气体激光器主要有封闭式或半封闭式、横流式、轴流式等三种结构形式。

CO_2 激光器的输出功率等级大致可分为小功率器件（100~200W）、中等功率器件（350~500W）、千瓦级器件（800~1000W）及大功率器件（2~15kW）。

1）封闭式或半封闭式 CO_2 激光器。封闭式 CO_2 激光器（见图 6-23）的放电管由石英玻璃制成，石英玻璃线胀系数小，用作放电管时稳定性较好，放电管内充有 CO_2、N_2 和 He 混合气体。谐振腔一般采用平凹腔，全反射镜是一块球面镜，反射率可达 98% 以上。通过在电极上施加的直流高压，使混合气体辉光放电，激励 CO_2 产生激光，从窗口射出。由于放电管输出功率仅有 50W/m，为了获得较大功率，常把多节放电管串联或并联使用，有时为了减小

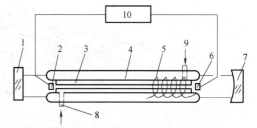

图 6-23　封闭式 CO_2 激光器的结构

1—平面反射镜　2—阴极　3—冷却管　4—储气管
5—回气管　6—阳极　7—凹面反射镜　8—进水口
9—出水口　10—激励电源

体积，采用折叠式结构。封闭式激光器由于气体无法更换，一旦气体"老化"，放电管就无法正常工作。半封闭气体激光器针对上述问题，在放电管上开孔，通过抽气-充气系统更换气体，保持放电管正常工作。

2）横流式 CO_2 激光器。封闭式或半封闭式激光器产生激光能量受到限制，主要是过热的工作气体不能得到及时冷却，导致激光输出功率降低。横流式激光器是通过冷却系统直接对工作气体进行换热冷却，可以获得 $2000W/m$ 的输出功率，由于横流式激光器输出的激光束、放电区气体流动方向、放电方向互相垂直，所以被称为横流式激光器。如图 6-24 所示，工作时工作气体由风机驱动在风管内流动，流速可达 $60\sim100m/s$，当工作气体流过放电区时，激励 CO_2 产生激光，气体经过放电区温度升高，风机驱动较高温度气体通过冷却器强制冷却，冷却的气体又流回放电区，如此循环获得稳定的激光输出。

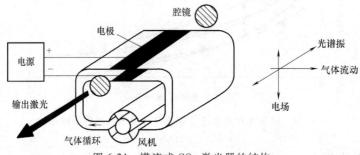

图 6-24　横流式 CO_2 激光器的结构

3）轴流式 CO_2 激光器。轴流式 CO_2 激光器（也称纵流式激光器）气体流动方向和放电方向与激光束同轴。按气体流动速度又可分为快速轴流式激光器和慢速轴流式激光器。快速轴流式激光器气体在放电管中以接近声速的速度流动，可获得 $500\sim2000W/m$ 的激光功率，激光器体积小，输出模式为低阶或基模输出，特别适合焊接和切割。图 6-25 所示为直流激励快速轴流式激光器的基本结构，工作气体在罗茨泵的驱动下流过放电管，受到激励产生激光。工作时真空系统不断抽出一部分气体，同时又补充新的工作气体，以维持气体成分不变，获得稳定的激光输出。

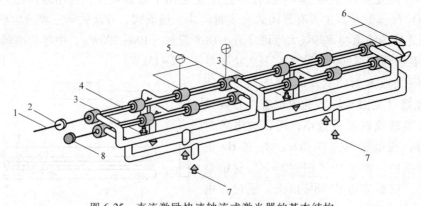

图 6-25　直流激励快速轴流式激光器的基本结构

1—激光束　2—输出镜　3—气体出口　4—激励放电　5—直流电极　6—折叠镜　7—气体入口　8—后镜

慢速轴流式激光器气体流动速度慢，仅可获得 $80W/m$ 左右的功率，但它消耗的气体量少，减少 He 的损失，使运行费用大大降低，适合我国 He 气较贵的现状，因此也得到采用。

激光器最重要的性能是输出功率和光束质量。从这两方面考虑，CO_2 激光器比 YAG 激光器具有很大的优势，是深熔焊接主要采用的激光器，生产上应用的此类激光器大多数还处在 1.5~6kW 范围，现在世界上最大的 CO_2 激光器已达 50kW。YAG 激光器在过去相当长一段时间内提高功率有困难，一般功率小于 1kW，用于薄小零件的微连接。但近几年来，国外在研制和生产大功率 YAG 激光器方面取得了突破性的进展，最大功率已达 5kW，并已投入市场。由于其波长短，仅为 CO_2 激光的 1/10，有利于金属表面吸收，可以用光纤传输，使导光系统大为简化。

表 6-3 给出了 CO_2 激光器和 YAG 固体激光器的特点对比。

表 6-3　CO_2 激光器和 YAG 固体激光器的对比

激光器 \ 参数	波长 /μm	可输出功率	光束质量	光纤传输	光学部件	运行消耗和维护
CO_2 激光器	10.6	大	好	不可	需选择特殊材料的光学部件（ZnS, GaAs），成本高	需消耗气体；清理电极较麻烦
YAG 激光器	1.06	小	次之	可	可用普通光学部件制造，便宜	只需必要时更换泵浦灯，维护简单

2. CO_2 激光器的组成

CO_2 激光器的组成如图 6-26 所示。CO_2 激光器主要由放电管、谐振腔和激励电源组成。另外，由于要冷却，所以一般也都有冷却系统。下面以纵向封闭式 CO_2 激光器为例，说明 CO_2 激光器的结构（见图 6-27）。采用较多的是内腔式，所谓内腔式是放电管与谐振腔密封在一起。

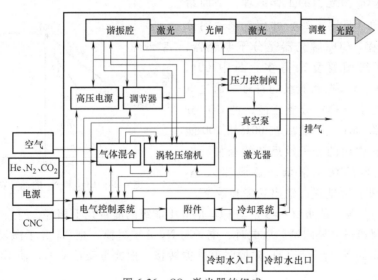

图 6-26　CO_2 激光器的组成

（1）放电管　放电管一般用硬质玻璃管做成，对要求高的二氧化碳激光器可以采用石英玻璃管来制造。放电管的直径为几厘米（例如从 1~4cm）；长度可以从几十厘米至数十米，随着所要求的输出功率而变化。输出

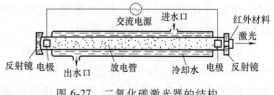

图 6-27　二氧化碳激光器的结构

功率与长度成正比，输出功率平均可达 40~50W/m。长的放电管可以做成折叠式的。折叠的两段之间用全反射镜（它们可以是平面的或带有一定曲率半径的反射镜）来耦合光路。激光从具有一定透射率的反射镜输出。

（2）谐振腔 CO_2 气体激光器的谐振腔多采用平凹腔，一般总以凹面镜作为全反射镜，而以平面镜作为输出端反射镜。

对全反射镜，由于 10.6μm 波长是红外光，很难在多层介质膜中找到合适的涂层，因而不用多层介质膜而用金属膜，如金膜、银膜和铝膜。这三种膜对 10.6μm 的反射率都很高，金膜可达 98% 以上，银膜和铝膜可达 97% 以上。由于金膜的化学性质稳定，所以用得最多。

谐振腔输出端的反射镜有几种形式。用得最多的是在一块全反射镜的中心开一小孔，外面再贴上一块能透过 10.6μm 波长的红外材料，激光就通过这个小孔而输出。

（3）激励电源 CO_2 激光器可以用射频电源、直流电源、交流电源和脉冲电源等多种形式的激励电源。常用的是交流电源和直流电源，其中又以交流电源用得最为广泛。加一个控制系统，使各段的阻抗保持一致。常用的电极材料有镍、钼和铝。一般都用镍作阴极材料，这是因为镍发射电子的性能比较好，溅射比较小。另外在适当温度时还有使 CO 还原成 CO_2 分子的催化作用，对保持功率稳定和延长激光器寿命都有好处。

CO_2 激光器一般都用冷阴极，它是用镍做成一个空心圆筒状，并与钨杆焊接起来，再封焊在放电管中。二氧化碳不宜用热阴极，因为二氧化碳分子在放电时分解出来的氧，会导致热阴极材料失效。

3. CO_2 激光器的工作原理

为了说明 CO_2 激光器的工作原理，下面给出它的能级简图（见图 6-28）并用它来说明分子数反转的过程。CO_2 激光器是分子激光器，实际上它的能级图要复杂得多。图中 001、010、020、100…都是振动能级的符号。通过电极放电，高速电子与 CO_2 分子碰撞，把 CO_2 分子激发到高能级 001 上，然后在 001 和 100 能级之间实现激光作用的分子数反转的条件。但是纯 CO_2 激光器的功率很低，必须加入 N_2（氮）和 He（氦）才能提高输出功率和效率。

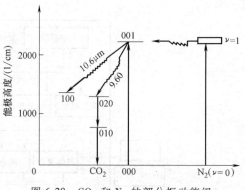

图 6-28 CO_2 和 N_2 的部分振动能级

加入 N_2 时，N_2 的第一能级（$\upsilon=1$）与 CO_2 的 001 能级的能量几乎相等，符合共振条件，即两气体易于在碰撞时交换能量。放电时，电子与 N_2 分子碰撞，把 N_2 分子激发到第一能级，然后处于激发态的 N_2 分子与 CO_2 碰撞时就共振转移，把能量交给 CO_2，使 CO_2 激发到 001 能级上去。

上述过程可以实现在高低能级间分子数反转分布。当有外界电子激励并在谐振腔内振荡时，便会输出激光。CO_2 激光器输出的激光波长为 10.6μm，这是因为 10.6μm 波长比 9.6μm 波长的强度高 10 倍的原因。

CO_2 激光器工作气体的主要成分是 CO_2、N_2 和 He。CO_2 分子是产生激光的粒子，N_2 分子的作用是与 CO_2 分子共振交换能量，使 CO_2 分子激励，增加激光较高能级上的 CO_2 分子数，同时它还抽空与产生激光有关的较低能级的作用（减少低能级粒子数），即加速 CO_2 分子的弛豫过程。He 的主要作用是抽空较低能级的粒子。He 分子与 CO_2 分子相碰撞，使 CO_2 分子从激光较低能级尽快回到基级。He 的导热性很好，故又能把激光器工作时气体中的热量传给管壁或热交换器，使激光器的输出功率和效率大大提高。

CO_2 激光器一般同时使用数种气体，气体混合比对输出功率有很大影响。它们的最佳气压比大致为

$$CO_2 : N_2 : He : Xe : H_2O = 1 : (1.5 \sim 2) : (6 \sim 8) : 0.5 : 0.1$$

放电管管径较粗时，N_2 和 He 的比例要高些，管径较细时，比例要低些。

要想提高激光器的输出功率，必须降低工作气体的温度，降温的方式有以下两种：

① 冷却放电管的管壁。通常是在激光管的外套中通以冷却水或压缩空气。这种方法简单易行，其缺点是它仅冷却了管壁附近的气体，管中心的气体冷却不到低温，放电管中心的热气体只能通过气体本身的热传导来冷却，因此冷却效果是不太理想的。

② 使工作气体流动。工作气体从放电管的一端进入，另一端用抽气泵把它排出管外，在气体流动时就能比较有效地把放电管中心的热量带走，冷却效果比较好，能提高输出功率 $2 \sim 3$ 倍。其缺点是这种方法装置复杂并不断消耗气体，特别是 He 比较贵，因此不经济。

4. 光学聚焦系统

产生的激光是方向性极强的平行光束，虽然它具有很高的能量密度，但还不能直接用来焊接，必须设法使这些平行光束集聚成焦点使能量进一步集中，方能作为焊接时的热源。

激光束的聚焦方式按照聚焦镜的不同分为透射式聚焦和反射式聚焦。透射式聚焦是利用透镜作为聚焦元件；反射式聚焦一般利用反射镜进行聚焦。反射镜有球面镜、非球面镜和抛物面镜等。

由于激光束的单色性及方向性好，因此可以使用简单的聚焦透镜或者球面反射镜来进行聚焦，以达到焊接加工的要求。透镜聚焦是激光焊接中常用的聚焦方式。由于激光对镜片的辐射作用能引起镜片的热应力，导致镜片发生热畸变甚至碎裂，因此要常对它们进行冷却，同时激光功率不能太大。

对于可见光及近红外波段的激光束，主要用图 6-29 所示的聚焦方式。在焊接加工时，由于焦点很小，为了找准焦点的位置以保证焊接的质量，一般焊机都要具有观察定位系统。图 6-30 所示为带有观察定位系统的焊接机的光学聚焦系统。

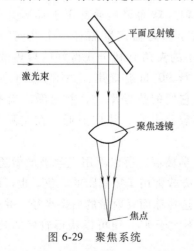

图 6-29　聚焦系统

图 6-30　带有观察定位的聚焦系统

采用球面透镜聚焦，聚焦后光斑上的能量分布主要取于透镜的球差，球差越大，能量分布弥散度越大，聚焦点的能量密度就越小，可考虑使用非球面透镜，如月牙镜，以减小球差。当光路比较长时，由于光束发散角的存在，容易造成光束束腰的偏移，可以在光路上加入扩束系统。光束经扩束后，光束发散角与扩束的倍数成反比，通过降低光束的发散角，将光束的束腰位置（焦点位置）变换到加工允许的范围内，从而提高激光束的加工范围和有效焦深。图 6-31 为一种有扩束系统的透射聚焦系统光路图。它可将激光束高度汇聚于工件表面，获得光斑（直径约 $10\mu m$，能量密度为 $10^6 W/cm^2$），精密、高效、高速地进行加工。

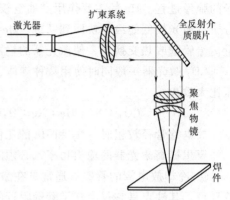
图 6-31　用于激光微调的聚焦系统光路图

当激光功率比较大时，就要用反射式聚焦方式。反射式聚焦可以由单反射镜组成，也可以由多反射镜组成。聚焦镜可以是抛物面镜，也可以是球面镜。简单的球面反射镜是激光系统中常用的装置，它没有色差，既简单又便宜，易于装配与调整。当使用球面反射镜作为聚焦镜时，因光束离轴传播会产生像散，所以入射角不能太大，一般不大于 5°。当要求聚焦光斑较小时，为消除球差和像散，可采用离轴抛物面镜，图 6-32 所示为一些反射聚焦的光路图。

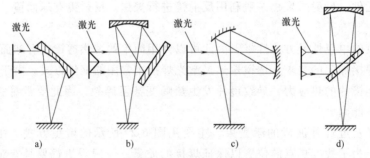

a)　　　　　　b)　　　　　　c)　　　　　　d)

图 6-32　反射聚焦光路图

球面反射镜又分为同轴式和离轴式球面聚焦。同轴式球面聚焦通常用于环形光斑的聚焦，如图 6-32d 所示。离轴式聚焦如图 6-32b、c 所示。离轴式聚焦有一个共同特点，其反射镜的光轴和球面聚焦镜的光轴之间有一夹角，小的夹角有利于获得好的聚焦效果。一般限制光轴夹角在 7°之内，抛物面镜则可对光束进行 90°折射聚焦，如图 6-32a 所示。反射镜一般用金、银、铜、硅、锗等材料做成．因为它们的热导率大，并对激光有很强的反射能力，所以用这些材料做成的反射镜，温度不容易升高，热应力低，在实际焊接时均需要水冷。

由于波长为 $10.6\mu m$ 的二氧化碳激光束不能透过光学玻璃，所以不用光学玻璃做透镜，可以用锗等红外材料做成透镜进行透镜聚焦，这种聚焦方式常用于短焦距的聚焦。也可以采用价廉易制造的球面反射镜进行反射聚焦。只要适当地选择球面反射镜的曲率半径，并合理地安排镜片间的相对位置，使球面镜上的光束入射角不大于 8°，便可以获得较好的效果。这种聚焦方式常用于长焦距的聚焦。

激光通过光学系统以后，即可进行焊接。

各种激光器参数与性能的比较见表 6-4。

表 6-4　各种激光器参数与性能的比较

激光器种类 参数与性能	CO₂ 激光器	灯泵浦 Nd：YAG	激光泵浦 Nd：YAG	激光泵浦光纤激光器	激光泵浦碟形激光器
激光介质	混合气体	晶体棒	晶体棒	掺镱光纤	晶体薄片
波长/mm	10.60	1.060	1.060	1.070	1.030
光束传输	管+反光镜	光纤	光纤	光纤	光纤
光纤直径/mm	—	0.6	0.4	0.1～0.2	0.15～0.2
输出功率/kW	30	4	6	30	16
光束质量/mm·mrad	3.7	25	12	8	8
能量效率(%)	5～8	3～5	10～20	20～30	20～25
维修间隔/kh	2	0.8～1	2～5	100	20
可移动性	低	低	低	高	低
焊接适用性	较低	中	高	很高	很高

6.3　激光焊

6.3.1　激光焊的特点

激光焊是以高能量密度的激光束作为热源，对金属进行熔化形成焊接接头的熔焊方法。采用激光焊，不仅生产率高于传统的焊接方法，而且焊接质量也得到显著提高。用激光焊接法能焊接的工件厚度，可以从几个微米到 50mm。激光焊与其他焊接方法相比，具有以下优点：

1）焊接装置与被焊工件之间无机械接触。这即可避免如同热压焊时焊件的变形，又可避免如电阻焊、氩弧焊、气焊等时给焊缝金属带来的污染，这对于真空仪器元件的焊接是极为重要的。

2）可焊接难以接近的部位。激光能反射、透射，能在空间传播相当距离而衰减很小，可进行远距离或一些难以接近部位的焊接。激光既可借助于偏转棱镜，也可通过光导纤维引导到难以接近的部位进行焊接，具有很大的灵活性。此外，激光还可以通过透明材料的壁进行焊接，如真空管中电极的焊接。

3）能量密度大，适合于高速加工。聚焦后的激光具有很高的能量密度，焊接可以深熔方式进行，焊接速度高。由于能量密度大，加热范围小（直径<1mm），所以加热和冷却速度大，热影响区极小，激光焊残余应力和变形小。能避免"热损伤"，可进行精密零件、热敏感性材料的加工，在电子工业和仪表工业的加工上有着广阔的发展前途。激光与其他焊接热源的功率密度比较见表 6-5。

4）可焊接一般焊接方法难以焊接的材料，如高熔点金属等，甚至可用于非金属材料的焊接，如陶瓷、有机玻璃等。可对绝缘导体直接焊接。用激光焊能把带绝缘（如聚氨酯甲酸酯）的导体直接焊接到线柱上，而用普通焊接方法则需将绝缘层先行剥掉。

表 6-5   激光与其他焊接热源的功率密度比较

热源		功率密度/(W/m^2)
激光	脉冲	$10^{12} \sim 10^{17}$
	连续	$10^9 \sim 10^{13}$
电子束	脉冲	10^{13}
	连续	$10^{10} \sim 10^{13}$
电弧		1.5×10^8
氢氧焰		3×10^7

5）异种金属的焊接。激光能对钢和铝之类物理性能差别很大的金属进行焊接，并且效果良好。

激光焊的深宽比可达 10：1，可焊微型件。和电子束焊相比，激光焊既无真空系统，也不像电子束那样有在空气中产生 X 射线的危险。一台激光器可供多个工作台进行不同的工作，既可用于焊接，又可用于切割、合金化和热处理，一机多用。

由于激光焊：具有以上的优点，因此，激光焊一方面在一些微型件上的应用日益广泛。同时随着大功率激光器的出现，激光焊在汽车、钢铁、船舶、航空等行业也得到了较多应用。

激光焊的不足之处是：焊接一些高反射率的金属还比较困难；设备（特别是高功率连续激光器）一次性投资比其他焊接方法大；对焊件加工、组装、定位要求均很高。

6.3.2   激光焊的机理

按激光器输出能量方式的不同，激光焊可分为脉冲激光焊和连续激光焊（包括高频脉冲连续激光焊）；按激光聚焦后光斑上功率密度的不同，激光焊可分为传热焊和深熔焊。

1. 传热焊

传热焊采用的激光光斑功率密度小于 $10^6 W/cm^2$，激光将金属表面加热到熔点与沸点之间。焊接时，金属材料表面将所吸收的激光能转变为热能，使金属表面温度升高而熔化，然后通过热传导方式把热能传向金属内部，使熔化区逐渐扩大，凝固后形成焊点或焊缝，其熔深轮廓近似为半球形。传热焊的机理类似于 TIG 焊等钨极电弧焊过程，如图 6-33 所示。

传热焊的主要特点是激光光斑的功率密度小，很大一部分光被金属表面所反射，光的吸收率较低，

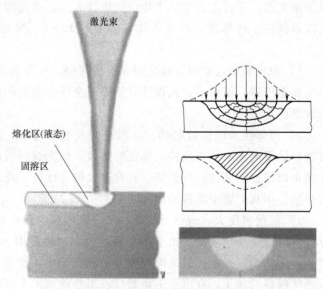

图 6-33   传热焊示意图及焊缝形态

焊接熔深浅，焊接速度慢。主要用于薄（厚度<1mm）、小零件的焊接加工。

2. 深穿入熔化焊

当激光光班上的功率密度足够大时（$\geq 10^6 W/cm^2$），金属在激光的照射下被迅速加热，

其表面温度在极短的时间内（$10^{-8} \sim 10^{-6}$ s）升高到沸点，使金属熔化和汽化。当金属汽化时，所产生的金属蒸气以一定的速度逸出熔池，金属蒸气的逸出对熔化的液态金属产生一个附加压力（例如对于铝，$p \approx 11$MPa；对于钢，$p \approx 5$MPa），使熔池金属表面向下凹陷，在激光光斑下产生一个小凹坑。当光束在小坑底部继续加热汽化时，所产生的金属蒸气一方面压迫坑底的液态金属使小坑进一步加深，另一方面，向坑外飞出的蒸气的反作用力将熔化的金属排向熔池四周。这个过程连续进行下去，便在液态金属中形成一个细长的孔洞。当光束能量所产生的金属蒸气的反冲压力与液态金属的表面张力和重力平衡后，小孔不再继续加深，形成一个深度稳定的小孔而进行焊接，因此称之为激光深穿入熔化焊，简称深熔焊（见图6-34）。如果激光功率足够大而材料相对较薄，激光焊形成的小孔贯穿整个板厚且背面可以接收到部分激光，这种焊法也可称为薄板激光小孔效应焊。从机理上看，深熔焊和小孔效应焊的前提都是焊接过程中存在着小孔，二者没有本质的区别。

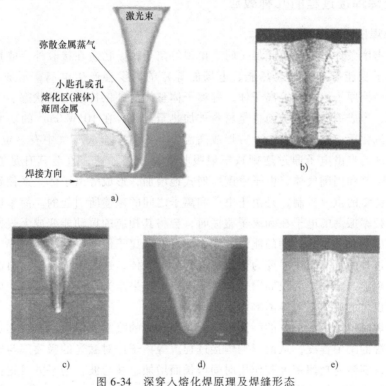

图 6-34 深穿入熔化焊原理及焊缝形态

在能量平衡和液体流动平衡的条件下，可以对小孔稳定存在时产生的一些现象进行分析。只要光束有足够高的功率密度，小孔总是可以形成的。小孔中充满了被焊金属在激光束连续照射下所产生的金属蒸气及等离子体（见图6-34a和图6-35）。这个具有一定压力的等离子体向工件表面空间喷发，在小孔之上，形成一定范围的等离子体云。小孔周围被液体金属所包围，在液体金属的外面是未熔化金属及一部分凝固金属，

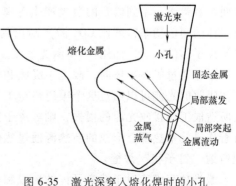

图 6-35 激光深穿入熔化焊时的小孔

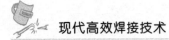

熔化金属的重力和表面张力有使小孔弥合的趋势，而连续产生的金属蒸气则力图维持小孔的存在。随着光束的运动，小孔将随着光束运动，但其形状和尺寸却是稳定的。

当小孔跟着光束移动时，在小孔前方形成一个倾斜的烧蚀前沿。在这个区域，随着材料的熔化、汽化，在小孔周围存在着压力梯度和温度梯度。在此压力梯度的作用下，熔融材料绕小孔周边由前沿向后沿流动。另外，温度梯度的存在使得气液分界面的表面张力随温度升高而减小，从而沿小孔周边建立了一个表面张力梯度，前沿处表面张力小，后沿处表面张力大，这就进一步驱使熔融材料绕小孔周边由前沿向后沿流动，最后在小孔后方凝固形成焊缝。

小孔的形成伴有明显的声、光特征。用激光焊焊接钢件，未形成小孔时，焊件表面的火焰是橘红色或白色的，一旦小孔生成，光焰变成蓝色，并伴有爆裂声，这个声音是等离子体喷出小孔时产生的。利用激光焊时的这种声、光特征，可以对焊接质量进行监控。

6.3.3　激光焊焊接过程的几种效应

1. 激光焊焊接过程中的等离子体

在高功率密度条件下进行激光加工时会出现等离子体。物质在接收外界能量而温度升高时，原子或分子受能量（光能、热能、电场能等）的激发会产生电离，形成由自由电子、带电的离子和中性原子组成的等离子体，等离子体整体对外保持电中性状态。

激光焊时，形成等离子体的前提是材料被加热至汽化。在 $10^7 \mathrm{W/cm^2}$ 的功率密度下，金属被激光加热汽化后，在焊接熔池上方形成高温金属蒸气。金属蒸气中有一定的自由电子，处在激光辐射区的自由电子通过逆韧致辐射吸收能量而被加速，直至其有足够的能量来碰撞、电离金属蒸气和周围气体，电子密度雪崩式地增加，形成等离子体。逆韧致辐射是等离子体吸收激光能量的重要机制，是由于电子和离子之间的碰撞所引起的。简单地说就是：在激光场中，高频率振荡的电子在和离子碰撞时，会将其相应的振动能变成无规则运动能，结果激光能量变成等离子体热运动的能量，激光能量被等离子体吸收。

激光加工过程的等离子体主要为金属蒸气的等离子体，这是因为金属材料的电离能低于保护气体的电离能，金属蒸气较周围气体易于电离。如果激光功率密度很高，而周围气体流动不充分时，也可能使周围气体离解而形成等离子体。

激光深熔焊时位于熔池上方的等离子体，会引起光的吸收和散射，改变焦点位置，降低激光功率和热源的集中程度，从而影响焊接过程。等离子体对激光的吸收率与电子密度和蒸气密度成正比，随激光功率密度和作用时间增长而增加，并与波长的平方成正比。同样的等离子体，对波长为 $10.6\mu\mathrm{m}$ 的 CO_2 激光的吸收率比对波长为 $1.06\mu\mathrm{m}$ 的 YAG 激光的吸收率高两个数量级。不同波长的激光产生等离子体所需的功率密度阈值不同。YAG 激光产生等离子体的阈值功率密度比 CO_2 激光高出约两个数量级。因此，用 CO_2 激光进行加工时，易受等离子体的影响，而用 YAG 激光加工，等离子体的影响则较小。

激光通过等离子体时，改变了吸收和聚焦条件，有时会出现激光束的自聚焦现象。等离子体吸收的光能可以通过这个渠道传至工件。如果等离子体传至工件的能量大于等离子体吸收所造成工件接收光能的损失，则等离子体反而增强了工件对激光的吸收，这时等离子体也可看作是一个热源，形成的新热源通过热传导的方式加热工件，会造成焊缝形状的改变，出现所谓"钉子状"焊缝。

激光功率密度对于等离子体的形成和作用有着重要影响。根据激光功率密度不同，将其分为以下三个区间：

1）激光能量密度处于形成等离子体的阈值附近时，对于 CO_2 激光加工而言，相应的激光功率密度约为 $10^6 W/cm^2$。此时较稀薄的等离子体云集于工件表面，形成较稳定的等离子体层。其存在有助于加强工件对激光的吸收。由于等离子体的作用，工件对激光的总吸收率可由 10% 左右增至 30% ~ 50%。

2）激光功率密度介于 $10^6 ~ 10^7 W/cm^2$，此时等离子体温度高，电子密度大，对激光的吸收率大，会出现等离子体的形成和消失的周期性振荡，影响焊接过程的稳定性，必须加以抑制。

3）当激光功率密度大于 $10^7 W/cm^2$ 时，除了金属蒸气外，周围的气体可能被击穿。气体击穿所形成的等离子体，其温度、压力、传播速度和对激光的吸收率都很大，形成所谓激光维持的爆发波，它完全、持续地阻断激光向工件的传播，应尽量避免。一般在采用连续 CO_2 激光进行加工时，其功率密度均应小于 $10^7 W/cm^2$。

2. 壁聚焦效应

激光深熔焊时，当小孔形成以后，激光束将进入小孔，与小孔壁相互作用时，入射激光并不能全部被吸收，有一部分将由孔壁反射在小孔内某处重新会聚起来，这一现象称为壁聚焦效应。壁聚焦效应的产生，使激光在小孔内部维持较高的功率密度，进一步加热熔化材料。对于激光焊接过程，重要的是激光在小孔底部的剩余功率密度，它必须足够高，以维持孔底有足够高的温度，产生必要的汽化压力，维持一定深度的小孔。

小孔效应和壁聚焦效应的产生改变了激光与物质的相互作用过程，使能量的吸收率大大增加。

3. 净化效应

净化效应是指 CO_2 激光焊时，焊缝金属中有害杂质元素减少和夹杂物减少的现象。净化效应的产生与不同物质对激光的吸收率不同密切相关。有害元素在钢中主要以两种形式存在：夹杂物或直接固溶在基体中。当这些元素以非金属夹杂物存在时，对于波长为 $10.6 \mu m$ 的 CO_2 激光，非金属夹杂物的激光吸收率远大于金属，非金属将吸收较多激光使其温度迅速上升而汽化。当元素固溶在金属基体中时，由于非金属元素的沸点低，蒸气压高，会从熔池中蒸发出来，使焊缝中的有害元素减少。这对焊缝金属的性能，特别是塑性和韧性，有很大好处。

6.3.4　激光焊工艺

1. 材料对激光的反射及吸收

通过激光光波的电磁场与材料相互作用，激光在材料表面被反射、透射和吸收。

反射率是金属材料激光焊接的一个重要性质，它说明一种波长的光有多少能量被母材吸收，有多少能量被反射而损失。因此反射率是决定焊接该种金属所需能量的很重要的因素。大多数金属在激光开始照射时，能将激光束的大部分能量反射回去，所以焊接过程开始的瞬间，就相应地需要较高功率的光束。当金属表面开始熔化和汽化后，其反射率即将迅速降低。

激光光波入射材料时，因为电子质量小，所以通常被光波激发的是自由电子或束缚电子的振动，也就是光子的辐射能变成电子的动能。另外，频率较低的红外光，也可能激起金属中比较重的带电粒子的振动。物质吸收激光后，首先产生的是某些质点的过量能量，如自由电子的动能、束缚电子的激发能以及能量过量的声子。这些原始激发能经过一定过程再转化为热能。

金属对激光的吸收，与激光波长、材料的性质、温度、表面状况和激光功率密度等有关。一般来说，金属对激光的吸收随着温度的上升而增大，随着电阻率的增加而增大。

影响材料对激光束吸收的因素如下：

1）温度。图6-36是金属吸收率与表面温度、功率密度的关系。从图6-36中可以看出，室温时材料对激光的吸收是很少的，一般在20%以下。但当金属温度达到熔点时，吸收率即将上升到40%～50%；当其接近沸点时，吸收率则可高达90%。焊接时，一般多选用接近沸点的功率密度，这样可以提高焊接速度。

从图6-36中还可以看出，激光的功率密度越大，则金属的吸收率就越高。激光切割时采用的功率比较大，所以反射问题就显得不严重了。

2）激光束的波长。不同波长的激光，在材料中的吸收率是有较大差别的。材料对激光的吸收率与波长近似存在反比关系，随着波长的增加，吸收减小。

例如：大部分金属对10.6μm（CO_2激光器产生的激光）波长的光反射强烈，而对1.06μm（YAG激光器产生的激光）波长的光反射较弱；室温下，金属表面对1.06μm波长的吸收率比对10.6μm波长光的吸收率大一个数量级（在理论上）。因此焊接相同厚度的材料，需要的YAG激光功率较小。大多数金属的反射率随着波长的增大而增加。所以波长较长的激光器要求有较大的能量输出。但是波长的影响只在熔化以前，一旦金属熔化，不同波长的影响就相同了。

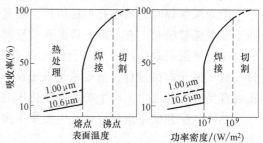

图6-36　金属吸收率与材料表面温度、
功率密度的关系

例如，用红宝石激光器（波长0.69μm）和钕玻璃激光器（波长1.06μm）焊接0.08mm厚的纯铜片和0.12mm厚的不锈钢时，由于波长不同，在焊点直径为0.8mm的情况下，前者只需要1.8J的能量，而后者却需要2.4J的能量。表6-6为波长不同时，某些金属在室温时的反射率。

表6-6　波长不同时某些金属在室温时的反射率

金属	波长/μm			金属	波长/μm		
	0.7	1.06	10.6		0.7	1.06	10.6
铝	0.87	0.93	0.97	镍	0.68	0.75	0.95
铬	0.56	0.58	0.93	银	0.95	0.97	0.99
铜	0.82	0.91	0.98	钢	0.58	0.63	0.93～0.95

3）材料的直流电阻率。一些材料吸收率与材料的直流电阻率、激光束波长有关，其关系式如下：

$$\alpha = 0.365 \sqrt{\frac{\rho_0}{\lambda}}$$

式中　α——材料的吸收率；

ρ_0——材料的直流电阻率；

λ——激光束的波长。

从式中可以看出，材料的吸收率与 ρ_0 的平方根成正比，即材料的直流电阻率越大，则材料对激光的吸收率越高。如铜在 20℃时的 ρ_0 为 $0.017\Omega \cdot m$，而钢的 ρ_0 为 $0.12\Omega \cdot m$，因此铜的吸收率小而切割时比钢要困难些。又因材料的 ρ_0 值随着材料的温度升高而增大，所以吸收率也是随着温度的升高而增大的。

4）激光束的入射角。入射角越大，则吸收率越小，只有当激光束垂直于金属表面照射时（入射角为零），金属的吸收率最大。

5）材料的表面状态。材料表面状况主要是指材料有无氧化膜（皮）、表面粗糙度大小、有无涂层等。金属表面存在氧化膜可大大增加材料对激光的吸收。因此，实际上 CO_2 激光器产生的激光与 YAG 激光器产生的激光吸收率并没有理论上差别那么大。试验表明，粗糙表面与镜面相比吸收率提高 1 倍以上。因此，可以通过表面喷砂的方法增加吸收率。

在观察不同粗糙度的铝片表面的光谱反射图时，铝片的反射率变化幅度很大。表面有光泽的铝片和有氧化层（粗糙度 $0.64\mu m$）的铝片，其反射率相差 50% 左右。图 6-37 所示为铜的表面粗糙度与穿透深度的关系。

由图 6-37 可见，当表面粗糙度大于 $2\mu m$ 时，吸收过程与表面粗糙度无关。这说明表面光洁度的表面，反射率高。但是，单从外表来看粗糙的表面不一定是良好的吸收表面。对于 $1.06\mu m$ 波长的激光来说，它可能是一种散射

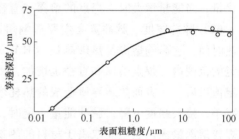

图 6-37　铜的表面粗糙度与穿透深度的关系

的表面。这些都说明了表面状况对反射率的影响很大。解决这一问题的办法有以下几种：

① 选用衰减波的脉冲波形。

② 选用光斑中心能量较高的模式，在焊接开始时利用脉冲光束中心部分使金属表面开始熔化，然后在较低的能量输入下继续加热熔化，以使表面在一定温度范围内传递能量，即温度保持在熔点和沸点之间。

③ 改变材料的表面条件，提高对激光束的吸收率。表面涂层也可提高金属表面对激光的吸收率。根据资料所述，材料表面附有氧化物、硫化物及氯化物、镀层等都可以提高吸收率。为了降低反射率，也可在金属表面上涂上薄薄一层金属粉，但两者必须是能够形成合金的。如铜、金、银可覆盖薄镍层，此时在同样熔深的情况下，焊接所需要的能量约为原来铜、金、银焊接所需要能量的 1/4。

由理论计算得出的材料对激光的吸收率很小，但这些数值是在激光功率密度远小于激光焊功率密度的条件下得到的。一般激光功率密度越大，材料对激光的吸收率越大；在激光焊时，激光光斑上的功率密度处于 $10^6 \sim 10^7 W/cm^2$ 之间，材料对激光的吸收率发生变化。对于钢铁材料，当功率密度大于 $10^6 W/cm^2$ 时，材料表面会出现汽化，形成等离子体，在较大汽化膨胀压力下，材料生成小孔，小孔的形成有利于增强对激光的吸收。就材料对激光的吸收而言，材料的汽化是个分界线。如果材料表面没有汽化，无论材料是处于固相还是液相，它对激光的吸收仅随表面温度的升高而略有变化。当材料出现汽化并形成等离子体和小孔时，材料对激光的吸收会发生突变，其吸收率决定于等离子体与激光的相互作用和小孔效应等因素。

由上所述可以看出，初加上去的功率密度必须高于该金属达到熔化所需的能量。除了反

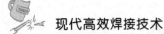

射总能量的 90% 左右以外（未表面处理时），剩下的仅约 10%。这 10% 的光能转化为热能，应能使金属加热熔化。如果加上去的能量不足以加热熔化此种材料，就不能进行焊接。这也是激光焊的重要特性之一。

2. 脉冲激光焊焊接工艺及焊接参数

脉冲激光焊类似于点焊，其加热斑点很小，为微米数量级，每个激光脉冲在金属上形成一个焊点，它是以点焊或由焊点搭接成的缝焊方式进行的。脉冲激光焊所用激光器输出的平均功率低，焊接过程中输入焊件的热量小，因而单位时间内所能焊合的面积也小，可用于薄片（0.1mm 左右）、薄膜（几微米至几十微米）和金属丝（直径可小于 0.02μm）的焊接，也可进行一些零件的封装焊。主要用于微型、精密元件和一些微电子元件的焊接。

脉冲激光焊有四个主要焊接参数：脉冲能量、脉冲宽度、功率密度和离焦量。

（1）脉冲能量 脉冲激光焊时，脉冲能量决定了加热能量的大小，它主要影响金属的熔化量；当能量增大时，焊点的熔深和直径增加。

（2）脉冲宽度 脉冲宽度主要影响熔深，进而影响接头强度。脉冲宽度决定焊接时的加热时间，它影响熔深及热影响区（HAZ）大小。当脉冲宽度增加时，脉冲能量增加，在一定的范围内，焊点熔深和直径也增加，因而接头强度也随之增加。然而，当脉冲宽度超过一定值以后，一方面热传导所造成的热耗增加，另一方面，强烈的蒸发最终导致了焊点截面积减小，接头强度下降。脉冲能量一定时，对于不同材料，各存在着一个最佳脉冲宽度，此时焊接熔深最大。它主要取决于材料的热物理性能，特别是热导率和熔点。导热性好、熔点低的金属易获得较大的熔深。脉冲能量和脉冲宽度在焊接时有一定的关系，而且随着材料厚度与性质不同而变化。激光是个高能热源，焊接时要尽量避免焊点金属的蒸发和烧穿，这就要求控制它的能量密度，使得在整个焊接过程中，焊点温度始终保持在高于熔点而低于沸点之间。因此金属本身的熔点与沸点之间的距离越大，焊接参数的适应范围就越宽，从而焊接过程越易控制，熔深也越合理。大量研究和实践表明，脉冲激光焊的脉宽下限不能低于1ms，其上限不能高于 10ms。

（3）脉冲形状 对大多数金属来讲，在激光脉冲作用的开始时刻，反射率都较高，因而可采用带前置尖峰的光脉冲。前置尖峰有利于对焊件的迅速加热，可改善材料的吸收性能，提高能量的利用率，尖峰过后平缓的主脉冲可避免材料的强烈蒸发，这种形式的脉冲主要作用于低重复频率焊接。而对高重复频率的脉冲激光焊来讲，由于焊缝是由重叠的焊点组成，光脉冲照射处的温度高，因而，宜采用光强基本不变的平顶波。而对于某些易产生热裂纹和冷裂纹的材料，则可采用三阶段激光脉冲，从而使焊件经历预热→熔化→保温的变化过程，最终可得到满意的焊接接头。

（4）功率密度 在脉冲激光焊中，要尽量避免焊点金属的过量蒸发与烧穿，因而合理地控制输入到焊点的功率密度是十分重要的。

对于大多数的金属来说，达到沸点的功率密度（即焊接的功率密度）范围在 10^9W/m^2 以上。应该指出，只有焊点表面温度接近沸点时，由于温差大，热量传递快，所得到的熔化深度才能最大。

焊接时，激光的平均功率 P 由下式决定：

$$P = E/\Delta\tau$$

式中　　P——激光功率（W）；

E——激光脉冲能量（J）；

$\Delta\tau$——脉冲宽度（s）。

脉冲激光焊时，功率密度为：

$$P_{\mathrm{d}} = 4E/(\pi d^2 \Delta\tau)$$

式中　P_{d}——激光光斑上的功率密度（W/cm²）；

E——激光脉冲能量（J）；

d——光斑直径（cm）；

$\Delta\tau$——脉冲宽度（s）。

激光焊时功率密度决定焊接过程和机理。在功率密度较小时，焊接以传热焊的方式进行，焊点的直径和熔深由热传导所决定，当激光斑点的功率密度达到一定值（10^6W/cm²）后，焊接过程中将产生小孔效应，形成深宽比大于 1 的深熔焊点，这时金属虽有少量蒸发，并不影响焊点的形成。但功率密度过大后，金属蒸发剧烈，导致汽化金属过多，在焊点中形成一个不能被液态金属填满的小孔，不能形成牢固的焊点。

光束焦点功率密度的大小，可通过计算得到。例如，一个脉冲输入能量为 1J，脉宽为 1ms，则平均功率可按下面公式求出：

$$P = \frac{1\mathrm{J}}{10^{-3}\mathrm{s}} = 10^3\,\mathrm{W}$$

如果激光聚焦透镜的焦距 f 为 20mm，光束的发散角 θ 为 10^{-3}rad，则光斑面积 A 为：

$$A = \frac{1}{4}\pi d^2 = \frac{\pi}{4}(f\theta)^2 = \frac{\pi}{4}(2\times10^{-3})^2 = 3.14\times10^{-6}\,\mathrm{cm}^2$$

所以功率密度 $= P/A \approx 3.2\times10^{12}\mathrm{W/m}^2$。与 $10^9 \sim 10^{10}\mathrm{W/m}^2$ 相比，显然是太大了。应该调整参数值降低功率，使功率密度适合焊接，形成美观牢固的焊点和焊缝。

调整光束能量密度的主要方法有：调整输入能量；调整光斑大小；改变光斑中的能量分布；改变脉冲宽度和衰减波的陡度。

（5）聚焦性和离焦量

1）光斑大小。如果已知透镜的焦距和发散角，可以用下面简单的公式计算出光斑直径的最小值（见图 6-38）：

$$d = f\theta$$

式中　f——透镜的焦距（cm）；

θ——光束的发散角（rad）；

d——光斑的直径（cm）。

根据光的衍射现象，平行光束的发散角 θ 为

$$\theta = 1.27\frac{\lambda}{D}$$

式中　λ——光束的波长（μm）；

D——聚焦镜处的光束直径（cm）。

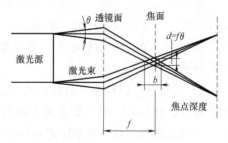

图 6-38　发散角与聚焦性

经透镜聚焦的光束，在焦平面附近有一个直径和长度均很小的束腰，如图 6-38 中所标的 b，焦点位于最小束腰位置，功率密度最大。束腰长度即是焦深。

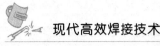

当波长缩短、工作物质的直径增大时，光束的发散角变小，光束的宽度也就变窄。所以波长短的激光器，它的发散角就小些，光斑直径也就变得小些。工作物质直径的变化也应有一个合适范围，不能增大得太大。常用激光器光束的波长和发散角见表6-7。

表 6-7　常用激光器的波长和发散角

激光材料		工作方式	波长/μm	光束发散角/rad
固体	红宝石	脉冲	0.69	$10^{-3} \sim 10^{-2}$
	钕玻璃	脉冲	1.06	$10^{-3} \sim 10^{-2}$
	钇铝石榴石	脉冲/连续	1.06	$10^{-3} \sim 10^{-2}$
气体	二氧化碳	连续	10.6	$10^{-3} \sim 10^{-2}$

由上面还可以看出光斑直径还与焦距有关。光斑直径的大小还可通过缩短焦距而变小。但是由于焦点深度变浅，光束的有效区间变窄了。

例如，选用焦距为5cm的透镜，取光束的发散角为10^{-4}rad，则光斑直径为：

$$d = 5 \times 10^{-4} = 0.0005 \text{cm}$$

由表6-7还可以看到，光束的发散角一般为$10^{-3} \sim 10^{-2}$rad，故焦距为几厘米的透镜在焦面上的光斑直径是几微米到几百微米，实际上的值还要大些。但毕竟还是个很小的点，所以它在微型件的焊接方面有着广阔的发展前途。也由于光束可以聚焦成很小的光斑，所以看起来输出能量很小，只有零点几焦或者几十焦，但因能量密度很高，所以能够进行焊接。

由此可见，当工作物质一定时，为了获得较小的光斑直径，应选用焦距较短的透镜。但是，当切割或加工一些厚度较大的材料时，为了获得较大的焦点深度，则应选用焦距较长的透镜。其与焦深b的关系式如下：

$$b = 16\left(\frac{f}{D}\right)^2 \lambda$$

短焦距透镜束腰长度小，加工头与焊件表面之间的可用距离变小，除装夹工件不方便外，还容易由熔融金属的飞溅或产生的金属蒸气而损伤透镜表面，造成光学元件过早损坏，而且焦距小，透镜球差严重，影响聚焦效果。如果焦距大，透镜的球差比较小，光学元件不容易受损伤，但是光斑直径大，影响聚焦点的能量密度。所以当选用透镜时，要综合考虑焊接要求，选择合适的焦距。

2）离焦量。以聚焦后的激光焦点位置与工件表面相接时为零，离焦量是离开这个零点的距离量，在实际应用中激光焦点超过零点时定为负离焦，其距离的数值为负离焦量。反之，在激光焦点不到零点的距离量称为正离焦量。

激光焦点上的光斑最小，能量密度最大。通过调整离焦量，可以在光束的某一截面选择一光斑使其能量密度适合于焊接。所以调整离焦量是调整能量密度的方法之一。

离焦量的选择对焊点形状影响很大，将发散角为6×10^{-3}rad，能量为2J的红宝石激光束，经过焦距为32mm的透镜聚焦后，作用在马氏体时效钢上。将马氏体时效钢分别放在离焦量为-1.8mm、-0.5mm、+0.8mm处，其他条件不变时，熔化斑点直径、熔化深度和离焦量的关系见图6-39所示。由图6-39可以看出，不同的离焦量有不同的熔化深度。在离焦量为-0.5mm时，熔深最大。由此可见，激光焦点适当选择在工件内部某位置上，将会增大熔深，这是离焦量的另一用途。

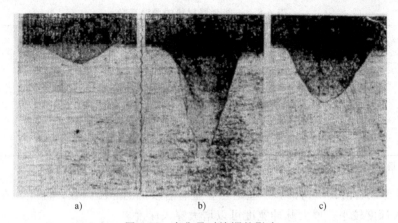

图 6-39　离焦量对熔深的影响

a）离焦量-1.8mm　b）离焦量-0.5mm　c）离焦量+0.8mm

（6）脉冲激光焊的穿入深度　脉冲激光焊时，激光束本身对金属的直接穿入深度是有限的。根据光的吸收规律、金属表面对激光光束的吸收，将使光强迅速减弱，根据平面波振幅的衰减规律是：

$$I_X = I_0 e^{-2KX}$$

式中　I_0——入射激光束的光强；

　　　I_X——距金属表面深度 X 处的光强；

　　　K——金属的吸收系数；

　　　X——激光穿透深度。

对可见光来说，大多数金属在室温时的吸收系数为 $10^5 \sim 10^6 / \mathrm{cm}$，若定义吸收后光强 I_X 与入射光强 I_0 之比为 $1/e$ 时，激光被全部吸收。即：

$$\frac{I_X}{I_0} = e^{-2KX} = \frac{1}{e} \text{时}$$

则　　　　　　　　　　$$X = \frac{1}{2K} = \frac{1}{2}(10^{-5} \sim 10^{-6}) \mathrm{cm}$$

穿透深度 X 在微米数量级。因此，脉冲激光焊时，传热熔化方式焊接的焊点最大穿透深度，是由金属表面层吸收光能后转化为热能，以热传导的方式进一步向金属深度加热的。所以其穿入深度主要决定于材料的导温系数，大的则穿入深度大。因此，对于传热熔化来说，能焊接的最大材料厚度，主要不是取决于激光器功率的大小，而是取决于金属导温系数的高低。

材料导温系数 α 为：

$$\alpha = k/\rho C$$

式中　k——传热系数；

　　　ρ——材料的密度；

　　　C——比热。

由此可见，导温系数与传热系数成正比，与密度和比热成反比。表 6-8 所示是一些金属材料的导温系数。

表 6-8　一些金属材料的导温系数

材料	导温系数 /($\times 10^{-4} m^2/s$)	材料	导温系数 /($\times 10^{-4} m^2/s$)
铝	0.91	锡	0.38
铜	1.14	黄铜(70:30)	0.38
金	1.18	磷铜(磷5%)[1]	0.21
铁	0.21	铍铜(铍2%δ相)	0.29
银	1.71	304不锈钢(Cr 19%,Ni 10%)	0.041

① 数值为质量分数，下同。

从表 6-8 可以看出，不锈钢和一些耐热合金有着较低的导温系数，因此，在相同的脉冲宽度下，穿入深度较小。增大脉冲宽度可以增大穿入深度。

应该指出，对于导温系数高的材料（如银、铜等），虽然穿入深度较大，但由于导热性好，散失的热量也多些，因此，所需的能量也应大些。反之，焊接导温系数低的金属（如铁、镍等）散失热量较少，因此所需的能量可以适当地小些。

同一种金属，其穿入深度决定于脉冲宽度。脉冲宽度越大，则穿入深度也越大。关于激光焊的脉冲宽度下限，许多文献指出，必须等于或大于 1ms，否则即为打孔。脉冲宽度的上限，一般约为 10ms，最大熔深约为 0.7mm，所以"传热熔化焊接"的最大穿入深度是有限的。

3. 连续激光焊焊接工艺及焊接参数

连续激光焊所使用的焊接设备，可以使用大功率的掺钕钇铝石榴石激光器，但是用得最多的还是二氧化碳激光器。这不仅是因为二氧化碳激光器的效率较其他激光器高，输出功率较其他激光器大，而且是因为连续输出稳定，因而可以进行从薄板精密焊到 50mm 厚板深穿入焊的各种焊接。

连续激光焊也可以分为传热熔化连续焊和深穿入连续焊两种。下面主要讨论 CO_2 激光焊深穿入连续焊时，各焊接参数对熔深的影响。

现在用大功率激光器一次能焊 50mm 深的焊缝，激光深穿入连续焊的焊缝形状是深而窄的。

（1）激光焊常用的接头形式　激光焊由于聚焦后的光束直径很小，因而接头的间隙要小，对接头装配的精度要求高。在实际应用中，激光焊最常采用的接头形式是对接和搭接，此外还有角接和 T 形接头、卷边接头等，如图 6-40 所示。

激光焊对接头装配间隙、错边量、焦点的离焦量、激光头运动轨迹与焊缝的平直度等都提出了非常高的要求。为了获得成形良好的焊缝，焊前必须将焊件装配良好。对接时，如果接头错边太大，会使入射激光在板角处反射，焊接过程不能稳定进行。薄板焊时，间隙太大，焊后焊缝表面成形不饱满，严重时形成穿孔。搭接时板间间隙过大，则易造成上下板间熔合不良。例如，对接时，装配间隙应小于板厚的 15%，焊接接头的错边量和平面度不大于 25%；搭接时，装配间隙应小于板厚的 25%。

在激光焊过程中，焊件应夹紧，以防止热变形。光斑在垂

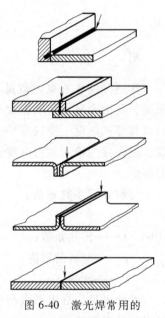

图 6-40　激光焊常用的
接头形式

直于焊接运动方向对焊缝中心的偏离量应小于光斑半径。对于钢铁等材料，一般焊前焊件表面除锈、脱脂处理即可；在要求较严格时，可能需要酸洗，焊前用乙醇、丙酮或四氯化碳清洗。

激光深熔焊可以进行全位置焊，在起焊和收弧处的渐变过渡，可通过调节激光功率的递增和衰减过程或改变焊接速度来实现，在焊接环缝时可实现首尾平滑连接。利用内反射来增强激光吸收的焊缝能提高焊接过程的效率和熔深，它也反映了激光焊的优点。

（2）填充金属　尽管激光焊适合于自熔焊，但在一些应用场合，仍需加填充金属。其优点是：能改变焊缝化学成分，从而达到控制焊缝组织，改善接头力学性能的目的。在有些情况下，还能提高焊缝抗结晶裂纹的敏感性。另外，允许增大接头装配公差，实践表明，间隙超过板厚的 3%，自熔焊缝将不饱满。填充金属常以焊丝的形式加入，可以是冷态，也可以是热态。填充金属的施加量不能过大，以免破坏小孔效应。

（3）激光焊焊接参数及其对熔深的影响

1）激光功率（P）。连续焊时，当激光功率达到 1kW 以上时，激光照射部位的蒸发会逐渐增强，焊缝的形状便成为深熔型。之所以如此，可以认为是存在于焊缝熔池处的熔化金属因蒸气压力而被排开，形成所谓的"射束孔道"。在移动加热时，射束孔道被光束照射部位后方的熔融金属所填充。由于蒸发所失去的金属可以忽略不计，为了填充难以避免的接头缝隙和蒸发等原因所造成的略为下凹的焊缝形状，也有采用加填充材料的。图 6-41 是这种类型焊缝形成的示意图。由图 6-42 可见，在熔池中有一个和激光束同轴向的孔道。

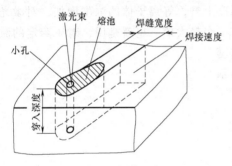

图 6-41　深穿入焊

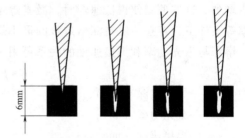

图 6-42　离焦量对熔深的影响示意图
（材料 304 不锈钢，功率 16kW，速度 5m/s）

通常激光功率是指激光器的输出功率，没有考虑导光和聚焦系统所引起的损失。激光焊熔深与激光输出功率密度密切相关，是功率和光斑直径的函数。对一定的光斑直径，在其他条件不变时，焊接熔深 h 随着激光功率的增加而增加。尽管在不同的试验条件下可能有不同的试验结果，但熔深随激光功率 P 的变化用公式近似地表示为

$$h \propto P^k$$

式中　h——熔深（mm）；

P——激光功率（kW）；

k——常数，$k \leqslant 1$，k 的典型试验值为 0.7 和 1.0。

随着输出功率增大则焊接的穿入深度增大。

2）焦距的影响。短焦距的穿入深度比长焦距的穿入深度大。图 6-43 是焊接不锈钢时，穿透深度与焦距大小的关系。该曲线是按 $f/6$ 和 $f/18$ 两种聚焦镜绘出的。可以看出，每种焦

距的聚焦镜都有一最大的熔深，短焦距 $f/6$ 比长焦距 $f/18$ 的熔深大，$f/6$ 的熔深为 1.25cm。但是短焦距的透镜聚焦时对焦斑位置只允许很小的变化，离开最大熔深稍远处即使是少量的变化，也会引起穿入深度很大的变化。

3）焊接速度（v）。在一定的激光功率下，提高焊接速度，热输入下降，焊接熔深减小。焊接速度与熔深有下面的近似关系：

$$h \approx \frac{1}{v^r}$$

式中　h——焊接熔深（mm）；

　　　v——焊接速度（mm/s）；

　　　r——小于 1 的常数。

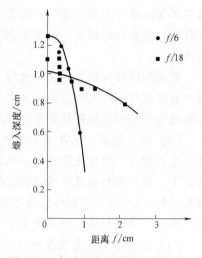

图 6-43　穿透深度与焦距大小的关系

尽管适当降低焊接速度可加大熔深，但若焊接速度过低，熔深却不会再增加，反而使熔宽增大。其主要原因是，激光深熔焊时，维持小孔存在的主要动力是金属蒸气的反冲压力，在焊接速度低到一定程度后，热输入增加，熔化金属越来越多，当金属汽化所产生的反冲压力不足以维持小孔的存在时，小孔不仅不再加深，甚至会崩溃，焊接过程转变为传热焊型焊接，因而熔深不会再加大。

另一个原因是随着金属汽化的增加，小孔区温度上升，等离子体的浓度增加，对激光的吸收增加。这些原因使得低速焊时，激光焊熔深有一个最大值。也就是说，对于给定的激光功率等条件下，存在一维持深熔焊接的最小焊接速度。

熔深与激光功率和焊接速度的关系可用下式表示：

$$h \approx \beta P^{1/2} v^{-\gamma}$$

式中　h——焊接熔深（mm）；

　　　P——激光功率（W）；

　　　v——焊接速度（mm/s）；

　　　β、γ——常数，取决于激光源、聚焦系统和焊接材料。

图 6-44 是高真空电子束焊的焊接数据与 10kW 激光焊 06Cr19Ni10 不锈钢的焊接数据对比。其数据表明，在焊接速度为 2.1～8.5cm/s 时，其穿入深度约等于电子束焊的 70%。然而在焊接速度较低时，电子束的穿入深度继续上升，而激光的穿入深度则基本保持不变。这一现象可能与等离子体形成有关。

4）光斑直径。指照射到焊件表面的光斑尺寸大小。对于高斯分布的激光，有几种不同的方法定义光斑直径：一种是当光子强度下降到中心光子强度 e^{-1} 时的直径；另一种是当光子强度下降到中心光子强度的 e^{-2} 时的直径，前者在光斑中包含光束总量的 60%，后者则包含了 86.5% 的激光能量，推

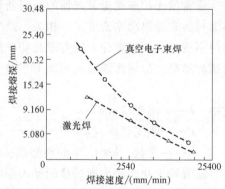

图 6-44　在 10kW 功率下，304 不锈钢的熔化深度与焊接速度的关系

荐 e^{-2} 光束直径，在激光器结构一定的条件下，照射到焊件表面的光斑大小取决于透镜的焦距 f 和离焦量 Δf，根据光的衍射理论，聚焦后最小光斑直径 d_0 可用下式计算：

$$d_0 = 2.44 \times \frac{f\lambda}{D}(3m+1)$$

式中　d_0——最小光斑直径（mm）；

　　　f——透镜的焦距（mm）；

　　　λ——激光波长（mm）；

　　　D——聚焦前光束直径（mm）；

　　　m——激光振动模的阶数。

由公式可知，对于一定波长的光束，f/D 和 m 值越小，光斑直径越小。通常，焊接时为获得深熔焊缝，要求激光光斑上的功率密度高。提高功率密度的方式有两个：一是提高激光功率 P，它和功率密度成正比；二是减小光斑直径，功率密度与直径的平方成反比。因此，减小光斑直径比增加功率有效得多。减小光斑直径可以通过使用短焦距透镜和降低激光束横模阶数实现。低阶模聚焦后可以获得更小的光斑。对焊接和切割来说，希望激光器以基模或低阶模输出。

5）离焦量（Δf）。离焦量不仅影响焊件表面激光光斑大小，而且影响光束的入射方向，因而对焊接熔深、焊缝宽度和焊缝横截面形状有较大影响。在 Δf 很大时，熔深很小，属于传热焊，当 Δf 减小到某一值后，熔深发生跳跃性增加，此处标志着小孔产生，在熔深发生跳跃性变化的地方，焊接过程是不稳定的，熔深随着 Δf 的微小变化而改变很大。激光深熔焊时，熔深最大时的焦点位置位于焊件表面下方某处，此时焊缝成形也最好。在 Δf 相等的地方，激光光斑大小相同，但其熔深并不同。其主要原因是壁聚焦效应对 Δf 的影响。在 $\Delta f<0$ 时，激光经孔壁反射后向孔底传播，在小孔内部维持较高的功率密度，$\Delta f>0$ 时，光束经小孔壁的反射传向四面八方，并且随着孔深的增加，光束是发散的，孔底处功率密度比前种情况低得多，因此熔深变小，焊缝成形也变差。一般离焦量在焊件表面下 1.25~2.5mm 时较好。

6）保护气体。激光焊时采用保护气体有两个作用：一是保护焊缝金属不受有害气体的侵袭，防止氧化污染，提高接头的性能；二是影响焊接过程中的等离子体，这直接与光能的吸收和焊接机理有关。

大功率激光焊时，在临近熔池表面之上会形成金属蒸气的激光等离子体。这种金属等离子体也就更加容易吸收激光束。由于等离子体的形成及散射现象，激光束的光难以达到焊缝，焊缝穿入深度也就不能增大，使焊接能力显著下降。因此在一段时期内激光焊曾停滞不前，只能焊一些薄件，因而认为激光焊没有发展前途。

为了防止这样的激光等离子体的形成，需在激光束照射区喷送适当的气体以去除等离子体，常用的气体有氦气等。随着等离子体的消除，熔深有所增大。产生这样等离子体的激光功率尽管也取决于光束的聚焦性，但是从激光功率来说，大体上在 8kW 级以上。使用喷气体的方法对焊缝的形状也是有影响的，主要表现在焊缝中间稍有弯曲。

激光焊时，为了避免焊缝金属的氧化，可像一般惰性气体保护焊一样，对熔池进行气体保护，有时还需要对焊缝背面进行气体保护，具体使用什么气体作保护气体，要根据所焊金属的性质而定。

在激光焊过程中采用保护气体，可以抑制等离子体，其作用机理如下：

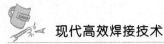

其一，通过增加电子与离子、中性原子相互碰撞来增加电子的复合速率，降低等离子体中的电子密度。中性原子越轻，碰撞频率越高，复合速率越高。另外，保护气体本身的电离能要较高，才不致因气体本身的电离而增加电子密度。

氦气最轻而且电离能高，因而使用氦气作为保护气体，等离子体的抑制作用最强，焊接时熔深最大，氩气的效果最差。但这种差别只是在激光功率密度较高、焊接速度较低、等离子体密度大时才较明显。在较低功率、较高焊接速度下，等离子体很弱，不同保护气体的效果差别很小。

其二，利用流动的保护气体将金属蒸气和等离子体从加热区吹除。气体流量对等离子体的吹除有一定的影响。气体流量太小，不足以驱除熔池上方的等离子体云，随着气体流量的增加，驱除效果增强，焊接熔深也随之加大。但也不能过分增加气体流量，否则会引起不良后果和浪费，特别是在薄板焊接时，过大的气体流量会使熔池下塌形成穿孔。

不同的保护气体，其作用效果不同。一般氦气保护效果最好，但有时焊缝中气孔较多。

喷送气体的方法有以下几种：

① 侧向下吹气法。在熔池小孔上方，沿侧下方吹送保护气体，其作用是：一方面吹散电离气体，另一方面还有对熔化金属的保护作用。大功率焊接时，一般吹送 He 气，因为 He 元素位于元素周期表的最右上角，电离势高，不易电离。

② 同轴吹送保护气体法。与侧向下吹气相比，该方法可将部分等离子体压入熔池小孔内，增强对焊缝的加热。

③ 双层内外圆管吹送异种气体法。喷嘴由两个同轴圆管组成，外管通 He 气，内管通 Ar 气。外管 He 气有利于减弱等离子体以及保护熔池，内管的 Ar 气可将等离子体抑制于蒸发沟槽之内，此方法适用于中等功率的 CO_2 激光焊。

（4）激光焊焊接参数、熔深及材料热物理性能之间的关系　激光焊焊接参数，如激光功率 P、焊接速度 v、熔深 h、焊缝宽度 W 以及焊接材料性质之间的关系，已有大量的经验数据。焊接参数间关系的回归方程如下：

$$P/(vh) = a + b/r$$

式中　P——激光功率（kW）；

v——焊接速度（mm/s）；

h——焊接熔深（mm）；

a——参数（kJ/mm^2）；

b——参数（kW/mm）；

r——回归系数。

式中 a、b 的值和回归系数 r 的值见表6-9。

表6-9　几种材料的 a、b、r 值

材料	激光类型	$a/(kJ/mm^2)$	$b/(kW/mm)$	r
304 不锈钢	CO_2	0.0194	0.356	0.82
低碳钢	CO_2	0.016	0.219	0.81
	YAG	0.009	0.309	0.92
铝合金	CO_2	0.0219	0.381	0.73
	YAG	0.0065	0.526	0.99

二氧化碳激光连续焊接的焊接参数见表 6-10。在焊接镀锌钢和黄铜时，由于不可避免地产生锌蒸发，锌的高蒸气压会使焊缝产生强烈的飞溅。在焊接铝合金时，由于激光焊加热和冷却很快，以致液体金属来不及填充收缩率高的铝合金引起的缩孔，结果在焊缝中心将产生孔隙或裂缝。所有这些都是在具体焊接过程中应该加以防止的。

表 6-10　二氧化碳激光连续焊接的焊接参数

材料	厚度/mm	焊接速度/（cm/s）	深宽比	功率焊接/kW	光斑直径/mm	焊接形式
12Cr18Ni9 不锈钢	6.35	8.47	6.5	16	—	—
12Cr18Ni9 不锈钢	20.3	2.1	5	20	1	对接焊
12Cr18Ni9 不锈钢	12.7	4.2	5	20	1	对接焊
12Cr18Ni9 不锈钢	8.9	1.27	3	8	1	对接焊
12Cr18Ni9 不锈钢	6.35	2.11	7	3.5	0.7	对接焊
12Cr18Ni9 不锈钢	0.254	0.64	0.4	0.25	0.2	搭接
不锈钢	0.97	0.34	0.54	0.6	—	对接焊
低碳钢	0.16	0.42	—	4.7	0.6	角接
低碳钢	11.78	11.82	—	5	—	角接
低碳钢	1.19	0.32	0.63	0.65	—	对接焊
合金钢	0.46	0.5	—	0.195	1.2	线焊
锡板钢	0.305	0.85	0.48	0.25	0.2	搭接
200 镍	0.125	1.48	0.28	0.25	—	对接焊
600 因科镍合金	0.419	1.06	—	0.25	0.2	对接焊

6.3.5　双光束激光焊

在激光焊过程中，由于激光功率密度大，焊接母材被迅速加热熔化、汽化，生成高温金属蒸气。在高功率密度的激光继续作用下，极易生成等离子体云，不仅减少焊件对激光的吸收，而且使焊接过程不稳定。若在较大的深熔小孔形成后，减小继续照射的激光功率密度，而已经形成的较大的深熔小孔对激光的吸收较多，结果激光对金属蒸气的作用减小，等离子体云就能减小或消失。因而，用一束峰值功率较高的脉冲激光和一束连续激光，或者两束脉冲宽度、重复频率和峰值功率有较大差异的脉冲激光对焊件进行复合焊接，在焊接过程中，两束激光共同照射焊件，周期地形成较大深熔小孔后，适时地停止一束激光的照射，可以使等离子体云变得很小或消失，其对激光的吸收和散射减小，焊件对激光能量的吸收率提高，以加大焊接熔深，提高焊接能力。

采用两束掺钕钇铝石榴石激光对厚 10mm 的 06Cr19Ni10 不锈钢板进行复合焊接，其中一束为峰值功率较高的脉冲激光，另一束为调制矩形波的连续激光，如图 6-45 所示。在总平均功率为 2.9kW、焊接速度为 5mm/s，选择最佳脉冲能量密度时，获得的最大熔深为 7.3mm。相比之下，当采用平均功率为 2kW 的调制矩形波连续激光和功率为 1kW 的连续激光相配合时，总平均功率也为 2.9kW，得到的最大熔深超过

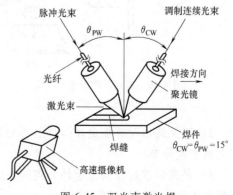

图 6-45　双光束激光焊

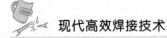

5mm。这是因为较高峰值功率的脉冲激光和连续激光复合焊接时，在形成较大深熔小孔后，较高峰值功率的脉冲激光停止照射，功率密度减小，等离子体云可以消失。因此，较高峰值功率脉冲激光的辅助作用能够加大焊接熔深，提高焊接能力和激光能量利用率，同时改善焊接过程的稳定性。

6.3.6 多焦点激光焊

1. 多焦点的产生

激光束经过聚焦后，激光焦点直径非常小，必须有精密的夹紧装置保持焊缝间隙在很小的范围内，否则可能会出现激光直接透过焊缝或者激光偏离焊缝的现象，影响焊接质量。另外，热影响区的温度梯度非常大，对焊件性能产生不利的影响，容易产生咬边等焊接缺陷。多焦点技术能有效地防止上述缺陷的发生。多焦点可以通过把一个光束分成几个相同的光束产生，也可以通过把几个单独的光束耦合在一起而产生，如图 6-46 所示。

在 CO_2 激光焊中，一般使用图 6-46a 所示的方法，在 Nd：YAG 激光焊中一般用图 6-46b 所示的方法。通过选用不同的分光镜和不同的光纤数量及布局，可得到焦点在焊件上的不同分布，并且也很容易得到多个焦点。

多焦点技术的基本原理是：采用不同的透镜和反射镜的组合，使激光器发射出的一道光束分解为多道（或者直接采用多个发射器的简单方法实现），这样在焊缝表面上将形成多个焦点。

2. 多焦点技术的优点

1）增加激光焊功率。由于 CO_2 激光器可输出的激光功率比较大，通过光束叠加增加激光功率的应用比较少。光束叠加主要应用于 Nd：YAG 激光焊，可以将两个激光束的功率、激光模式和聚焦参数单独控制，通过各自单独的聚焦系统，最后聚焦在焊件的同一点上，或者产生很邻近的双焦点进行焊接。因为 Nd：YAG 激光器的激光功率一般为 4kW 左右。可以通过多个光纤传输能量的叠加，增加到达焊件的能量。克服了单根光纤传输能量不高的限制。通过这种激光功率的叠加，能明显地提高激光焊的焊接速度，如图 6-47 所示。

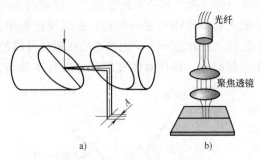

图 6-46 多焦点的产生示意图
a）光束分割 b）功率叠加

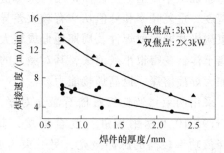

图 6-47 单焦点与双焦点激光焊焊接速度的比较
（双焦点分布于焊缝两侧）

2）能灵活地改善能量在焊缝上的分布。通过改变焦点间的距离和焦点的分布来调节焊缝上的能量分布。

3）提高焊接过程的稳定性。当两个焦点平行于焊缝分布焊接时，熔宽比较大，不容易产生焦点偏离焊缝的现象。

4）改善焊缝质量。图 6-48 是当激光功率 P 为 $2\times2kW$、焦点之间距离分别为 0.36mm 和 1mm 时，焊缝截面的照片。由图 6-48 可知，当焦点之间的距离足够大时，双焦点技术能明显地增大焊缝的熔宽。这样，即便焊缝之间的间隙比较大时也能较好地完成焊接，降低对焊件的装配质量要求。

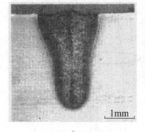

a)　　　　　　　　　　　b)

图 6-48　焦点之间距离对焊缝形状的影响

（$P=2\times2kW$，$v=2m/min$）

a）焦点之间距离 0.36mm　b）焦点之间距离 1mm

在双焦点焊接过程中，小孔的扩张决定最终焊缝截面的形状，小孔的膨胀在冷却时会引起收缩应力。通过改变小孔几何形状，可以改善焊缝的应力状况。当以单焦点焊接或双焦点沿着焊缝焊接时，熔池形状是狭长的三角形。当双焦点跨接在焊缝两侧时，熔池形状是半椭圆形，这样熔池中晶粒的形成速度和晶体结构都会有很大的改进。双焦点焊接时，由于熔宽较大，使得蒸发的金属和小孔中的气体等均能顺利地溢出熔池，大大减少了气泡和气孔的数量。

3. 双焦点激光焊技术

双焦点激光焊方法主要用于解决激光焊对装配精度的适应性及提高焊接过程的稳定性、改善焊缝质量，尤其是针对薄板焊接。在铝合金材料的焊接过程中还可避免常见的熔洞和烧穿等焊接缺陷。

双焦点可以通过把一个光束分成两个相同的光束来产生，从激光器中出来的光束经过一个平面镜的反射，反射到屋顶形分束镜，屋顶形分束镜将光束分为能量相当的两束光。这两束光分别通过抛物面聚焦镜的聚焦反射，从而在焊件表面附近形成两个激光斑点。或者通过把几个单独的光束耦合在一起来产生两束光束，如图 6-49 所示。

一般情况下，由于 CO_2 激光器的功率比较大，CO_2 激光焊采用分光技术来获得双焦点，从而得到等量的两束激光。而在 Nd∶YAG 激光焊中，由于光纤传输的激光功率比较小（一般为 4kW 左右），多采用光束耦合技术来实现双焦点技术，特点是两个焦点可以分别调节，最常用的是双光束激光（即双焦点）。在此只讨论 CO_2 激光焊通过分光技术产生的双焦点技术。

通过选用不同的分束镜，可以灵活地调节安排两个邻近焦点的分布方式。双束激光的两个焦点可以平行分布在焊缝两侧，或者前后分布在焊缝中心线上，或者与焊缝成任意角度排列，如图 6-50 所示。平行式双焦点能够在宽焊缝下进行激光焊，可有效地增大熔宽，降低装配要求。两个焦点分布在焊缝两侧时，所能跨接的焊缝间隙约为焦点分布在焊缝中心时的两倍；而采用前后排列式，则热影响区的温度梯度将大大减小，避免了咬边等焊接缺陷。使用了双焦点技术后，能改变小孔形态，有效地改善了焊缝塌陷，在很大程度上减少了焊缝中气孔的形成。

4. 双焦点激光焊工艺

双光束激光焊与普通单光束激光焊的焊缝形貌具有一定的区别，双光束焊接的焊件表面较宽，向下迅速变窄像钉子的形状。采用双光束激光焊能降低熔池的冷却速率，对含碳量较高的钢材能显著提高焊缝质量。双光束激光焊的表面熔化更为稳定，波动较小，有利于形成稳定的焊缝质量，减少气孔等缺陷。

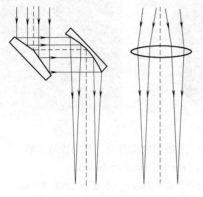

图 6-49　双焦点的形成原理

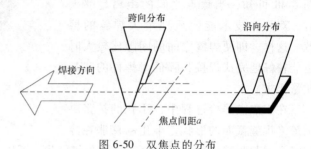

图 6-50　双焦点的分布

不管是单焦点还是双焦点激光焊，通常有两种焊接模式：一种为热传导熔化焊接；另一种为深熔焊接。

双焦点激光焊的主要参数有激光功率、焊接速度、离焦量以及保护气体的种类和流量等。

（1）激光功率　双焦点激光焊中，在焊接速度和离焦量不变的情况下，随着激光功率的增加，焊接熔池的熔深和熔宽都增加。但当激光功率增大到一定程度时，深宽比基本上不再变化。随着激光功率的增大，焊接热影响区越来越大，且组织变粗，而焊缝区的组织变化不大。

（2）焊接速度　在深熔焊时焊接速度对焊缝的熔深和熔宽影响很大，同时也引起组织的改变。双焦点激光焊接过程中激光功率和离焦量不变的情况下，随着焊接速度的增加，焊接熔池的熔深减小，熔宽也减小，如图 6-51 所示。

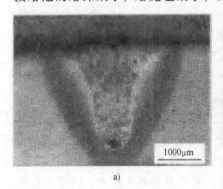
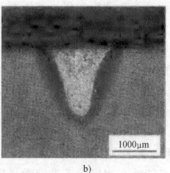
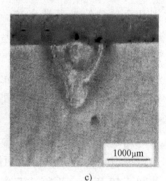

a)　　　　　　　　　　　b)　　　　　　　　　　　c)

图 6-51　焊接速度对焊缝形状的影响（$P = 1\text{kW}$，$\Delta f = 0$）

a）$v = 0.9\text{m/min}$　b）$v = 1.5\text{m/min}$　c）$v = 2.1\text{m/min}$

（3）离焦量　双焦点激光焊离焦量为负值时的焊缝熔深较大。

（4）焦点之间的距离　焦点间的距离对焊接稳定性有很大的影响。双焦点激光焊时，在焊件上形成两个小孔，这两个小孔跨接在间隙两侧，能得到较宽的焊缝。两个焦点沿着焊缝分布时，前面一个焦点起到预热的作用，后面的焦点进行焊接，使得熔合区的温度梯度不大，有利于获得较好的焊缝结晶组织。但是，两个焦点之间的距离要能有效跨接两个小孔的熔合区，当两焦点间的距离较小时，焊缝表面粗糙，飞溅比较严重。两个焦点距离较大时，焊缝就会有很大的不同，金属蒸气有较大的溢出开口，容易溢出，焊缝表面光滑美观。距离太大也不利于获得高质量的焊缝。焦点之间的距离和焦点的数量是决定焊缝截面形状的一个很重要的参数。激光深熔焊铝时，发现焊缝中气孔比较多，飞溅较严重，而利用双焦点焊接技术焊铝，则能在很大程度上减少焊缝中的气孔。

（5）焦点沿焊缝的分布　如果单焦点的激光功率为 4kW，而两个焦点的激光功率均为 2kW 时，那么传输到焊件的激光能量基本相同。双焦点焊接有两种情况：一种是两个焦点分布在焊缝两侧；另一种是两个焦点分布在焊缝中心线上。这两种情况焊接的焊缝表面差别不大，而焊缝成形主要由两个焦点之间的距离决定。一般焦点直径均为 0.3mm 左右。两个焦点之间的距离为 0.36mm 时，焊缝基本不受双焦点和焦点在焊缝上布局的影响。两个焦点分布在焊缝两侧时，熔深稍微小一些。这是由于两个焦点分布在焊缝两侧，熔宽大一些，热量不是全部分布在焊缝中心，所以引起熔深稍有减小。

采用双焦点串联形式排布，两个焦点一前一后更利于保持熔池的稳定，因此双焦点激光焊的熔深最大值较单焦点时要大。

6.3.7　旋转焦点激光焊

旋转焦点激光焊的基本原理是：通过驱动透镜或反射镜做有规律的运动，使焦点在焊缝上做旋转式前进，焊缝的宽度就可以扩大到激光束旋转圆直径的长度上，这样可以增大熔宽，降低激光焊时对中性及对装备精度的要求，并且可以避免产生大量的气孔。

实现激光焦点旋转的方法有两种：一种是利用折射的方法；另一种是利用聚焦抛物面镜的晃动来实现焦点旋转。

1. 折射法

如果激光功率不大，可以利用折射的方法。在聚焦透镜下加一个厚 6mm、直径 50mm 的 KCI 平镜片，倾斜 15°，并由一个 125W 的变速电动机通过传动带带动镜片旋转。激光束经过镜片的折射后方向不变，偏离原来光轴一定的距离，如图 6-52 所示。

KCI 的折射率为 1.49044。假设激光束为严格竖直光束，那么光束的入射角为 15°，设其出射角为 θ，则 $\tan 15°/\tan\theta = 1.49044$，所以推出 $\theta = 10.09°$，图 6-52 中如果没有折射镜，那么光束将沿着 OA 直接传播。加了折射镜后，光束在折射镜的入射点发生折射，沿着 OB 传播，在出射

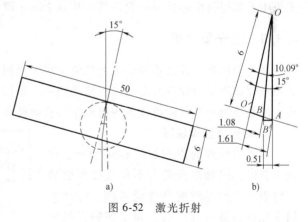

图 6-52　激光折射

点又经过折射，竖直传播。光束偏离入射光束 0.51mm，推导过程如下：

$OO' = 6mm$

$OA = OO'\tan 15° = 1.61mm$

$OB = OO'\tan 10.09° = 1.08mm$

$BA = 1.61 - 1.08 = 0.53mm$

$AB' = BA\cos 15° = 0.51mm$

由以上推导可知，激光焦点将做半径为 0.51mm 的圆周运动。光斑直径一般为 0.2 ~ 0.3mm，能增大熔宽，降低焊接要求。

2. 聚焦镜晃动法

当激光功率较大时，就不能利用折射的方法使其旋转，因为平面镜很容易受热变形。此时可以让聚焦抛物面镜有规律地晃动，通过抛物面镜有规律的晃动实现激光焦点的旋转。该方式中选用离轴抛物面镜聚焦，将抛物面镜嵌入一个万向节中，使得抛物面镜可以做微小的晃动。在抛物面镜的背面有一个压块，压块压着抛物面镜背面做圆周运动，这样抛物面镜就做晃动，从而实现焦点的旋转运动，如图 6-53 所示。在这种方法中要精确控制压块和抛物面镜之间的距离，即要精确地控制抛物面镜的晃动幅度，否则，如果晃动太厉害，焦点旋转半径太大就失去了焊接意义。压块由电动机带动，通过调节电动机的转速可以调节焦点的旋转速度。用这种方法，可以得到焦点在焊件上回旋前进的轨迹。当激光头和焊件进行相对运动时，焦点在焊件上的运动是椭圆形旋转前进。这样有利于调节激光能量在焊件上的分布，熔宽比较大，降低了对焊缝间隙的要求。同时，焊接时在熔池中产生的气体容易溢出，减少了焊件中产生气孔的可能性。

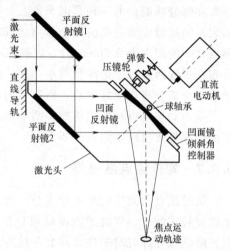

图 6-53　聚焦镜晃动法

例如采用旋转焦点激光焊焊接 2mm 厚高强度合金钢板时，允许对接焊缝装配间隙从 0.14mm 增大到 0.25mm；而对 4mm 厚的板，则允许装配间隙从 0.23mm 增大到 0.30mm。光束中心与焊缝中心的对中允许误差从 0.25mm 增加至 0.5mm。

6.3.8　激光填丝焊

激光填丝焊与普通填丝焊工艺类似。在激光照射焊缝的同时，送入相应的焊丝。采用激光填丝焊解决了对焊件装夹要求严格的问题，可以实现用小功率激光器焊接厚大的焊件，更重要的是适当地填丝能够改善焊缝质量，获得硬度和塑性较好的焊接接头。

1. 激光填丝焊原理

激光填丝焊的原理如图 6-54 所示，在该工艺中，聚焦激光斑点不是直接照射到焊件表面，而是照射到焊丝表面，焊丝金属熔化后再进入焊接区。为了保护焊接区和控制光致等离子体，需向激光束与焊丝及焊件作用部位吹送保护气体和辅助气体。轴向气体沿激光束轴线加入，用于保护激光的聚焦镜头不受熔滴的沾污；第二路气体从焊枪侧面加入，以旁轴形式吹出，用于保护熔池表面和压缩由于激光激励产生

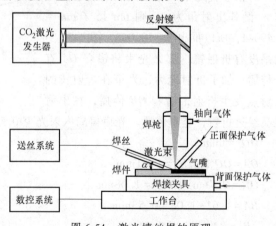

图 6-54　激光填丝焊的原理

的等离子体；第三路气体从夹具背面加入到焊接夹具的气室中，可直接保护焊缝背面。

该工艺的关键是焊丝的送进方式和送进设备，由于激光是一个聚集点热源，斑点直径很小，一般在 1mm 以下，为使焊接时焊丝始终处在聚焦激光斑点的照射之下，要求焊丝必须具有良好的指向性。大厚度板窄间隙焊时，焊丝的伸出长度很长，对焊丝指向性的要求更高，采用填充焊丝激光焊送丝系统必须具有较传统焊接方法更加优异的焊丝校直功能。

激光深熔焊时不可避免地会产生光致等离子体，等离子体对激光能量的吸收和散射将显著降低加工效率，窄间隙焊时光致等离子体的热作用还会导致坡口塌陷从而使焊接过程无法进行，因此对焊接过程中形成的等离子体必须加以控制，对填充焊丝激光焊的等离子体控制技术是实现该工艺的另一关键，根据激光功率、被焊材料的性质、使用要求等可分别使用 CO_2、He、Ar 或其混合气体来消除等离子体的影响。

2. 激光填丝焊的特点

在无填丝的薄板焊接时，是由母材的自熔化将被焊金属焊接在一起时，很容易产生焊缝金属下塌，特别是较大功率条件下，热输入较大时，下塌现象更严重。此外，在无填丝情况下，对母材的加工和装配的精度要求都较高，如对接间隙太大或不均匀都会造成焊缝质量不稳定。而激光填丝焊具有以下特点：

1）添加有用的合金成分改变和控制焊缝的成分，提高接头质量。在填充焊丝激光焊中，焊缝的化学成分及冶金性能是由母材和焊丝的成分按一定熔合比共同确定的。调整焊丝成分和焊接参数可以实现对焊缝成分和冶金性能的控制。采用填充焊丝的激光焊还可以直接实现各种异种金属的对接，由于可选择任意合金成分的焊丝作为最佳的焊缝过渡合金，因而可以保证两侧母材的连接具有最佳性能，只经一次焊接即可实现异种金属的对接。

2）母材的加工和装配精度要求降低，节省成本。无填充焊丝激光焊对焊件坡口的准备要求很高，坡口间隙要求达到 0.1mm 的数量级。采用填充焊丝后，对激光切割坡口和普通剪切坡口都可进行激光焊，且焊缝成形好。采用填充焊丝激光焊不仅降低了激光焊对焊件坡口加工精度的要求，而且降低了对焊件装配精度的要求，当装配间隙达到 1mm 时仍然可以得到良好的焊接结果。

3）可以焊接更厚的材料，容易实现多层焊。不采用填充焊丝 Ⅰ 形坡口单道激光焊时，焊接熔深有限，无法实现大厚度焊件的激光连接。例如采用 6kW CO_2 激光在焊接速度为 0.2mm/min 的极慢情况下，熔深也只有 10mm 左右。由于焊接速度慢，热输入增加，焊缝宽度和热影响区明显增大，失去了激光焊的特点和优势。采用填充焊丝，实现了小功率激光焊接大厚度焊件，解决了常规激光焊不可能解决的工艺难点。焊缝深宽比高达 5∶1~ 7∶1，而且热影响区小，焊接质量高。

因此，激光填丝焊具有广阔的应用前景。

3. 激光填丝焊焊接参数

激光填丝焊的主要焊接参数包括激光功率、焊接速度、送丝速度、坡口间隙、送丝角度等，由于激光填丝焊焊接参数增多，因此必须解决好焊接参数的匹配问题。

（1）激光功率　激光功率要足够大，焊丝才能获得较好的加热并熔化，否则焊丝熔化较差，焊缝成形不好。

（2）送丝速度与焊接速度　过大的送丝速度将导致焊缝余高增大或焊丝来不及熔化，如果送丝速度太小则会产生不规则的焊缝成形。焊接速度不能太快，否则熔化的焊丝与母材熔合不良。送丝速度与焊接速度相互的良好匹配，可获得合格的焊缝。

（3）焊丝直径　焊丝直径必须适宜，在满足焊丝指向性的前提下，尽可能采用细焊丝。焊丝直径在 0.8~1.6mm 之间均可获得良好的焊缝。

（4）激光束的位置　焊丝相对于激光束的位置是一个重要焊接参数，焊丝末端对激光轴线的偏移量应控制在 0.8mm 之内，当偏移量大于这一值时，焊丝将不能完全熔化而触及熔池，造成不连续焊缝。

（5）送丝方式　由于激光光束焦斑直径为 0.3mm，焊丝直径不大于 2.0mm，所以焊丝进入熔池比较困难，选择合理的送丝方式对焊缝成形起着重要作用。送丝方式分为前送丝和后送丝两种方式，如图 6-55 所示。前送丝是焊丝以一定的送丝角度从熔池前方送进，使焊丝端部处于激光聚焦光斑上，焊丝

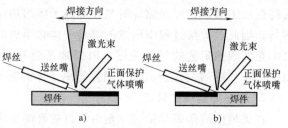

图 6-55　两种送丝方式示意图
a）前送丝　b）后送丝

端部受到激光照射，迅速熔化进入熔池，并与熔池金属熔合。后送丝方式是焊丝以一定送丝角度从熔池后方送进，使焊丝端部处于激光聚焦光斑上，焊丝端部熔化后进入熔池尾部并迅速凝固。前送丝方式焊缝成形较好，这是因为焊丝是激光直接照射，使得焊丝熔化更充分；而后送丝方式焊丝是通过熔池上方等离子体和熔池热辐射及热传导加热，热量不足以使焊丝与母材金属完全熔合；因此，一般选择前送丝方式。

（6）送丝角度　送丝角度是填充焊丝与焊件表面之间的夹角。送丝角度是否合适，会影响填充焊丝对激光的反射，从而影响到激光对焊丝的加热效果。送丝角度过小，一方面造成焊丝伸出长度变长，导致焊丝指向性下降，有时焊丝会偏离激光束；再者会影响填充焊丝对激光的反射。送丝角度过大，虽然焊丝对激光的反射减少，但给焊丝的调整带来困难，因为很小的位置偏差就会使光斑与焊丝的接触点在垂直方向上发生很大的变化。一般焊丝伸出长度应不大于 8mm，送丝角度控制在 20°~35°效果较好。

用 CO_2 激光填丝焊焊接 AZ31 镁合金的焊接参数见表 6-11。

表 6-11　用 CO_2 激光填丝焊焊接 AZ31 镁合金的焊接参数

试样编号	激光功率 P/W	焊接速度 $v_r/(mm/min)$	送丝速度 $v_s/(mm/min)$	正面保护气体流量 $Q_1/(L/min)$	背面保护气体流量 $Q_2/(L/min)$
A	1800	800	600	20	20
B	1800	600	400	20	20

6.4　激光切割

激光切割的应用始于 1963 年，利用这种先进的热切割方法，可以切割各种金属材料和非金属材料，具有切割速度快、切缝窄、切口光洁、深宽比大、材料省、变形小、热影响区窄、成本低、效率高、适用性广等特点。激光切割的深宽比，金属材料可达 20∶1 左右，非金属材料可达 100∶1 以上。激光切割丙烯塑料板材的效率为机械切割的 7 倍。激光切割钛合金板材的效率为氧乙炔焰切割的 30 倍，而且热影响区和加工成本仅为后者的 10% 和 20%

左右。

随着科技发展，近年来，激光切割装置向小型化、数控化和组合化的方向迅速发展。现在激光切割通过与数控技术、计算机辅助设计与辅助制造（CAM）软件相结合，通过预先在计算机内设计，可进行众多复杂零件的整张板料套排切割，既节省材料，也可实现多零件同时切割以及全自动化操作，甚至可实现三维空间曲线的激光自动切割。激光切割与计算机、机器人相配合组成的多功能自动化加工系统，可进行高难度、复杂形状的自动化切割加工，既节省了模具，又无须划线和不用刚性夹具，其加工精度高、重复性好，适合于多品种、小批量生产的需要。

国外已把激光切割和模具冲压两种加工方法有机地组合在一起，形成了一种激光冲床，具有激光切割多功能性和冲压加工快速高效两方面的优点。当工件形状复杂、模具制造困难、加工批量不大时采用激光切割，反之则采用冲压。采用这种激光冲床，可实现复杂外形、尖锐导角、细孔、成形、刻字、划线等多项加工，适用性广、经济效益显著。在当前世界各国激光加工的应用领域中，以激光切割应用占的比例最大，达 62.5%。

激光切割已成为激光在材料加工中的一个重要应用领域。激光切割所用的是连续输出的激光器，有固体激光器（如钕钇铝石榴石）、气体激光器（如 CO_2 气体激光器）等。近年来激光器有着显著的发展，碟片（盘式）激光器、半导体激光器以及光纤激光器等也已应用于材料的切割。

6.4.1 激光切割的原理、特点及应用

1. 激光切割的原理

激光切割是利用高功率密度的激光束扫描材料表面，在极短时间内将材料加热到几千至上万摄氏度，使材料熔化或汽化，再用高压气体将熔化或汽化的物质从切口中吹走，达到切割材料的目的，如图 6-56 所示。

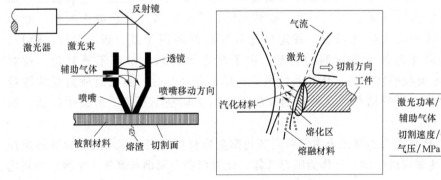

图 6-56 激光切割的原理

激光光束能够切割各种金属材料和非金属材料，由于被加工材料的性质不同，激光切割的方法和机理也有所不同，常用的激光切割方法主要有以下三种。

（1）激光热应力切割 在激光束的照射下，工件受热后产生明显的温度梯度，上面温度较高要发生膨胀，而内层温度较低要阻碍膨胀，结果在工件表层产生拉应力，内层产生径向的挤压应力，当这两种应力超过工件本身的抗拉强度时，便会在工件上出现裂纹，由于这

种裂纹发展的结果，使得工件沿裂纹断开。由于是通过激光束加热进行高速、可控的切断，也称之为控制断裂切割。这种切割方法适用于玻璃、陶瓷、熔融石英、宝石、金刚石等硬而脆的非金属材料的切割。

（2）激光蒸发切割　使用高功率密度的激光束加热，避免热传导造成的熔化，于是部分材料汽化成蒸气消失，形成切口。当激光光束照射到被切割的材料表面，工件受热后温度迅速上升到汽化温度，材料大量汽化，形成高压蒸气以超音速向外喷射，在激光照射区内出现汽化小孔，气压急剧升高，迅速将切口中的材料大量汽化去除。在高压蒸汽高速喷射的过程中，同时带着切缝中的熔融材料向外逸出，直至将工件完全切断，利用这种机理来实现分离的切割称为激光蒸发切割。这种切割方法主要靠材料的大量汽化去除，需要较高的激光功率密度，一般应达到 $10^8 W/cm^2$。适合于切割某些硬脆材料，如木材、碳、陶瓷、玻璃、熔融石英、石棉水泥等。在切割金属材料时，一般来说激光蒸发切割多用于极薄金属材料的切割。由于这种切割方法需在真空中或特殊场合下进行，且使材料汽化所需要的激光功率密度要比其他熔化所需要的功率密度大约 10 倍左右，因此，此法很少采用。

（3）激光熔化切割　熔化切割是使入射的激光束功率密度超过某一值，从而使光束照射点处材料内部开始蒸发，形成孔洞，如图 6-56 所示。在这种激光切割装置中增设了与激光束同轴的辅助吹气系统，用与激光束同轴的压缩气体吹走被熔化的材料，并使激光束与材料沿一定轨迹做相对运动，从而形成一定形状的切口，可以大大提高激光切割的能力，减小激光功率密度。这种切割方法所需的激光功率密度仅为激光汽化切割法的 1/10 左右。常用的辅助气体有 O_2、N_2、Ar、He、CO_2 和压缩空气等，气压一般为 $0.15 \sim 0.3MPa$（$1.5 \sim 3atm$）。辅助气体的作用是从切割沟槽吹走熔化的材料；吹走飞散的飞溅物以保护聚焦镜；当用氧气作为辅助气体时，氧化反应还能产生能量。辅助气体根据不同的切割材料使用的气体种类也不同。一般切割低碳钢时用氧气，切割不锈钢时较多用氮气。由于在激光熔化切割中使用的辅助气体不同，激光熔化切割又分为激光熔化吹气切割和激光反应气体切割。

1）激光熔化吹气切割。当激光光束照射到被切割的金属材料的表面，金属被迅速加热到熔点，并借喷射惰性气体，如氩、氦、氮等气体，将熔融金属从切缝中吹掉，而实现分离的切割称为激光熔化吹气切割。激光熔化吹气切割多用于纸、布、木材、塑料、橡皮以及岩石、混凝土等非金属材料的切割，由于非金属材料一般都不易氧化，且对 $10.6\mu m$ 波长的激光吸收率特别高，传热系数极低，因而使其熔化、蒸发时所需要的能量较小，有利于 CO_2 激光进行切割。这种切割方法也可用于切割不锈钢，易氧化的钛、铝及铝合金等金属材料。

2）激光反应气体切割。当激光光束照射到被切割金属材料的表面，金属材料被迅速加热到熔点以上，以纯氧或以压缩空气作为喷射气体，此时熔融金属即与氧气产生激烈的氧化作用，其反应式如下：

$$3Fe+2O_2 = Fe_3O_4 + 1116.7kJ$$

氧化反应所放出的大量热量，又加热了下一层金属，并继续被氧化，如此重复而将钢板割穿。此时按一定轨迹移动割炬，并借氧气的压力将氧化物从切口中吹掉而实现分离的切割称为激光反应气体切割。

由于氧气具有助燃作用，如果采用氧气作为辅助气体，使得被切割的材料在氧气中燃烧，可大大增强激光切割的能力，在切口中形成流动性的液态熔渣，这些熔渣又被高速氧气流连续不断地喷射清除。由于氧气在激光切割过程中产生放热反应，所以这种切割方法称为激光反应熔化切割法，也可称为激光火焰切割法。这种切割方法比普通的激光汽化切割法和激光熔化切割法的威力大得多，它所需要的激光功率密度仅为激光汽化切割法的 1/20 左右，因而这种切割方法成本低，效率高，应用最广泛。适合于切割各种金属材料，以及某些可熔化的非金属材料。但在切割某些金属材料时，为防止切口的氧化，则应采用惰性气体作为辅助气体，而不能采用氧气。另外，对于大多数含碳的非金属材料，在激光切割过程中，为防止切口出现碳化现象，也不能采用氧气作为辅助气体，而应选择惰性气体作为辅助气体。

激光反应气体切割主要用于金属材料的切割，如碳钢、钛钢以及热处理钢等易氧化的金属材料。氧气的作用不仅是给金属助燃，更重要的是提高了切割速度和效率，从而使切口狭小，热影响区减小，提高了切割质量和精度，借助氧气的作用还可以切割较厚的工件。

2. 激光切割的特点

（1）激光切割的优点　激光切割是当前世界上先进的切割工艺。它的最大优点是由于激光光斑小，能量集中，所以切割的切口小、无挂渣，几乎没有热变形，切割面光滑。总体而言，激光切割工艺与其他切割工艺，如火焰切割、等离子弧切割、高压水射流切割等相比具有以下优点：

1）非接触式切割。激光切割是利用聚焦后的激光照射物体表面进行加工的，因而为非接触加工，激光切割头的机械部分与被切割的材料无接触，在工作中不会对工作表面造成划伤；切割过程噪声低、振动小、无污染，并且工件没有残余机械应力。

2）激光切割的质量好、效率高。由于激光光束的聚焦性好，即焦斑小，激光切割的加热面积只有氧乙炔焰的 1/10~1/1000，所以氧化反应的范围与氧乙炔焰切割相比极其集中，促进了氧化反应，因而切口细小，可以进行精密切割，工件按程序切割尺寸精度高。切口宽度窄（一般为 0.1~0.5mm）、精度高（一般孔中心距误差 0.1~0.4mm），轮廓尺寸误差小（0.1~0.5μm）、切口表面粗糙度值小（一般为 $Ra12.5~25μm$），切口一般不需要再加工即可焊接；切口无毛刺、垂直度好，切口不变形、无热影响区。

3）切割效率高。由于激光的传输特性，激光切割机上一般配有多台数控工作台，整个切割过程可以全部实现数控。结合数控装置，采用 CAD/CAM 软件编程时，整体效率很高。操作时，只需改变控制程序，就可适用不同形状零件的切割，既可进行二维切割，又可实现三维切割。

4）激光切割速度快，激光束光点小、能量集中，切割速度快。如对 25.4mm 厚的钛板的切割速度每分钟可达 5m 以上。对 6mm 厚的钛板，每分钟切割速度可达 16m 左右。例如采用 2kW 激光功率，8mm 厚的碳钢切割速度为 1.6m/min；2mm 厚的不锈钢切割速度为 3.5m/min。切割速度主要由激光功率密度决定，但如果喷吹气体不同也会直接影响切割速度，切割同样厚度的钢板，喷吹氩气的切割速度几乎比喷吹氧气的切割速度小 50% 左右。

由于激光切割与数控机床、机器人相连接，所以加工清洁安全、无污染、劳动强度低。大大改善了操作人员的工作环境，可以整版编排套裁切割，省工节料。

（2）激光切割的缺点　虽然激光切割有着传统工艺不可比拟的优越性，但也有制造成本高、对外围环境要求较高的缺点。

1) 成本高。在工程机械行业，传统的零件下料加工主要是采用火焰切割和等离子弧切割。火焰切割的零件角度小，但是变形大，而且切割速度慢，效率低。等离子弧切割的速度快，效率高，但是切割断面有较大的倾角。CO_2 激光切割的切割质量符合工程机械的要求，但是其设备维护复杂，使用成本高。光纤激光切割机的出现，恰好满足了这种需求。等离子弧切割与激光切割工艺对比见表 6-12。表 6-13 是激光切割、氧乙炔焰切割和等离子弧切割方法的切割质量对比（切割材料为 6mm 厚的低碳钢板）。表 6-14 是 CO_2、光纤激光切割、氧乙炔气割和等离子弧切割机的综合性能比较。

表 6-12　等离子弧切割与激光切割工艺对比

项目名称	等离子弧切割	激光切割
适用材料	碳钢、不锈钢、铝、铜、铸铁等金属材料	金属材料、特种金属材料、非金属材料等
切割板厚	中厚板	中薄板
切割速度	快	快
切割精度	较高（1mm 以内）	高（0.2mm 以内）
切口大小	较小	很小（0.2~0.3mm）
切割断面垂直度	有一定倾斜角	好
热影响区	较小	很小（宽度 0.1mm）
切割板材变形	较小	很小

表 6-13　激光切割、氧乙炔焰切割和等离子弧切割方法的切割质量比较

切割方法	切口/mm	热影响区/mm	$Ra/\mu m$	切口形态	切割速度
激光切割	0.2~0.3	0.04~0.06	12.5~25	平行	快
氧乙炔焰气割	0.9~1.2	0.6~1.2	25~50	比较平行	慢
等离子弧切割	2.0~3.0	0.5~1.0	25~50	楔形且倾斜	快

表 6-14　几种切割机的综合性能比较

切割机	一次性投资	切割速度	操作	维护	切割质量	运行成本
火焰切割机	小	慢	较简单	简单	一般，有变形	中
等离子弧切割机	中	快	较简单	较简单	一般，有倾角	较高
CO_2 激光切割机	大	较快（根据钢板厚度有所不同）	复杂	复杂	高	高
光纤激光切割机	大	较快（根据钢板厚度有所不同）	简单	简单	高	低

以切割 10mm 普通低碳钢板为例，等离子弧切割与激光切割两种切割工艺成本分析见表 6-15。根据表 6-15 中的数据，按设备年时基数 3860h 计算，等离子弧切割机的运行成本为 97.65 元/h，激光切割机的运行成本为 263.73 元/h。按精细等离子弧切割和 4kW 激光的切割速度分别为 3.4m/min 和 1.5m/min 计算，精细等离子弧切割成本为 0.48 元/m，激光切割成本为 2.9 元/m。

用激光切割一般切割方法难以切割的金属时，其成本比等离子弧切割可降低 75%。如用 1kW 的 CO_2 气体激光切割石英管时，成本比用金刚石砂轮切割低 40%。同时，由于激光的光斑极小，切口狭小，因此比其他切割方法成本低得多。

表 6-15 等离子弧切割与激光切割成本比较

类别		单价	消耗量	
			等离子弧切割	激光切割
气体消耗	He(体积分数,99.999%)	0.25 元/L	无	13L/h
	N₂(体积分数,99.999%)	0.04 元/L	无	6L/h
	CO₃(体积分数,99.999%)	0.3 元/L	无	1L/h
	N₂(体积分数,99.99%)	0.01 元/L	无	375L/h
	O₂(体积分数,99.6%)	0.002 元/L	4000L/h	2000L/h
电力消耗 设备总功率		电费 1 元/(kW·h)(设定因子:50%)	45kW	88kW
设备折旧 购置及安装总成本		折旧年限 10 年	13 万元/年	65 万元/年
设备维护 日常设备维修修护成本		—	5 万元/年	10 万元/年
易损易耗件消耗	聚焦镜片	5000 元/块	无	约 4 片/年
	喷嘴	100 元/个	10h/个	40h/个
	电极	100 元/个	10h/个	无
	其他消耗(滤芯、瓷环、冷却水)	—	约 2000 元/年	约 4000 元/年

注:上述成本分析中未考虑人工成本、管理费用、利税等因素。

2)对外围环境要求较高。安装在激光传送途中的光学部件(特别是透镜)的清洁度,会对光束的质量产生很大的影响,成为加工不良的原因;进行金属材料切割时,被切割工件需要涂光束吸收剂来防止激光反射,所以切割后增加了除去吸收剂的工序;消耗零部件的价格高;切割厚板时,被切割工件表面光束吸收状态的变化会影响切割质量,所以需要保护好待切割表面,不使其表面生锈或过于脏乱等。

3. 激光切割的应用

激光切割除可用于切割碳钢、不锈钢等材料外,还可切割各种高熔点材料、耐热合金和超硬合金等特种金属材料以及半导体材料、非金属材料和复合材料,其切割应用范围很广。尤其在薄板切割、切割效率要求高和热变形要求小的情况下,激光切割具有突出的优越性。激光切割以中薄板为主,以 4kW 激光为例,最大可切割 25mm 左右普通碳钢。激光切割速度快、加工精度高、切口狭窄、热影响区小、切口光滑、切割板材变形小、切割表面无损伤,一般不需后续加工。

激光加工在钣金加工中已取代传统的等离子弧切割和冲床,成为金属切割领域的领先者。对激光切割设备的要求不仅是灵活性和加工质量,同时还要提供高速切割解决方案以满足大批量生产的需求。激光切割工艺作为"剪切-冲"的替代工艺出现,具有灵活、柔性的特点。但其成本较高,故常应用在异形(或形状复杂)工件制造上。

激光切割已被广泛应用于机床制造、工程机械、电气开关柜制造、电梯制造、粮食机械、纺织机械、食品机械、机车汽车、造船、农林机械、石油机械、航空航天、环保设备、电器制造、包装印刷等各行各业,用于钣金下料及机械零部件的切割制造。

三维激光切割主要用于汽车行业覆盖件的切割、焊接以及航空航天、特殊三维零件的制造。在汽车生产过程中,普遍先采用三维激光切割机对覆盖件、门板等精确切边,再采用激光焊接机械手高质量自动焊接,不仅确保了产品质量,而且生产效率极高。在样车的开发和小批量生产中,高度柔性的激光三维切割取代大量的冲孔和修边模具,不仅节省模具,新车型的开发周期也大为缩短。在欧洲,几乎所有汽车制造厂在汽车研制开发和生产中均采用激

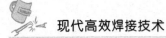

光加工。实际上，激光制造技术在汽车制造中应用的广度和深度已经成为汽车工业先进性的重要标志。

激光切割机正在向大功率、大幅面、厚板材方向发展。以造船业为例，美国、欧盟、日本、韩国等先进国家和地区的船舶制造普遍采用大功率 CO_2 激光切割技术。国际上已经出现了"精密造船"的概念。切割焊接是造船行业最主要的加工工艺。由于高精度的要求，尤其是对特殊材料的甲板和船体材料，许多国外大型造船厂普遍采用大幅面厚板材激光切割机。国内造船企业针对特种用途的船艇，采用激光切割已经成为一种必需的加工手段。

随着我国铁路建设、公路、水利、水电、能源、矿山、建筑业等方面重大工程的推进，大幅面厚钢板激光切割机也将在我国工程机械行业得到推广应用。

高端特种数控激光切割机，如大功率光纤激光器，在航空航天行业，对于钛合金、铝合金等特种材料加工，激光切割焊接是最佳加工方式，具有不可替代的作用。

6.4.2　激光切割机

1. 二氧化碳激光切割机

在切割加工范围内，二氧化碳激光器所占比例已达 80% 左右。激光切割设备除具有一般机床所需的支承构件、运动部件以及相应的运动控制装置外，主要还应具有激光加工系统。二氧化碳激光切割机由激光器、聚焦系统、机械系统和电气系统组成，如图 6-57 所示。

（1）激光器　适于生产用的大功率激光设备额定连续输出功率达 20kW。它利用激光气体的快速流动，带走激光腔体内的废热。这种激光器的典型电-光转换效率为 10% ~ 15%，有效地带走废热对于保证连续工作是很重要的。为使工作成本最低，采用气-液热交换器，并使气体介质通过该系统再循环。由于需要连续不断散热和需要补充少量激光气体，以防止 CO_2 和 N_2 在放电时分解而产生的污染积累，因此要消耗少量气体。

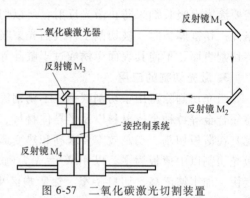

图 6-57　二氧化碳激光切割装置

（2）聚焦系统　其作用是把激光束通过光学系统精确地聚焦至工件上，同时还具有调节焦点位置和观察显示的功能。CO_2 激光器输出的激光，要用锗单晶、砷化镓等制造的光学透镜才能通过。为减少表面反射需镀增速膜。

激光在从激光器发出到加工工件，分为内光路与外光路，激光在激光器里振荡产生激光，称为内光路。在激光器发出后的光路，称为外光路。外光路系统采用镀金反射镜及砷化镓聚焦透镜组成。反射镜可以通过附带的调节装置对角度进行任意调节。聚焦透镜装置在切割头内，通过调节装置可以调节焦点位置。在激光热敏纸上，激光光斑需要面积一致，方可达到加工要求，调整完毕后还要安装激光喷嘴，调整透镜，使激光在切割工件时不偏移。

（3）电气系统　电气系统包括激光器电源和控制系统两部分，其作用是供给激光器能量（CO_2 激光器的高压直流电源）和对输出方式（如连续或脉冲、重复频率等）进行控制。此外，工件或激光束的移动大多采用 CNC 控制。系统是由微处理机、接口电路、显示器、驱动系统和电源等组成。微处理机是采用适合于工业环境的工业控制计算机。系统具有可靠性好、抗干扰能力强、功能齐全等特点。

为了实现聚焦点位置的自动调整，尤其当激光切割的工件表面不平整时，需采用焦点自动跟踪的控制系统，它通常用电感式或电容式传感器来实时检测，通过反馈来控制聚焦点的位置，其控制精度的要求一般为±(0.05~0.005)mm。

（4）机械系统　机械系统包括切割头及工作台两部分，其中工作台固定，切割头由计算机控制的两个步进电动机驱动，作平面自由运动，根据控制程序作出各种图形，对工件进行高精度切割。

2. 数控激光切割设备

数控激光切割设备有高速高精度激光切割机、三维激光切割机、大幅面厚板激光切割机、特种行业专用激光切割机等。三维激光切割设备主要有三维激光切割机床和激光切割机器人两种。以下主要介绍三维激光切割机。

激光切割机通常由计算机系统、激光控制电气系统、激光发生器、聚焦单元、工作台控制单元、三维工作台组成，还需要外接辅助气体，如图 6-58 所示。

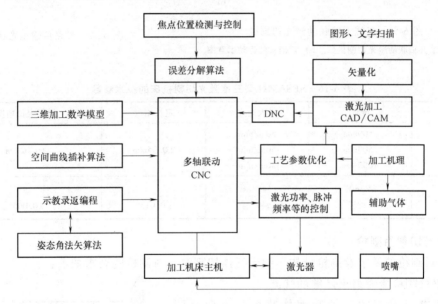

图 6-58　激光切割设备的主要组成

计算机系统是控制的中枢，它负责产生切割图形，设置激光功率、激光脉冲宽度、切割速度等切割工艺参数；计算机系统依据切割图形和切割速度等工艺的需要，向激光控制电气单元和工作台控制单元发出控制指令。工作台数控单元按接受的指令，根据图形的形状控制三维工作台 X 向、Y 向的运行轨迹，根据设置的切割速度，并与激光器输出动态配合，控制三维工作台沿 X 向、Y 向移动速度，如此能切割出计算机所绘制的任何图形。计算机控制三维工作台沿 Z 向移动，可以使工件表面处于聚焦单元的焦平面或者焦距的合适位置。

对于待切割的图形，激光控制电气单元按接受的指令控制激光发生器，使发生器输出相应激光功率的激光束，激光束经激光聚焦单元聚焦后作用在工件上；切割完成后，激光控制电气单元按接受的指令"关闭"激光发生器输出。

三维激光切割机床的刚度大、加工速度快、加工精度高，但激光头接近加工区域的能力较差，且价格较高。

三维激光切割机床采用的是五轴联动，其结构形式多为龙门式，如图 6-59a 所示，激光切割头的运动如图 6-59b 所示，光路传输示意图如图 6-60 所示。SESAMO 型三维激光切割机床的技术参数见表 6-16。

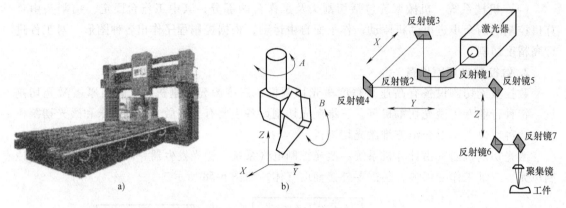

图 6-59　三维五轴联动激光切割机

a）三维五轴联动激光切割机床　b）切割头的运动示意图

图 6-60　光路传输示意图

表 6-16　SESAMO 型三维激光切割机床的技术参数

轴名	行程	最大速度	定位精度	重复定位精度
X	4500mm	50m/min		
Y	2500mm	50m/min	±0.05mm	±0.02mm
Z	1000mm	30m/min		
A	$n\times360°$	540°/s		
B	$\pm135°$	540°/s	$\pm0.015°$	$\pm0.005°$

3. 激光切割用割枪

（1）对割枪的要求及割枪结构　激光气体切割时，对割枪的要求如下：

1）要求割枪能喷射出足够的气流。

2）要求反射镜的光轴和气体喷射的方向是同轴的。

3）要求在切割时，金属的蒸气和金属的飞溅不致损伤反射镜。

4）要求焦距能便于调节。

激光气体切割用的同轴型激光气体割枪结构图如图 6-61 所示。

（2）喷嘴结构及气流控制技术　用激光切割钢材时，氧气和聚焦的激光束是通过喷嘴喷射到被切材料处，从而形成一个气流束。对气流的基本要求是进入切口的气流量要大，速度要高，以便足够的氧化使切口材料充分进行放热反应；同时又有足够的动量将熔

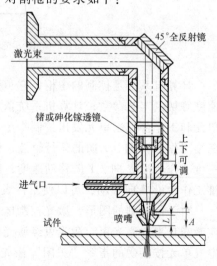

图 6-61　同轴型激光气体割枪结构图

融材料喷射吹出。因此除光束的品质及其控制直接影响切割品质外，喷嘴的结构及气流的控制（如喷嘴压力、工件在气流中的位置等）也是十分重要的因素。

激光切割机用的喷嘴采用的是简单的结构，即一锥形孔带端部小圆孔（见图 6-62）。喷嘴一般用纯铜制造，体积较小，是易损零件，需经常更换。

在使用时从喷嘴侧面通入一定压力 P_n（表压为 P_g）的气体，称为喷嘴压力，从喷嘴出口喷出，经一定距离到达工件表面，其压力称为切割压力 P_c，最后气体膨胀到大气压力 P_a。随着 P_n 的增加，气体流速增加，P_c 也不断增加。可用下列公式计算：

$$v = 8.2d^2(P_g+1)$$

式中　v——气体流速/（L/min）；

　　　d——喷嘴直径/mm；

　　　P_g——喷嘴压力（表压）/kPa。

对于不同的气体有不同的压力阈值，当喷嘴压力超过此值时，气流为正常斜激波，气流流速从亚音速向超音速过渡。此阈值与 P_n、P_a 的比值及气体分子的自由度（n）两因素有关：如氧气、空气的 $n=5$，因此其阈值 $P_n = 100\text{kPa} \times 1.2^{3.5} = 189\text{kPa}$。当喷嘴压力更高 $P_n/P_a = (1+1/n)^{1+n/2}$ 时（$P_n > 400\text{kPa}$），气流正常斜激波变为正激波，切割压力 P_c 下降，气体流速减低，并在工件表面形成涡流，削弱了气流去除熔融材

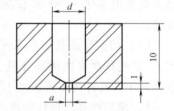

喷嘴	a/mm
1号	1.0
2号	1.2
3号	2.0

图 6-62　常用喷嘴的结构

料的作用，影响了切割速度。因此采用锥孔带端部小圆孔的喷嘴，其氧气的喷嘴压力常在 300kPa 以下。

无论对金属还是非金属材料的激光切割，喷吹气体是十分重要的。喷气量的大小以及喷嘴的结构与切割质量和切割速度都有着直接的关系。喷嘴直径 d 与光斑直径 d_b 有关，一般取 $d = (2\sim5)d_b$，要求沿着切线方向进气，并使喷出的高压气流有一定的挺度，这与喷嘴孔道长度 L 有关，一般取 $L = (1/25 \sim 1/35)f$。吹气的压力一般选用 $(2\sim6)\times10^5\text{Pa}$（表压），它与被切割材料的厚度和激光功率有关，一般来说材料的厚度增加，吹气的压力也应增加。激光功率增加，吹气压力可以减小。切割速度和吹气压力大致呈直线性的比例关系增加，切口宽度则随着吹气压力的增加而变化。

为进一步提高激光切割速度，可根据空气动力学原理，在提高喷嘴压力的前提下不产生正激波，设计制造一种缩放型喷嘴，即拉伐尔（Laval）喷嘴。为方便制造可采用图 6-63 所示的结构。

应指出的是切割压力 P_c 是工件与喷嘴距离的函数。由于斜激波在气流的边界多次反射，使切割压力呈周期性的变化。第一高切割压力区紧邻喷嘴出口，工件表面至喷嘴出口的距离约为 0.5～1.5mm，切割压力 P_c 大而稳定，是板材加工中切割常用的工艺参数。第二高切

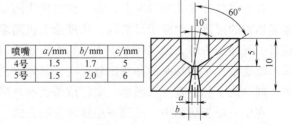

喷嘴	a/mm	b/mm	c/mm
4号	1.5	1.7	5
5号	1.5	2.0	6

图 6-63　拉伐尔（Laval）喷嘴的结构

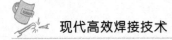

割压力区为喷嘴出口的 $3\sim3.5mm$，切割压力 P_c 也较大，同样可以取得好的效果，并有利于保护透镜，提高其使用寿命。

激光喷嘴的选用与维护非常重要。由于喷口的圆度或因热金属飞溅引起的局部堵塞，会导致切割质量明显下降。

6.4.3 激光切割工艺

1. CO_2 激光切割工艺

CO_2 激光切割是用聚焦镜将 CO_2 激光束聚焦在材料表面使材料熔化，同时用与激光束同轴的切割气体吹走被熔化的材料，并使激光束与材料沿一定轨迹作相对运动，从而形成一定形状的切口。CO_2 激光切割机最适于切割厚度小于 $12mm$ 的低碳钢、小于 $6mm$ 的不锈钢、小于 $4mm$ 的铝板。

加工不锈钢、铝合金时，切口光洁、表面无氧化、尖角良好。国内外金属材料激光切割机大量采用 $3000\sim7000W$ 轴快流 CO_2 激光器，其原因是运行成本低，加工种类多，切割速度快。

（1）切割穿孔技术　在形状切割中，从切割开始点进入切割时通常需开孔（穿孔加工）。早先在激光冲压复合机上是用冲头先冲出一孔，然后再用激光从小孔处开始进行切割。对于没有冲压装置的激光切割机有两种穿孔的基本方法。

1）爆破穿孔，也称为连续发振方式。材料经连续激光的照射后在中心形成一凹坑，然后由与激光束同轴的氧流很快将熔融材料去除形成孔。一般孔的大小与板厚有关，爆破穿孔平均直径为板厚的一半，因此对较厚的板爆破穿孔孔径较大，且不圆，不宜在要求较高的零件上使用。此外由于穿孔所用的氧气压力与切割时的压力相同，飞溅较大。选用连续发振方式穿孔时，孔径变大的原因是，切割材料上部的孔周围堆积着高温的飞溅物，与辅助气体（氧气）发生过剩燃烧。为了防止过剩燃烧，可在辅助气体（氧气）中混入惰性气体。且为使熔化金属顺利排出，在穿孔时可移动激光的照射位置。要使连续发振穿孔方式时间较短、孔形优质，可在辅助气体（氧气）中混入空气，且激光进行圆周运动。

2）脉冲穿孔，也称为脉冲发振方式。采用峰值功率的脉冲激光使少量材料熔化或汽化，用空气或氮气作为辅助气体，以减少因放热氧化使孔扩展，气体压力较切割时的氧气压力小。每个脉冲激光只产生小的微粒喷射，逐步深入，因此厚板穿孔时间需要几秒钟。一旦穿孔完成，立即将辅助气体换成氧气进行切割。这样穿孔直径较小，其穿孔品质优于爆破穿孔。为此所使用的激光器不但应具有较高的输出功率；更重要的是光束的时间和空间特性，因此一般横流 CO_2 激光器不能适应激光切割的要求。此外脉冲穿孔还需要有较可靠的气路控制系统，以实现气体种类、气体压力的切换及穿孔时间的控制。

在采用脉冲穿孔的情况下，为了获得优质的切口，从工件静止时的脉冲穿孔到工件等速连续切割的过渡技术应予以重视。从理论上讲通常可改变加速段的切割条件：如焦距、喷嘴位置、气体压力等，但实际上由于时间太短改变以上条件的可能性不大。在板材加工中主要采用改变激光平均功率的办法比较现实，具体方法有以下三种：改变脉冲宽度；改变脉冲频率；同时改变脉冲宽度和频率。实际结果表明，同时改变脉冲宽度和频率的效果最好。

在中、厚板切割中，一般采用脉冲发振方式。但脉冲发振方式随着板厚的增加，穿孔时间也增长。

（2）CO_2 激光切割的工艺参数　激光切割是一个非常复杂的热物理过程，受众多因素的影响。其中一些影响因素在实际激光切割生产中是预先确定的，如激光器整机的性能、光束质量、被加工对象的材质和厚度等；而另一些基本工艺参数，如激光功率、切割速度、辅助气体气压、气体流量、切割嘴与工件间的距离、焦距和离焦量等，则存在一个可切割参数的调节范围，不同的参数搭配将显著影响切割质量。在这些参数中，激光功率和切割速度是一对互相关联、约束的参数，既易于调节，又是影响切割质量的主要因素。在正常的切割条件下，聚焦后的光斑直径影响着切口宽度，调节离焦量即可得到最小的光斑直径，且离焦量一旦调定后就不需要再经常调整。当工件厚度较薄时，焦点位于工件表面，即离焦量为 0；当厚度大于 2mm 时，焦点位于工件上表面向下 1/3 处，则可确保切口宽度接近于光斑直径。

激光功率决定照射到被加工件的能量，对切割有直接的影响，功率较大，相对应的切割速度较大，可切割的最大厚度也较大，在功率相同的情况下，激光模式低，切割速度大，切口质量好，这是由于模式较低的激光能量比较集中。在激光切割中，辅助气体氧气的主要作用是在光作用的地方，发生氧化反应，这不仅可以提高工件对激光能的吸收，还可以产生反应热，提高切割速度。另外氧气可以吹去金属蒸气，减少蒸气对光能的吸收，并可以保护透镜不被污染。适当增加氧气的流量，可以提高切割速度及切口质量。喷嘴的设计必须保证辅助气体既有一定的流量，又有一定的流速。选择适当的偏振光及光照时间（切割速度），可以提高切口质量。

选择合适的激光器，根据不同的材料特性设定合适的参数、优化切割工艺，可获得满意的切割效果。对于不同的材料，由于自身的热物理性能与激光束能量的吸收率不同，表现出不同的激光切割适应性，并且对辅助气体的要求也不尽相同。一般情况下，材料厚度与所要求的激光功率成正比，与加工速度成反比。不同的材料、不同的厚度，其激光器功率的选择、辅助气体及工作压力以及聚焦点位置选择也是不相同的。只有综合考虑被加工材料的性能，合理选择相关的切割参数，才能达到优化的切割加工。

影响切割质量的主要参数如下：

1）光斑模式。激光切割要求切口越窄越好，这就需要激光束具有良好的聚焦性能，能聚集成极小的光斑，它与激光的模式和发散角密切相关。

大功率横流 CO_2 激光发生器通常采用稳腔结构，当腔的菲涅耳数大于 1 时，输出的激光束可用拉盖尔-高斯光束进行近似描述。表 6-17 为各种激光模式镜片上的光斑半径。

表 6-17　各种激光模式镜片上的光斑半径

模式	TEM_{00}	TEM_{10}	TEM_{20}	TEM_{01}	TEM_{11}	TEM_{21}	TEM_{02}
$W_{mns1,s2}$	$W_{s1,s2}$	$1.50W_{s1,s2}$	$1.77W_{s1,s2}$	$1.92W_{s1,s2}$	$2.21W_{s1,s2}$	$2.38W_{s1,s2}$	$2.43W_{s1,s2}$

可见，基模 TEM_{00} 聚焦的光斑最小，随着横模阶数的增加，其光斑相应增大，即激光模式越高，光斑半径越大。若在激光腔内设置光阑，抑制高阶模，限制高阶模振荡，可获得低阶模甚至单模输出，激光束质量将得到明显的改善。因而，激光光斑模式决定了激光束的质量，它对激光切割能力、切口大小及切口粗糙度等均有极大影响。在二维切割时，光斑模式最好采用基模，其光斑半径和发散角均较小，有利于提高切割精度和切割质量。

采用多模 TEM_{21} 光束切割时，其切幅要比用基模光束切割时增大 2 倍以上。且切幅随着功率的增加和切割速度的降低而增大。

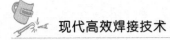

2）镜头尺寸和焦点位置。在其他条件相同的情况下，聚焦光斑直径越小、功率密度越大。激光切割的优点之一是光束的能量密度高，光斑直径小，以便产生窄的切口。热影响区越小、切口越窄、切割质量越好。同时光斑直径还和透镜的焦深成正比，焦深越小，光斑直径就越小。但切割有飞溅，透镜离工件太近容易被损坏，因此一般大功率 CO_2 激光切割工业应用中广泛采用 127~190mm 的焦距，实际焦点光斑直径在 0.1~0.4mm 之间。对于高质量的切割，有效焦深还和透镜直径及被切材料有关。例如用 127mm 的透镜切割碳钢，焦深为焦距的±2%，即 5mm 左右。因此控制焦点相对于被切材料表面的位置十分重要。考虑到切割质量、切割速度等因素，原则上厚度小于 6mm 的金属材料，焦点在表面上，离焦量为 0；厚度大于 6mm 的碳钢，焦点在表面之上为正离焦；厚度大于 6mm 的不锈钢，焦点在表面之下为负离焦。通常切割厚度为 4mm 以下的材料时，选用焦距为 127mm 左右的镜头。

激光焦点的功率密度值与激光的输出功率成正比，而与透镜焦距平方成反比。因此在聚焦系统设计中，焦距的设计很重要。在切割金属时，透镜焦距要小，一般选用 f 为 50~100mm 的焦距，这时光斑尺寸小，功率密度大。对于切割非金属材料，这些材料一般都比较厚，宜采用长焦距，其焦深也较长，一般选用 f 为 200~300mm 的焦距，以保证切割质量。

由于激光功率密度对切割速度的影响很大，光束经聚焦后光斑尺寸很小，焦点处功率温度很高，对材料切割有利。切割时焦点位置刚处在工件表面，或略微在表面下一点，切割效果最佳。切割低碳钢时一般把聚焦的光斑设在工件的表面，这样可提高切口前沿的温度，从而获得较高的切割速度。在切割厚板时，要采用焦点深度大的光束，切割薄板时宜采取小的焦点深度。在切割过程中，确保焦点与工件相对位置恒定是获得稳定切割质量的重要条件。有时，透镜工作中因冷却不好而受热，会引起焦长变化，这就需要及时调整焦点位置。当焦点处于最佳位置时，切口最小，效率最高，可获得最佳的切割速度与切割效果。在大多数情况下，焦点位置调整到刚处于喷嘴下，喷嘴与工件表面间距一般为 1.5mm 左右，切割效果最佳。

在板材切割中确定焦点位置的简便方法有三种：

① 打印法：使切割头从上往下运动，在塑料板上进行激光束打印，打印直径最小处为焦点。

② 斜板法：用和垂直轴成一角度斜放的塑料板使其水平拉动，寻找激光束的最小处为焦点。

③ 蓝色火花法：去掉喷嘴，吹空气，将脉冲激光打在不锈钢板上，使切割头从上往下运动，直至蓝色火花最大处为焦点。

3）激光切割功率。激光切割功率大小对切割厚度、切割速度、切口宽度和质量等都有很大影响。一般来说，激光切割功率越大，所能切割的板厚越大，切割速度也可增大。然而，随着激光切割功率的增加，切口宽度随之略有增加。表 6-18 为给定功率的 CO_2 激光器所能切割不同材料的实用最大切割厚度。通常，激光切割功率是根据加工板材厚度和要求的切割速度确定。

4）切割速度。对连续输出的激光器来说，激光切割功率大小和模式的好坏都会对切割质量的好坏产生重要影响。在实际操作中，常常设置最大功率以获得高的切割速度，或用以切割较厚的材料。激光切割功率越大，切割的材料厚度越厚，切割速度也越快。材料的切割速度与激光切割功率密度成正比，即增加功率可提高切割速度。在相同的激光切割功率下，

表 6-18　给定功率的 CO_2 激光器所能切割不同材料的实用最大切割厚度

CO_2 激光功率/W	实用最大切割厚度/mm				
	碳素钢	不锈钢	铝合金 A5052	铜	黄铜
1000	12	9	3	1	2
1500	14	—	6	3	4
2000	22	12	—	5	5
3000	25	14	10	5	8
15000	80	55			

切割速度与材料的厚度成反比。若切割速度过快，则切口下缘乃至切割面上会黏渣，甚至割不透工件；速度过慢，则效率低下，切割面不光滑，切口下缘黏渣。实际使用中在不影响切割质量的前提下，应尽可能以相对较高的速度进行切割。

当激光切割功率和辅助气体压力一定时，切割速度与切口宽度保持一种非线性反比关系。当切割速度升高时，则切口宽度减小；若切割速度降低时，切口宽度将会增大。切割速度与切口的表面粗糙度呈现一种抛物线关系，随着切割速度的降低，表面粗糙度值迅速增加；随着切割速度的增加，表面粗糙度值减小，表面质量得到改善，当切割速度超过某一最佳值后随切割速度增大，表面质量改善较为缓慢；当激光切割速度增加到某值后，将切不透材料。切口的表面粗糙度 Ra 与工件厚度 δ、焦点位置、切割速度等因素有关，一般可用下式估算，$Ra = 0.01\delta mm$。

5）切割气体。通常情况下，材料切割都需要使用辅助气体，由于金属表面的激光反射率高达 95%，使激光能量不能有效地射入金属表面，通过喷吹辅助气体可提高材料对激光的吸收率。辅助气体与激光束同轴喷出，以保护透镜免受污染，并吹走切割熔渣。常用的辅助气体有压缩空气、氮气、氧气、氩气等。对非金属材料和部分金属材料，使用压缩空气或惰性气体。用激光加热使金属材料熔化，然后通过与光束同轴的喷嘴喷吹非氧化性气体（氩、氦、氮等），并依靠气体的强大压力使液态金属排出，形成切口。在一定的压力范围内，增加辅助气体的压力，可增大切割厚度，提高切割效率。主要用于一些不易氧化的材料或活性金属的切割，其切割速度越快，切口越易形成波纹状，切割质量越差。对大多数金属激光切割则使用氧气助燃，该切割法以激光作为预热热源，用氧气等活性气体作为切割气体，喷吹出的气体一方面与切割金属作用，发生氧化反应，放出大量的氧化热，可提高切割速度 30% 以上。另一方面把熔融的氧化物和熔化物从反应区吹出，清除熔渣，在金属中形成切口，抑制切割区域过度燃烧。氧助燃切割速度越快，热穿透越小，切割质量越好。当激光功率和切割速度一定时，氧气压力大，氧气流量大，则氧化反应速度加快，氧化发热量大，使切口变宽，切口条纹深而粗，切割断面粗糙度恶化；当氧气压力减小时，氧气流量降低，则氧化速度减小，切口变窄，切口断面粗糙度会改善。当氧气压力降低到某一数值时，切口材料将不完全氧化，切口下表面黏附有较多的熔融物，被切割材料甚至不能被切透。

空气可以由空气压缩机直接提供，所以它的价格非常便宜。由于空气中含有氧气，所以切割面会出现微量的氧化膜。但由于空气中含有水分和油粒，会对透镜造成污染，所以应配备油水分离器。氩气为惰性气体，在切割中用于防止氧化和氮化，一般用于切割钛和钛合金。与其他气体相比，价格较高，增加了加工成本。

切割低碳钢一般用氧气作辅助气体，切割不锈钢、铝及铝合金时用氮气作辅助气体，可获得高的切割速度和好的切割质量。

确定合适的辅助气体压力也是一个非常重要的因素。当高速切割薄型材料时，需要较高的气体压力，以防止切口背面黏渣。当材料厚度增加或切割速度较慢时，气体压力须适当降低。需要注意的是有时压力过大，切割面反而会变粗。

6）喷嘴至工件表面的距离。喷嘴与工件表面的高度也非常重要。喷嘴太靠近板材，会对透镜产生强烈的反弹压力，且易受到污染，对切割质量有不利影响；但距离过远，喷出的辅助气流易产生波动，则气流高压心部难以到达工件表面，吹出能力太差，且造成不必要的能量损失，影响切割质量和速度。因此，在激光切割时，一般都尽量减小喷嘴高度，通常为0.5～2mm。高端的激光切割机一般都选用进口的电容式切割头，其原理如图6-64所示。调频式电容传感器测量电路如图6-65所示，可在一定范围内按设定值自动调节喷嘴高度，确保在加工过程中激光焦点与被加工板面的最佳相互位置关系，具有一定的防撞功能。

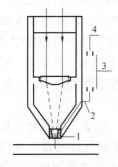

图6-64　电容传感器的工作原理

1—喷嘴传感器　2—引线

3—检测电路　4—传输电缆

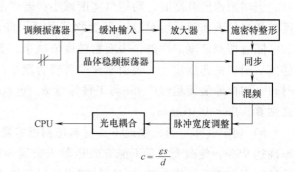

图6-65　调频式电容传感器测量电路图

7）其他参数。除了上述影响激光切割质量的因素之外，还有很多因素影响着激光切割板材的质量，简述如下：

① 数控编程。在需要对某一金属板材进行激光切割时，先用工艺编程软件进行数控编程，同时完成材料的下料尺寸计算、排样、工艺参数设定。

② 板材表面状态。对于不同的材料，由于自身的热物理性能及对激光的吸收率不同。CO_2激光器的激光波长为10.6μm，非金属材料对它的吸收较好，具有较高的吸收率，而金属材料则对10.6μm光束吸收较差。吸收率越高，越有利于切割。对铜和铝板的切割，需要加装特殊的防反射装置，且激光功率较大，一般要在2500W以上。

材料的表面状态直接影响对光束的吸收，尤其是表面粗糙度和表面氧化层会造成表面吸收率的明显变化。在激光切割实践中，有时会在铝板表面涂上吸收材料层，可明显提高切割速度。

（3）外光路系统的影响　外光路系统的光学元件应定期检查、及时调整，确保光路稳定，防止出现偏置，以获得良好的切割质量。激光器在长时间的使用过程中，有时镜片会受到污染，功率下降，可在擦镜纸上滴几滴分析纯丙酮轻轻地擦拭镜片表面，反复几次，直至镜片表面清洁、没有污垢和残存痕迹，注意不能用手指压镜片，以免损伤镜片。如镜片上已有擦拭不掉的斑点，说明镜片已损伤，须重换。

（4）光程　光程指激光束从激光器出发到板材加工面所走过的路程。光程的增加会使激光束的波前曲率发生变化，进而影响焦点的位置。特别是在对不锈钢进行无氧化物切割时，必须精确调整激光束的焦点，以获得较为稳定的切割质量。激光束焦点的调整，可借助于一套伺服辅助透镜完成。但在高压切割时，透镜会产生巨大能量，因而最好采用自适应光学系统来完成这一工作。在自适应光学系统中，反射镜的曲率半径可借助压电功率计或冷却水压计进行修正。一个几十分之一微米的微小镜面变形，可使焦点位置偏移几个毫米。自适应光学系统可将焦点精确定位于所需的位置，反射面的失真可小于 0.1mm。采用易变形的球面镜时，加工中必须尽可能保持垂直的入射角，以防止像散而影响聚焦。装有自适应光学系统的激光切割机，能够处理长距离移动加工，并能保证在整个加工区域内进行稳定的高质量激光切割。

表 6-19 为低功率 CO_2 激光对各种金属材料的切割参数。表 6-20 为 2～20kW 大功率 CO_2 激光对各种金属材料的切割参数。表 6-21 为国内 200～500W CO_2 激光对各种金属材料的切割参数。表 6-22 为利用激光切割法切割某些材料的数据，供参考。

表 6-19　各种金属材料的激光气体切割参数

材　料	板厚 /mm	切割速度 /(m/min)	割缝宽度 /mm	激光功率 /W	喷射气体
Ti-6A1-4V	10	2.5	1.6	260	O_2
Ti-6A1-4V	6.5	2.8	1.0	250	O_2
Ti-6A1-4V	2.2	3.8	0.76	210	O_2
Ti-6A1-4V	1.3	7.6	0.76	210	O_2
纯钛	0.5	15	0.38	135	O_2
碳钢 C1010	3.2	0.55	1.0	190	O_2
06Cr18Ni11Ti	1.3	0.76	0.5	165	O_2
铝合金	0.45	15	0.5	230	O_2

表 6-20　大功率 CO_2 激光对各种金属材料的切割参数

材　料	板厚 /mm	切割速度 /(m/min)	切割宽度 /mm	激光功率 /kW	喷射气体
铝	13	2.3	1.0	15	—
碳钢	6.5	2.3	1.0	15	—
不锈钢 06Cr19Ni10	5	1.3	2.0	20	—
不锈钢 06Cr19Ni10	13	1.3	—	10	N_2
热处理钢 5061	45	0.4	—	10	N_2
热处理钢 5061	25	1.1	—	10	N_2
铝 6061	13	2.5	—	10	N_2
钛	25	4	—	10	N_2
不锈钢 06Cr19Ni10	3	3	—	2	O_2
镍铬系合金 75	1.0	12	—	2	O_2
钛合金	1.2	12	—	2	空气

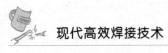

表 6-21　国内 200～500W CO_2 激光对各种金属材料的切割参数

材　料	厚度/mm	切割速度/(mm/s)	透镜焦距/mm	吹氧压力/($\times10^4$N/m^2)	激光功率/W
高速钢	1.75	8.2	50	15	200
AS 钢	2	11.1	50	15	200
不锈钢	2	10	50	15	200
合金钢	4	8.2	50	15	200
45 钢	3	10	50	15	200
Q345(16Mn)	2.5	11.6	50	15	240
Q235	7	350	150	60	500
45 钢	12	280	150	40	500
不锈钢	4	430	90	60	500
锰钢	8	535	150	40	350
高强度钢(CrWMn)	5	280	90	60	500
钴基合金	2.5	350	90	60	500
马口铁	0.5	>3750	90	60	500

表 6-22　利用激光切割法切割某些材料的数据

种类	材料名称	厚度/mm	激光功率/W	辅助气体	切割速度/(m/min)
金属	低碳钢	2.3	850	O_2	1.80
	合金钢	3.2	3000	O_2	3.30
		9.8	6000	O_2	1.50
	不锈钢	0.8	350	O_2	0.23
		0.8	850	O_2	0.36
	铝合金	6	3800	CO_2	0.03
		12.5	16000	CO_2	2.64
	钛合金	2.24	210	O_2	3.81
		5.0	850	O_2	3.30
非金属	无光纸	0.33	60	空气	28.8
	上光纸	0.33	60	空气	40.0
	丙烯	3.1	300	空气	1.83
	聚氯乙烯	3.2	300	空气	3.60
	维尼龙	36 层	330	空气	0.026
	皮革	3	225	空气	3.05
	橡木	16	300	空气	0.28
	松木	50	200	空气	0.13
	硬质纤维板	3.8	300	空气	0.19
	胶合板	4.8	350	空气	5.30

6.4.4　光纤激光器切割工艺

由于光纤激光器在工业加工领域具有多方面优势，被誉为第三代最先进的工业加工激光器。与传统 CO_2 激光器和固态激光器相比，光纤激光器体积小、效率高、节能环保、使用成本低；且有抗振和不怕灰尘污染的优点，其光束质量高，非常适合工业环境，其应用领域已经扩展到汽车制造、船舶制造和航空制造业等的金属和非金属材料的激光切割。尤为重要的是，光纤传输特性可保证与机械手便捷衔接，实现柔性和自动化加工，是柔性加工装备的核心器件。

光纤激光器的切割工艺参数有如下几种。

1. 激光功率

激光功率是切割得以进行的基本条件，当激光功率增加时，工件表面得到的激光能量密度随之增加，如果激光功率过小，则难以切透材料，在切割开始时最好使用较大的功率。

在采用辅助气体分别为 N_2 和 O_2 时，由于 O_2 引起材料燃烧放出热量，参与到切割过程，所需功率较小，而 N_2 切割完全依靠激光能量，所需功率较大。当辅助气体为 N_2 时，切口宽度变化随着功率的变化不大，采用 O_2 切割时，在其他参数不变的情况下，激光功率增加，传到工件表面的热量增加，导致切口处更多金属被熔化，形成切口宽度增大。

激光功率对切割面波纹以及底部挂渣的影响不大，随着激光功率的增加，切割面的形态没有明显变化。

例如在 3mm 厚的碳钢切割中，功率越大，切口也越宽。如果功率过大，则热影响区变大。光纤激光器的功率变化范围较宽，当速度为 3m/min 时，用 1200W 能得到好的切割端面，用 2kW 也能得到质量稳定的切割端面。在 10mm 厚碳钢的切割中，因为能量的需要，激光功率必须在 1800W 以上。

2. 切割速度

使用 O_2 作为辅助气体，当激光功率和辅助气体压力等条件一定时，切口宽度随着切割速度的增加而减小。当切割速度较高时，切口宽度趋向平稳。当切割速度较低时，切口随切割速度增加而明显变小，此时低速氧化作用产生的热量对切口作用明显，多余的热量传递到工件，形成较宽的切口，当速度增大与氧化速度匹配时，切口变窄。

在使用辅助气体为 N_2，激光功率为 4kW 时，切割速度对切割面波纹、底部挂渣以及底部表面粗糙度的影响较大，呈现一种抛物线关系。速度较低时，切割面波纹宽，存在底部挂渣，表面粗糙度值较大，随着速度的增加明显得到改善；但是，超过某一最佳值（2.0m/min）时，切割面波纹、表面粗糙度变化小，又出现挂渣，继续增加到某值（2.5m/min）将切不透工件。

3. 辅助气体及压力

采用了 N_2、O_2 两种辅助气体，采用 N_2 需要的功率和切割气体压力相对较大，两种气体形成的切割面状态以及挂渣情况都不同。采用 N_2 切割面光亮，挂渣尖锐；而由于 O_2 有助燃氧化作用，其切割面较暗。

切割气体压力的改变对表面粗糙度、切割面波纹影响不大，但是对底部挂渣形成的作用很大。当压力较小时，激光功率和速度的变化都无法完全消除挂渣，增大压力，挂渣明显减小，但是到一定值后，变化就很小。当 N_2 压力超过 1.7MPa，O_2 压力超过 0.7MPa 以后，切割面的质量没有明显的改善，可能是由于切口的影响使气流在切口里产生紊乱造成的。

例如光纤激光切割 10mm 碳钢时，切割速度为 0.9m/min、功率为 2kW、焦点为−2mm，气压为 0.1MPa 较合适。

在相同气压下，气体流量的大小又往往由喷嘴决定，当气压一定，喷嘴直径变大时，气体流量增大，但是压力在喷嘴处也变小。因此，为了维持喷嘴处的压力，当喷嘴直径增大时，气压也要增大。在薄板和中等厚度碳钢的切割中，喷嘴的直径一般选用 1.5mm。

4. 焦点位置

在激光切割中厚板时，焦点位置最好是靠近工件下表面，焦点位置对切口宽度的影响较大，采用负离焦量时，当焦点位置越接近底部，切口宽度越大。

焦点位置的改变对于中厚板不锈钢的激光切割质量影响很大。焦点往上移动后，底部有渣，切割面下部成形很差，尤其是采用 N_2 切割不锈钢时，根据焦点位置不同，切割面有明显的分界线。分界线以上的条纹精细，下面的条纹粗糙、不规则，分界线接近工件底部，这种现象就能消减。

光纤激光器切割 3mm 碳钢时，选用+（2~4）mm 正离焦量能达到好的切割效果。在切割 10mm 碳钢时，选用−（1~3）mm 负离焦量能达到好的切割效果。

5. 光束入射角度

通过改变相对于切割方向切割枪向后倾斜的入射角度对切口的影响。随着入射角度的增大，对切口宽度没有很大影响，对切割面波纹有影响，角度越大，波纹倾斜越大。光束入射角增加后会导致反射加大、输入工件材料的激光能量减少、用于切割的有效能量减少，所以增大角度就要适当增加激光功率来确保切透工件。另外，入射角增大后，同时导致焦点位置发生上移，还会影响辅助气体对切割的作用，底部挂渣增加。在 6mm 不锈钢切割中，光束入射角度大于 25°以后很难得到良好的切口质量。

6.4.5　三维激光切割技术

1. 三维激光切割的优点

1）切割精度高、速度快、加工效率高，并且是一种绿色加工。

2）切割的柔性高，只要更改切割程序就可切割不同形状的工件。

3）热影响区小、切口平滑无毛刺，无须对切口进行后续处理便可直接使用。

2. 三维激光切割机数控编程

三维激光切割的轨迹复杂，运算量大，导致程序长且编写困难，手工编程无法满足要求，常用的编程方法是示教编程和离线自动编程。

（1）示教编程　在三维激光切割应用的初期，主要采用示教编程，高速示教录返程序框图如图 6-66 所示。在示教前，必须用数控加工机床在工件的表面上刻线，以确定激光切割的轨迹。刻线质量严重影响示教的精度。在示教时，利用示教手持盒控制切割头沿已经刻好的轨迹线行走，切割头与工件轨迹线上各点的法线方向是否吻合，完全依赖于操作者的技术水平和经验，因此会产生很大的主观累积误差。切割头在行走过程中，数控系统会自动产生机器代码文件，按照此数控程序切割后的完成件摆放于检具上进行验证。由质检部门提供修正值，经过反复示教，得出最终的修边线与孔位，转换成加工程序进行加工。

示教编程存在如下缺点：切割质量密切依赖于操作者的经验，精度不能准确控制，无法保证切割的质量。提取切割轨迹时，工作量大、费力、费时，且容易出错。

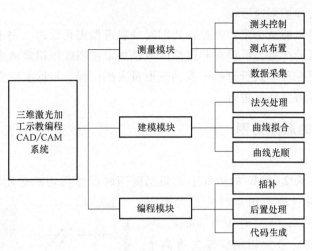

图 6-66　高速示教录返程序框图

示教编程技术在三维激光切割应用的初期发挥了积极的作用，目前已逐渐被离线自动编程技术取代。

（2）离线自动编程　离线自动编程技术主要依靠先进的计算机软件技术，实现 CAD/CAM 的一体化。待切割零件的 CAD 数据模型经过软件的适当处理，便可自动生成机床识别的数控代码，然后经过局域网络或其他方式传输给机床进行加工。离线自动编程不仅省力、省时，而且准确性好，加工精度高。

在三维激光切割领域中，使用最广泛的离线自动编程软件是 PEPS Pentacut。PEPS Pentacut 是专为三维五轴激光加工机床开发的离线自动编程软件，其自动编程的流程如图 6-67 所示。

三维激光切割要求精确定位，以保证切割的精度。在构建 CAD 数模时，应在模型上创建三个定位点。把 CAD 数模文件导入 Pentacut 软件，将其中的三个定位点坐标值与覆盖件放置在机床上三个点的实际测量坐标值相匹配，可以计算出误差，将误差调整至可接受的范围，即完成工件在机床上的定位。选择切割轨迹时，切割轨迹上每个点的法线和激光头的运动路线会自动显示出来。根据法线的方向和疏密程度来确定不同位置的切割工艺参数。

碰撞检查和切割模拟是离线编程软件提供的重要安全防护措施，系统会根据设定的工艺参数自动检查激光头在运动过程中是否会和工件发生碰撞，以消除实际切割过程中可能产生的隐患，减少财产的损失。在切割模拟时，根据激光头的运动状态，还可以预先判断切割工艺参数的设置是否合理。

对于形状复杂的工件，在拐角和陡峭边沿处经常会出现法线密集现象，切割时由于激光能量堆积而容易产生过烧，需要在数控编程时作适当处理，一般的方法是在法线密集区域添加工艺点，使该区域的法线平滑过渡，从而改变法线的方向和密集程度，同时切割工艺参数要采用脉冲激光，并降

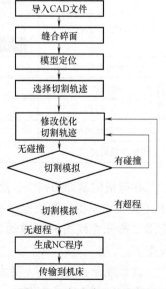

图 6-67　自动编程的流程

低激光功率、占空比和切割速度。

工件定位时要尽可能减小定位误差，切割时一般遵循先孔后边、先小后大、先内后外的原则。对于特殊形状的产品，可以在非碰撞区域添加定位销或压钳来减小变形。对于变形比较大的产品，则需要在程序执行过程中找到变形量大的位置，根据实际变形量大小手动修改完善程序，这一过程需要反复进行。

6.4.6 金属材料的激光切割

1. 碳钢的切割

在激光输出功率为 2~6kW 的情况下，切割碳钢时板厚与切割速度的关系如图 6-68 所示。在确保切割质量、稳定切割时的最大板厚为：2kW 时约为 16mm；6kW 时约为 30mm。与其他热切割方法相比，最大切割板厚为等离子弧切割的 1/2、气体切割的 1/10~1/5，切割速度为等离子弧切割的 1/3~1/2、气体切割的 2~5 倍。

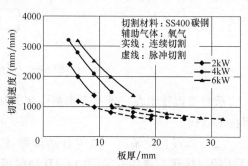

图 6-68 切割碳钢时板厚与切割速度的关系

切割板厚为 12mm 的低碳钢时，不同切割方法切割面质量比较见表 6-23。激光切割与气体切割、等离子弧切割相比较，具有切割面处有细条痕、切割沟槽较细、上部边缘没有熔化等特征。

表 6-23 不同切割方法的切割面质量比较

切割方法		气体切割	等离子弧切割	激光切割
切割面 （板厚 12mm）				
切割沟槽形状 （板厚 12mm）				
切割质量	表面粗糙度 $Rv/\mu m$	50	30	30
	挂渣的黏着	无	无	无
	斜角	1°以下	1.5°以下（只有一侧）	0.6°以下
	上边缘的熔化	稍微有弧形	有弧形	无
	切割沟槽的宽度/mm	1.5	3	0.7

在碳钢的激光切割中，烧伤是常见的切割缺陷。烧伤是指切割材料（钢铁）和辅助气体（氧气）发生过剩反应，不仅在激光的照射区域，而且延伸到辅助气体（氧气）的喷射范围（激光光线照射区域周围数毫米范围），导致切割沟槽变宽及切割面粗糙等现象的发生。

这种现象在切入处、拐角部等热量容易聚集的地方以及切割材料的裂痕处和异物附着处较易发生。防止方法有两种：一种是在二重割嘴的外周部位喷放氧气和空气的混合气体；另一种是使辅助气体（氧气）的纯度降低以及仅在热量容易聚集的部分抑制激光输入热量。

2. 涂装钢板的切割

为了防止钢板生锈，较多使用涂装钢板。激光切割涂装钢板时，与切割无涂装钢板相比，最大切割板厚约为后者的 80%，切割速度降低至后者的 70% 左右。但是这种影响会根据涂料中锌（Zn）的含量和涂料膜厚度的不同有很大变化。涂料中锌的含量越多且涂料膜厚度越厚，切割速度越慢。为良好地切割涂装钢板，涂料膜厚度应尽量薄，涂料中的锌含量应尽量少，也可事先用激光烧掉切割线上的涂料，以降低对切割的影响。

3. 不锈钢的切割

采用氮气和氧气作为辅助气体时的切割面如图 6-69 所示。使用氧气时，切割面因为被氧化而变黑；使用氮气时，切割表面呈现金属光泽的银白色。因此，在切割不锈钢钢板时，通常使用氮气作为辅助气体。氮气的纯度非常重要，如果纯度变低，切割面将从带金属光泽的银白色依次变为金黄色、绿色及黑色。要得到银白色的切割面，板厚越厚，对氮气的纯度要求越高。当板厚为 12mm 以上时，需要体积分数为 99.9995% 以上的高纯度氮气。可切割的板厚分别为：6kW 激光时约 30mm，4kW 激光时约 20mm。激光输出功率为 2~6kW，使用氮气作为辅助气体时，板厚和切割速度的关系如图 6-70 所示。

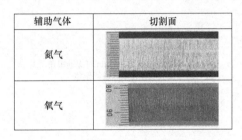

图 6-69　不锈钢的切割面（板厚 12mm）

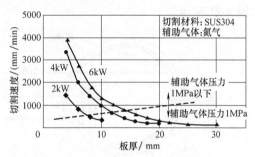

图 6-70　板厚和切割速度的关系

4. 工业纯铝的脉冲激光切割

铝是一种具有良好的导电传热性及延展性的轻金属，被广泛应用在航空航天、汽车制造及生活的各个领域。纯铝的熔点低（660.4℃）、热导率高（切割区的热量易被传导走），对激光的吸收率很低，比铁系金属难切割，不但切割速度慢，而且切口下缘易黏渣，切割面也比较粗糙。工业纯铝一般采用 CO_2 连续或 YAG 脉冲激光切割，而连续激光很难完成穿孔。

采用 YAG 脉冲激光器切割工艺参数如下：

（1）输出功率　输出功率用电流表示。电流越大，则聚到铝表面的能量越高，切口就会越大，因此电流选择要合适，不能太大也不能太小。对于一定厚度的铝板，应选择最小的、可一次割透铝板的电流。

（2）焦点位置　焦点位置控制的好坏对于切口质量的影响非常大。通常来说，切割铝材时则需将焦点设定在加工件表面以下，以扩大切口宽度，达到增加辅助气体流动的目的。焦点位置设定在靠近板面下面的位置，就可获得良好的加工质量。

（3）切割气体　切割纯铝时，辅助气体的种类和压力对切割速度、切口底部黏渣和切割面的粗糙度都有很大影响。采用 N_2 作辅助气体，因切割过程中 N_2 基本上不与母材发生反应，所形成的熔渣黏度不大，即使挂在切口底部也容易清除，气体压力大于 0.5MPa 就能获得无黏渣的切口，但切割速度低。采用 N_2 作辅助气体切割工业纯铝及铝合金时，切割速度低时，表面粗糙度值小。

6.4.7　激光焊与激光切割的危害及预防

1. 激光焊与激光切割中激光辐射造成的危害

激光焊一方面具有常规焊接的危险性和有害性（如机械伤害、触电、灼烫等）；另一方面，其特有的危害是激光辐射。激光强度高，能与身体组织产生极剧烈的光化学、光热、光动力、光游离、光波电磁场等交互作用，对操作者造成严重的伤害。周围的器材尤其是可燃、易爆物，也会因其引起灾害。

（1）对眼睛和皮肤的危害　人眼的角膜与结膜没有如一般皮肤角质层的保护，最容易受到光束及其他环境因素的伤害。激光的强度很高，以致在眼睑的反射动作产生保护作用之前，就造成伤害。因此在激光焊时一般建议尽量不要用眼睛直视激光，进行焊接操作时，必须佩戴激光焊接专业防护眼镜。当眼睛被照射时，视网膜会烧伤，引起视力下降，甚至会烧坏色素上皮和邻近的光感视杆细胞和视锥细胞，导致视力丧失，对眼睛的防护要特别关注，如图 6-71 所示。

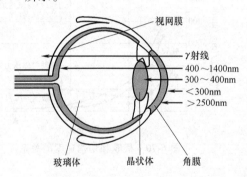

图 6-71　激光焊对眼睛的伤害

当脉冲激光的能量密度接近每平方厘米数焦耳时，皮肤就可能遭到严重的损伤。可见光波段（400~700nm）和红外波段激发的辐射会使皮肤出现红斑，进而发展成水泡；极短脉冲、高峰值功率激光辐射会使皮肤表面炭化；对紫外线激光的危害和累积效应虽然缺少充分研究，但仍不可掉以轻心。

激光辐射到眼睛或皮肤时，如果超过了人体的最大允许照射量时，就会导致组织损伤。最大允许照射量与波长、波宽、照射时间等有关。照射时间为纳秒和亚纳秒时，主要是光压效应；当照射时间为 100ms 时，主要为光化学效应。

（2）附加辐射的危害性　激光装置所产生的未经放大的电磁辐射，会由激光装置的激光出口或机壳的缝隙溢出。由于其中可能有游离辐射，如紫外线或 X 射线，可能会引起伤害，尤其是长期曝照之后的危险性更大。

（3）其他危险性

1）高压电击。激光器与高压电（闪光灯的激励装置）及大电能储能装置等相连，存在致命电击的可能性。

2）电路失火。当电线短路、超载或电路旁边的器材不耐高温或撞击电路部分容易造成起火。

3）电路组件爆裂。激光器中的电容器、变压器最有可能爆裂，造成击伤、失火、短路等。

4）其他爆裂。激发激光用的强闪光灯，充有介质的气体管或离子体管，可能因为不小心碰撞而爆裂。

5）低温冷剂或压缩气体的危险性。激光器所用的低温冷剂或压缩气体可能因容器（如钢瓶）不安全或放置不当而造成危险。

6）有毒气体或粉尘。激光束与焊件相互作用会产生对人体有害的物质；激光深熔焊时产生的某些金属烟雾是有害物质；剧烈等离子体的形成会产生臭氧等。

2. 激光焊与激光切割中危害的预防

1）设备与房间表面应无光泽，应敷涂吸收体，以防反射，房间应妥善屏蔽。

2）激光设备及作业地点应设置在专门的房间内，并设有安全警告标志。

3）在激光加工设备上设置激光安全标志，激光器无论是在使用、维护或检修期间，标志必须永久固定。激光辐射警告标志一律采用正三角形，标志中央为 24 条长短相间的阳光辐射线，其中长线 1 条、中长线 11 条、短线 12 条，如图 6-72 所示。

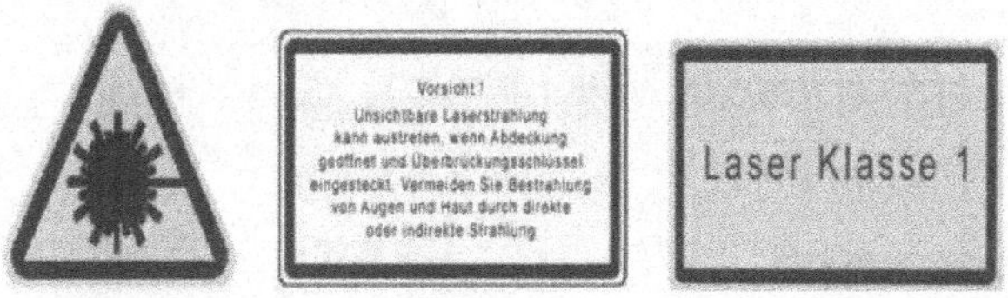

注意激光辐射　　　　　操作提示　　　　　1类激光

图 6-72　警示标牌

4）激光器应装配防护罩，以防止人员接受的照射量超过标准，或装配防护围封用于避免人员受到激光照射。最有效的措施是将整个激光系统置于不透光的罩子中。

5）工作场所的所有光路（包括可能引起材料燃烧或二次辐射的区域）都要予以密封，尽量使激光光路明显高于人体。

6）激光器工作能源为高压设备，应设护栏和安全标志，以防电击或灼伤。

7）维修人员必须定期检查激光器中的电容器、变压器等电路组件，并作必要的更新，避免过度使用而爆裂，造成击伤、失火、短路等事故。

8）设备必须有可靠的接地或接零装置，绝缘应良好，不可超载使用。

9）对低温冷剂或压缩气体的容器应定期检测，并按安全规定放置。

10）工作场所应有功能完善的局部抽气排烟设备，烟气排出之前应妥善过滤。

11）激发激光用的强闪光灯、充有介质的气体管或等离子体管等，应有坚固的防护罩，防止受撞击而爆裂，并应防止摔落。

3. 个人防护安全技术

1）作业前显示指示灯，通知操作人员做好防护。

2）作业时必须双人作业，一人操作、一人监护。

3）激光器运行过程中，任何时候不得直视主射束。

4）作业过程中如发现眼睛视物异常，应立即到医疗部门进行视力检查和治疗。

5）加强个人防护。即使激光加工系统被安全封闭，工作人员亦有接触意外反射激光或散射激光的可能性，所以个人防护不能忽视。个人防护主要使用以下器材和防护品：

① 激光防护眼镜。最重要的部分是滤光片（有时是滤光片组合件），它能选择性地衰减特定波长的激光，并尽可能地透过非防护波段的可见辐射。激光防护眼镜有普通型、防侧光型和半防侧光型等几种。

② 激光防护面罩。实际上是带有激光防护眼镜的面盔，主要用于防紫外线和激光。

③ 激光防护手套。工作人员的双手最容易受到过量的激光辐射，特别是高功率、高能量激光的意外照射，对双手的威胁很大。

④ 激光防护服。防护服由耐火及耐热材料制成，是一种反射较强的白色防护服。

6）对操作人员进行安全培训。

复合热源焊

7.1 概述

复合热源焊是指激光与其他性质不同的热源组成复合热源进行焊接的工艺方法。主要有激光-电弧复合焊、激光-电阻热复合焊和激光-摩擦热复合焊三大类。其中激光-电弧复合焊又分为激光-钨极惰性气体保护电弧（TIG）复合、激光-熔化极气体保护焊（MIG、MAG、CO_2）复合、激光-等离子弧复合焊等几种形式。各种复合热源焊接方法的特点及适用范围见表7-1。

表 7-1　各种复合热源焊接方法的特点及适用范围

复合热源焊		特　点	应用范围	原理图
激光与电弧复合	LB-TIGA	利用激光防止 TIG 电弧漂移,稳定电弧,同时利用 TIG 电弧增加激光的吸收率以及降低激光焊接对接头间隙的要求,大大提高了焊接速度。匙孔直径比单一激光焊接的要大,有利于气体的逸出,减少了焊缝中的气孔。光束与电弧可以是同轴也可以是旁轴排布	薄板焊接,尤其适合于焊接高热导率的金属	
	LB-MIGA	可以降低对焊缝对中的要求,增强焊接适应性,提高焊缝熔深,调节焊缝的化学成分,改善焊缝成形,减少气孔、咬边等缺陷的形成。由于存在送丝和熔滴过渡等问题,激光与 MIG 电弧的复合大都采用旁轴复合方式	适合于中厚板以及铝合金等难焊金属的焊接	
	LB-DA（双电弧）	将激光与两个 MIG 电弧同时复合在一起组成的焊接工艺。在无间隙接头焊接时,激光-双电弧复合热源的焊接速度比一般的激光-MIG 电弧复合热源提高 33%,单位长度的能量输入减少 25%,间隙裕度可达 2mm,且焊接过程非常稳定,远远超过激光-MIG 电弧复合热源的焊接能力。自动化程度较激光与单-MIG 电弧更好。其原理图比右图多一个焊枪	适合于中厚板以及铝合金、镁合金、双向钢等难焊金属的焊接	
	LB-PA（等离子弧）	等离子弧的预热效果可提高激光的吸收率,激光也有压缩、引导等离子弧的作用,使等离子弧向激光的热作用区集中。与激光-电弧复合热源焊接不同,激光-等离子弧复合焊时,等离子体是热源,它吸收激光光子能量并向焊件传递,反而使激光能量利用率提高。此外,只有起弧时才需要高频高压电流,等离子弧稳定,电极不暴露在金属蒸气中	适用于薄板对接、镀锌板搭接、钛合金、铝合金等高反射率和高热导率材料的焊接及切割、表面合金化等	

原理图说明：激光束　60°　焊枪　焊接方向　凝固金属　焊件　熔池金属

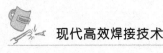

（续）

复合热源焊		特　点	应用范围	原理图
激光与电阻热复合	LB-HRFW（高频感应焊接）	利用高频感应热源对工件进行预热，在焊件达到一定温度后，再用激光对焊件进行焊接。激光-高频感应复合焊接与单纯激光焊接相比，可以起到改善接头组织性能、降低裂纹和气孔倾向以及进一步提高焊接效率的效果。此外，高频感应热源与激光具有非接触环保型加热的特点	管状、棒状焊件的焊接，容易出现焊接裂纹的高碳钢、高合金钢的焊接	
激光与摩擦热复合	LB-FSW（搅拌摩擦焊）	在搅拌头搅拌前利用激光能量预热焊件，可获得较低的搅拌头磨损、较高的焊接速度、减少能量消耗	镁合金、铝合金等高反射率材料的焊接，大型件的对接	

7.2　激光-电弧复合热源焊

　　激光焊是一种高效率、高精度、适应性强的焊接方法。但在激光焊时，遇到以下一些问题：由于光束直径很小，要求被焊焊件装配间隙小于0.5mm；在激光焊开始还未形成熔池时，热效率极低；在大功率激光焊时，产生的金属蒸气和保护气体一起被电离，在熔池上方形成等离子体，当激光束入射到等离子体时，会产生折射、反射、吸收，改变焦点位置，降低激光功率和热源的集中程度，即激光焊接时等离子体的负面效应，从而影响焊接过程。

　　为避免单独激光焊所存在的问题，激光-电弧复合焊成为最好的解决方案之一。激光-电弧复合热源既综合了两种焊接热源的优点，又相互弥补了各自的不足，还产生了额外的能量协同效应。激光-电弧复合焊的两种热源相互影响和支持，焊接速度比单纯激光焊高，是传统电弧焊速度的5~10倍。同时，其焊缝的熔深和根部焊缝的熔宽都比单纯的激光焊大，激光的热源有引导熔融填充金属流向焊缝底部的作用，所以复合焊的焊缝光滑、疲劳强度高，应力集中系数也得到了改善。

　　由于与电弧焊复合，使得熔池宽度增加，装配要求降低，焊缝跟踪容易。由于电弧可以解决初始熔化问题，对激光的反射减少，提高了激光的吸收率，从而可以大大降低激光器的输出功率，减少使用激光器的功率。同时电弧焊的气流也可以解决激光焊金属蒸气的屏蔽问题，从而避免表面凹陷所形成的咬边，而激光焊的深熔和快速、高效、低热输入特点仍保持。

　　激光-电弧复合热源焊是一种高效率的焊接方法。激光-电弧复合焊与其他焊接技术相比，无论是从工艺角度，还是从经济角度来看，复合焊接技术都有着无与伦比的优点，势必成为未来的焊接主力。

7.2.1　激光-电弧复合热源焊的基本原理

　　激光-电弧复合热源焊的原理如图7-1所示。激光-电弧复合热源焊时，激光与电弧同时作用于金属表面同一位置，外加电弧后，低温低密度的电弧等离子体使光致等离子体被稀释，激光能量传输效率提高；同时电弧对母材进行加热，使母材温度升高，母材对激光的吸收率提高，焊接熔深增加。另外，激光熔化金属为电弧提供自由电子，降低了电弧通道的电阻，电弧的能量利用率也提高，从而使总的能量利用率提高，熔深进一步增加。激光束对电弧还有聚焦、引导作用，使焊接过程中的电弧更加稳定。

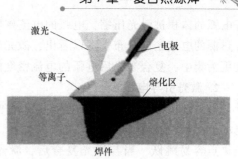

图 7-1　激光-电弧复合热源焊的原理

7.2.2　激光-电弧复合热源焊的复合形式

激光-电弧复合热源焊主要有以下几种形式。在复合焊中，参与复合的激光包括 Nd-YAG（钕-钇铝石榴石）激光、CO_2 激光等；电弧包括 TIG 电弧、MIG/MAG 电弧以及等离子弧，称为激光-钨极惰性气体保护电弧（TIG）复合焊、激光-熔化极气体保护电弧（MIG、MAG、CO_2）复合焊、激光-等离子弧复合焊等，利用各种复合形式焊接所得的结果也不尽相同。同时根据激光、电弧在焊接时的空间位置不同，又可将其分为旁轴和同轴两大类，如图 7-2 所示。与常用的旁轴激光-电弧复合焊相比，激光-电弧同轴复合可以在焊件表面提供对称热源，焊接质量不受焊接方向影响而适于三维焊接。

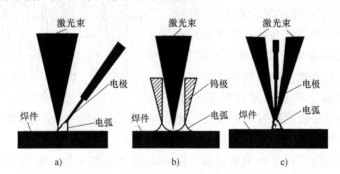

图 7-2　激光-电弧复合类型

a）激光-电弧旁轴复合　b）激光-TIG 同轴复合　c）激光-电弧同轴复合

7.2.3　激光-电弧复合热源焊的物理特性

激光-电弧复合的形式一般是气态或固态激光器与 TIG、MIG 或等离子弧复合。在复合两种热源的过程中，形成了一种增强适应性的焊接方法。激光与电弧相互作用的机理主要包括以下几方面。

1. 激光压缩电弧

在激光束的辐射下，金属汽化、电离产生高温、高密度的激光等离子体。在激光焊时，等离子体吸收、散射激光能量，降低激光束的穿透能力和焊接效率，它是不利因素。然而，当激光与电弧复合后，等离子体的作用有所不同，激光等离子体为电弧提供了一条导电通道，该通道的电阻最小，因此，大部分电子通过该通道流入焊件，电弧的体积被压缩了。随着电弧的体积被激光压缩，电弧的电流密度也增加了。图 7-3 所示为 TIG 电弧与激光-TIG 复合热源的电流密度分布。可以看出，激光改变了电弧的工作模式，使电弧电流在激光聚焦点处更为集中，复合激光后电弧的电流密度能够提高 2~4 倍。

2. 激光引导电弧

电弧焊接阳极区的导电机构主要是通过热电离或电场电离产生的带电粒子形成阳极斑点，而且通常阳极斑点容易跳跃，当与激光复合后，激光焊接形成的小孔熔池附近的等离子体，为电弧提供了导电的带电粒子，使阳极斑点非常稳定，而且小孔处温度较高，从而导致电弧偏向小孔处。这种现象在高速焊接时尤为明显。对于电弧焊接，当焊接速度超过 2m/min 时，就不能形成稳定的电弧，而复合激光后，即使焊接速度提高到 10m/min，电弧仍然被牢牢地固定在激光焊所形成的小孔处。另外，与激光复合能够使电弧引燃变

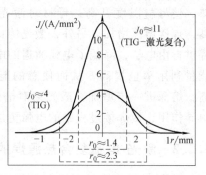

图 7-3 TIG 电弧与激光-TIG 复合
热源的电流密度分布

得更容易。例如单独采用交流 TIG 焊焊接铝合金时，在电流的负半周不易引燃。当采用激光与交流 TIG 复合焊后，由于激光与电弧之间的相互作用，交流电弧引燃变得很容易，电弧稳定。两种情况下交流 TIG 焊的焊接电流波形如图 7-4 所示。

3. 电弧稀释激光等离子体

当附加小电流电弧时（30~50A），激光焊时等离子体的密度可以被降低。这种稀释作用能够降低激光焊时等离子体对激光的散射、吸收，进而增加材料对激光的吸收率，增加熔深。经测定单独电弧、单独激光和激光-电弧复合焊三种情况的电子密度后发现：激光与电弧复合后使电子密度降低，即等离子体被稀释

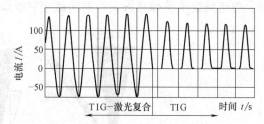

图 7-4 交流 TIG 焊的焊接电流波形

了。但是这种稀释作用仅限于小电流电弧，随着电弧电流的增加，电弧的温度也不断升高，体积不断膨胀，等离子体对激光的阻碍作用随之增加，激光的能量大部分用于加热电弧，导致电弧的体积进一步膨胀。这种条件下的焊缝，熔宽较大，熔深反而减小。

7.2.4 激光-电弧复合热源焊的特点

在激光-电弧复合热源焊接中，激光和电弧相互作用、取长补短。通过激光与电弧的相互影响，充分发挥每种焊接方法的优点并克服某些不足，进而产生良好的复合效应。与激光焊相比，激光-电弧复合热源焊可显著增加焊接熔深，提高焊接速度与生产率，改善接头性能，降低焊接成本。

激光-电弧复合热源焊的主要优点如下：

（1）有效地利用激光能量　激光焊的能量利用率低的重要原因是焊接过程中产生的等离子体云对激光的吸收和散射，且等离子体对激光的吸收与正负离子密度的乘积成正比；如果在激光束附近外加电弧，电子密度显著降低，等离子体云得到稀释，对激光的消耗减小，焊件对激光的吸收率提高，而且由于焊件对激光的吸收率随温度的升高而增大。电弧对焊接

母材接口进行预热,使接口开始被激光照射时的温度升高将母材熔化,也使激光的吸收率进一步提高,所以激光能量利用率提高。尤其对于激光反射率高、热导率高的材料更加显著。

(2) 增加熔深 激光等离子体具有高温、高密度的特点,而电弧则是低温、低密度等离子体。激光复合电弧后使激光等离子体密度大大降低,使其对激光的吸收系数减少,增大了激光的穿透能力。另外,电弧首先对焊接部位进行加热,提高了焊件表面温度,预热后的焊件可以提高对激光的吸收率,从而提高激光焊接效果。在电弧的作用下,母材熔化形成熔池,而激光束又作用在电弧形成熔池的底部,加之液体金属对激光束的吸收率高,因而复合焊较单纯激光焊的熔深大。

(3) 稳定电弧 在电弧对激光产生作用的同时,激光对电弧的稳定燃烧也起到很好的作用。在一般 TIG 焊中,当焊接速度较快时,阳极斑点就不稳定,特别是在小电流情况下,产生电弧漂移现象。若并用激光焊,则 TIG 电弧就借助激光引起的等离子体而得以稳定。在激光作用下,激光束焦点处产生金属蒸气,为电弧形成阳极斑点提供了条件。因此,电弧被激光吸引,激光束对电弧有聚焦、引导作用,在高速焊接条件下获得稳定燃烧的电弧,这对复合加热是极其有利的。

(4) 焊缝质量高 在激光焊时,由于热作用和热影响区很小,焊接端面接口容易发生错位和焊接不连续现象;峰值温度高,温度梯度大,焊接后冷却、凝固很快,容易产生裂纹和气孔。而在激光与电弧复合焊时,由于电弧的热作用范围、热影响区较大,可缓和对接口精度的要求,减少错位和焊接不连续现象;而且温度梯度较小,冷却、凝固过程较缓慢,有利于气体的排出,降低内应力,减少或消除气孔和裂纹。由于电弧焊使用焊丝或容易使用填丝,对装配间隙要求降低,采用激光-电弧复合焊的方法能减少或消除焊缝的凹陷。

激光-电弧复合焊与激光填丝焊、埋弧焊性能的比较见表 7-2。

表 7-2 激光-电弧复合焊与激光填丝焊、埋弧焊性能比较

焊接类型	埋弧焊	激光填丝焊	激光-电弧复合焊
相对速度(%)	100	150	300
板厚/mm	<12	<15	<15
间隙/mm	2~5	0~0.4	0~1
变形/(mm/m)	<1.5	<0.1	<0.2
疲劳	好	较难控制	很好

7.2.5 激光-电弧复合热源焊的应用

1. 在船舶制造中的应用

激光-电弧复合热源焊在船舶制造的许多方面显示出其独特的优势,尤其是它的搭桥能力相对激光焊而言得到显著加强。最大的焊件间隙可以放宽至 1mm,大大减小了船舶建造中焊前装配的工作量和加工成本,可以提高工效、缩短作业时间并降低成本支出。激光-电弧复合焊的另一个主要优点就在于其焊接变形量非常小,焊后的修整工作量大为减少。激光-电弧复合焊技术越来越受到各国造船厂的重视,欧洲的造船厂已经将激光-电弧复合焊工艺应用于实际生产中。如德国、芬兰、意大利的船厂都有激光复合焊的生产线。美国海军在造船用的厚钢板连接上应用了激光-MIG 电弧复合焊,单道焊熔深达 15mm,双道焊熔深达 30mm。

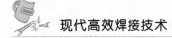

激光-电弧复合热源焊应用于造船业的第一条生产线于 2002 年在德国造船厂实现，该生产线采用 CO_2 激光-MIG（GMAW）复合热源，主要用于船体平板和加强肋的焊接。工艺过程实现自动化，如平板对接焊流程：计算机控制板料进给速度和边缘定位；板料夹紧；焊缝焊前研磨机预处理；板料进给拼缝；复合焊接；夹具松开，板料移走。可对 20m×20m 的部件进行平板焊接，而无须翻转焊件。对接焊可焊厚度达 15mm 且焊接速度达 3.0m/min，可以焊接长 20m、厚 12mm 钢板的角焊缝。

平板对焊焊枪一次可行走范围为 20m×20m，焊缝间隙熔宽达 1mm，与常规电弧焊相比，复合焊热输入减少 10%，5mm 厚板的对接焊，焊接速度可提高 3 倍以上。一些大中型造船厂的中厚板焊接都采用了该项技术。

近年来，一些船体中开始引进铝合金结构，特别是快艇、渡轮、巡逻艇、豪华游船等。传统的焊接方法可焊铝合金种类有限，容易产生缺陷，使铝合金不能充分发挥其优点，限制了它们在造船业中的进一步应用。激光-电弧复合热源焊则可克服上述缺点，是一种有效的解决方法。除了工艺适用的广泛性外，高的生产效率在造船这种长周期的制造工业中更为重要。

2. 在汽车制造中的应用

汽车行业中，随着车辆运输设备朝着轻量化发展。车身框架结构中也更多地引入了铝、铝镁等轻质合金，其主要目的是节约能源、减少污染、改善车辆机动性能以及车身材料的再生性。典型的铝合金车型有德国大众的 Audi A2、A8 及日本本田的 NXS，大众的新款 Audi A8 更是采用了全铝合金框架结构。在铝合金车身焊接中以前主要是采用激光焊和熔化极气体保护焊，随着激光-电弧复合热源焊工艺的成熟，车身焊缝复合焊所占的比例也逐步上升。Audi A8 车身焊缝中有 4.5m 长激光-电弧复合热源焊，主要分布在车架的横向顶框上各种规格和形式的接头。其激光输出功率为 3.8kW，焊接速度为 3.6m/min，送丝速率为 4.5m/min。辉腾（Phaeton）系列车身中，所有的车门也都采用了复合焊，车门的焊缝总长为 4980mm，有 7 条 MIG 焊缝（总长 380mm）、11 条激光焊缝（总长 1030mm），激光-MIG 复合焊缝总长 3570mm。用于汽车车身制造的激光-MIG 复合焊焊枪，安装在弧焊机器人手臂上，几何尺寸小，适合任何空间位置的焊接，在各方向上的调节精度达到 0.1mm。

3. 在石油化工油罐管道中的应用

石油化工的油罐、管道连接也是激光-电弧复合热源焊一个重要的应用方面。通常的石油管道壁厚较大，常规电弧焊需要设计特殊的坡口，进行多道焊。在反复的引弧、熄弧阶段易产生缺陷。激光-电弧复合焊则充分利用电弧焊的桥接能力和激光焊的深熔性，能一次单道焊接成形，减少焊接缺陷，提高焊接效率。

管道激光-MAG 复合焊的焊接装置如图 7-5 所示，它是由安装在复合焊接系统上的激光头和气体保护焊枪构成。X60 钢管激光-MAG 复合焊的焊缝形貌如图 7-6 所示，熔深为 11mm，焊接速度为 1m/min，焊接的焊缝没有缺陷。

由 Nd：YAG 激光-MAG 复合焊焊接的钢管，获得了满足管线钢验收标准 BS 4515 和 API 5L 的深熔焊缝。焊缝低温冲击韧度可以满足要求，X60 钢管激光-MAG 复合焊焊缝的低温冲击吸收能量见表 7-3。

焊接 X80 管线钢不同焊接位置焊缝截面的宏观形貌如图 7-7 所示。焊缝质量良好，无内部缺陷，冲击韧度满足要求。焊缝硬度很高，在酸性环境服役时需要进一步考虑。

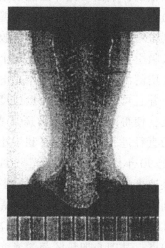

图 7-5　管道激光-MAG 复合焊的焊接装置　　　　图 7-6　X60 钢管激光-MAG 复合焊焊缝形貌

表 7-3　X60 钢管激光-MAG 复合焊焊缝低温冲击吸收能量

取样位置	−10℃时的夏比冲击吸收能量/J	
焊缝中心	106,130,91	平均为 109
热影响区	43,140,90	平均为 91

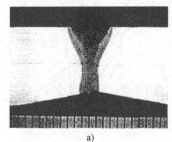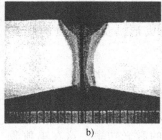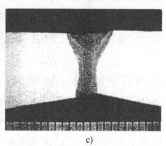

a)　　　　　　　　　　　　b)　　　　　　　　　　　　c)

图 7-7　不同焊接位置焊缝截面的宏观形貌

a) 4G　b) 3G　c) 1G

7.3　激光-TIG 复合焊

7.3.1　激光-TIG 复合焊的作用机理及特点

　　激光-TIG 复合焊是最早出现的一种复合焊形式，主要用于薄板金属的焊接，尤其适合于焊接高热导率的金属。单独 TIG 焊小电流焊接时，电弧不稳定，断续飘移，焊缝成形不良，不均匀，有咬边产生。当采用激光与 TIG 复合焊后，电弧稳定，不再出现断弧现象，焊缝成形良好。由此可知采用激光与 TIG 复合焊后可提高其稳定性，改善焊缝的表面成形质量。其原因是激光加入后，其熔化、蒸发金属为电弧提供了良好的导电通道，使电弧燃烧的阻力减小，电场强度降低，增加了电弧的稳定性。单独电弧焊因电弧能量不够集中而使熔宽较大，熔深较浅；单独激光焊因能量集中，产生小孔效应，熔深较大，深宽比较小；复合焊则形成熔透充分熔宽也大幅增加的焊缝。其原因是电弧对材料表面起预热作用，提高了材料的表面温度，增大了材料对激光的吸收率；再者激光改变了电弧热源特性，激光与电弧复合时，电弧被吸引到激光与材料的光斑上，电弧中心的温度急剧升高，可达 2000K，当电弧中心与周围环境的温差越大时，焊接时电弧收缩越强烈，因此电弧能量越集中，这样就增大了焊接熔深，并且可以明显提高焊接速度，改善单一 TIG 焊时效率低的状况。激光束产生等离子体和小孔，使得薄板上的阳极斑点更加稳定，大大提高了焊接速度。并且激光复合电弧后，小孔的直径进一步扩大，有利于小孔中气体的逸出，这对于减少焊缝中的气孔非常有帮助。20 世纪 90 年代又出现了激光与 TIG 同轴焊接，这种焊接方法无方向性，焊接过程比较稳定，焊接速度也大大提高。而且焊接过程中匙孔直径可以达到单一 YAG 焊时的 1.5 倍，这非常有利于气体的逸出，可以减少焊缝中的气孔。

激光-TIG 电弧复合焊的原理如图 7-8 所示，激光沿轴向垂直于焊缝位置，电弧与激光轴线成一定角度，其中心加热区与激光光斑重叠。激光集中于焊件表面的电弧根部，能够明显提高低电流和长弧时的电弧稳定性，可以最大限度地增加焊接速度与焊接熔透。在高速焊接条件下，激光-TIG 复合焊可以得到稳定的电弧，增加熔深，改善焊缝成形，获得优质焊接接头。

激光-TIG 复合焊的特点如下：

① 利用电弧增强激光作用，可用小功率激光器代替大功率激光器焊接金属材料。

② 在焊接薄件时可高速焊接。

③ 可增加熔深，改善焊缝成形，获得优质的焊接接头。

④ 可以降低母材端面坡口装配精度要求。

激光-TIG 复合焊在工业领域中已得到越来越多的应用。该方法已用于 5250 铝合金的焊接中，在铝合金焊件上形成质量较好焊缝仅需要 600W 的激光功率，这在单独激光焊时是不可能的。而且，适当调节焊接电流后，焊接速度最大可达到 30.5m/min。例如，当 CO_2 激光功率为 0.8kW、TIG 电弧的电流为 90A、焊接速度为 2m/min 时，相当于 5kW 的 CO_2 激光焊机的焊接能力；当 5kW 的 CO_2 激光束与 300A 的 TIG 电弧复合，焊接速度为 0.5～5m/min 时，获得的熔深是单独使用 5kW 激光焊时的 1.3～2.0 倍。而且焊缝没有咬边和气孔等缺陷。这种复合焊技术也已用于不等厚板的焊接，例如汽车底板的焊接及不同壁厚的管道对接等。

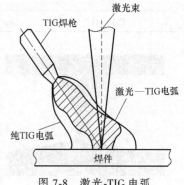

图 7-8　激光-TIG 电弧复合焊的原理

根据复合电弧与激光轴向的不同，激光-TIG 复合焊分为旁轴式和同轴式两种方法。

7.3.2　激光-旁轴 TIG 电弧复合焊

在激光-旁轴电弧复合热源焊过程中，激光与电弧沿焊接方向同时移动，电弧在前，激光在后，如图 7-9 所示。采用该方法可以获得较好的焊接效果，可以降低激

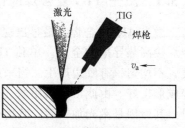

图 7-9　激光-旁轴电弧复合焊

光器的功率要求，节约能源，改善焊缝成形，获得优质的焊缝接头，在焊接薄件时实现高速焊接，提高焊接效率。

激光-旁轴 TIG 电弧复合焊中，由于受到 TIG 焊枪的倾角、电弧中心与激光焦点间距以及两热源的高度等因素的影响，TIG 焊枪的夹持成为关键。考虑到实际焊接工艺需要既能够单独进行激光或电弧焊接，又能够通过调节实现两热源的复合焊接，TIG 电弧焊枪夹持机构如图 7-10 所示。激光-TIG 复合焊焊接装置如图 7-11 所示。

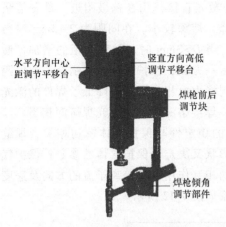

图 7-10　TIG 电弧焊枪夹持机构

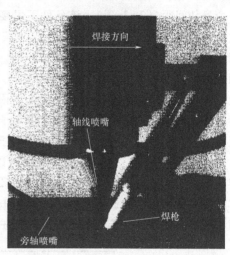

图 7-11　激光-TIG 复合焊焊接装置

激光-TIG 旁轴电弧复合热源焊接参数的选择如下。

（1）激光功率　当焊接电流一定时，随着激光功率的增大而焊接熔深增加。其原因是激光小孔效应是提高焊件能量吸收率的决定性因素。激光小孔形成以后，焊件将通过激光光束在小孔壁上的菲涅耳反射和等离子体反转韧致辐射，大幅度提高激光能量吸收率，否则激光能量只能通过热传导传输，焊件对能量吸收率将急剧降低。当激光功率小时，作用在焊件上的能量有限，不能形成较强的光致等离子体和"小孔"，激光对电弧的引导和稳定作用有限，熔深仅随热输入的增加而缓慢增加，表现为传热熔焊的特征；在激光功率增大时产生了小孔效应，电弧会因为小孔的吸引而不再飘移、跳跃，大量带电粒子从激光等离子进入电弧，导致电弧电阻降低，电流增加，根据最小电压原理，电弧将受到压缩，从而使电弧能量更为集中；其次，位于焊件表面的激光等离子体会因为带电粒子进入电弧而被稀释，有效抑制激光等离子体的膨胀，这将减少激光束在其中因为折射和散射而散失的能量，提高了焊件对激光能量的吸收，提高了焊接熔深，焊接过程由热传导焊变成深熔焊。激光小孔效应是引起电弧压缩的原因，是焊接熔深发生突变的决定因素。

（2）电弧电流　激光功率一定时，随着电弧电流的增加，熔宽增加，电流越大，熔宽越大。由于焊接电流较大时热输入较大，故熔宽较大。但是在焊接电流较大的条件下，随着激光功率的增加，熔宽变化不大，因为激光功率的增加主要导致熔深的增加。而在焊接电流较小，激光功率由小变大时，熔宽变化缓慢，在激光功率较大（如 2～3kW）时熔宽变化十分显著。这是由于在小电流条件下，激光功率大于 2kW 时，会出现小孔效应，激光对小电流电弧的引导作用强，能够强烈压缩电弧，焊件对能量的吸收急剧增加，导致熔宽变化显著；电弧电流较大时，电弧弧柱尺寸较大，电弧弧柱发生阶跃式膨胀，电弧根部的压缩现象

233

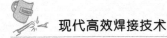

消失，等离子趋于稳定，激光对大电流电弧的引导作用有限，不能强烈压缩电弧，故熔宽随激光功率的变化不大，处于比较稳定的范围。

由上可以看出，在小电流条件下，激光对电弧的压缩作用强，焊接熔宽与两热源的热输入关系密切；在大电流情况下，等离子膨胀、长大，激光对电弧的引导作用变弱，仅电弧电流是焊接熔宽的决定性因素。

（3）激光与电弧间距　在激光-TIG焊中，热源的复合效果对两者间距十分敏感，存在一个最佳间距（2~3mm），该条件下焊接熔深最深。随着间距的变化，焊接熔深存在一个最大值。当间距为1~2mm时，焊接熔深较小，这是因为激光直接作用在钨极附近，部分能量用于加热钨极，导致激光能量散失严重，穿透能力下降，熔深较小。在间距为2~3mm时得到最大熔深（3mm），是其他参数下的1.46~2.54倍。当$D>3mm$时，随着间距的增加，激光与电弧两者等离子逐步分离，相互作用开始减弱；另一方面，保护气体由喷嘴至熔池的距离增加，对熔池的保护作用和激光等离子体屏蔽的抑制能力也相对减弱，降低了焊件的激光吸收率。在间距更大时，激光电弧等离子体完全分离，焊接熔深与单独激光焊熔深相当。

（4）保护气体　复合焊接焊缝熔深以及焊接过程的稳定性与保护气体密切相关，焊缝熔深取决于光致等离子体的高度，而光致等离子体的形状又决定于保护气体的参数；保护气体对等离子体形状的影响是通过激光与电弧等离子体的相互作用以及等离子流的方向及速度两种方式来实现的。等离子体形状与保护气体参数关系如图7-12所示。

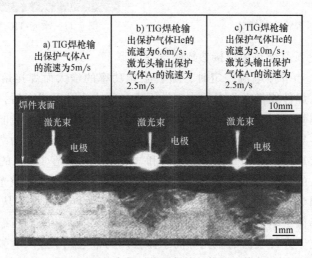

图7-12　激光-电弧复合焊时不同保护气体下的等离子体形状

7.3.3　激光-同轴TIG电弧复合焊

采用旁轴式复合热源焊虽然可大大降低激光器的功率要求，获得较大的熔深，但该方法也存在一些问题：由于旁轴式配置中电弧与激光束成一定角度，引起复合热源在焊件上的作用区域为非对称分布；另外，当焊接电流增大到一定程度时，激光与电弧的作用点严重分离。电弧对激光屏蔽严重，采用旁轴电弧时，激光束要穿过弧柱才能到达焊件表面，当焊接电流较大时，激光束的能量损耗严重，熔深增强效果减弱。旁轴式复合热源的焊枪体积较大，对焊接位置和空间要求较高。

研究表明，调节电弧与激光的位置形式可有效地改善焊接适应性，改善焊缝成形。激光同轴复合热源克服了旁轴复合热源的缺点，但是同轴热源机头较为复杂，成本高。

1. 激光-TIG 电弧同轴复合形式

激光-电弧同轴复合形式有以下几种：

1）采用空心钨极。空心钨极形成的电弧作为辅助热源，电弧在空心钨极的尖端产生，激光束从电弧中心低电流密度区穿过，直达焊件表面，其增加熔深效果明显优于旁轴式复合热源，其复合原理如图 7-13 所示。

采用空心钨极实现激光与 TIG 电弧的同轴复合的焊枪如图 7-14 所示。同轴复合时激光从电弧中心穿过，因而没有焊接方向性问题，尤其适合于三维零件的焊接。同轴复合焊枪调节没有旁轴那么复杂，但是钨极孔径的大小、钨极尖端与焊件的距离对焊接质量有较大的影响，钨极尖端的烧损会严重影响环状电弧的形状，影响焊接过程的稳定性和焊缝形状。

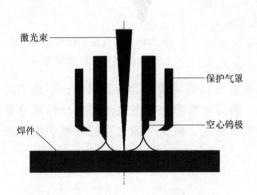

图 7-13　激光-TIG 电弧同轴复合热源焊

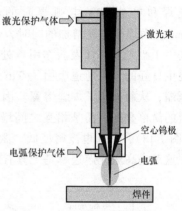

图 7-14　激光-TIG 同轴复合焊枪

2）电弧从两束激光中间穿过的激光-TIG 同轴复合焊如图 7-15 所示。由光纤传导的激光被分为两束，再经过透镜聚焦使得激光的焦点与电弧的斑点重合。焊接过程中，YAG 激光-TIG 复合焊接时形成的匙孔直径是单独 YAG 激光焊的 1.5 倍，非常有利于气体的逸出，对减少焊缝中的气孔非常有益。

3）采用激光从环形分布电极电弧中间穿过的方式实现两种热源的同轴复合，该方法的

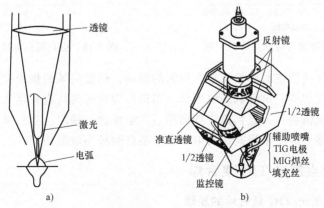

图 7-15　激光-TIG 同轴复合焊枪原理图与同轴焊枪

a）原理图　b）同轴焊枪结构

焊枪采用 8 根钨极，在一定直径的圆环上成 45°均匀分布。钨极分别由独立的电源供电，焊接过程中，根据焊枪移动的方向，控制其相应方向上的两对电极工作，形成前后方向热源，其同轴复合原理如图 7-16 所示。

2. 激光-TIG 电弧同轴复合焊工艺

激光-TIG 电弧同轴复合焊焊接参数有激光功率、钨极尖端的形状和尺寸、焊接电流、焊接速度、电极尖端距焊件表面的距离等。激光-TIG 电弧同轴复合热源焊接时，在激光功率一定的情况下，随着焊接电流的增大，焊缝熔深明显增大，如图 7-17 所示。焊缝形状与单独激光作用时类似，例如，当激光功率为 1.7kW、焊接速度为 0.8m/min、电弧电流为 60A 时，焊缝熔深达 4.2mm；而单独 1.7kW 激光焊和单独 50A 电弧焊时的熔深分别为 2.9mm 和 0.3mm。而焊接电流增加的同时，焊缝熔宽增加并不明显。这是由于激光在焊件表面作用点处存在金属等离子体为电弧提供良好的导电通道吸引了 TIG 电弧，使电弧的弧根受

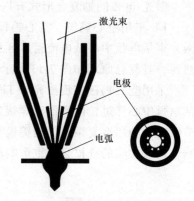

图 7-16　多钨极 TIG 焊与激光同轴复合焊枪的原理

到压缩，从而减小了焊缝熔宽。因此，激光-同轴电弧复合热源使焊缝熔深增加，不是二者能量的简单叠加，而是相互之间增强作用的结果。测得电弧中心处的电流密度呈凹状分布（见图 7-18），中间电流密度低。激光从电弧凹状部位穿过，减少了激光穿过电弧的能量损耗，这对提高激光熔透率是十分有利的。

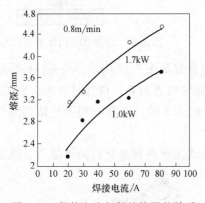

图 7-17　焊接电流与焊缝熔深的关系

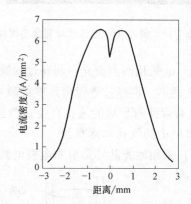

图 7-18　空心钨极电弧中心的电流密度

钨极尖端与焊件的距离对焊接质量有较大的影响，钨极尖端的烧损会严重影响环状电弧的形状，影响焊接过程的稳定性和焊缝形状。当钨极尖端的内孔直径增大时，维持电弧稳定燃烧的最小电弧电流值提高，且钨极尖端面积越大电弧越不稳定。当钨极端部距焊件距离增大时，电弧的弧长增大时要求提高维持电弧稳定燃烧的最小电流值。

7.3.4　旋转双焦点激光-TIG 复合焊

1. 旋转双焦点激光-TIG 复合焊的原理

由于激光束焦点直径小、加热区域小，因此焊缝桥联能力差，对焊件的装配要求高，在实际生产中的应用受到了较多的限制，TIG 焊可以使焊缝具有很强的搭桥能力，增强了对装

配误差变化的适应性，降低了焊接过程中对焊件装配误差的要求，应用范围广、投资小、成本低，其存在电弧加热范围大、焊接速度相对较低造成的效率低、变形大等不足。为了进一步提高激光-电弧复合焊的过程稳定性和焊接质量，结合激光焊接中运动焦点技术和多焦点技术，提出旋转双焦点激光-TIG 电弧复合焊技术。通过旋转双焦点激光的共同作用，可以形成较宽的匙孔通道，有效避免匙孔的塌陷。同时由于双焦点激光可以加强激光与电弧的相互作用，使得焊接过程更加稳定。

旋转双焦点激光-电弧复合焊就是通过将两束激光按照一定的方式排列或者将一束激光分成两束激光后形成两个单独的焦点，在焊接过程中两个焦点以一定的频率绕对称中心轴旋转，而用于焊接的电弧与焊缝中心始终保持重合状态，但不进行旋转。同时焊枪以一定的焊接速度向前移动，这两者的运动复合起来形成了一个类似螺旋状轨迹前进，从而实现焊接过程，如图 7-19 所示。

由于 CO_2 气体激光无法通过光纤传输，只能利用各种反射镜进行传输，光路的柔韧性远不及利用光纤进行传输的方式。要实现大功率 CO_2 激光器旋转双焦点的焊接，焊接工作头的光路采用屋脊形反射镜作为分束镜、离轴抛物面镜组成反射系统，如图 7-20 所示。

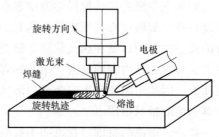

图 7-19 旋转双焦点激光-电弧复合焊过程

2. 旋转双焦点激光-TIG 复合焊焊枪

旋转双焦点激光-TIG 复合焊焊枪如图 7-21 所示。该焊枪采用旋转双焦点激光束与电弧的旁轴复合方式，可以实现双焦点的旋转以及旋转频率和半径的调节，还可以实现 TIG 电弧与激光焦点之间的位置调节以及 TIG 电弧角度等参数的调节。该焊枪激光焦距 200mm；通过聚焦后在激光焦平面上烧蚀有机玻璃并测量可以得到激光光斑直径为 0.3mm，两焦点间距 0.36mm。焊接过程中复合方式为电弧在前，旋转双光束激光在后，两热源中心间距为 0.5mm，保护气体采用高纯氩气。双光束激光中心轴与 TIG 电弧的夹角为 60°，钨极直径为 1.2mm，钨极端部距离激光焦平面的距离为 8mm。焊接时电弧采用直流正极性。

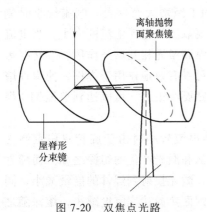

图 7-20 双焦点光路

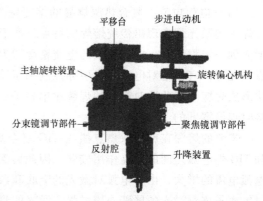

图 7-21 旋转双焦点激光-TIG 复合焊焊枪

利用直流电动机驱动偏心机构，使焊接工作头反射镜部分绕垂直入射的激光束旋转，反射腔的左右两部分通过直线轴承连接在一起，由于偏心机构的存在使得反射腔能绕主轴进行

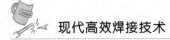

旋转，同时其右半部分沿水平方向左右移动，反射腔整体绕主轴的旋转运动与右侧沿水平方向直线运动结合，使得反射腔的右半部分作近似椭圆的回转运动，从而实现激光焦点的旋转。

3. 旋转双焦点激光-TIG 复合焊的特点

在旋转双焦点激光-电弧复合焊的焊接过程中，由于双焦点的旋转形成的涡流可以将电弧牢牢地牵引住并不断地卷入焊件材料的内部，这时电弧受到比较大的压缩，电弧的电流密度加大，因此可以进一步向材料内部深入。等到电弧到达匙孔的底部，由于匙孔底部具有比较大的空腔，因此压缩电弧会迅速膨胀，但是由于其中空间的限制，电弧向各个方向的膨胀效果可以认为是相等的。这样电弧到匙孔底部后对焊件的加热范围比较大，因此可以使焊缝底部的熔宽进一步加大，进一步减小指状熔深。

双焦点激光的旋转使得熔池中匙孔像一个横截面为近椭圆形的充满金属蒸气的柱体不断地绕自身的旋转中心进行旋转。匙孔的旋转带动周围的液态金属一同旋转，由于旋转液体自身的离心力作用以及在涡流状态下热交换作用的加强，使得在匙孔中焦平面附近的匙孔内腔变大。随着匙孔内腔的变大，熔化的焊缝侧壁金属也相应增加，与此同时熔池表面的弯曲程度变大。因此由激光产生的焊缝的形状到熔池底部会变得比较宽，从而可以减小由于激光深熔焊引起的指状熔深。

此外，熔池的凝固过程也和不旋转时不同。由于旋转双焦点激光-电弧复合焊的熔池稳定最高的部位处于焊缝的底部，比不旋转时位置还要偏下。因此冷却时是熔池周围的金属首先凝固，然后逐步向焊缝中心方向移动，但是由于中心部位上方温度较低，因此焊缝上方先凝固，最后凝固的是焊缝中心底部。如果在没有旋转的情况下，这样的方式很容易在焊缝底部形成气孔，如常规激光焊接。但是由于双焦点的旋转作用，使得气泡在匙孔还没有消失之前就已经浮出熔池，随着旋转频率的增加，对熔池的搅拌越大，越有利于气泡的逸出，焊缝中气孔比率大大下降，对氮气孔和氩气孔有显著的消除效果。但是综合考虑焊缝成形以及功率的要求，应选用比较合适的频率和幅度。如果旋转频率和幅度较大，为了保证熔深，需要适当增加激光功率。

4. 旋转双焦点激光-TIG 复合焊的焊接参数

（1）电弧电流　复合热源焊缝的熔宽随着 TIG 电流的不断增大而变大，电流较小时复合焊中的激光焊表现出传统熔焊的特点，所形成的熔宽主要取决于电弧电流的大小。当电流增大到一定程度时，电弧弧根的电流密度增大，表现出电弧和激光相互增强作用，旋转双焦点激光可以有效地对电弧进行引导控制和压缩，电弧电流可以有效地作用于焊件，使焊件熔化形成焊缝。因此这时产生的焊缝比单独 TIG 焊产生的熔宽要小很多，可以达到单纯 TIG 焊接时焊缝宽度的 70% ~ 80%。

焊缝的熔深在旋转双焦点激光-TIG 复合焊情况下，当电流较小时由于旋转双焦点激光和 TIG 焊电弧之间的相互作用较弱，因此熔深基本上为电弧和激光产生的熔深之和。而随着电弧电流的增大，由于电弧对激光的吸收和散焦作用加强，激光投射到焊件的能量减小，同时等离子体对激光的屏蔽作用增强，激光能量损失过多，因而热源功率密度减小，熔深随之减小。当 TIG 电流进一步加大，虽然激光的损失也会增加，但是由于激光和电弧之间开始形成有效的增强作用，旋转着的双焦点激光不但有效地对电弧进行吸引和压缩，使得电弧弧根部分电流密度增大，而且在激光作用下电弧可以被吸引到匙孔内部，这样更多的能量传递给了焊件，因此产生的熔深比两个单独热源产生的熔深之和还要大，表现出了 1+1>2 的耦合特性。

（2）激光功率 激光功率较小时，随着激光功率的增大焊缝的熔深增大。随着激光能量的增强，一方面激光本身产生的匙孔不断加深，另一方面，激光对电弧进行引导并压缩电弧，使电弧的冲击力变强，因此表现出激光与电弧的相互增强作用。这种相互增强作用不断加强，因此熔深不断加深，这时复合焊产生的熔深要比单纯的旋转双焦点激光焊产生的熔深增大 20% ~ 30%。

在一定范围内，激光功率增大，熔宽随之增大；而超过一定范围，随着激光功率的增大，熔宽反而有减小的趋势。在激光功率较小的时候，由于激光和电弧之间的相互作用较小，激光对电弧的主要作用是激光引导和控制电弧，使得电弧被控制在旋转双焦点的旋转范围内，减小了电弧有效作用范围，因此产生的熔宽比单纯电弧焊时要窄。当激光功率增大到一定程度，由于激光功率变大，旋转双焦点激光产生的匙孔比较深，在匙孔的上部可以形成较大的空腔，这时候由于激光对电弧的吸引作用和匙孔深处的高温可以将电弧吸引到匙孔内部来，因此使得电弧的作用更加集中，产生的焊缝熔宽不再变宽，随着激光功率的进一步加强，产生的匙孔的内腔逐步增大，电弧更多部分被吸引到焊件内部，产生的焊缝的熔宽逐渐变小。

（3）焊接速度 焊接速度是一个非常关键的焊接参数，在焊接速度大于一定数值以后，随着焊接速度的增加，焊缝熔深、熔宽都逐渐减小。这是因为随着焊接速度的增大，焊缝单位长度上的热输入减小，从而使金属的熔敷量减小。其中焊接速度的变化对熔深影响较大，尽管适当降低焊接速度可加大熔深，但若焊接速度过低，熔深却不会再增加，反而会减小。其主要原因是：激光深熔焊时，维持匙孔存在的主要动力是金属蒸气的反作用力，在焊接速度低到一定程度后热输入增加，熔化金属越来越多，当金属汽化所产生的反作用力不足以排开液态金属维持小孔的存在时，焊接的熔深反而减小。由于激光和电弧相互作用减小以及匙孔的不稳定性，使得电弧不但得不到引导控制和压缩，反而不断膨胀，这样激光通过电弧以后的能量损失更大，而电弧也因为其能量分布比较分散而形成的熔深减小。另一个原因是随着金属汽化的增加，小孔区温度增加，等离子体的浓度增加，对激光的吸收增加。这些原因使得低速焊时，焊缝熔深、熔宽都降低。这是由于旋转双焦点激光-TIG 焊过程中两个热源不能充分复合，因而表现出来的复合效果反而比单一热源焊接差。

（4）旋转频率 双焦点激光旋转频率的改变会引起熔深、熔宽的变化。焊接熔宽随着双焦点激光旋转频率的增加而稳定增加，这是由于旋转速度的加快使得匙孔开口具有变大的趋势，因而使电弧的作用范围变宽而造成的。与此同时激光旋转速度的加快，使匙孔底部已经熔化的金属液体更容易流向周围，使得激光能量和电弧更容易深入，因此焊接熔深也具有缓慢增大的趋势。

7.4 激光-MIG/MAG 复合焊

7.4.1 激光-MIG/MAG 复合焊的基本原理

激光-MIG/MAG 复合焊的基本原理如图 7-22 所示。在该焊接方法中，除了电弧向焊接区输入能量外，激光也向焊缝金属输入热量。激光-MIG/MAG 复合焊技术并不是两种焊接方法依次作用，而是两种焊接方法同时作用于焊接区。激光和电弧在不同程度和形式上影响复合焊的性能。在激光-MIG/MAG 复合焊焊接过程中，电弧焊首先将金属表面熔化，大大降低了焊件表面的反射率，同时电弧的等离子区和熔化的焊丝对激光产生的等离子体有一定的吸收作用，使激光能量传输更加稳定。

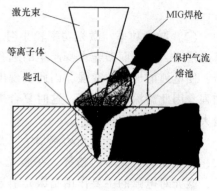

图 7-22　激光-MIG/MAG 复合焊的基本原理

激光-MIG 复合焊的特点如下：

1）电弧增强激光的作用，提高焊接速度，可用小功率激光器代替大功率激光器进行焊接，改善焊接质量，减少坡口端面精度要求；MIG 电弧可以解决初始熔化问题，从而可以减小激光器的功率。MIG 焊的气流可以解决激光焊金属蒸气的屏蔽散射问题；在激光与电弧相互作用下，焊接过程变得更加稳定，而且在增加熔深的同时提高焊接速度。

2）能够添加合金元素调整焊缝金属成分，并可消除焊缝凹陷。通过 MIG 焊焊丝进入熔池，可调整焊缝金属成分，改善焊缝冶金性能，改善焊缝的微观组织，提高接头的综合力学性能，也可避免表面凹陷形成的咬边。同时，输入的电弧能量能够调节冷却速度，进而改善微观组织。焊接时，热输入相对较小，也就意味着焊后变形和焊接残余应力较小，这样可以减少焊接装夹、定位、焊后矫形处理等工序。

3）熔池宽度增加，装配要求降低。通过激光和电弧的相互作用及焊丝材料的填充，激光-MIG/MAG 复合焊能够在较宽的装配公差内获得良好的焊缝成形，大幅度降低焊前装夹精度要求，提高焊接效率，拓宽了使用范围。相同熔深的激光焊、MIG 焊和激光-MIG 复合焊的焊缝形状如图 7-23 所示，可见激光焊的焊缝表面有凹陷，MIG 焊的焊缝熔宽、余高较大；而激光-MIG 复合焊的余高较小，焊后试件表面相对平整。所以，激光-MIG 复合焊不仅焊接过程更加稳定，而且形成的熔池也比激光焊大，因而搭接能力好，允许有更大的焊接装配间隙。

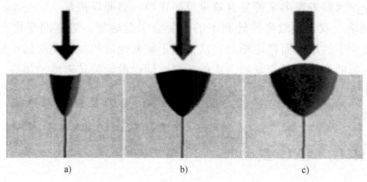

图 7-23　相同熔深的激光焊、激光-MIG 复合焊和 MIG 焊的焊缝形状

a）激光焊（激光功率 2kW）　b）激光-MIG 复合焊（激光功率 1.5kW、送丝速度 5.5m/min）

c）MIG 焊（送丝速度 11m/min）

4）调节电弧与激光的相对位置，可有效地改善焊接适应性。激光前置时可以使引弧容易，并且在合适的参数下可以改变熔滴过渡方式，使得焊接过程更加稳定，减少了单一MIG/MAG 焊时的飞溅量和焊后处理的工作量。由于激光复合焊的焊接速度非常高，因此可以缩短生产时间和降低生产成本。

激光-MIG/MAG 复合焊一般用于对接焊，该种复合焊接方法，已在汽车工业、船舶工业和运输系统的制造业中得到应用，可以焊接钢和铝及铝合金结构。这种复合焊接技术灵活性较强，适合于中厚板以及铝合金等难焊金属的焊接。用 5kW CO_2 激光束与 400A 的 MIG 电弧复合，焊接速度为 800mm/min 时，可焊透 12mm 厚的钢板。用 6kW 的 CO_2 激光与 MIG 电弧复合，在选择合适的电弧电流、保护气体等参数时，以 700mm/min 的速度，可以焊透 16mm 厚的不锈钢板。在比较宽的参数范围内，用 YAG 激光脉冲 MIG 复合焊焊接铝合金，焊缝成形美观，无气孔等缺陷，熔深比激光焊增加 4 倍，比脉冲 MIG 焊焊接增加 1 倍以上，焊接速度显著提高。

7.4.2 激光-MIG/MAG 复合焊工艺

1. 激光-MIG/MAG 电弧旁轴复合焊

由于激光-MIG/MAG 电弧复合存在着送丝和熔滴过渡等问题，大多数焊接设备都是采用旁轴复合方式进行焊接，其复合焊装置如图 7-24 所示。

在此方法中为了保证焊接过程稳定，关键是复合焊枪。德国库格勒公司生产的复合焊枪如图 7-25 所示。该焊枪采用反射式、直接水冷的方式，易于更换光学元件，焊接激光功率可超过 40kW。为了避免近距离内电弧焊枪和激光束发生干涉，焊枪和激光束之间需保持足够的距离，并且有一定的倾斜角。通常，电弧轴线和激光束之间最小的理想角度在 15°~30° 之间。

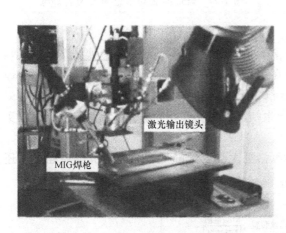

图 7-24　激光-MIG 旁轴复合焊装置

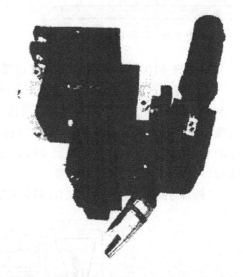

图 7-25　德国库格勒公司生产的复合焊枪

这种不同轴混合安装方式使空气容易进入焊接区域。为了解决这一问题，设计了一种被称为"一体化复合焊接喷嘴"的焊枪。该焊枪将激光束和 MIG/MAG 焊枪安装在同一冷却喷嘴上。保证了焊枪和激光束的距离，保护气通道与激光束同轴。通道内设置有扩散孔，使保护气在焊接区内均匀分布。这种"一体化复合焊接喷嘴"，避免了空气进入，有效地保护了焊接区域。又因供激光束通过的缝隙较小，在保护气体正压力作用下，激光束上方的空气不会进入焊接区。"一体化复合焊接喷嘴"已用于激光-MIG/MAG 复合焊，如图 7-26 所示。

奥地利 Fronius 公司生产的激光-MIG 复合焊枪如图 7-27 所示。该焊枪几何尺寸小，焊接时可以确保焊接的可达性；此外该焊枪具有良好的可拆卸性，便于安装到机器人上，焦距和焊枪有可调功能，调整精度为 0.1mm。提高了效率，降低了成本。另外，该激光复合系统还具有较好的间隙容忍性、高的焊接速度以及非常好的技术性能。

为了解决飞溅污染问题，Fronius 公司在防护玻璃前安装了"Crossiet"系统，可将飞溅转向 90°，避免了飞溅物接触防护玻璃，保持了焊头的清洁。复合焊头带双循环水冷却系统，该系统的焊接电流为 250A，激光器的功率为 4kW。这种焊枪可实现四种焊接方法：激光-MIG/MAG 复合焊、激光焊（不填丝）、MIG/MAG 焊、激光热丝钎焊。

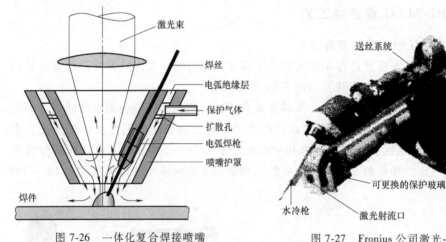

图 7-26　一体化复合焊接喷嘴　　　　图 7-27　Fronius 公司激光-MIG 复合焊枪

2. 激光-MIG/MAG 电弧同轴复合焊

为了实现自动化和便于操作，近年来开发了一种激光-MIG 焊接系统，如图 7-28 所示。该系统将激光束与 MIG 焊电弧电极同轴合并在一个焊枪中，降低了激光焊对焊件装配和焊缝跟踪精度的要求，可以焊接的坡口间隙达到 0.8mm，同时由于电弧减缓了激光束照射部分的急剧冷却，可以防止焊接铝及铝合金时产生结晶裂纹及气孔等缺陷。该系统已成功地实现坡口焊接和铝及铝合金的焊接。

与旁轴热源相比，激光复合 MIG 同轴热源，更大程度地降低了激光的被削弱程度；还

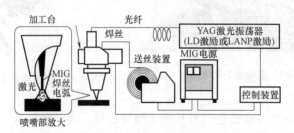

图 7-28　激光-MIG 焊接系统

克服了旁轴热源加热作用非对称性、作用点分离以及设备体积过大、要求高等缺点。

3. 激光-MIG复合焊的焊接参数

激光小孔效应是决定最大焊接速度和焊接熔深的主要因素。电弧的主要作用是预热焊件来辅助激光能量密度的提高和填充焊缝金属。因此，应优先选择可靠的激光功率来保证全熔透焊缝的形成，随后选择较低的电弧热输入来形成良好的焊缝成形，这里有两种选择方式：低焊接电流、中等焊接速度或者高焊接电流、高焊接速度，并配以合适的接头间隙，否则将形成不良的焊缝成形，如过高的焊缝余高及气孔、咬边等缺陷，这些都将降低接头的力学性能。

由于激光-MIG/MAG复合焊时，影响焊接过程的因素较多，焊接工艺相对比较复杂。焊接参数选择不当将导致其焊缝成形不规则、凹陷、烧穿等不良的焊缝成形。焊缝成形的好坏影响焊缝质量，只有焊缝成形好才具有优良的接头力学性能。因此，根据焊接要求来制订或选择焊接参数，以便更有效地控制焊缝成形极其重要。

选择焊接参数时可根据焊接熔深（板厚）确定所需的激光功率，通过激光功率、电弧电流和焊接速度的相互关系，选定所需的电流和焊接速度，通过接头间隙与焊接速度、送丝速度的关系确定接头间隙范围。

激光-MIG/MAG复合焊的焊接参数有激光器类型、焊接方向、激光离焦量、激光—电弧之间距离、激光与电弧能量的匹配、焊接电源的极性、保护气体成分以及MIG/MAG焊焊枪的倾角等。

（1）激光器类型的选择　在激光-MIG/MAG电弧复合焊中，以激光作为主热源，电弧为辅助热源，通过热源匹配，获得良好的焊接效果。CO_2激光器是最早用在复合焊中的激光器，其优点是功率大（可达50kW）。但CO_2激光器必须用光学系统传输，自动化程度较低，传输的安全性也较差。由于高功率CO_2激光的光致等离子体对激光能量屏蔽大，需要特殊的气体保护。Nd-YAG激光波长短，可以实现光纤传输（且距离长达70m），容易实现机器人焊接，焊接中等离子体屏蔽效应较弱，还可以实现几个工作站同时共享一个激光源，从而节省开机时间和成本。但是，Nd：YAG激光相对价格高、功率低，最大功率为6kW（已有10kW的用于试验）。由于YAG激光器具有能够进行光纤传输、光致等离子体屏蔽作用小等特点，倾向于选用YAG激光器与电弧复合焊接。近年来，光纤激光器以其光束质量好、电光转换效率高、维护费用低、抽运寿命高及可光纤传输等显著优势，受到广泛的关注，得到了飞速的发展。单模光纤激光器在波长1070nm输出的激光功率可从几瓦到1000W，但通过光纤激光集聚，可以输出满足工业加工的大功率激光，实际使用的最高功率可达30kW。采用7kW的光纤激光与MIG/MAG电弧复合，进行工业纯钛和TC4钛合金不同厚度板、管不同接头的焊接。光纤激光可以以相当高的焊接速度焊透板厚10mm的钛合金，同时获得高质量的焊接接头，而且坡口间隙可以加大，并可实现高效率焊接。

（2）激光-MIG/MAG复合焊焊接参数的选择

1）焊接方向。根据激光与电弧的相对位置，焊接方向有两种：一是激光在电弧前面，称为激光引导电弧焊；另一种是电弧在激光前面，称为电弧引导激光焊。

其他焊接参数相同时，激光引导电弧焊比电弧引导激光焊形成的焊缝熔深和熔宽大，余高小。激光引导电弧焊要比电弧引导激光焊增加10%的焊缝熔深，并且焊缝成形比较美观。这是因为激光引导电弧焊时，激光作用在熔池前沿，有利于形成较大的熔深，同时，激光能量对焊件起到预热作用，提高了焊接熔池的流动性，使得液态熔池更容易向四周铺展，因此获得的熔宽比较宽。电弧引导激光焊时，激光作用在熔池后部，激光能量的传输容易受到熔滴过渡和熔池液态金属向后流动的影响，因此激光能量对熔深的影响就小。

但是，在 CO_2 激光-MIG/MAG 复合焊时，电弧引导激光焊与激光引导电弧焊焊接时，焊缝熔深几乎没有变化。此外，激光-MAG 短路过渡电弧复合焊时，电弧引导激光焊时焊缝熔深较深，而焊缝熔宽较窄。在激光-MIG 复合焊焊接高反射率铝合金时，电弧引导激光焊与激光引导电弧焊相比，熔宽和熔深都有所增加，而前者更容易形成深熔小孔焊。

2）激光与电弧间距。激光与电弧间距一般以激光光斑中心到未起弧时焊丝延长线与焊件交点的距离表示。间距的大小决定了激光与电弧是否共同形成熔池，因此，激光与电弧间距是复合焊中一个重要的焊接参数。

在激光-MIG/MAG 电弧复合焊中，激光与电弧间距的选择应使得激光与电弧之间能产生有效的相互作用，使得激光作用于熔池的最低点。这意味着激光与电弧间距应在一定的范围内。当间距在 2mm 左右时激光与电弧之间的相互作用非常剧烈，电弧增强激光热源，使其扩大小孔的尺寸，从而使热量能够到达更深的区域，增大熔深。但当电弧正指向激光作用点时（即间距为 0mm），因为电弧扰乱了小孔的平衡，而且电弧等离子体能够吸收和散射激光的能量，更多的激光能量用于焊丝金属的熔化，而用于穿孔的能量相对减少，所以，反而使熔深减少，熔宽增加。如果间距太大，当间距大于 2mm 时，两种焊接热源相互独立，不能相互作用，即电弧与激光是相互分离的，电弧对激光的影响非常小，仅仅相当于单独激光焊与 MIG 焊的叠加。

一般认为，获得最大焊缝熔深的激光与电弧间距为 1~3mm。

3）离焦量。在复合焊中，由于 MIG 焊形成的熔池对激光的影响，激光焦点位置与单一激光焊的焦点位置可能不同。在复合焊中，激光焦点位置的变化对电弧的稳定性、焊缝的熔宽影响不大，但对熔深有较大的影响，存在一个获得最大熔深的最佳位置。一般来说负离焦量时焊件内部功率密度大于表面处，焦点处的高能量密度完全用于熔化母材，因此可以获得更大的熔深，另外负离焦量时，焊件与喷嘴端部较近，保护气体因流动路径的缩短而层流挺度增加，有利于进一步消除等离子体。为了增加熔深，焊接过程中一般都采用负离焦，但是，由于不同的激光器光束质量不一样，焊接过程中对离焦量的要求也不一样。

最佳离焦量的选取要视具体的工艺过程来定，与 MIG 焊的熔滴过渡形式有很大的关系。短路过渡时熔池液面高于焊件表面，粗滴过渡和喷射过渡时熔池液面下凹，低于焊件表面，所以，对于不同的熔滴过渡形式，复合时所选取的最佳离焦量是不同的。激光束焦点置于熔池最深处，电弧力将熔化金属排开，以获得最大熔深。

4）激光与电弧能量的匹配。激光与电弧能量的匹配对复合焊缝形貌的影响很重要，根据两个热源的能量之比，激光-MIG 复合焊可以近似为 MIG 焊或激光焊。图 7-29 为典型的激光-MIG 电弧复合焊的焊缝形貌。根据激光焊和常规 MIG 焊的焊缝形貌特征，可以将其分为两个区域：电弧区和激光区。显然，上半部分宽大的电弧区表明电弧热量主要作用在焊接熔池上半部分，而焊缝下半部分呈明显的激光深熔焊特征。

复合焊熔深的大小主要决定于激光小孔效应的强弱，小孔效应的提高取决于激光能量密度的提高。因而，激光功率主要影响焊缝熔深，电弧功率主要影响熔宽，当激光功率不变，将 MIG/MAG 电弧功率增加时，焊缝熔宽增加；当电弧功率不变，激光功率减小时，焊缝熔深减小。可见激光功率的变化对焊缝熔深影响较大。

一般认为随着电弧焊功率增大，输入焊接区域的能量随之增大，增大的能量使熔池中金属汽化速度加快。所以，单独增大电弧焊功率，等离子区离子密度增大，等离子效应增强。因此，当单独增大电弧焊功率时，输入焊接区的总能量增大，焊缝的熔深基本不变，但焊缝的宽度随之增大，使焊接桥接能力增强。相反当单独增加激光器功率时，焊缝的熔深增加，宽度减小。

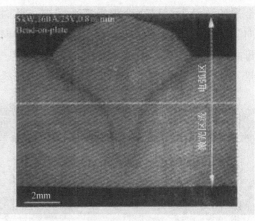

图 7-29 典型的激光-MIG 电弧复合焊的焊缝形貌

5）保护气体。复合焊中，混合保护气体中的各气体成分产生的作用是不同的，选择合适的保护气体既能减少等离子体，又能增强电弧稳定性。为了减少等离子效应，可以采用具有较高电离能的氦气作为保护气体。然而，电离能相对低的氩气有利于提高电弧稳定性，因此，在选用保护气体时要综合考虑以上因素。CO_2 激光在焊接区会产生高温高密度激光等离子体，吸收、反射和散射激光的能量，因此，必须减少这种等离子体。采用 CO_2 激光和 MIG 复合焊时，采用 He50%~80%（体积分数，下同）与 Ar、CO_2 和 O_2 混合为理想的保护气体。因为保护气体 He 容易在焊缝形成咬边缺陷，而添加 CO_2、O_2 可以改善焊缝成形，提高焊缝质量。

在 Nd∶YAG 激光和 MIG 复合焊中，等离子体吸收激光能量不是一个主要的问题，因此，保护气体的选择由保护程度和电弧稳定性的需要来决定。采用 Ar 气保护或在 Ar 气中添加 $O_2$1%~5%或 $CO_2$20%也有利于熔滴过渡及减小飞溅。

6）激光与焊枪的夹角。在激光与 MIG 复合焊中，激光束的入射方向大都选择为垂直焊件，因为这种方式能获得最佳熔深。也有采用激光束非垂直入射的，采用激光倾斜一定角度可以防止反射回来的光损伤光镜，其次激光倾斜一定的角度可以减少等离子体对激光能量的吸收，从而可以提高激光能量的利用率，因为焊接过程中形成的等离子体一般上浮于熔池表面，激光垂直入射等离子体对激光的吸收散射将比较大，减弱激光的利用率；倾斜一定角度，激光穿透等离子层的深度就会减少。但是激光的倾斜角度又不能过大，过大的角度将会使激光直接作用在焊缝的熔融金属上，熔深反而会减少。

旁轴复合形式中为确保激光束能与电弧同时较好地作用于同一熔池，激光倾斜 10°时，复合焊焊缝熔深达到最大。

焊枪与光束夹角通常选择在 15°~50°之间。

7）接头间隙。不同接头间隙下的焊缝形貌如图 7-30 所示，随着接头间隙的增加，焊缝余高逐步降低，在间隙为 1mm 时焊件表面平齐，而在间隙为 1.2mm 时焊缝已经低于焊件表面，出现咬边现象。另外，焊缝和母材的过渡也逐渐变得平滑，但是在间隙增大为 1.2mm 时平滑度反而有所降低。这说明对应既定的焊接参数，接头间隙只能在一定范围内才能获得良好的焊缝成形。显然接头间隙的增加需要更多的填充金属来填补，也就是说，间隙的增加将有助于焊缝余高的降低，但是当间隙增加到一定程度时，对于固定的送丝量（电流），填充金属的数量不足以完全填满接头间隙，此时就会形成咬边。此外，接头间隙减少了熔池金属向下流动的阻力，有利于通过熔池金属的向下流动将焊接热量输入到焊缝下部，形成焊缝和母材的平滑过渡。但是当接头间隙增大到一定程度时，受激光光斑作用半径的局限，激光能量不能有效地传递到接头上，反而造成焊缝和母材的平滑度降低。

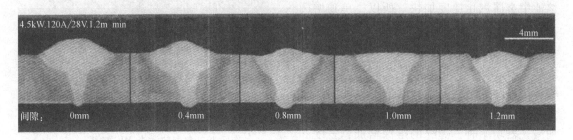

图 7-30　不同接头间隙下的焊缝形貌

8）焊接速度。提高焊接速度，虽然能够稳定激光小孔，但热输入下降，焊缝熔深会有减少。而且焊接速度过大，熔滴过渡不稳定，容易引起熔池的不稳定。降低焊接速度可加大熔深，但若焊接速度过低，熔深却不会增加，反而使熔宽增大，而且将会使焊接过程不稳定，容易造成飞溅。因为复合焊维持小孔存在的主要动力是金属蒸气的反作用力。在焊接速度低到一定程度后，热输入增加，熔化金属越来越多，当金属蒸气所产生的反作用力不足以维持小孔的存在时，小孔不仅不再加深，甚至崩溃，因而熔深不会增大。所以，对一定激光功率和一定厚度的某特定材料都有一个合适的焊接速度范围，并在其中选定某一速度值时可获得最大熔深。

最大焊接速度随着激光功率和电弧电流（功率）的增加而增加。当电流一定，最大焊接速度的提高幅度随着激光功率的增加而增加。换句话说，激光功率能够更大程度地提高最大焊接速度。

在激光功率较低时，只能在低焊接速度下才能熔透焊缝，此时焊缝表面宽度和余高较大，焊缝和母材的过渡也很突兀，存在少量气孔；如果焊接速度过高，将导致焊缝不能完全熔透，且在焊缝中布满气孔。但是，随着激光功率和焊接速度的增加，焊缝和母材的过渡平滑，焊缝深宽比增大，焊缝宽度和余高明显减小，没有气孔存在。

9）送丝速度（焊接电流）。电弧有直流电弧以及直流脉冲电弧，电弧的形式对复合焊的熔深、熔宽有很大的影响，在相同的工艺条件下焊缝的熔深、熔宽以及焊接过程中的稳定性都有很大的不同。

因为送丝速度直接对应于焊接电流，随着送丝速度的增加，焊接电流增加，电弧吸收散射激光的能力也随之增加，对激光的屏蔽作用增强，激光不能穿透电弧反而使熔深减少。当送丝速度比较小时，激光起主要作用，形成的焊缝比较窄，有点类似于单独激光焊的焊缝。只有在焊接电流合适时，激光与电弧之间的相互作用才会比较明显，熔深才能达到最大，焊接过程才能最稳定。

电弧焊电源选择直流焊机和交流焊机所得到的焊缝熔深有较大的差别。在其他焊接参数相同的情况下，直流脉冲电弧焊的熔深大于交流脉冲电弧焊的熔深。脉冲电弧比直流电弧的熔深要大。

4. 激光-MAG 复合焊过程的实时监测

在激光-电弧复合焊过程中产生焊接缺陷是不可避免的，为了在焊接过程中能及时发现缺陷的产生，工业应用中最感兴趣的技术之一就是焊接缺陷的实时监测技术。

焊接过程实时监控系统如图 7-31 所示。通常采用传感器来检测激光-电弧复合焊过程中的焊接缺陷。采用温度和等离子体传感器能够监测到电弧参数（电流、电压和保护气体流动速率）的变化，这些变化将导致焊丝填充过多、严重飞溅和不正确焊趾，还可以监测到激光束与焊件相对位置的变化，以及激光束焦点位置变化所导致的咬边和未焊透缺陷。等离子体传感器可检测由于保护气体不足造成的气孔。监控评估系统可以自动监测焊接过程，在实际应用中，当任何一个传感器检测到一个信号超出特定（用户设定）误差值的情况下可以报警。在具体生产时，安全工作容错度主要由设定好的生产流程和具体对焊接质量的要求程度来决定。当一个收到的信号超过了预置的限定值，系统将报警显示失败信号。通过这种方式，所有焊件的信息反馈都可以记录下来作为质量评价，这样任何可能存在缺陷的焊件就可以被隔离检查，由于存在缺陷的焊件可以在最初阶段就被识别出来，因而能迅速地采取补救措施。需要注意的是，由于监测器对一些缺陷的响应是相似的，因此需要操作员对缺陷可能的情况具有一定的认识才能对反馈的信息进行分析。

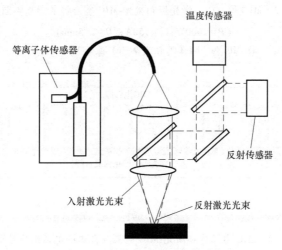

图 7-31　焊接过程实时监控系统

7.4.3　铝合金激光-MIG 复合焊

1. 铝合金激光-MIG 复合焊工艺

以 5.0mm 厚 5A06 铝合金激光-MIG 复合焊为例，来说明铝合金的激光-MIG 复合焊工艺。

在铝合金激光-MIG 复合焊中，采用功率 3.0kW 的 CO_2 激光器和 YD—500AG 型 MIG/MAG 焊机。焊接时激光在前，电弧在后。材料为 5.0mm 厚的 5A06 铝合金，焊丝为 SAL5356 铝镁焊丝，焊接过程中保护气体为高纯氩气，纯度为 99.999%（体积分数）。为减少焊接过程中激光等离子体的影响，保护气体流量较大，且随着激光功率的增加应适当增加。焊接前除去铝合金表面氧化膜和杂质。焊接参数如下：MIG 焊电弧，焊接电流 150A、电弧电压 21.8V、焊丝直径 1.2mm、保护气体压力 （Ar）0.15~0.25MPa；激光功率 2000W，焦距 190mm，光斑直径 0.2mm。焊接速度 1.0m/min，激光与电弧之间间距 2.0mm，激光束与电弧之间角度 40°。

图 7-32 所示为 MIG 焊、CO_2 激光焊和激光-MIG 复合焊焊接 5.0mm 厚 5A06 铝合金的焊缝截面，与单激光和 MIG 焊相比，复合焊极大地提高了焊缝熔深，改善了焊缝成形，减少了单激光焊接铝合金容易出现的气孔、凹陷等焊接缺陷。这主要是因为一方面由于 MIG 电弧加入，减少了激光能量的反射，增加了激光能量的吸收率；另一方面激光的加入也提高了电弧的稳定性，改善了熔滴过渡方式和过渡频率的缘故。图 7-33 显示了单一 MIG 电弧焊和 CO_2 激光-MIG 电弧复合焊的电弧电压波形图。

图 7-32　MIG 焊、CO_2 激光焊和激光-MIG 复合焊的焊缝截面比较

（P = 1600W；I = 150A；D = 2.5mm）

a）MIG 焊　b）CO_2 激光焊　c）激光-MIG 复合焊

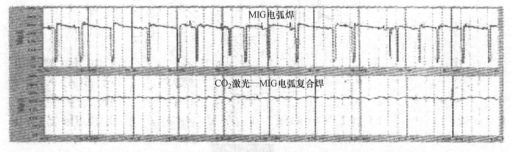

图 7-33　MIG 电弧焊和激光-MIG 电弧复合焊的电弧电压波形图

（P = 1600W；I = 150A；D = 2.5mm）

在单独采用 MIG 焊焊接铝合金时，在焊丝直径为 1.2mm、焊接电流为 150A 的条件下，焊接过程中电压波形发生波动，熔滴过渡形式为短路过渡和粗滴过渡的混合过渡。当加入激光之后，即采用激光-MIG 复合焊时，不仅熔滴过渡频率加快了，而且熔滴过渡形式也发生了变化，为稳定的喷射过渡，这样有利于提高焊缝熔深，稳定焊接电弧，如图 7-34 所示。

图 7-34 所示的复合焊在熔滴过渡结束的瞬间，焊丝端部残留有少量的熔化金属并且向激光束方向飘动，这可能主要是由于激光等离子体和金属蒸气分别对熔滴产生了一个吸引力和反冲力而阻碍了熔滴过渡的缘故。但是，在激光-MIG 复合焊过程中，由于激光能量密度高，激光能量和激光小孔效应产生的金属等离子体对熔滴的热辐射作用，导致促进熔滴过渡的等效电弧热或电弧力可能占据了主导作用，因此，两者联合作用使其熔滴过渡形式由 MIG

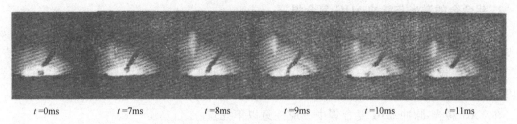

| $t=0\text{ms}$ | $t=7\text{ms}$ | $t=8\text{ms}$ | $t=9\text{ms}$ | $t=10\text{ms}$ | $t=11\text{ms}$ |

图 7-34　激光-MIG 复合焊的熔滴过渡形式

（$P=1600\text{W}$；$I=150\text{A}$；$U=21.8\text{V}$；$D=2.5\text{mm}$）

焊的短路过渡转变为喷射过渡，极大地提高了熔滴过渡的稳定性，增加了熔滴过渡频率。由于复合焊熔滴过渡频率高，熔滴过渡形式主要为喷射过渡，因此复合焊焊缝形貌变得光滑致密。

随着激光功率的增加，熔滴过渡频率越来越高。这是由于随着激光功率的增加，激光能量和激光小孔效应产生的金属等离子体对焊丝的辐射作用越来越强的缘故。当激光功率超过某一值时，虽然热辐射作用增大，但是由于激光等离子体增多，一方面对激光能量的吸收和散焦作用增大，减少了入射于焊件表面的激光能量；另一方面激光等离子体对熔滴的吸引力和金属蒸气对熔滴的反冲力逐渐增加，导致熔滴过渡频率开始降低，甚至低于单 MIG 电弧焊。激光功率为 2000W 的复合焊时的熔滴过渡如图 7-35 所示，与图 7-34 所示的 1500W 激光—MIG 复合焊的熔滴过渡相比，2000W 激光功率复合焊的激光等离子体明显增多，而且在熔滴过渡完成瞬间，焊丝端部残留的熔化金属量也相对较多，这也表明了在大功率激光下，由于激光等离子体对熔滴的吸引力而阻碍熔滴过渡的能力越强。

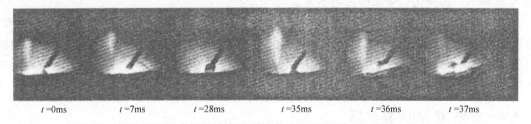

| $t=0\text{ms}$ | $t=7\text{ms}$ | $t=28\text{ms}$ | $t=35\text{ms}$ | $t=36\text{ms}$ | $t=37\text{ms}$ |

图 7-35　激光-MIG 复合焊的熔滴过渡形式（$P=2000\text{W}$；$I=150\text{A}$；$D=2.5\text{mm}$）

复合焊中随着激光与电弧间距的增加，复合焊熔滴过渡频率先增加后减少，在间距为 2.0mm 左右时，即激光束入射在熔池前方时，熔滴过渡频率最高。当激光束与电弧间距较小时，激光束主要照射在熔滴上，一方面造成了大量的激光能量被反射，另一方面熔滴上的大直径光斑减少了激光能量的热辐射作用，导致熔滴过渡频率相对较低。当激光束与电弧之间间距较大时，这可能与保护气体不能有效地抑制激光等离子体的产生导致激光等离子体增多而阻碍了熔滴过渡有关。

随着激光束离焦量由负到正，复合焊熔滴喷射过渡频率先增加后减小。当激光束离焦量为 1.0mm 左右时，熔滴过渡频率最大，有利于改善焊缝成形和提高焊缝熔深。这主要是离焦量不一样时，激光等离子体的大小以及电弧等离子体对激光束的散焦和吸收能力不同。

总之，当激光功率为 1500W 左右、间距为 2mm 左右，以及离焦量为 1.0mm 左右时，复合焊的熔滴过渡频率最高，有利于改善焊缝成形和提高焊缝熔深。

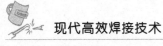

2. 铝合金的激光与脉冲 MIG 复合焊

激光-脉冲 MIG 复合焊焊接铝合金时，熔滴过渡为一个脉冲一个熔滴，焊缝成形美观，无飞溅、无气孔等缺陷，熔深比单一的激光焊增加 4 倍，比单一的脉冲 MIG 焊增加 1 倍以上，焊接速度显著提高，是一种理想的焊接工艺；在此工艺中激光可与直流脉冲 MIG 复合，也可与交流脉冲 MIG 复合，但是直流脉冲电弧的熔深大于交流脉冲电弧的熔深。

在 YAG 激光-脉冲 MIG 复合焊中，应注意以下几点：

激光-脉冲 MIG 复合焊时，激光功率对熔深有很大的影响。即激光功率越大，熔深越大。而且，这种影响力远大于激光单独焊接时激光对熔深的影响。这是由于，激光单独焊接合金时，因母材表面对激光的反射很严重，熔深很浅。而与 MIG 电弧复合焊后，激光照射在 MIG 电弧的熔池中，使铝合金母材对激光的吸收大幅度增加，从而使激光的吸收率大幅度提高。这是 YAG 激光-脉冲 MIG 电弧焊焊接铝合金的一个重要优点。

激光焦点位置的影响不大，远不如激光单独焊时那么敏感。这可能是在激光功率较小的条件下，复合焊时无明显的激光小孔效应，而且熔池中有较强的电磁对流传热作用所致。

无论是交流还是直流脉冲 MIG-激光复合焊时，激光与电弧中心距离和焊接电流对焊接熔深都有很大影响。即激光与电弧中心距离越小，熔深越大；焊接电流越大，熔深越大。当激光与电弧中心距离小于 2mm、电弧电流在 150~200A 时，激光照射电弧熔池中心部位，使熔深急剧增加。当激光与电弧中心距离大于 2mm 时，激光照射熔池前方，熔深减小。

随着焊接速度的增加，因热输入减少，焊缝熔深变小。当焊接速度大于 2m/min 时，激光与电弧中心距离对熔深影响较大；而当焊接速度小于 2m/min 时，激光与电弧中心距离对熔深的影响减小。这是由于焊接速度较小时熔池尺寸较大，激光与电弧中心距离在一定范围内（如 3mm）的变化对熔深的影响不大。

对于激光与交流脉冲 MIG 复合，当焊丝为负极性时，电弧阴极在焊丝端部爬得很高，笼罩整个熔滴，使熔化速率加快；在焊丝由负变正即熔池由正变负期间及电弧电流由基值向峰值过渡期间，熔池中激光照射部位出现强烈的激光诱导等离子体，这对稳定电弧有促进作用。

7.4.4 激光-双 MIG 复合焊

HYDRA（Hybrid Welding With Double Rapid Arc）是德国的 ISF 焊接研究所研制出的一种焊接方法，它是将激光与两个电弧同时复合在一起，称为激光-双 MIG 复合焊，焊枪的结构如图 7-36 所示。

该方法的最大特点是能够大大提高工作效率。在无间隙焊接时，激光-双电弧复合热源 HYDRA 的焊接速度与一般的激光-MIG 电弧复合热源相比能够提高 33%，相当于埋弧焊焊接速度的 8 倍，其单位长度上的热输入相对于一般的激光-MIG 电弧复合热源减少 25%，与埋弧焊相比可减少 83%。采用激光-双 MIG 复合焊焊接板厚为 5mm 的焊件时，开 V 形坡口，坡口角度为 22°，不需要衬板，可获

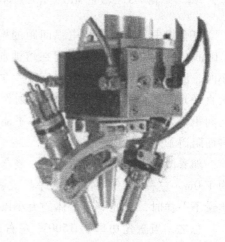

图 7-36 激光-双 MIG 复合焊焊枪的结构

得良好的焊缝。该方法装配间隙可达 2mm，远远超过激光-MIG 电弧复合热源的焊接能力，能够实现无缺陷焊接。可见这种焊接工艺能够满足大批量焊接生产的需要，且焊接过程非常稳定，可以更好地实现自动化焊接，适合于中厚板以及铝合金、镁合金、双相钢等难焊金属的焊接。

7.4.5　激光-CO_2/MAG 短路过渡复合焊

激光-CO_2/MAG 短路过渡复合焊时，激光垂直入射到焊件表面，CO_2/MAG 焊焊枪与焊件表面成 53°的夹角，这样保证激光光斑和 CO_2/MAG 焊电弧能够共同作用到同一区域中，激光和 CO_2/MAG 复合焊采用旁轴复合方式，如图 7-37 所示。焊接时的保护气体采用 CO_2 或 $CO_2$80%+Ar20%（体积分数）的混合气体，气体流量为 15～20L/min，焊丝材料为 E49-1，焊丝直径为 1.0mm，伸出长度为 12mm。

激光器最大输出功率 2.6kW，波长 1.06μm，当使用焦距为 200mm 的焊枪时，光束聚焦最小直径为 0.6mm。焊机为熔化极气体保护焊焊机。

单独 CO_2 气体保护焊在较小的焊接电流（30～60A）和较高的焊接速度下（>1.5m/min）进行短路过渡焊时，会出现明显的断弧

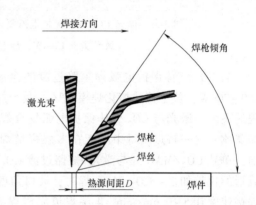

图 7-37　激光-CO_2/MAG 短路过渡复合焊示意图

现象，很难获得稳定的焊接过程。图 7-38 为 CO_2 气体保护焊短路过渡电弧电压、焊接电流波形图。在此短路过渡电弧的基础上加入激光，且激光功率超过 900W，位于深熔焊模式区，在高速焊接的条件下也可以获得稳定的短路过程。图 7-39 为激光-CO_2 气体保护电弧复合焊短路过渡电弧电压、焊接电流波形图。由于激光的存在，整个焊接过程非常稳定，焊缝表面均匀一致。这进一步证实激光对电弧有很强的稳定作用。小电流 CO_2 气体保护焊短路过渡与大功率激光复合焊具有高速、低变形的焊接特点，适用于有间隙薄板的焊接。

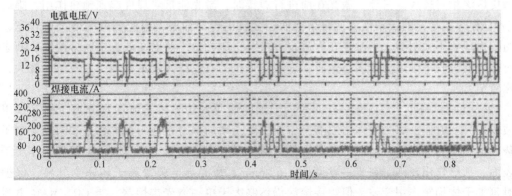

图 7-38　CO_2 气体保护焊短路过渡电弧电压、焊接电流波形图

（I=50A，U=16V，v=1.5m/min）

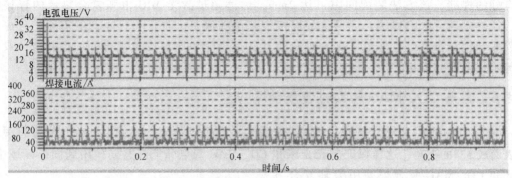

图 7-39　激光-CO_2 气体保护电弧复合焊短路过渡电弧电压、焊接电流波形图

（激光功率 1200W，$I = 50A$，$U = 16V$、$v = 1.5m/min$）

当 CO_2 气体保护电弧焊短路过渡的电流较大（100~160A）时，复合焊的激光功率为 100~700W，位于传热熔化焊模式区，激光的作用主要是增加焊接过程稳定性，减少焊接过程的飞溅。激光与 CO_2 气体保护电弧复合焊短路过渡的特点是可以显著增加焊缝的熔深和深宽比，这一特点使得中厚板在多层多道焊时减少坡口角度、提高焊接效率成为可能。例如，单独 CO_2/MAG 焊与激光+短路过渡 CO_2/MAG 焊，焊接厚度为 10mm 的低碳钢时，焊缝成形的比较如下：CO_2/MAG 焊时，坡口角度 60°，电弧电压 19~22V，焊接电流 165~190A，焊接速度 0.5~0.6m/min，4 层焊道完成焊缝的焊接。复合焊时，坡口角度 30°，激光功率 2000W，电弧电压 19~22V，焊接电流 165~190A，焊接速度 0.5~0.6m/min，两层焊道完成焊缝的焊接。

在复合焊过程中，由于焊接参数间的相互影响与制约，任一参数的变化都会导致工艺过程发生变化，影响复合焊结果。只有在一定的焊接参数下才能保证热源的有效耦合，得到大的焊接熔深和优良的焊接质量，否则会导致两者相互作用后的焊接熔深减小。

（1）焊接方向　在进行激光-CO_2/MAG 短路过渡复合焊时，若激光在前，则激光总是照射到温度比较低的固态金属表面，由于温度较低的金属表面对激光的吸收率很低，一部分激光能量损失，而激光-CO_2/MAG 复合热源焊时熔深主要由激光的能量决定，再者，CO_2/MAG 焊枪处于前倾焊方位，电弧力排开熔池金属的作用减弱，熔池底部液体金属增厚，因此焊接熔深相对较浅。另外，激光在前进行焊接时，激光能量对焊件起到预热作用，提高了 CO_2/MAG 焊接熔池的流动性，使得熔池液态金属更容易铺展，因此获得的熔宽比较宽，焊缝的咬边现象不太明显。当激光在后进行焊接时，激光始终照射在液态金属熔池里，液态金属对激光的吸收率远远大于固态金属，即用于焊接的有效激光能量增加，焊缝熔深较大，熔宽比较窄。

（2）光—丝间距　随着光—丝间距的增加，使两者的等离子体逐步分离，相互作用开始减弱。另一方面，保护气体由喷嘴至熔池的距离增加，对熔池的保护作用和激光等离子体屏蔽的抑制能力也相对减弱，降低了焊件的激光吸收率。由于 CO_2/MAG 电弧首先作用于焊件表面，预热作用较强，在光—丝间距达到 6mm，激光与电弧等离子体完全分离，保护气体对等离子体抑制作用变差，但焊接熔深仍然略大于单独激光焊熔深。当 CO_2/MAG 电弧作用于激光斑点后端时，预热作用有限，光—丝间距增大至一定程度后，焊接熔深开始低于单独激光焊的熔深。这也说明复合焊的熔深主要取决于激光"小孔"的穿透能力。当光—丝间距为 0mm 时，两种不同方向的焊接都得到较小的熔深，这是因为激光直接作用在焊丝上，部分能量用于焊丝的熔化，导致激光能量散失严重，穿透能力下降，焊接熔深降低。

光—丝间距是影响激光-MAG 电弧复合热源焊接过程的重要影响因素之一。对于小焊接电流、高焊接速度时的激光-短路过渡电弧 MAG 复合热源焊，激光光斑与焊丝之间的距离为 1mm 时，焊接过程最稳定。例如焊接电流 60A、平均电弧电压 15V、焊接速度 1.5m/min、激光功率 1400W 的激光-CO_2/MAG 复合热源焊接时，光斑和焊丝之间的距离分别为 1mm 时，焊接电流波动范围较小，平均短路时间较短，每个短路周期的一致性好，短路频率高，焊接过程最稳定，焊缝成形连续、美观。

对于大焊接电流、低焊接速度的激光-短路过渡电弧 MAG 复合热源焊接过程，激光光斑—焊丝之间的距离同样为 1mm 时，焊接过程也最稳定，焊接熔深和熔宽最大。例如焊接电流 120A、平均电压 16V、焊接速度 0.3m/min、激光功率 1400W 的条件下，激光光斑—焊丝之间的距离为 1mm 时，焊接过程最稳定，熔深达到最大值。随着光—丝间距的增加，熔深逐渐减小。熔宽也有同样的变化趋势。在该焊接条件下，复合后的最大熔深为 3.1mm，而单独 CO_2/MAG 焊接熔深只有 1.2mm，复合后使熔深增加了 1.5 倍。并且激光—短路过渡电弧 CO_2/MAG 复合热源焊还能改善焊缝的润湿性，增加熔宽，减弱焊缝的咬边现象。

（3）激光功率　在激光功率较小时，作用在焊件上的能量有限，不能形成较强的光致等离子体和"小孔"，对电弧的引导和稳定作用有限，仅表现为传热熔化焊。随着激光功率的增加，熔深增加，而且 CO_2/MAG 电流越大，对应焊接熔深越大。在对应的电流下，随着激光功率的增加，"小孔"出现，焊缝形貌开始呈现深熔焊特征，而且随着激光功率的增加，焊缝深熔焊特征越来越明显，焊接熔深稳步增加。

（4）离焦量　CO_2/MAG 焊电流为 140A、平均电压为 16V、焊接速度为 0.9m/min、激光功率为 1800W，光斑—焊丝间的距离为 1mm，焊丝伸出长度为 12mm，焊枪与焊件的夹角为 53°，保护气体为 Ar/CO_2，无论激光在前还是在后，焊接熔深的最大值都出现在激光离焦量为−1mm 时。当激光的离焦量大于 0mm 时，即激光的焦点在焊件以上时，焊缝的底部逐渐变为圆形，而在此之前，焊缝的底部皆为指状。

（5）焊接速度　随着焊接速度的提高，焊接熔深急剧下降，具有与激光焊接类似的规律。因为焊接速度的提高，激光和电弧作用在焊件上的能量密度也同时下降。不过因为两者的耦合作用，在相同的焊接条件下，复合焊接熔深比单独激光熔深提高了 0.4~0.75 倍。这表明复合焊对于提高焊接速度具有积极的意义。

7.4.6　激光-CTM 复合焊

激光-CTM 复合焊是一种优质高效的焊接新技术。激光-CTM 复合焊与 CTM 焊的焊缝成形如图 7-40 所示。进行 CTM 焊时，采用的焊接参数为焊接电流 162A，焊接电压 16.5V，保护气体 Ar+$CO_2$2%（体积分数），焊接速度为 0.6m/min。在相同焊接参数下加入激光束，进行激光-CTM 复合焊，激光功率为

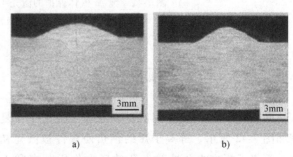

图 7-40　激光-CTM 复合焊与 CTM 焊的焊缝成形比较
a）激光-CTM 复合焊　b）CTM 焊

1000W。激光-CTM复合焊与CTM焊的焊缝几何尺寸见表7-4。可以看出，激光-CTM复合焊的焊缝熔深增加，熔宽显著变大，余高减小，可以显著地改善CTM焊的焊缝铺展性，焊缝成形好。

表 7-4　激光-CTM 复合焊与 CTM 焊的焊缝几何尺寸比较

	熔深 h/mm	熔宽 b/mm	余高 r/mm	余高-熔宽比
CTM	1.28	4.72	1.68	0.36
激光-CTM 复合焊	1.60	7.68	1.36	0.18

激光-CTM复合焊在纯氩气体保护下，能够获得稳定的焊接过程和良好的焊缝成形。采用该复合焊方法焊接厚度为8mm的奥氏体不锈钢，开V形坡口，坡口角度为60°，焊接电流为162A，电弧电压为16V，焊接速度为0.6m/min，保护气体为Ar，气体流量为18L/min，激光功率为1000W，焊接的焊道和焊缝的横截面如图7-41所示。

在激光-CTM复合热源焊接时，为实现在高速焊下获得良好的焊缝成形及优质焊缝，必须采取很好的保护措施。如果保护范围小，则在较快速度焊接时熔池极易卷入空气，从而使得焊缝金属中的氮、氧、氢等杂质元素含量偏高，影响焊缝的质量，因此，焊接保护措施至关重要。

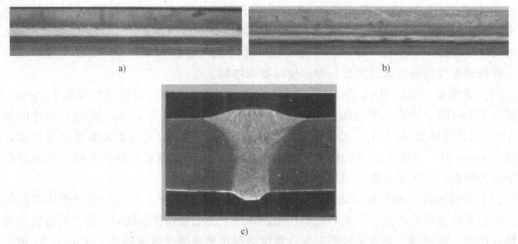

a)　　　　　　　　　　　　　　b)

c)

图 7-41　纯 Ar 气体保护的激光-CTM 复合焊焊缝成形
a）焊缝正面　b）焊缝反面　c）激光-CTM 复合焊焊缝断面

7.5　激光-等离子弧复合焊

激光-等离子弧复合焊的基本原理与激光-TIG复合焊近似，激光-等离子弧复合焊焊接原理如图7-42所示。等离子弧的预热使焊件被激光初始照射时的温度升高，提高激光的吸收率；等离子弧在小孔处对小孔的压力作用既有利于小孔的维持与稳定，使金属蒸气喷发减弱，且等离子的存在又使金属蒸气粒子细化，从而减少了激光因金属蒸气粒子散射所引起的能量损失，使激光能量转换率增大；等离子弧也提供大量的能量，使焊缝总的单位长度的热输入增加；激光也对等离子弧有稳定、导向和聚焦的作用，使等离子弧倾向激光的热作用区。激光-等离子弧复合焊时的等离子体是热源，它吸收激光光子能量并向焊件传递，使激光能量利用率提高。激光-等离子弧复合焊优点如下：在焊接过程中，复合电弧的稳定性好，其热作用和影响区较宽，不易形成气孔、疏松、变形和裂纹，能有效克服气孔和热裂纹缺陷。等离子弧的刚度大，指向性好，可以精确控制热源间距；等离子弧稳定，钨极处于焊枪的喷嘴中，电极不暴露在金属蒸气中，不受焊接中产生的金属蒸气的污染，钨极烧损小。焊接速度高，间隙适应能力强，对接口精度的要求也不高。与激光-MIG 电弧复合焊和激光-MAG 电弧复合焊相比，激光-等离子弧复合焊更容易控制焊接的热输入，适合于薄

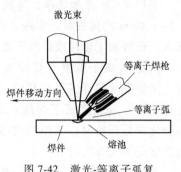

图 7-42　激光-等离子弧复合焊焊接原理

板的高速连接。而等离子弧与激光的相互作用使能量利用率提高，显著提高了焊接速度和熔深，可以焊接较厚的金属材料，这种工艺除焊接一般材料外，也适宜于热导率高、对激光反射率高的金属材料的焊接。

激光-等离子弧复合焊具有刚度好、温度高、方向性强、电弧引燃性好、加热区窄等优点，适用于薄板对接、镀锌板搭接以及钛合金、铝合金等高反射率和高热导率材料的焊接及切割、表面合金化等。

在激光-等离子弧复合焊装置中，激光束与等离子弧可以同轴，也可以旁轴，但等离子弧一般指向焊件表面激光光斑位置。旁轴复合焊枪设计简单，可操作性强。旁轴复合焊接时，激光束与焊件表面垂直，而等离子弧焊枪与焊件表面一般成 45°左右的夹角。影响复合焊效果的焊接参数还有热源间距、等离子弧与焊件间的夹角、喷嘴与焊件间的距离、热源次序等。

激光-等离子弧同轴复合焊曾提出两种方案：第一种是将激光束通过环形钨极产生等离子弧后在焊件表面聚焦；第二种是将激光束从空心钨极中间穿过在焊件表面聚焦。采用第一种复合焊方法能使激光束和等离子弧同心分布，从而获得确定的热分布，并降低冷却速率，改善残余应力状态。利用后一种复合方式也可实现激光-等离子弧复合焊，但其焊枪设计、制造难度很大。

激光-等离子同轴复合焊如图 7-43 所示。等离子弧由环状电极产生，激光束从等离子弧的中间穿过，等离子弧主要有两个功能：一方面为激光焊提供额外的能量，提高焊接速度，进而提高整个焊接过程的效率；另一方面等离子弧环绕在激光周围，焊接时延长熔池冷却时间，也就减少了焊缝的硬化和残余应力的敏感性，改善了焊缝的微观组织性能。同轴复合焊的方式不仅节省空间，无方向性，且可在任意位置填充焊丝。

激光-等离子弧复合焊开辟了新的应用领域，它的低成本和高效率使其在焊接技术中具有很强的竞争力。采用激光-等离子弧复合焊焊接碳钢、不锈钢、铝合金和钛合金等金属材料，均获得了良好效果。对薄板焊接时，在相同的熔深条件下，激光与等离子弧复合焊的焊接速度仅是采用激光焊的 2~3 倍，大大提高了焊接效率。对厚 0.16mm 的镀锌板进行高速焊接，不产生缺陷，而且由于电弧与激光之间的作用，使得电弧非常稳定，即使焊接速度高达 90m/min 时电弧也没有出现不稳定状态。而且使对接母材的端面间隙达材料厚度的 25%~30%、对接错边量达材料厚度的 80%还能保持良好的焊缝熔合。

采用 400W 激光功率，等离子弧电流为 60A，焊接厚度为 0.5～1.0mm 的薄板时，实现了全熔透，增强了单位面积的热输入，即增加了熔深或提高了焊接速度。

激光-等离子弧复合焊焊接厚度 1.27mm 的 6061 铝合金时，能够消除焊缝区凝固裂纹。因为复合焊接降低了凝固和冷却速度，进而降低了焊缝区的拉应力，减小了裂纹倾向。铝合金薄板焊接时，在相同的熔深条件下，激光-等离子弧焊接速度是激光焊时的 2～3 倍。

用激光和等离子弧复合焊接热导率高、厚 1.3mm 的 AlMgSi 合金板（6000 系列），可获得 4m/min 的焊接速度，得到的焊接接头静载强度仅稍低于激光焊。

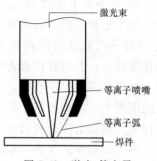

图 7-43　激光-等离子
同轴复合焊

与 MIG 焊相比，等离子弧中所具有的更高的能量密度可以使激光-等离子弧复合焊在焊接厚板时获得较高的焊接速度。例如当激光功率为 4kW、等离子弧电流为 100A 时，焊接 6mm 厚的钢板并获得全部熔透的焊缝，焊接速度为单独激光焊时的 2 倍。

7.6　激光-感应热源复合焊

将电磁感应和激光两种热源结合起来，形成激光-感应热源复合焊技术，用高频感应热源对焊件进行预热，在焊件达到一定温度后，再用激光对焊件进行焊接。这不仅使焊件预热到一定的温度，提高焊件对激光的吸收率，使激光能量利用率提高，而且实现了电磁感应和激光焊接过程的同步加热或后热，使热影响区温度梯度减小，降低焊接后焊件冷却速度，使凝固和随后的固态冷却过程变得缓慢，改善焊接接头的组织和性能，提高焊缝强度，减少或消除气孔和裂纹的生成，减少或防止薄壁焊件变形。可在激光功率一定的情况下增加焊接熔深，保证焊缝成形，提高焊接接头质量的可靠性。

在这种复合焊工艺中，由于用高频感应热源对焊件进行预热，在焊件达到一定温度后，再用激光对焊件进行焊接，因此这种工艺要求焊件材料能被感应热源加热。为有效地将高频感应与激光两种热源结合起来，达到理想的焊接效果，对感应加热设备的体积、大小、感应线圈的效率等均提出了较高的要求。

加热焊件的感应圈对焊件形状有所限制，根据高频感应线圈的形状，激光-感应热源复合焊主要有两种形式：一种是用于管状或棒状焊件的焊接；另一种是用于平板的焊接。

激光-高频感应复合焊应用于钢管的焊接如图 7-44 所示，其原理是用高频感应线圈预热钢管，用激光进行焊接。在焊接直径为 34mm、壁厚为 3mm 的 SUS304 不锈钢管时，高频感应线圈将钢管预热到 554℃，焊接速度可达到无预热激光焊的 3 倍，且接头质量良好。

对曲轴进行激光-感应加热复合焊，采用空气冷却的功率为 25kW、频率为 10～25kHz 的感应电源，安装在激光焊接头附近，对曲轴感应加热，将加热控制在一定的区域内，对相邻区域几乎没有影响。焊后观察焊缝断面微观组织，没有出现魏氏体组织，显微组织为正火组织，没有发现裂纹，焊接接头的抗剪强度提高了 17%～20%。

针对平板的激光-高频感应复合焊技术研究了一套设备。因平板只能利用线圈漏磁进行加热，为提高效率，在线圈中增加了高导磁率的铁氧体铁心；考虑到感应线圈需要与激光焊接头集成并可移动，感应设备采用分体式结构，将输出变压器与主控电路和输入变压器分离封装，体积较小的输出变压器易于集成在激光焊接设备上。感应线圈可以方便地实现平板激光焊的同步预热或后热。通过功率调节和工作台移动速度的变化来达到需要的预热温度。

应用激光-高频感应复合焊设备焊接 30CrMnSiA 钢，进行同步预热，当预热温度达到 330℃ 以上时进行激光-高频感应复合焊，焊缝完全熔透，并且熔宽也变大。同步预热使熔深、熔宽增大的原因：一方面是高频感应提供一个辅助热源，增加了热输入；另一方面是同步预热使焊件表面温度升高，材料对激光的吸

图 7-44 激光-高频感应复合焊
应用于钢管的焊接

收率有所提高，改善了焊件表面对激光的吸收。同步预热后焊缝中气孔消失，即便是同样未完全焊透的焊缝中也未发现气孔，之所以如此，是因为感应同步预热减小了焊缝的冷却速度，增加了焊缝凝固过程中的气体逸出时间，从而在一定程度上可避免激光深熔焊中易产生的气孔问题。加入感应同步预热后，降低了焊缝金属的冷却速度，焊缝组织中的马氏体成分减少，并出现上贝氏体和下贝氏体组织，且随着预热温度的提高马氏体含量逐渐减少。因此，对于裂纹敏感的高合金钢、高碳钢、金属基复合材料等，采用激光-高频感应复合焊技术，在获得优质高效的激光焊缝的同时，可有效地防止裂纹的产生。焊接后焊件未出现明显变形，且焊接热影响区的组织也未有明显的变化。

总之，在相同的激光焊工艺条件下，加入高频感应辅助热源，在一定程度上增加了焊缝的熔深、熔宽，提高了激光的利用率，高频感应同步预热使得激光焊接组织冷却速度减小，凝固时间增长，有利于熔池中气体的逸出，在一定程度上可防止气孔的产生；在改善焊接接头组织的同时，并未发现焊件变形及热影响区组织性能的恶化。

用 25kW 的 CO_2 激光-高频感应焊焊接 10mm 厚的碳钢板，经高频感应预热到 800℃ 的焊接速度是不经预热的 2 倍左右；焊接厚度 15mm 以上的碳钢板，不经预热的激光焊接速度与埋弧焊相当，而经预热后焊接速度是埋弧焊焊接速度的 3 倍，而且随着板厚减小，与这两种焊接方法相比，焊接速度的相对倍数增大。

7.7 激光-电阻热复合焊

为了拓宽激光焊的应用领域，弥补激光焊的不足之处，提高激光焊的适应性，除了与电弧复合外，激光-电阻热复合热源焊接技术逐渐受到重视。根据电阻焊本身的特点，激光-电阻热复合焊技术主要集中于激光-电阻缝焊（LB-RSW）复合热源焊接技术。激光-电阻缝焊复合热源焊接系统如图 7-45 所示。在焊接过程中，通过电阻热的预热、加压和缓冷作用，可以有效地解决激光焊中的焊件装配和跟踪（对中）问题，提高了材料对激光的吸收率，降低了激光功率的输出。焊缝在激光焊热源和大电流流过被焊焊件所形成的电阻热源的共同作用下形成，当焊接参数适当时，焊缝的表面成形良好，减少了焊缝内气孔、裂纹等缺陷。激光-电阻缝焊复合热源焊接铝合金比焊接钢显示出更大的优越性。

电阻缝焊形成的焊缝是在热-机械（力）作用下形成的。在激光-电阻缝焊复合热源焊接中，电阻加热（含预热和缓冷）可以提高金属材料对激光的吸收率，降低所需激光功率；同时，加热、缓冷和加压可以调节焊接温度场和应力场，改善焊缝结晶条件，调节晶粒大小及分布，减少气孔、热裂纹和接头残余应力等；特别是加压可以消除装配不良导致的板间间隙，避免了成形不良。

激光-电阻缝焊复合焊接系统主要由复合机头、焊接操作机、工作台、激光器、阻焊电源和控制器等部分组成，如图 7-45 所示。

复合焊系统的结构形式有两种：一种是以关节型激光机器人为核心的激光-电阻缝焊复合热源焊机器人工作站（见图 7-45a）；另一种是以直角坐标型（龙门式）激光机器人为核心的激光-电阻缝焊复合热源焊 LB-RSW 机器人工作站（见图 7-45b）。复合机头由激光头和缝焊机头（含缝焊电极和加压机构等）集成在一起，成为机器人末端执行器（见图7-46），通过机械接口与操作机相连。复合机头按缝焊电极与焊件相对位置可实现单面缝焊（见图7-46a）和双面缝焊（见图 7-46b）。根据焊件和接头结构特征及激光-电阻缝焊复合热源焊 LB-RSW 机器人工作站和所在生产线配置要求等可选用以上多种结构形式。

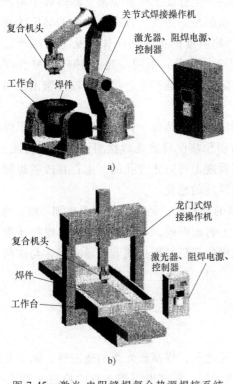

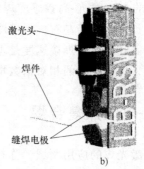

图 7-45　激光-电阻缝焊复合热源焊接系统
a）关节型　b）龙门型

图 7-46　LB-RSW 复合焊复合机头
a）单面缝焊机头（两滚盘电极在焊件同一侧）
b）双面缝焊机头（两滚盘电极在焊件两侧）

除了以上两种复合焊接系统以外，还可以采用多功能电阻缝焊机和激光焊接机器人相结合的方式，组成复合焊接系统。复合机头的缝焊部分集成在缝焊机的工作台上，复合机头的激光焊部分集成在焊接机器人上。在实际焊接时，由激光焊接机器人控制激光功率、离焦量等参数，由多功能电阻缝焊机控制焊接速度、焊接电流、电极压力、保护气体流量等参数，各个焊接参数的输入以及焊接开始和结束控制等由集成中央控制器负责。

采用该系统焊接板厚为 1.5mm 的 5052 铝合金，接头形式为搭接，单面缝焊。焊接参数为激光功率 2kW、离焦量 -0.5mm、焦距 150mm、氩气流量 15L/min、焊接速度 0.8m/min。焊接结果表明：在激光焊参数相同的条件下，激光-电阻缝焊复合热源焊 LB-RSW 的焊接熔深大于单独激光焊 LBW 的焊接熔深，且随着电阻缝焊 RSW 焊接电流的增加而增大；焊接接头抗剪力大于单独激光焊 LBW 焊接接头的抗剪力，且随着电阻缝焊 RSW 焊接电流的增加而增大。激光-电阻缝焊复合热源焊比传统的激光焊节能、高效。

焊缝组织由熔合线附近的柱状树枝晶和焊缝中心的等轴树枝晶组成；焊缝中除有少量气孔外没有其他缺陷。

7.8　激光-搅拌摩擦复合焊

2002 年推出了激光辅助搅拌摩擦焊方法。在该方法中，激光的主要作用是对旋转搅拌头前方的焊件进行局部预热，从而使焊件产生塑化现象。由于激光的高温作用使位于旋转搅拌头前方的焊件软化，可以减少夹具对焊件的夹持力和转矩，减少焊接变形；此外，由于激光热能的预热作用，在实现高速焊接的同时还可减少搅拌头的磨损。

为了预测激光预热对焊件温度和热流分布的影响，建立了瞬态三维传热有限元模型。该模型考虑了焊件的热传导、接触热阻、激光的吸收率、搅拌头的摩擦生热以及向周围环境的散热。模型表明，由于板间接触热阻的影响，在搅拌头作用之前，激光能量不足以在上板形成穿透焊缝，因此搭接焊缝固有的接触热阻控制着预热的有效性。固定搅拌头的几何尺寸和材料，改变激光功率和焊件材料，结果表明，激光对焊件表面预热可减小焊件夹紧力和转矩，由于焊缝固有接触热阻的存在，它们比对焊时的值要小。另外，焊接过程的总功率为吸收的激光功率与搅拌头所需功率之和，激光预热可减小总功率。

采用该技术进行铝合金的焊接，可以实现无缺陷的微细结构，并可对铝合金进行搭接焊。

该方法设备复杂、昂贵，对焊接条件要求较高，要在工业应用中推广，还有待于进一步的研究与改进。

搅拌摩擦焊

8.1 概述

近年来，为了保护环境、节约能源，人们强烈希望汽车、飞机、机车车辆、船舶等运输机械轻量化。为此，积极开发、研制适用于这些运输机械的轻金属材料，例如铝及铝合金。铝及铝合金材料由于重量轻、抗腐蚀、易成形等优点；随着新型硬铝、超硬铝等材料的出现，使得这类材料的性能不断提高，因而在航空、航天、高速列车、高速舰船、汽车等工业制造领域得到了越来越广泛的应用。除了运输机械外，土木建筑、桥梁等领域也引入了铝及铝合金。

这些结构的安装连接主要以焊接为主要连接方式。在铝及铝合金的焊接中，存在的主要问题之一是由于它的线胀系数大而在焊接时产生较大的变形。为了防止变形，在施工现场，必须采用胎夹具固定，由培训过的熟练工人操作。因为铝及铝合金容易氧化，表面存在一层致密、坚固难熔的氧化膜，所以焊前要求对其表面进行去除氧化膜处理；焊接时，要用氩等惰性气体进行保护。铝及铝合金焊接时，易产生气孔、热裂纹等缺陷，也是焊接时必须注意的问题。对于热处理型铝合金来说，必须避免在焊接时热影响区产生软化，强度降低的问题。为了解决铝及铝合金熔焊时出现的以上问题，开发研制出了一种新的固相焊接方法，即搅拌摩擦焊。

搅拌摩擦焊（Friction Stir Welding，FSW）于 1991 年由英国焊接研究所（TWI）发明，它是利用间接摩擦热实现板材的连接。这种方法打破了原来摩擦焊只限于圆形断面材料焊接的概念，是 20 世纪末、21 世纪初最新的铝及铝合金的焊接技术。自从搅拌摩擦焊发明以来，搅拌摩擦焊技术在世界各国得到广泛的关注和深入的研究，并向生产适用化发展，特别是针对铝合金材料，世界范围的研究机构、学校以及大公司都对此进行了深入细致的研究和应用开发，并且在诸多制造工业领域得到了成功应用。

搅拌摩擦焊最初主要针对板材的对接焊，通过多年的研究，相继开发了搭接接头搅拌摩擦焊、T 形接头搅拌摩擦焊和搅拌摩擦点焊等焊接方法。

本章详细介绍了搅拌摩擦焊的原理、特点，并且针对铝及铝合金的搅拌摩擦焊工艺及应用作了详细的阐述，介绍了搅拌摩擦搭接焊，T 形接头搅拌摩擦焊和搅拌摩擦点焊的原理、特点及应用。

8.1.1 搅拌摩擦焊的基本原理

搅拌摩擦焊的原理如图 8-1 所示，它是利用带有特殊形状的硬质搅拌指棒的搅拌头旋转着插入被焊接头，与被焊金属摩擦生热，通过搅拌摩擦，同时结合搅拌头对焊缝金属的挤压，使接头金属处于塑性状态，搅拌指棒边旋转边沿着焊接方向向前移动，在热—机联合作用下形成致密的金属间结合，实现材料的连接。

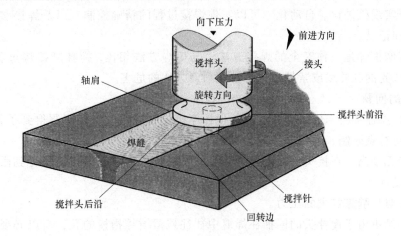

图 8-1 搅拌摩擦焊的原理

搅拌头由特殊形状的搅拌指棒和轴肩组成。搅拌指棒的长度等于板厚，但一般情况下，它的长度比母材的厚度稍短一些；而轴肩的直径大于搅拌指棒的直径。搅拌头轴肩的作用有三：一是可以保证搅拌指棒插入的深度；二是轴肩与被焊材料的表面紧密接触，防止处于塑性状态的母材表面金属排出而造成的损失和氧化；三是与母材表面摩擦生热，提供部分焊接所需要的搅拌摩擦热。搅拌摩擦焊接头焊缝的最大宽度决定于搅拌指棒肩部直径大小，搅拌指棒要求有特殊的形状，一般要用具有良好耐高温性能的抗磨损材料制造。对于铝及铝合金等轻型合金材料，在焊接过程中搅拌头的磨损程度很小。焊接过程中，因为搅拌头对焊接区域的材料具有向下挤压和侧向挤压的倾向，所以焊件要夹装背垫和夹紧固定，以便承受搅拌头施加的轴向力、纵向力（沿着焊接方向）以及侧向力。通过研究，在对接接头中，搅拌摩擦焊对焊接接头的形状、清洁度以及接头装配间隙均有较大的工艺裕度，如搅拌摩擦焊对接焊时在接头间隙为厚度10%的条件下，同样可以得到优良的焊接接头。

8.1.2 搅拌摩擦焊的特点

搅拌摩擦焊是一种固相连接，与其他焊接方法相比具有很多的优越性。

1. 优点

1）搅拌摩擦焊是一种高效、节能的连接方法。对于厚度为 12.5mm 6×××系列的铝合金材料的搅拌摩擦焊，可单道焊双面成形，总功率输入约为 3kW；焊接过程中不需要填充焊丝和惰性气体保护；焊前不需要开坡口和对材料表面作特殊的处理。

2）焊接过程中母材不熔化，有利于实现全位置焊接以及高速连接。

3）适于热敏感性很强及不同制造状态材料的焊接。熔焊不能连接的热敏感性强的硬铝、超硬铝等材料可以用搅拌摩擦焊得到可靠连接；可以提高热处理铝合金的接头强度；焊接时不产生气孔、裂纹等缺陷；可以防止铝基复合材料的合金和强化相的析出或溶解；可以实现铸造/锻压以及铸造/轧制等不同状态材料的焊接。

4）接头无变形或变形很小。由于焊接变形很小，可以实现精密铝合金零部件的焊接。

5）焊缝组织晶粒细化，接头力学性能优良。焊接时焊缝金属产生塑性流动，接头不会产生柱状晶等组织，而且可以使晶粒细化，焊接接头的力学性能优良，特别是抗疲劳性能。

6）易于实现机械化、自动化。可以实现焊接过程的精确控制，以及焊接参数的数字化输入、控制和记录。

7）搅拌摩擦焊是一种安全的焊接方法。与熔焊方法相比，搅拌摩擦焊过程没有飞溅、烟尘，以及弧光的红外线或紫外线等有害辐射对人体的危害。

2. 存在的问题

随着搅拌摩擦焊技术的研究和发展，搅拌摩擦焊在应用领域的限制得到了很好地解决，但是受其本身特点限制，搅拌摩擦焊仍存在以下问题：

1）焊缝无增高，在接头设计时要特别注意这一特征。焊接角接接头受到限制，接头形式必须特殊设计。

2）需要对焊缝施加大的压力。

3）焊接结束由于搅拌头的回抽在焊缝中往往残留搅拌指棒的孔，所以必要时，焊接工艺上需要添加"引弧板或引出板"。

4）被焊零件需要由一定的结构刚度或被牢固固定来实现焊接，在焊缝背面必须加一耐摩擦的垫板。

5）对接头的错边量及间隙大小必须严格控制。

6）只限于对轻金属及其合金的焊接。

总之，与熔焊相比，搅拌摩擦焊是一种高质量、高可靠性、高效率、低成本的绿色连接技术。

搅拌摩擦焊已经可以焊接全部牌号的铝及铝合金，如 1000 系列（纯铝）、2000 系列（Al-Cu 合金）、3000 系列（Al-Mn 合金）、4000 系列（Al-Si 合金）、5000 系列（Al-Mg 合金）、6000 系列（Al-Mg-Si 合金）、7000 系列（Al-Zn 合金）、8000 系列（其他铝合金），也已实现铝基复合材料以及铸材和锻压板材的铝合金搅拌摩擦焊。铝合金搅拌摩擦焊的可焊厚度从初期的 1.2~12.5mm，现已在工业生产中应用搅拌摩擦焊成功地焊接了厚度为 12.5~25mm 的铝合金，并且已实现单面焊的厚度达 50mm、双面焊可以焊接厚达 70mm 的铝合金。

搅拌摩擦焊也适用于钛合金、镁合金、铜合金、铁合金等材料的连接。

针对不同的零部件和应用对象，开发研制了系列的搅拌摩擦焊专用设备，并且在航空、航天、船舶、汽车等制造领域得到应用。设备主要由机械部分、主轴驱动系统、液压系统、高精度焊接平台及焊接夹具、控制系统、位置传感系统等组成。

8.1.3 影响搅拌摩擦焊的因素

影响搅拌摩擦焊焊接过程稳定性和焊接质量的因素，主要有搅拌头的形状、搅拌头的位置、搅拌头的转速、焊接速度、接头精度以及材料拘束等。表 8-1 列出了影响搅拌摩擦焊的主要工艺因素及其内容要点。

1. 搅拌指棒的材质及形状

（1）搅拌指棒的材质　由于搅拌指棒要产生并承受摩擦热，高温抗剪强度是搅拌指棒根部必须考虑的一个重要因素。英国焊接研究所采用工具钢来制作搅拌指棒，例如 TWI 的 Nicholas 采用工具钢 AISI-H13。日本采用了 SUS440 马氏体不锈钢以及工具钢 SKD61 作为搅拌指棒的材料。从搅拌指棒的高温强度出发,搅拌摩擦焊只能焊接铝、镁及其合金和铜合金等。随着搅拌指棒的材质不断开发,可以预见会有更多的材料适用于搅拌摩擦焊焊接。

表 8-1 影响搅拌摩擦焊的工艺因素

工艺因素	内 容 要 点
搅拌头的形状	搅拌指棒的长度:约等于母材厚度 搅拌指棒的形状:要适合于不同的材料、板厚 搅拌头的角度:一定的前进角
搅拌头的位置	搅拌指棒插入的深度:约与板厚相等 搅拌头中心线的位置:正好处于接头中心线 搅拌头肩部:接触程度
搅拌头的转速	根据被焊材料厚度、搅拌头的形状、电动机的输出功率、机械刚度,转速一般为几百至几千转每分
焊接速度	根据确定的搅拌头的转速选择,焊接速度,一般与电弧焊相近
接头精度	接头间隙,推荐 0mm 间隙 材料的挤压加工精度、接头的加工精度是防止产生缺陷的重要因素
材料拘束	为了保证接头精度,设计专用的夹具是非常重要的

(2)搅拌指棒的形状 搅拌指棒的形状为单纯圆柱形或加工成稍带锥形的圆柱形;也有的把单纯圆柱形加工成螺纹牙型或浅牙型,而端部形状一般为半球形。TWI 采用搅拌摩擦焊焊接 75m 特厚板时,采用的搅拌头表面如图 8-2a 所示,切削成螺纹牙型的螺旋沟,目的是增加对被焊金属的搅拌力。图 8-2b 所示为较为复杂形状的搅拌指棒。

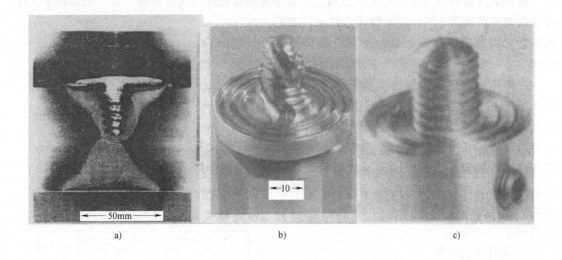

图 8-2 搅拌头

2. 搅拌头肩部的形状和材质

如图 8-3 所示,搅拌头的肩部不是平面状,而是稍带凹面的形状,凹的程度应通过实践来确定。这种肩部形状在旋转摩擦时,会促进其正下方母材表面金属的塑性流动,增强混合搅拌效果。

因为搅拌头的肩部是产热之处，可采用热传导率低的二氧化锆作为肩部材料，与采用一体型全钢制搅拌头相比，向搅拌头传导的热减少，既减少了热损失，而且在相同条件下也不会增加 FSW 热影响区的宽度。

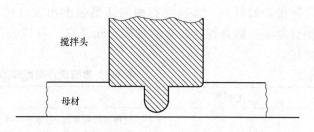

图 8-3　搅拌头的肩部形状

在搅拌摩擦焊（FSW）高速焊时，肩部的发热量增加了 30% ~ 70%。只有当肩部材质为二氧化锆时，向搅拌头侧的热传导会得到有效的抑制，该搅拌头才适用于高速 FSW 焊接。

3. 搅拌头的寿命

搅拌头的寿命主要是以搅拌指棒根部的损伤为衡量标准。由于搅拌指棒根部易发生高温疲劳或剪切破坏，而造成损伤。

初步试验结果表明，搅拌头的材质、形状、焊件的板厚各异以及焊接参数不同，其寿命会有差别。在实际施焊过程中，以达到规定的焊缝长度或达到规定的使用时间为其寿命。例如焊接板厚 6mm 的 6082-T6 铝合金时，焊接长度为 800m。

当搅拌头损坏后，一定要把残留在焊缝内破损的搅拌指棒取出。采用肉眼观察检验搅拌头是否破损是不容易的。在实际施焊过程中，达到规定的寿命，必须更换搅拌头，然后通过研磨等修复处理后再使用。

4. 搅拌头的前进角

搅拌头的前进角是指搅拌头中心轴线与焊件表面垂直线之间的夹角。在一般情况下，搅拌头的前进角定为 3° ~ 5°。一般认为设定一定的前进角可以提高搅拌头的寿命，促进摩擦引起的焊缝金属塑性流动，消除产生缺陷的倾向。

搅拌头的前进角对焊缝金属塑性流动的影响如图 8-4 所示。当改变搅拌头的前进角时，焊缝金属的塑性流动停滞点发生很大变化。从图中可以看出，在搅拌头的前进角为 0° 时，即搅拌头与焊件表面垂直，焊缝金属的塑性流动停滞点处于焊根中心，随着前进角的增大，搅拌力增大，塑性流动的停滞点向焊缝上方移动，这有利于消除缺陷。

5. 搅拌头的位置

搅拌头的位置是被焊金属与搅拌头的相对位置有关的参数。为了获得没有缺陷的良好接头，被焊金属必须通过搅拌作用向板厚方向输入摩擦热。这就要求搅拌头的肩部必须完全与被焊金属表面接触，使搅拌指棒完全插入板厚的状态保持稳定。搅拌头中心线的位置正好处

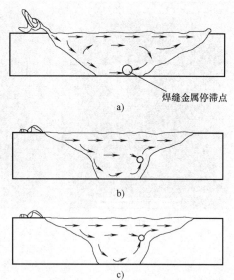

图 8-4　搅拌头前进角对焊缝金属的塑性流动停滞点位置的影响

a）搅拌头前进角为 0°　b）搅拌头前进角为 1.5°　c）搅拌头前进角为 3.0°

于接头中心线上。

6. 焊件的固定

被焊焊件的固定，要依据坡口加工精度、胎夹具的设计、被焊金属以及尺寸大小等综合考虑。在焊接过程中易产生横向张开，保持接头间隙不变比较困难，特别在焊接长尺寸的焊件时，一定要重视胎夹具的设计。

8.2 搅拌摩擦焊工艺

8.2.1 接头形式

关于这种新焊接方法的接头形式，推荐图 8-5 所示的接头形状。通常搅拌摩擦焊采用平板对接和搭接形式进行焊接。它也可实现多种接头的焊接，如多层对接、多层搭接、T 形接头、V 形接头、角接等，并在实际工业制造中得到了应用。对于角接来说，由于此种焊接方法焊接的焊缝没有增高，原来的接头设计标准已不适用，必须对接头侧的形状进行很好的设计，才能实现焊接。由图 8-5d 可以看到，多重板可实现一次焊接，这是此种焊接方法的一大优点。

除了以上典型接头形式外，经过不断的开发研究，针对不同结构的零件，研究人员设计了多种接头形式，如图 8-6 所示。

图 8-7 所示为热容量差较大的厚大焊件与小薄件的焊接接头。厚大焊件为铸态材料，薄件为轧制板材。工业生产中，搅拌摩擦焊不仅可以焊接筒形零件的环缝和纵缝，还可以实现全位置空间焊接，如水平焊、垂直焊、仰焊以及任意位置和角度的轨道焊。

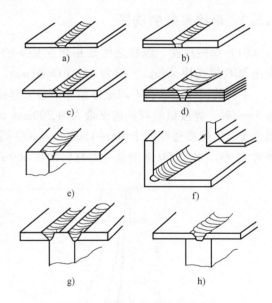

a) b) c) d) e) f) g) h)

图 8-5 搅拌摩擦焊接头形状

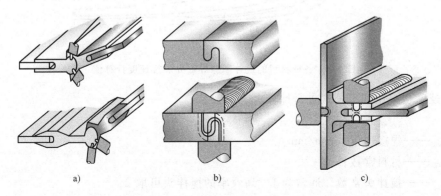

a) b) c)

图 8-6 不同形式结构件的搅拌摩擦时接头形状

图 8-7　不同厚度的铸铝和锻铝搅拌摩擦焊接头的宏观断面

8.2.2　焊接参数的选择

（1）焊接速度　焊接速度是根据搅拌头的形状和被焊金属来定。几乎与 MIG 焊相同，或比 MIG 焊稍快一些，一般为 30~100cm/min。

不同的被焊金属在不同板厚情况下最大焊接速度如图 8-8 所示。由图可以看出，在板厚为 5mm 时，焊接铝的焊接速度最大为 700mm/min；焊接铜的焊接速度为 100mm/min；焊接铝合金时的焊接速度处于 500~150mm/min 范围内；异种铝合金的焊接速度极慢。镁的材料常数为 400，比 2000 系铝合金的材料常数 600 还低，所以推荐在低速下进行焊接。

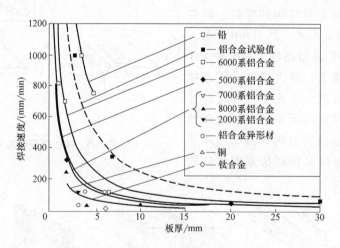

图 8-8　各种材料的搅拌摩擦焊临界焊接速度计算值

焊接速度也可用如下公式进行计算：

$$v_{FSW} = \phi_{FSW}\psi_{FSW}/\delta$$

式中　v_{FSW}——焊接速度（mm/min）；

ϕ_{FSW}——材料常数；

ψ_{FSW}——搅拌头常数，通常为 1，高效率的搅拌头可取 2；

δ——板厚（mm）。

材料常数 ϕ_{FSW} 的大小，除了以上给出的一些金属的数据外，可通过图 8-8 的数据用以上公式换算出来。在使用以上公式计算时，一定要注意，δ 是以 mm 为计量单位的无量纲数带入的。

搅拌摩擦焊的焊接速度也与搅拌头转速有关，搅拌头的转速与焊接速度可在较大的范围内选择，只有焊接速度与搅拌头转速相互配合才能获得良好的焊缝。图 8-9 为 5005 铝镁合金的搅拌摩擦焊焊接速度与搅拌头转速的关系，从图中可以看出，焊接速度与搅拌头的转速存在一最佳范围。在高转速、低焊接速度的情况下，由于接头获得了搅拌过剩的热量，焊缝金属由肩部排出形成飞边，使焊缝外观显著不良。在低转速或高焊接速度范围内，由于获得的热量不足，焊缝金属的塑性流动不好，焊缝会产生空隙（中空）状的缺陷，乃至产生搅拌指棒的破损。最佳范围因搅拌头特别是搅拌指棒的形状不同而不同。对于同一合金材料的搅拌摩擦焊都是在适合范围内的较高焊接速度下进行施焊。

图 8-10 为不同铝合金的最佳焊接参数。由图中可以看出，6000 系 Al-Si-Mg 铝合金（6N01）搅拌摩擦焊的工艺适用性比 5000 系 Al-Mg 合金适用范围要大得多。

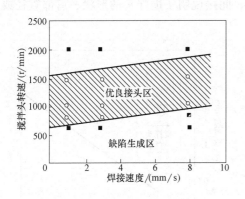

图 8-9　5005 铝镁合金搅拌摩擦焊焊接速度与搅拌头转速的关系

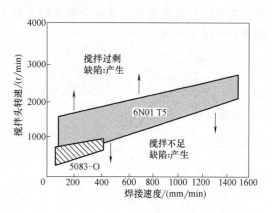

图 8-10　不同铝合金搅拌摩擦焊的最佳焊接参数

（2）热输入　搅拌摩擦焊的热输入以搅拌头的转速与焊接速度之比来表示，即 1mm 焊缝长度搅拌头的转数。相对于电弧焊的焊接热输入定义来说，搅拌摩擦焊的热输入不是单位能的概念。搅拌摩擦焊是把机械能转变成热能，它的产热与搅拌头的转速大小有关。因而以搅拌头的转速与焊接速度的比值大小，可定性地说明在搅拌摩擦焊过程中对母材热输入的大小。比值越大，说明对母材的热输入越大。此值的大小，也对应着被焊金属焊接的难易程度。搅拌头的转速与焊接速度的比值，一般在 2~8 之间。搅拌摩擦焊的热输入在此范围内，可获得无缺陷的优良焊接接头。搅拌摩擦焊的热输入根据被焊合金不同而取不同的数值，在实际生产中，焊接 5083 铝合金时可以取较小的值，焊接 7075 铝合金时可以取稍大一些，焊接 2024 铝合金时可以取较大的值。此值不能取得过小，否则焊缝会产生缺陷。

（3）接头的精度　焊件对接接头的装配精度比电弧焊要求更加严格。在搅拌摩擦焊时，接头的装配精度要考虑图 8-11 所示的几种情况，即接头间隙、错边量大小和搅拌头中心与焊缝中心的偏差。

1）接头间隙及接头错边量。图 8-12 表示了 6N01 铝合金接头装配精度即接头间隙及接头错边量对焊接接头力学性能的影响。在图 8-12 中，○表示接头间隙对焊接接头力学性能

现代高效焊接技术

的影响，接头间隙在 0.5mm 以上时，焊接接头的机械强度显著降低。△ 表示接头错边量对焊接接头力学性能的影响，同样在 0.5mm 以上时强度显著降低，且易产生缺陷。

实践证明，在被焊金属和搅拌头转速与图 8-12 条件相同的情况下，接头间隙在 0.5mm 以下时，即使焊接速度达到 900mm/min，也不会产生任何缺陷；在焊接速度为 300mm/min 时，接头间隙可稍微大一些。搅拌摩擦焊的接头间隙应基本保持在 0.5mm 以下。

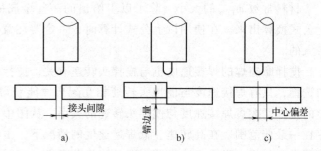

图 8-11 接头间隙、错边量及中心偏差

接头的精度和搅拌头的位置有关。图 8-13 表示了搅拌头肩部的直径与允许接头间隙的关系。从图中可以看出搅拌头的肩部直径越大，允许接头间隙越大。这是因为搅拌头肩部本身也与被焊金属的塑性流动现象有着极大的关系，间接说明了搅拌头的形状、肩部直径或形状有一个最佳形状。

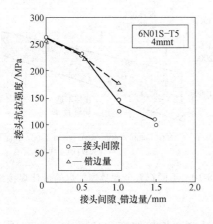

图 8-12 接头精度对力学性能的影响

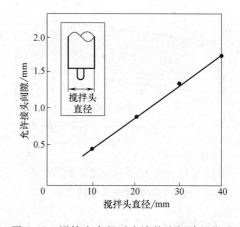

图 8-13 搅拌头直径对允许接头间隙的影响

搅拌头肩部表面与母材表面接触程度，在焊接过程中也是一个很重要的因素。可通过焊接结束后的搅拌头肩部外观来判别焊接时搅拌头旋转的方向，以及搅拌头肩部表面与母材表面接触程度。即搅拌头肩部表面完全被侵蚀，说明搅拌头肩部表面与母材表面接触是正常的；当肩部周围75%表面被侵蚀，说明搅拌头肩部表面与母材表面接触程度是在允许的范围内；肩部表面被侵蚀在 70%以下，说明搅拌头肩部表面与母材表面接触不良，这种情况是不允许的。

2）搅拌头中心的偏差。在搅拌摩擦焊时，搅拌头的中心与焊接接头中心线的相对位置，对焊接接头的质量，特别是焊接接头的强度有很大的影响。图 8-14 是搅拌头的中心位置对焊接接头抗拉强度的影响，也表示出搅拌头中心位置与焊接方向以及搅拌头旋转方向之间的关系。

从图 8-14 可见，对于搅拌头旋转的反方向侧，在搅拌头的中心与焊接接头中心线偏差2mm 时，对焊接接头的力学性能几乎无影响；而在与搅拌头旋转方向相同方向一侧，搅拌头的中心与焊接接头中心线偏差 2mm 时，便会造成焊接接头的力学性能显著降低。当搅拌

268

头的搅拌指棒直径为 5mm 时，对于 FSW 焊接性
好的材料而言，搅拌头的中心与焊接接头中心线
允许偏差为搅拌指棒直径的 40% 以下；对于焊接
性较差的其他合金，允许范围就小得多。为了获
得优良的 FSW 焊接接头，搅拌头的中心位置必
须保持在允许的范围内。接头间隙和搅拌头中心
位置都发生变化时，对其中一个因素必须要严格
控制。例如，接头间隙在 0.5mm 以下，搅拌头
的中心位置大致允许偏差 2.0mm。

　　另外，还要考虑接头中心线的扭曲、接头间
隙的不均匀性、接合面的垂直度或平行度等。在
确定 FSW 焊接参数时，要考虑搅拌指棒的形状
及焊接胎夹具等因素。此外还应考虑 FSW 焊机
的其他部分对缺陷产生的可能性。这些因素对确
定 FSW 最佳参数也有一定的影响。

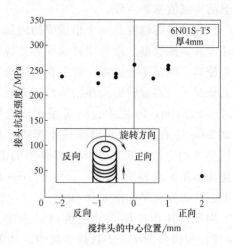

图 8-14　搅拌头中心位置对接头抗拉强度的影响

8.3　搅拌摩擦焊的温度分布和焊缝金属组织

　　搅拌摩擦焊时，机械旋转的搅拌头与被焊金属摩擦产生的热能传输给被焊金属，焊缝金
属在搅拌力的驱动下产生塑性流动。焊缝组织受到强塑性流动的影响，导致焊缝结晶的微细
化，局部可能伴有粗大化。搅拌摩擦焊接头组织和其温度分布密切相关，因此必须要注意搅
拌指棒的形状对焊缝热循环的影响。

8.3.1　焊缝区的温度分布

　　测定搅拌摩擦焊的温度分布很不容易，因为在采用热电偶测量焊接接头温度分布时，焊
缝中金属的强塑性流动，使得热电偶端头易产
生损坏，目前多是在焊缝区附近或热影响区进
行测量。

　　图 8-15 为 Backland 等学者在板厚为 4mm
的 6063-T6 铝合金、搅拌头直径为 15mm 的情
况下测得的焊接接头的热循环曲线。从图中可
以看到，离焊缝中心线 2mm 处的温度大于
500℃。日本有人经过试验得到纯铝焊缝区的
温度最高为 450℃。由于铝的熔化温度为
660℃，可以认为是在熔点以下的温度发生塑
性流动。英国焊接研究所的试验结果表明焊缝
区的最高温度为熔点的 70%，纯铝最高温度不
超过 550℃。总之，纯铝搅拌摩擦焊时焊缝区
的最高温度在 500℃ 左右。热传导计算结果与

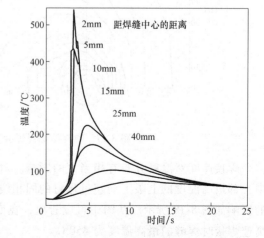

图 8-15　6063-T6 铝合金搅拌摩擦焊的热循环曲线
（焊接速度：0.5mm/min　板厚：4mm
搅拌头直径：15mm）

以上的实测值基本一致。

搅拌指棒的温度是一个很重要的问题，至今还没有实测数据。因为搅拌指棒要在焊缝金属内旋转，测量十分困难。有人在被焊金属固定的情况下，将旋转的搅拌指棒压入到板厚为12.7mm 的 6061-T6 铝中，测量距搅拌指棒端部 0.2mm 处的温度，并根据这个温度，用计算机仿真的方法仿真出搅拌指棒外围的温度。在搅拌指棒的直径为 5mm、长为 5.5mm 的条件下，其仿真结果如图 8-16 所示。

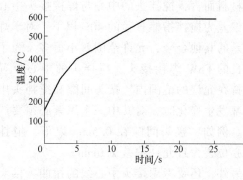

图 8-16　搅拌指棒外围温度的仿真计算结果

根据搅拌指棒压入的速度可以推定，约 24s 搅拌指棒全部压入到被焊金属中。从图 8-16 可以看出，从 15s 到 24s，搅拌指棒外围温度为一常数，约 580℃，即达到 6061 合金固相线温度。在搅拌摩擦焊时搅拌指棒的温度不能高于以上温度，因为搅拌指棒的高温抗剪强度或高温疲劳强度就处于这个温度范围。也可以看到，搅拌指棒外围区的温度比上述的焊缝金属的温度高出几十摄氏度。

8.3.2　焊缝温度仿真计算结果

由于焊缝内搅拌区的温度是很难测量的，因而有人在研究残余应力分布时，用仿真的方法计算出其温度。图 8-17 所示是 6063 铝合金搅拌摩擦焊焊缝区的温度分布仿真计算结果。图中的斑点为搅拌头的肩部区，图中的曲线为等温线，曲线上的数字是此等温线的最高温度。但是由于采用的铝的高温物理性能、黏度等的数据不十分精确，仿真结果与实际的温度分布会有一定的差别。

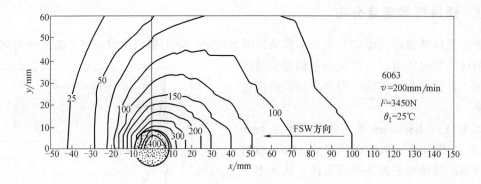

图 8-17　搅拌摩擦焊焊缝区的等温线（板厚为 5mm）

焊接速度对温度分布有相当大的影响。对于 FSW 来说，由于热源在固体中移动，焊缝中心部最高温度的上限不会超过母材的固相线温度。由计算得出的焊接速度对焊缝最高温度的影响如图 8-18 所示。从图中可以看出，在低速焊接情况下，焊缝的最高温度为 490℃；在高速焊接时焊缝的最高温度为 450℃。

从以上结果可以看出，在低速焊接和高速焊接下，虽然焊缝的最高温度温差并不大，但在实际搅拌摩擦焊时高速焊接是比较困难的，因为母材热输入低，焊缝金属塑性流动性不好，易造成搅拌头破损。最佳焊接参数的制订是以在适当的摩擦热作用下焊缝金属发生良好的塑性流动为依据。

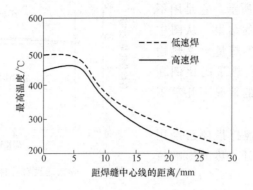

图 8-18 焊接速度对最高温度的影响

8.3.3 焊接时的热量测量

日本有人对板厚为 4mm 的 6N01 铝合金搅拌摩擦焊过程中的热量进行了测量。其方法是把在焊接过程中产生的热用水吸收，用温度计测量水温来进行搅拌摩擦焊过程中的热量测量，测量中不考虑焊缝背面垫块等的热损失。图 8-19 表示出了在相同的焊接速度和焊件完全熔透的情况下，FSW 和 MIG 焊的焊接热输入，FSW 的热输入范围为 120~230J/mm，约为 MIG 焊焊接热输入的 1/2。

在搅拌摩擦焊焊接时，分别测量搅拌指棒和肩部的温度，然后由测得的温度循环换算为热量。也可以采取简单的方法计算，即在最高温度下组织变化的截面积与比热容、密度相乘。其计算结果如图 8-20 所示。从图中可以看出，对母材总的热输入量随着焊接速度的增大和搅拌头旋转速度的降低而降低。

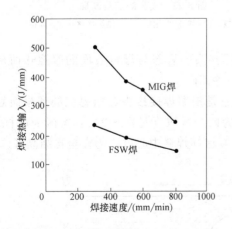

图 8-19 FSW 和 MIG 焊 4mm
铝合金焊接热输入的比较

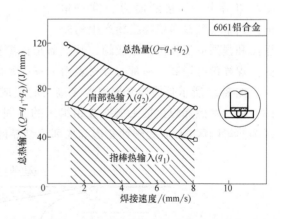

图 8-20 搅拌摩擦焊焊接速度对热输入的影响

搅拌指棒形状以及肩部直径对总的热输入也有很大的影响，搅拌头的搅拌指棒及肩部直径越大，总的热输入越大。这样的趋势在焊接 6000 系及 2000 系铝合金时也是一样的。根据

图 8-20 给出的结果，把总热输入分为搅拌指棒和肩部各自产生的热量进行比较，比较结果如图 8-21 所示。它是用不锈钢制造的搅拌头焊接的结果。从图中可以看到，搅拌指棒的发热量为总热输入的 55%~60%。这个发热量的比例在转速为 800~1600r/min 的情况下几乎不受影响。

最近，带有螺纹的搅拌指棒已经用于生产，这种搅拌指棒对产热的影响特别明显。

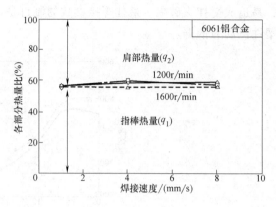

图 8-21　焊接速度对搅拌指棒和肩部热量的影响

8.3.4　焊缝区的组织

搅拌摩擦焊焊缝是在摩擦热和搅拌指棒的强烈搅拌共同作用下形成的，焊缝金属组织与其他焊接方法的焊缝相比有很多特点。

搅拌摩擦焊焊缝的宏观断面经腐蚀后进行观察，其断面形状可分为两种：一种为圆柱状；另一种为熔核状（焊点）。大多数搅拌摩擦焊焊缝为圆柱状或其变形的绕杯状；而焊点状的断面多发生于高强度和轧制加工性不好的如 7075A、5083 铝合金的搅拌摩擦焊焊缝中。

图 8-22 是接头的宏观断面，由图可以看出，焊接断面为一倒三角形，其中心区是由搅拌指棒产生的摩

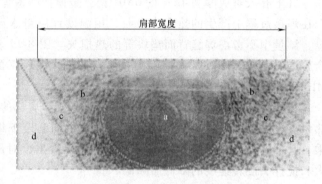

图 8-22　接头的宏观断面
a—熔核　b—热-机作用区　c—热影响区　d—母材

擦热和强烈搅拌作用下形成的，其上部是由摩擦搅拌头的肩部与母材表面的摩擦热而形成的。焊缝没有增高，通常与母材表面平齐或稍微有些凹陷。

图 8-23 所示是搅拌摩擦焊焊接接头的组成，它是根据焊接接头金相组织的观察而划分的。搅拌摩擦焊焊接接头依据金相组织的不同分为四个区域（见图 8-23）：A 区为母材，B区为热影响区，C 区为塑性变形和局部再结晶区，D 区即焊缝中心区，为完全再结晶区。

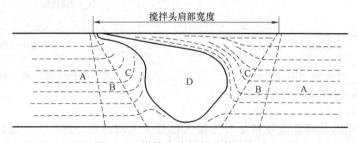

图 8-23　搅拌摩擦焊焊接接头组成

根据对搅拌摩擦焊焊缝金相组织的观察，在 C 区可以看到部分晶粒发生了明显的塑性变形和部分再结晶。D 区是一个晶粒非常细小的焊核区域。此区域的焊缝金属经历了完全再结晶的过程。通过观察 5005 铝合金搅拌摩擦焊焊缝金相组织，在焊缝中心区发现了等轴结晶组织，如图 8-24 所示。但是晶粒细化不明显，晶粒大小多在 $20 \sim 30\mu m$。这是由于热输入过大产生过热而造成的。

图 8-25 是搅拌摩擦焊焊缝微观组织照片。它是 2024 铝合金和 AC4C 铸铝的异种金属搅拌摩擦焊接头。由于圆柱状焊缝金属的塑性流动，出现环状组织，称为洋葱状环状组织。这种洋葱状环状组织是搅拌摩擦焊焊接接头特有的组织。

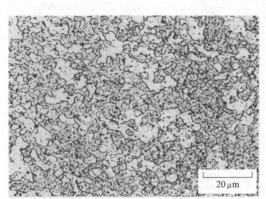

图 8-24　搅拌摩擦焊焊缝中心的等轴　　　　图 8-25　搅拌摩擦焊焊缝微观断面
　　　　结晶（5005 铝合金板厚 6mm）

对于搅拌摩擦焊来说，由于对焊缝给予摩擦热加之旋转搅拌，产生强烈的塑性流动，其焊缝为非熔化状态，所以归类为固相焊接。但 Bjorneklett 等研究发现，在搅拌头的肩部正下方温度高，对于 7030 铝合金搅拌摩擦焊来说，焊缝为固液共存状态。由于搅拌头肩部正下方焊缝金属的温升为 330℃/s，造成局部熔化现象也是可能的。

8.4　搅拌摩擦焊焊接接头的力学性能

搅拌摩擦焊焊接接头的力学性能因焊接参数不同、搅拌摩擦焊焊机和搅拌头的形状不同而不同。在一般情况下，搅拌摩擦焊焊接接头的力学性能基本与母材和 MIG 焊接接头性能相当。

8.4.1　搅拌摩擦焊焊接接头的抗拉强度和弯曲性能

英国焊接研究所（TWI）认为，2000、5000、7000 等系铝合金的搅拌摩擦焊焊接接头的常态强度与母材等强度，但也有的低于母材。表 8-2 给出了铝合金搅拌摩擦焊焊接接头的力学性能数据。

Kluken 等对采用各种焊接方法和搅拌摩擦焊焊接的 6005 铝合金接头的静态强度进行了比较，从表 8-2 可以看出，等离子弧穿透性焊接接头的抗拉强度值最高为 194MPa；搅拌摩擦焊最低，为 175MPa，而接头的伸长率最高为 22%。但是搅拌摩擦焊焊接接头没有气孔、裂纹等缺陷。2000 系铝合金搅拌摩擦焊焊接接头的断裂发生在热影响区。

表 8-2　铝合金搅拌摩擦焊焊接接头的拉伸试验结果

母材	焊接速度 /（cm/min）	0.2%屈服点 /MPa	抗拉强度 /MPa	伸长率 （%）	断裂位置
5083-O	—	142	299	23	PM
5083	9.2	144	—	16.2	WM
5083	13.2	141	—	13.6	WM
5083	6.6	156	—	20.3	WM
5083	9.2	154	—	18.8	WM
5083	4.6	143	—	19.8	WM
5083-H112	15.0	156	315	18.0	HAZ/PM
6082	75.0	136	—	8.4	HAZ/PM
6082	26.4	132	—	11.3	WM
6082	37.4	144	—	10.7	HAZ
6082	53.0	141	—	10.7	HAZ
6082	75.0	—	254	—	HAZ
6082-T5	—	—	260	—	—
6082-T4 时效		285	310	9.9	—
6082-T6	150	145	220	7	—
6082-T6 时效	150	230	280	9	—
6005-T4	—	94	175	22	—
6005-T4	等离子弧焊	107	194	20	—
6005-T4	MIG 焊	104	179	18	—
6N01	25.0	199	133	12	HAZ/PM
7075-T7351		208	384	5.5	HAZ/PM
7108-T79	90	205	317	11	—
2014-T6	—	247	378	6.5	HAZ

注：PM—断裂在母材，WM—断裂在焊缝，HAZ—断裂在热影响区，HAZ/PM—断裂在热影响区和母材交界处。

　　铝合金分为热处理型和非热处理型。对于热处理型合金来说，采用熔焊时，焊接接头性能发生改变是一个大问题。飞机制造用的 2000、7000 系硬铝，时效后进行搅拌摩擦焊，或搅拌摩擦焊之后进行时效处理，两者焊接接头的静态抗拉强度约为母材的 80%～90%。

　　6000 系的 6N01-T6 铝合金广泛用于日本的铁路车辆制造。焊接和时效处理顺序对力学性能有很大的影响。表 8-3 是 12mm 的 6N01-T6 铝合金在大气和水冷中，进行搅拌摩擦焊焊接接头的力学性能。从试验结果可以看出，经时效处理后，焊接接头的抗拉强度得到了提高。

　　特别是在水冷中焊接的试件经时效处理后，改善效果最为显著。这是因为水冷使软化区变小，采用时效处理后硬度回复效果特别好。在一边水冷一边进行搅拌摩擦焊的情况下，接头强度的大小和被焊金属的厚度有关，如图 8-26 所示。随着板厚的增大，接头强度下降。

表 8-3 焊接中冷却方式对力学性能的影响

冷却方式 \ 力学性能	抗拉强度 /MPa	屈服点 /MPa	伸长率 （%）
空冷	203	122	12.5
空冷+时效处理	230	185	7.6
水冷	220	143	11.1
水冷+时效处理	267	238	6.0

搅拌摩擦焊焊接头的弯曲试验，与电弧焊接头的弯曲试验不同，弯曲半径为板厚的 4 倍以上。试验结果表明，在这样的试验条件下，无论是铝及铝合金还是钢的搅拌摩擦焊接头的 180°弯曲性能都很好。

由于搅拌摩擦焊是单道焊，被焊母材被固定在垫板上，焊接时为了避免搅拌头的搅拌指棒与垫板接触，一般搅拌头的搅拌指棒长度比被焊金属厚度稍微小一些，从而造成被焊金属的背面留有一定的间隙，从而会导致焊接接头在背弯试验时背面张开，相当于熔焊的根部缺陷。如果焊缝根部有缺陷，可用砂轮将焊缝根部缺陷处轻轻打磨平整。

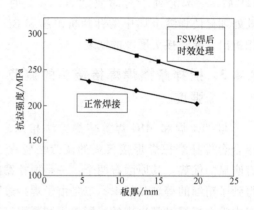

图 8-26 6N01-T6 铝合金在水冷中搅拌摩擦焊的焊接接头抗拉强度和板厚的关系

8.4.2 搅拌摩擦焊焊接接头的硬度

由于被焊金属及时效方法等不同，搅拌摩擦焊焊接接头的硬度分布不同。图 8-27 表示出了 6N01-T5 铝合金 FSW 接头的硬度分布，并与 MIG 焊焊接接头的硬度分布进行了比较。从图中可以看到，搅拌摩擦焊焊接接头的硬度比较高。

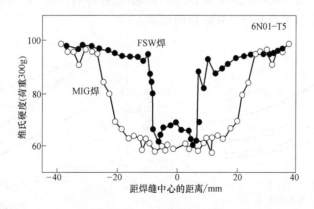

图 8-27 FSW 与 MIG 焊焊接接头硬度分布

材料时效有自然时效和人工时效之分。对 2014A 及 7075 铝合金搅拌摩擦焊焊接接头焊后进行了 9 个月自然时效，自然时效初始两个月硬度回复速度剧烈，经自然时效 9 个月后，

2014A 及 7075 铝合金焊接接头都没有回复到母材的硬度值，但 7075 铝合金焊接接头硬度的回复大。对于人工时效来说，板厚 6mm 的 6063-T5 铝合金搅拌摩擦焊接头，经过人工时效硬度的分布变化如图 8-28 所示。由图可知，在 175℃下保温 2h 后接头硬度几乎达到了母材的硬度；人工时效 12h 后，一部分处于过时效状态。人工时效处理促使焊缝金属中的针状析出物和 β′ 相析出，导致接头硬度的恢复。

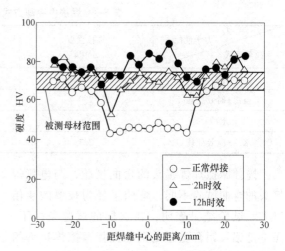

图 8-28　6063-T5 铝合金搅拌摩擦焊焊接接头人工时效硬度的变化

8.4.3　搅拌摩擦焊焊接接头的疲劳强度

与 TIG 焊和 MIG 焊等熔焊方法相比，铝合金搅拌摩擦焊焊接接头的疲劳性能具有明显的优势。其原因有两个：一是搅拌摩擦焊的焊缝材料经过搅拌头的摩擦、挤压、顶锻得到了精细的等轴晶组织；二是由于焊接过程是在低于材料熔点温度条件下完成的，焊缝组织中没有熔焊经常出现的凝固偏析和凝固过程中产生的缺陷。搅拌摩擦焊焊接接头综合性能优良。对不同材料的铝合金，如 2014-T6、2219、5083-O、7075 等的搅拌摩擦焊焊接接头的疲劳性能研究表明，铝合金材料的搅拌摩擦焊焊接接头的疲劳性能均优于熔焊接头，其中 5083-O 铝合金搅拌摩擦焊焊接接头的疲劳性能完全可以达到与母材相同的水平。系列疲劳试验结果表明，铝合金的疲劳性能指标远超过工业设计熔焊标准。

Kluken 等人在悬臂拉伸的疲劳试验（应力比为 0.5）中得到了与 6005-T4 母材几乎相同的 S-N 曲线图。搅拌摩擦焊焊接接头的疲劳破坏处于焊缝上表面位置，而熔焊焊接接头的疲劳破坏则处于焊缝根部。图 8-29 显示出了板厚为 40mm 的 6N01-T5 铝合金搅拌摩擦焊焊接接头，应力比为 0.1 的疲劳性能试验结果。试验结果表明，10^7 次疲劳寿命达到母材的 70%，即 50MPa，此值为激光焊、MIG 焊的两倍。

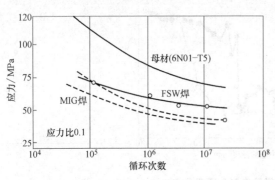

图 8-29　6N01-T5 铝合金各种焊接方法的疲劳强度

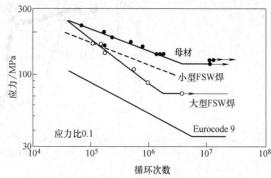

图 8-30　6N01S-T5 和铝甲板构造物的疲劳强度

为了确定 6N01S-T5 的铝甲板构造物的疲劳强度，对疲劳试件进行了较大的改造，进行了箱型梁疲劳试验。试件为宽 200mm、腹板高 250mm 的异型箱型断面，长 2m。图 8-30 给出了这一试件的疲劳试验结果。在 10^6 次以上疲劳强度降低。但大于欧洲标准 Eurocod 9 的疲劳强度极限 1 倍以上。同一研究者做的 20mm 宽的小型试件的结果，在图中用点线标出的曲线，显示出同样的疲劳强度降低的现象。与大型试件相比，只是下降的程度小。梁翼板由于受拉伸载荷作用，其搅拌摩擦焊焊缝产生疲劳龟裂。

8.4.4　搅拌摩擦焊焊接接头的冲击韧度和断裂韧度

对板厚为 30mm 的 5083-O 铝合金，在焊接速度为 40mm/min 的焊接参数下，进行了双道搅拌摩擦焊，用焊接完成的接头制备了比较大型的试件，并进行了接头低温冲击试验，试验结果如图 8-31 所示。无论是在液氮温度，还是液氨温度下，搅拌摩擦焊接头的低温冲击韧度都高于母材，断面呈现韧窝状。而 MIG 焊焊接接头在室温以下的低温冲击韧度均低于母材。同时采用 K_{IC} 来评价接头的断裂韧度，与冲击试验一样，搅拌摩擦焊接头的断裂韧度值高于母材，而在低温下发生晶界断裂。

一般来说，铝的搅拌摩擦焊焊缝金属承受载荷的能力等于或高于母材在垂直于轧制方向的承载能力。对板厚为 5mm 的多种铝合金搅拌摩擦焊接头在室温下做了尖端裂纹张开位移 CTOD（δ_5）试验，其结果见表 8-4。断裂韧度

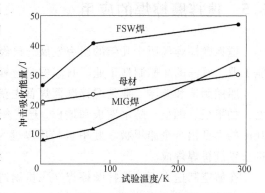

图 8-31　5083-O 铝合金搅拌摩擦焊接头的冲击试验结果

试验采用在通常尺寸的试件（CT50，a/w 为 0.5）上预先开一疲劳尖端裂纹。从表 8-4 中可见，搅拌摩擦焊焊缝区都有良好的断裂韧度。7020 铝合金搅拌摩擦焊的焊缝区，尖端张开位移 CTOD 最高值大于母材的 0.39mm。而 2024 硬铝合金搅拌摩擦焊的焊缝区 CTOD 最高值稍微低于母材。搅拌摩擦焊的焊缝区具有良好的断裂韧度，其原因是搅拌摩擦焊的焊缝组织晶粒细化的结果。

表 8-4　各种铝合金的搅拌摩擦焊焊接接头断裂韧度值

合金	CTOD/mm_max		
	母材	搅拌摩擦焊	
		焊缝	塑性流动区和热影响区
5005-H14 （板厚：3mm）	0.43 0.34 0.29	1.62 1.68 1.41	1.47 1.52 1.20
2024-T351 （板厚：5mm）	0.31 0.29 0.29	0.23 0.23 0.21	0.21 0.18 —
6061-H6 （板厚：5mm）	0.28 0.31 0.24	1.01 0.95 0.92	0.62 0.66 0.61
7020-T6 （板厚：5mm）	0.41 0.39 0.39	0.52 0.44 —	评价中

8.4.5 搅拌摩擦焊的应力腐蚀裂纹

7000 系硬铝是制造飞机用的材料。对以下两种工艺的搅拌摩擦焊接头进行应力腐蚀裂纹试验，一种是先时效后进行搅拌摩擦焊的焊接接头；另一种是先搅拌摩擦焊后进行时效处理的焊接接头。试验结果表明，焊后时效处理的焊缝组织中析出许多微细的 η' 相，具有良好的抗应力腐蚀裂纹的性能；而先时效后再进行搅拌摩擦焊时，由于焊缝组织中析出的微细 η' 相，再固溶时产生溶解，因而焊缝产生了应力腐蚀裂纹。

8.5 搅拌摩擦焊的应用

搅拌摩擦焊经历十几年的研究发展，已经进入工业化应用阶段。搅拌摩擦焊在美国的宇航工业、欧洲的船舶制造工业、日本的高速列车制造等制造领域得到了非常成功的应用。

船舶制造和海洋工业是搅拌摩擦焊首先获得应用的领域，主要应用于船舶零部件的焊接上，如甲板、侧板、防水壁板和地板；还有船体外壳和主体结构件等。已成功焊接了 6m × 16m 的大型铝合金船甲板。此甲板采用厚度为 6mm、宽度为 200~400mm 的 6082-T6 铝合金进行纵缝拼焊焊成。

在航空制造方面，搅拌摩擦焊在飞机制造领域的开发和应用还处于试验阶段。主要利用 FSW 实现飞机蒙皮和桁梁、筋条、加强件之间的连接，以及框架之间的连接。图 8-32 是欧洲计划用搅拌摩擦焊焊接的空中客车 A319 机、A321 机和大型空中客车 A380 的机身结构。

在航天领域，搅拌摩擦焊已经成功地应用在火箭和航天飞机助推燃料筒体的纵向对接焊缝和环向搭接接头的焊接，如图 8-33 所示。用 ESAB 公司生产的 Super Stir 搅拌摩擦焊机焊接了直径 2.4m、板厚 22.2mm、型号为 2014-T6 的铝合金 δ 火箭燃料筒的纵缝，与 MIG 焊相比，搅拌摩擦焊缺陷率很低，MIG 焊 832cm 长焊缝出现一个缺陷，而搅拌摩擦焊 7620cm 长焊缝出现一个缺陷，相当于 MIG 焊的 1/10。在 δⅣ 火箭中搅拌摩擦焊焊接的 1200m 长焊缝中无任何缺陷出现。

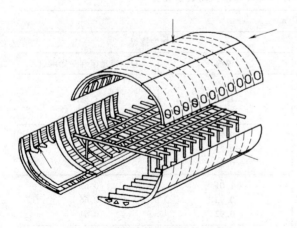

图 8-32 搅拌摩擦焊焊接的空中客车机身结构（图中箭头所指）

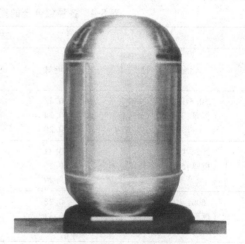

图 8-33 搅拌摩擦焊焊接的运载火箭低温燃料筒

在铁道车辆中，搅拌摩擦焊已经用来制造高速列车、货车车厢、地铁车厢和有轨电车等；搅拌摩擦焊为汽车轻合金结构的制造也提供了巨大的可能。图 8-34 为高速列车用结构 25m 长的搅拌摩擦焊焊缝。

在建筑工业方面，采用搅拌摩擦焊焊接了蜂窝状结构的大型地面。面板厚为 2.5mm、翅板厚为 5mm、中心高为 100mm，焊接参数为搅拌头转速 1500r/min，焊接速度 250mm/min。此外，搅拌摩擦焊在铝合金桥梁和铝合金、镁合金、铜合金装饰板的制造中获得了应用。

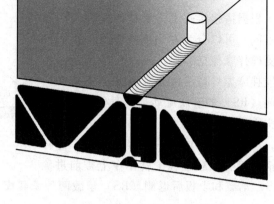

图 8-34 日本新干线高速列车结构上的搅拌摩擦焊焊缝

在电子工业方面，搅拌摩擦焊已用于大型铝合金散热片的焊接，使散热片具有很好的热性能和耐振动特性。

铜的熔点和热传导率比铝高，铜及铜合金采用一般熔焊方法也是极困难的。在欧洲用搅拌摩擦焊制作了大型铜容器，用来储藏高能放射性物质，将盖和筒体焊接在一起，熔深为 58mm，搅拌头的肩部直径为 60mm，接头附近的温度高达 750℃。与非真空电子束焊的焊接速度为 254mm/min 相比，搅拌摩擦焊的焊接速度为 100.4mm/min，焊接速度较慢，但没增加热输入，所以能满足要求。

为了实现搅拌摩擦焊的三维空间焊接，应积极研制和开发机器人搅拌摩擦焊，因受机器人臂的刚性和载荷能力的限制，有报道开发了缺陷修补的机器人搅拌摩擦焊。采用 3kW 的电动机作为搅拌头的驱动，机器人臂载荷限制在 150kg，搅拌头的转速为 1000~1600r/min，焊接速度为 350mm/min。采用机器人搅拌摩擦焊焊接了 6061-T6 铝合金，接头强度为 230MPa，修补焊缝的强度为 225MPa，其力学性能达到母材的 55%~60%。

随着人们对搅拌摩擦焊技术认识的提高，预计在不远的将来，铝合金材料的连接将主要由搅拌摩擦焊来完成，尤其在运载火箭、高速铝合金列车、铝合金高速快艇、全铝合金汽车等项目中搅拌摩擦焊技术将会占到主导地位。

8.6 搅拌摩擦搭接焊

进行搅拌摩擦搭接焊连接时，施加在搅拌摩擦焊搭接接头两端的应力会在接头连接区域产生一个非轴向的应力，因此搭接接头与对接接头相比，受力比较复杂，既存在切力又存在弯曲力。由于在搭接接头中存在一个需要连接的水平界面，要想获得有效的搅拌摩擦焊搭接接头，必须要保证存在足够大的焊核面积和符合要求完整的焊缝，如图 8-35 所示，以获得足够的接头冶金和力学性能。因此，进行搅拌摩擦焊搭接焊时需要采取一些必要的措施：一是搭接接头的宽度必须比等强度对接接头厚度要大，以便能实现正确的载荷转换；二是采用特殊搅拌头使得连接界面处残留氧化物最少。

8.6.1 搅拌摩擦焊搭接接头类型

根据搭接接头上下板材与搅拌头的位置不同，可以分为左侧搅拌摩擦搭接焊和右侧搅拌摩擦搭接焊，如图 8-36 所示。由于搅拌摩擦焊搭接接头前进侧（AS）和后退侧（RS）的金属流动是不对称的，造成接头力学性能的不同，针对不同的结构材料，应当采用不同的搭接接头形式。这样在搭接接头承载过程中就存在上板前进侧

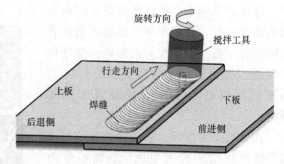

图 8-35　搅拌摩擦焊搭接接头

（AS）承载和上板后退侧（RS）承载两种承载模式，如图 8-37 所示。

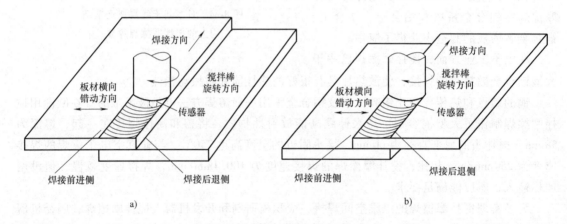

图 8-36　搭接接头的结构

a）左侧搅拌摩擦搭接焊　b）右侧搅拌摩擦搭接焊

当上板后退侧承载时，接头具有较高的抗剪强度。接头断裂位置大部分位于上板后退侧焊核区内部靠近边界处，其强度主要取决于后退侧接头承载厚度。同时在搭接接头后退侧发现了界面线向上弯曲形成的钩状几何形状，降低了搭接接头的强度。当上板后退侧为承载侧时，裂纹最初在变薄初始位置处形成裂纹源，但是并不沿着变薄路径进行开裂，而在焊接热影响区断裂，可见后退侧变薄现象对裂纹扩展没有明显影响。

当上板前进侧为承载侧时，比上板后

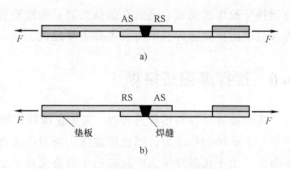

图 8-37　搭接接头两种不同的承载模式

a）模式Ⅰ　b）模式Ⅱ

退侧承载的结构配置更有效。此时材料塑性流动可使接头在抗剪试验中获得最大的承载面积。在这种承载方式下，钩状尖端成为初始裂纹点并且沿着钩状缺陷形状进行开裂。

8.6.2 界面迁移现象

在一些焊接条件下，搅拌摩擦焊搭接接头中存在着界面迁移现象，在接头承载条件下往往作为裂纹优先形核位置，会影响接头的性能，而且采用传统的无损检测（NDE）技术检测不到该类缺陷的存在。FSW 搭接接头中的这种迁移界面实质上是一种未熔合缺陷，该迁移界面的垂直迁移量取决于单位时间内搅拌指棒垂直方向上驱动的塑性金属量。

这种在搭接接头中存在的迁移界面称为钩状缺陷，其为类似缺口的弱连接区域，该缺陷造成搭接接头有效承载面积的减少，进而影响接头的强度，尤其是疲劳强度。此外钩状缺陷的尺寸会随着焊接速度的升高或搅拌工具旋转速度的降低而减小，然而该缺陷并不能通过改变焊接速度和旋转速度而得到完全消除。

在 5052 和 6061 铝合金的 FSW 搭接接头中，两板分界面在前进、后退侧具有同时向上迁移或同时向下迁移两种形态，而在焊核区迁移界面却向相反方向迁移。随着搅拌工具旋转速度的升高和焊接速度的降低，迁移界面的迁移量增加且界面形状更加尖锐，使得其尖端应力集中加剧，从而降低了接头的承载能力。

当使用表面有螺纹的搅拌指棒进行焊接时，迁移界面的迁移方向取决于搅拌针表面的螺纹方向：左旋螺纹搅拌头所得焊缝迁移界面均向上迁移，右旋螺纹搅拌头所得焊缝迁移界面均向下迁移。搅拌指棒附近塑化金属受摩擦力 f 和法向压力 N 的合力 F 作用时，塑化金属随搅拌指棒做向下（左旋）或向上（右旋）的旋转螺旋运动，挤压周围金属并在搅拌指棒端部（左旋）或者根部（右旋）形成挤压区，随后塑性金属流向搅拌指棒另一端阻力较小的瞬时抽吸区迁移，搭接界面的金属在摩擦力的作用下也随之向上（左旋）或向下（右旋）迁移。对于左旋螺纹搅拌针而言，焊接过程中受轴肩的旋转摩擦作用在焊缝上部产生的塑化金属，受到轴肩的顶锻作用，在后退侧做向下并向焊缝中心的迁移运动，使后退侧的界面向焊缝中心迁移。而对于右旋螺纹搅拌针而言，由于搅拌针端部温度较低，界面迁移至搅拌针端部就基本停止，因此使下板有效板厚减小，如图 8-38 所示。

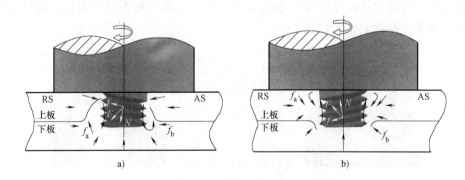

图 8-38 搭接接头焊缝界面的迁移过程

a）左旋螺纹搅拌针 b）右旋螺纹搅拌针

搭接接头界面形态对接头应力分布存在明显的影响，其迁移界面的存在使得该迁移界面尖端的切应力集中，且该尖端越尖锐，即迁移界面切线与水平面夹角的最大值（α 角）越大，如图 8-39 所示，应力集中越严重。因此钩状缺陷越尖锐，最大应力集中值越大，同时钩状缺陷垂直迁移量越多，焊后搭接接头承载的有效板厚越小，将会降低接头性能。

对于搭接接头，通过增大搅拌针直径的尺寸，便可得到一个具有宽大焊核区的接头，有利于提高接头的抗剪能力，从而改善接头的力学性能。此外，当两板接合面与搅拌指棒底部距离较近时可改善搭接接头界面形状。

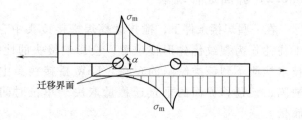

图 8-39　搅拌摩擦焊搭接接头应力的分布

8.6.3　搭接接头搅拌摩擦焊工艺

FSW 搭接接头强度，很大程度上依赖于在焊接过程中材料如何流动形成焊核区，以及接头载荷的加载方式。搅拌指棒长度需要比板厚稍微大些以形成完全接头。随着搅拌指棒长度的增加，接头强度增加，然而当搅拌指棒长度达到有效值后，再增加其长度反而会降低其强度。影响搭接接头抗拉强度的主要焊接参数是搅拌头的旋转速度，较高的旋转速度往往对应较低的抗拉强度值，这主要是因为随着旋转速度的增加，接头软化现象加剧，同时界面线上升程度加剧，从而形成大角度的钩状缺陷，降低接头的有效承载面积。

对 AZ31 镁合金的搭接接头进行 FSW 焊时，搅拌工具均采用凹形（凹度为 10°）轴肩，搅拌指棒分为三种：圆柱螺纹形（C-type）、饼形（H-type）和三角形（T-type），如图 8-40 所示。其中 H-type 是过渡搅拌头，具有另外两者的特征，包括圆弧面上的螺纹凹槽和平面结构。H-type 和 T-type 搅拌针的尺寸为其内切圆直径，并且将轴肩与搅拌针直径的比值定义为搅拌工具几何率，作为评定接头性能的参数。与 C-type 相比，T-type 可以增强在水平方向上的塑性材料流动，降低甚至阻止由于搅拌工具旋转引起的向上流动金属量，可以更好地抑制后退侧钩状，降低其高度，使接头的有效承载厚度增加。对于 C-type 而言，提高旋转速度或者降低焊接速度将会增加接头后退侧钩状高度；而对于 T-type 而言，提高焊接速度将会降低钩状高度，但是当焊接速度高于 200mm/min 时，这种趋势变得不明显，同时指出钩状高度与旋转速度不存在明显的对应关系。

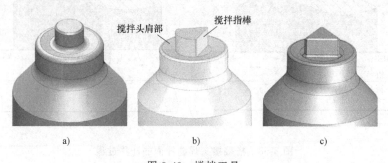

图 8-40　搅拌工具

a）圆柱带螺纹形搅拌针　b）饼形搅拌针　c）三角形搅拌针

采用圆柱形搅拌指棒时，在两板之间界面处存在较大的接触面积，可以获得较大的焊核面积，但是这样在垂直方向上将缺少塑性流动。圆锥形搅拌指棒可以获得较强的材料垂直螺旋形塑性流动，但是，由于此类搅拌针在两板界面处面积较小，因而接头承载面积较小。采用圆柱-圆锥搅拌指棒可以综合上述两种接头的有效因素并且获得性能最好的搭接接头。

8.6.4　消除钩状缺陷提高焊接质量的措施

采用前进侧重叠的双道焊焊接方式可以减弱钩状缺陷，显著提高焊接质量，其连续焊接接头的疲劳性能优于铆接接头和单道焊接头。该方法中第二道焊缝相对于第一道焊缝位置横向平移5mm，第二道焊缝的后退侧位于搭接接头的外侧，这样第一和第二道焊缝的前进侧均位于接头的中心位置，使得钩状缺陷发生重叠，第一道焊缝中产生的钩状缺陷在进行第二道焊缝焊接过程中被重新搅拌混合从而得到改善。搅拌工具逆时针旋转方向与顺时针方向相比可以更好地抑制上板变薄现象。此外，在不连续焊缝中匙孔为裂纹关键形核位置，而且采用填充匙孔方法对搭接接头疲劳性能改善不大，这使得不连续焊缝疲劳强度比连续焊缝疲劳强度低。

采用三爪型搅拌头进行单、双道焊接，在相同的焊接参数下对 2024-T3 铝合金薄板进行搭接焊，从图 8-41 中可以看到在搭接接头前进侧存在一条自原板材间隙表面向上弯曲的畸变缝隙，成为固有的、最重要的裂纹源，是降低接头性能的重要因素之一。可增大搭接界面宽度，并通过结构设计使上板前进侧界面畸变处应力集中减弱，使其不会成为最主要的裂纹源，双道焊接头性能总体上优于单道焊接头，如图 8-42 所示。

图 8-41　单道焊搭接接头整体形貌

图 8-42　前进侧相对双道焊

如图 8-43 所示，重复焊接过程均是采用与第一道焊缝相同的参数。在铝合金 5083-O 单

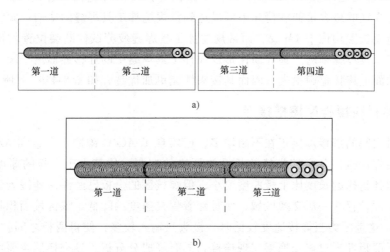

a)

b)

图 8-43　搅拌摩擦焊搭接接头多道焊

a) 铝合金 5083-O　b) 铝合金 6063-T6

道和双道焊缝中均存在隧道型缺陷，但在铝合金 6063-T6 单道和双道焊缝中却没有发现该类缺陷的存在。重复焊接过程并没有从实质上改变焊核区的晶粒大小，焊核区的晶粒大小保持在 $5\sim10\mu m$，但接头的硬度和强度均有一定程度的提升，并且在完成第三道或者第四道焊缝后，铝合金 5083-O 接头中的隧道型缺陷被消除，这表明多道焊工艺能够修复此类焊接缺陷。

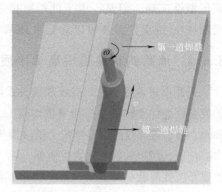

图 8-44　复合搅拌摩擦搭接焊

采用左旋螺纹和右旋螺纹搅拌针复合焊接工艺进行了多道搅拌摩擦搭接焊，接头中两道焊缝相互平行且其中心线距离不超过搅拌针直径的一半。这种接头形式使得第二道焊缝能够将第一道焊缝中受力侧的迁移界面消除，可以有效消除受力侧的迁移界面对接头性能的影响，如图 8-44 所示。

目前，主要从以下途径改善搭接接头性能：一是通过改进搅拌工具形状，增加金属流动特性，促使界面处金属氧化膜破碎均匀混入基体金属中。主要开发了非对称搅拌针、两级轴肩搅拌针、三槽锥形搅拌针和外开螺纹搅拌针四大类搅拌工具。同时，设计搅拌工具直径时应注意焊核区的有效连接宽度应该不小于接头较薄板厚度。二是通过改善接头焊接参数及焊接工艺，以得到性能较好的接头。采用较高转速、较低焊接速度搭配，可以促进搅拌区金属充分混合，并可使搅拌区附近金属通过热扩散达到增强连接的目的。鉴于搅拌摩擦焊缝的非对称性，通过优化接头设计，将性能较好的焊缝后退侧安排在接头受力侧；或采用重复焊，将两条焊缝的前进侧安排在焊核区内部，也可以优化接头力学性能。对于不等厚度板件的搭接，若工艺可行，可以将较薄板置于接头下层，因为界面一般向上变形，接头有效厚度的减小一般发生在上层板上，这样也可以达到优化接头性能的目的。

有一种倾斜搅拌工具，其搅拌工具轴肩中心线与搅拌针中心轴线成一个倾斜角度，如图 8-45a 所示。与常规搅拌工具焊缝性能对比，倾斜搅拌工具焊缝抗拉强度和疲劳强度较高。倾斜搅拌工具焊缝的最大拉伸载荷几乎可以达到常规搅拌工具焊缝的 2 倍；倾斜搅拌工具焊缝疲劳试件断裂位置均位于 TMAZ，而常规搅拌工具焊缝疲劳试件断裂位置均位于迁移界面处。倾斜搅拌工具焊缝中的迁移界面比常规搅拌工具焊缝中的迁移界面更平缓，应力集中更小，接头横截面上连接范围更大，因而其接头性能更加优越，如图 8-45b、c 所示。

8.6.5　异种材料搅拌摩擦搭接焊

异种材料之间的搭接焊接正在不断增多，已实现了 AC4C 铸造铝合金和 AZ31 镁合金的搅拌摩擦搭接焊连接，其搅拌指棒的长度被严格的控制，使其小于上板的厚度，如图 8-46 所示。尽管搅拌指棒的长度比上板厚度要小，但焊核区的上板已经深深地嵌入到下板中，此外在两板分界面处存在一层交换区域，而且随着焊接速度的降低，该区域面积将会增加，如图 8-47 所示。这是因为当焊接速度较低时，接头热输入较多，使得两板之间扩散反应较好。搭接接头上下两板即通过该交换层实现连接，同时经成分分析，该交换层主要由金属间化合物 $Al_{12}Mg_{17}$、Al_3Mg_2 和 Mg_2Si 组成，说明在焊接过程中此处发生了金属的熔解。此外当焊接速度较高时在焊核区和交换区之间存在细小的裂纹，这将对接头的拉伸性能产生不利的

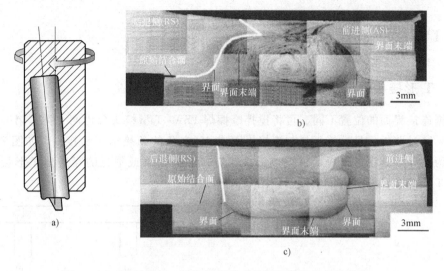

图 8-45　试验用搅拌工具和焊接得到的焊缝横截面宏观形貌

a）倾斜搅拌工具　b）常规搅拌摩擦焊焊缝　c）倾斜搅拌摩擦焊焊缝

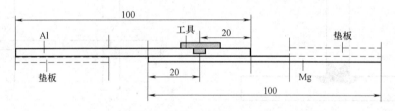

图 8-46　铝合金和镁合金搅拌摩擦搭接焊原理

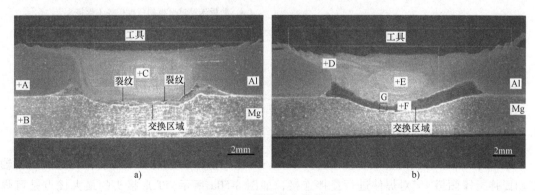

图 8-47　搭接接头横截面

a）焊接速度为 80mm/min　b）焊接速度为 20mm/min

影响。

8.6.6　铝合金搅拌摩擦焊搭接接头疲劳行为

对 2024-T3 铝合金 FSW 搭接接头疲劳行为进行了研究，分别进行了高周和低周两种疲劳试验。结果表明，2024 铝合金 FSW 搭接接头静载强度较高，但是疲劳强度却仅有静载强

现代高效焊接技术

度的 15% 左右。

8.7　T 形接头搅拌摩擦焊

8.7.1　T 形接头的结构形式

　　根据连接界面的位置不同，可将搅拌摩擦焊 FSW- T 型接头分为两大类。第一类为搅拌工具无须穿过壁板，且搅拌工具与连接界面成 45°夹角的角接型 T 形接头，如图 8-48 所示。第二类为搅拌工具穿过壁板，且搅拌工具与连接界面垂直或平行的穿透型 T 形接头，其中穿透型 T 形接头又分为若干小类，如图 8-49 所示。

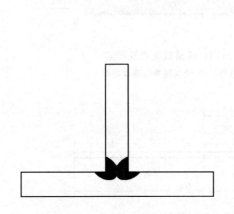

图 8-48　角接型 T 形接头

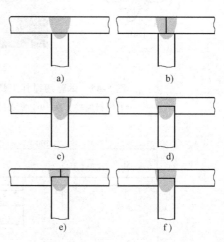

图 8-49　常见的穿透型 T 形接头
a）肋板未穿过壁板的两板搭接 T 形接头
b）肋板未穿过壁板的三板对搭接 T 形接头
c）肋板穿过壁板的对接 T 形接头
d）肋板部分穿过壁板的两板对搭接 T 形接头
e）、f）肋板部分穿过壁板的三板对搭接 T 形接头

8.7.2　T 形接头搅拌摩擦焊的焊接过程

　　T 形接头角接焊接时需配备专用搅拌工具。焊接中搅拌头的轴肩不转动，而是由旋转轴带动搅拌指棒倾斜 45°对焊件进行搅拌连接，如图 8-50a 所示。T 形接头的最大优点是可焊接较厚的壁板，且焊后变形小；不足之处在于仅靠搅拌指棒产生的摩擦热量进行焊接，容易使搅拌指棒磨损和断裂。

　　搅拌摩擦焊焊接穿透型 T 形接头时，将肋板和壁板进行 T 形固定，而后将带有一定前进角（1°~5°）的旋转搅拌头压入并穿过壁板，轴肩与壁板接触，搅拌指棒插入肋板部分，搅拌头以一定的速度向前行走完成焊接，如图 8-50b 所示。该方法能够延长搅拌工具的使用寿命，但是也存在与对接类似的缺点，即它所能完成焊接的结构件厚度要受到壁板厚的限制。另外，夹具倒角半径对焊缝成形质量影响较大。夹具的过渡半径过大时，不仅需要较多

286

的金属来填充圆角区域，使壁板的有效厚度减薄，而且在壁板和肋板间会出现非有效连接现象，反过来当圆角过渡区域较小时，搅拌针和夹具碰撞的风险会增加。

T 形接头搅拌摩擦焊接过程中需要特制的夹具来固定构件。无论是采用角接型 T 形固定夹具还是采用穿透型 T 形接头夹具，都要考虑 T 形接头的承载方式、被焊接材料的力学性能以及焊缝成形的难易程度，进而设计一个行之有效的焊接方案。

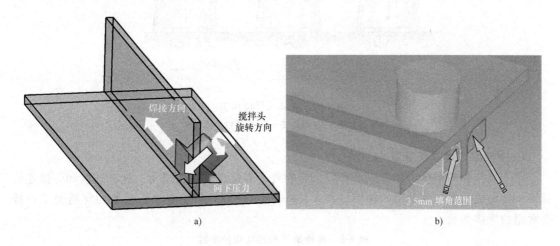

图 8-50　两种不同夹具的焊接示意图

a）角接型 T 形接头焊接过程　b）穿透型 T 形接头焊接过程

8.7.3　T 形接头搅拌摩擦焊焊接工艺

1. 搅拌头

焊接穿透型 T 形接头时搅拌头应满足以下条件：要有足够大的轴肩，产生大量的摩擦热来实现 T 形接头的无缺陷连接，如焊接 2024 和 7075 铝合金组成的 T 形接头时采用轴肩为 17mm 和 19mm 的搅拌头，形成表面成形较好、无缺陷的接头；而采用轴肩为 11~15mm 的搅拌头焊接时，则出现不同程度的隧道缺陷和表面沟槽缺陷。圆锥形搅拌头更适于搅拌摩擦焊-T 形接头连接，一方面圆锥形搅拌头可以减少与固定夹具倒角部位碰撞的概率，另一方面圆锥形搅拌头可以显著增加金属垂直（Z 轴）流动的效果，更好地实现焊缝圆角区域的填充。

另外，穿透型 T 形接头（连接接面为水平面）进行搅拌摩擦焊时，可采用 Flared-Trifute™ 和

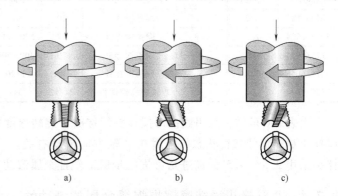

图 8-51　Flared-Trifute™ 搅拌头

a）垂直槽　b）左偏槽　c）右偏槽

A-skew™ 形式搅拌头，如图 8-51 和图 8-52 所示。这两种搅拌头可以增加搅拌区域体积与搅

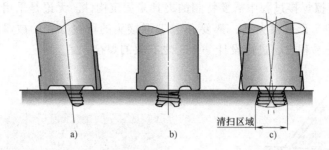

拌指棒体积的比值，进而改变搅拌指棒周围和底部金属的流动路径，可以拓宽焊接的区域，并且更好地混合接头处的氧化物。

图 8-52　A-skew™ 搅拌头

a）侧视图　b）主视图　c）旋转扫过的区域

2. 搅拌摩擦焊焊接参数

除了搅拌头的形状对焊缝成形有较大影响外，焊接过程中前进角、旋转速度和焊接速度对接头质量也起着至关重要的作用。表 8-5 和表 8-6 分别为角接型 T 形接头和穿透型 T 形接头常用的焊接参数。

表 8-5　角接型 T 形接头焊接参数

材料	肋板板厚/mm	壁板厚/mm	转速/（r/min）	焊接速度/（mm/min）
2024-T351	6	8	1500~2000	100~600

表 8-6　铝合金穿透型 T 形接头焊接参数

材料	肋板板厚/mm	壁板板厚/mm	搅拌头形状	轴肩/mm	转速/（r/min）	焊接速度/（mm/min）	接头系数 T 方向	L 方向	抗压
6082-T6	3	3	圆柱搅拌针	—	1000	150	—	—	70%
6082-T6	3	3	圆锥搅拌针	20	500~715	50~100	—	50%~70%	—
2024-T4	3	3	圆锥搅拌针	20	500	50	—	10%~35%	—
6061	9.525	3.175	Flared-Trifute™	15.875	1000	300	—	—	—
2139-T8	3.2	3.2	圆锥搅拌针	20	500	50	—	—	—
7075/2024	2.3	2.8	圆锥搅拌针	17	500~715	25~50	—	65%~89%	—
7175/2024	3	3	圆锥搅拌针	20	300~500	30~100	—	—	—
7075/6056	3.2	3	圆锥搅拌针	19	1120	200	73.2%	—	—
7175/2024	3	3	双轴肩圆锥搅拌针	24/12	340	50	—	70%	—

由表 8-6 可知，采用圆锥形搅拌头焊接时，旋转速度要比圆柱形的低，这或许与圆锥形搅拌头更能促使塑性状态的金属在 Z 轴方向流动有关。另外，对穿透型 T 形接头来说，搅拌头采用 2.5°~4.5° 的前进角可进一步保证塑性金属流动和减少飞边缺陷。

8.7.4　T 形接头搅拌摩擦焊焊缝金属的流动性

搅拌摩擦焊过程中金属的流动性是极其复杂的，它要受到搅拌头的形状、焊接材料的性能、焊接参数等因素的综合影响。但是了解其流动过程对搅拌头的设计和接头力学性能的提高却又有重要的实际价值。因此，有必要了解焊接过程中金属的流动过程。目前，主要采用标记试验、异种材料焊接、数值模拟等方法来研究焊接过程中的金属流动。

利用铜箔标记跟踪试验和数值模拟方法相结合，研究 2024-T4 铝合金搅拌摩擦焊 T 形连接过程中的金属流动。结果发现，放置在壁板和肋板之间的铜箔发生弯曲变形和部分断裂。金属的向下和向外流动（见图 8-53a 中 A、B 位置）导致实际的连接界面下移。T 形连接的壁板中除了与对接相同的水平流动外，在前进侧区域同时还存在肋板金属对塑性金属的反弹作用形成的向上流动迹象，（见图 8-53 中 C 位置）。数值模拟结果指出圆角区域的填充是由金属向外流动作用所致，如图 8-53b 所示。实际的连接线相貌和模拟的结果相吻合。

采用铜箔标记方法研究 6082 铝合金 T 形接头搅拌摩擦焊参数和搅拌头形状的变化对金属流动性的影响，当采用圆柱形搅拌头焊接时，在顶锻力的作用下金属向圆角过渡区域流动形成填充，但是在前进侧圆角区域仍不可避免地产生隧道缺陷。而当采用圆锥形搅拌头焊接时，金属的垂直流动更加强烈，圆角区域的填充更为充分，形成无明显缺陷的接头。进一步对无缺陷接头两圆角区域放大观察发现，后退侧的铜箔较为完整，铜箔与铝合金焊接形成的结合面清晰可见，但前进侧的结合面呈现铜箔和铝合金交替流动的层状结构，因此得出采用圆锥形搅拌头焊接时，前进侧存在明显的上、下层状流动。

以上两组研究结果表明，搅拌摩擦焊 FSW-T 形接头中金属的流动性是一致的。

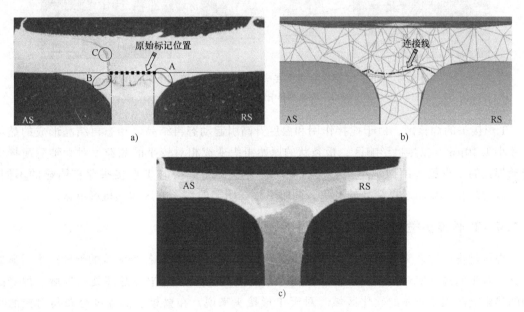

图 8-53　T 形接头中的金属流动性
a）纯铜标记试验结果　b）数值模拟结果　c）异种材料试验结果
AS—前进侧　RS—后退侧

以上是对同种金属 T 形接头焊接过程中金属流动性的研究，异种金属连接更能直观地展示流动过程。对 2024-T4 和 7175-T73511 异种铝合金 T 形接头进行 FSW 焊接。2024-T4 壁板在搅拌头强烈向下的顶锻和肋板对塑性金属向上的反弹共同作用形成"波浪"状的连接面，如图 8-53c 所示。后退侧由于存在水平螺旋流动和垂直流动，造成后退侧连接界面有较大的弯曲。

8.7.5　T形接头搅拌摩擦焊焊缝组织特征

焊接过程中，焊缝经历了塑性变形和高温过程，焊缝组织会发生局部改变。图8-54给出了6082-T6铝合金T形接头搅拌摩擦焊焊缝各个区域的划分。搅拌摩擦焊T形接头焊缝分为四大区域，即焊缝中心的焊核、焊核的左右部位及下部受热和力作用明显的3个热机械影响区、紧邻热机械影响区的3个热影响区以及母材部分。

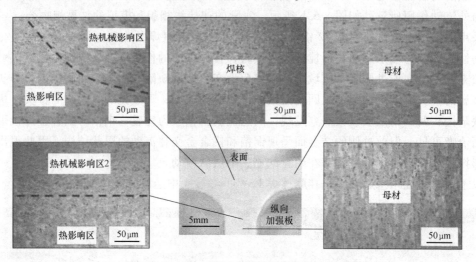

图8-54　6082-T6铝合金T形接头搅拌摩擦焊焊缝各个区域的划分

TMAZ—热机械影响区　HAZ—热影响区

T形接头的焊核区，由于搅拌作用和温度升高引起动态再结晶。动态再结晶形成的晶粒尺寸小于10μm。在热机影响区，板条状的原始组织变成相对较小的晶粒。对无轴肩搅拌头转动焊接的T形接头的微观组织，与有轴肩搅拌头旋转焊接的T形接头存在明显的不同，焊核区的晶粒并无动态再结晶的迹象，同时不存在明显的热影响区和热机影响区。

8.7.6　T形接头搅拌摩擦焊焊缝显微硬度及力学性能

焊接过程中搅拌头的搅拌作用以及摩擦产生的热，会使焊缝各个区域的硬度产生明显的差异。对于同种金属对接接头来说，硬度为近似的W形。焊缝中心是高硬度区域，焊缝两侧的热影响区则是明显的软化区域。对于T形接头来说，在壁板上的硬度分布与对接的相同，但在肋板位置上也存在一个低硬度区域。

对于异种材料T形接头来说，硬度会出现一些特殊情况。例如由6056-T4壁板和7075-T6肋板组成的T形接头上各取3个不同位置进行显微硬度测试。结果显示不同材料的壁板硬度与肋板硬度差异明显，热影响区硬度显著降低，但在焊核区因两种金属的不均匀混合，出现了多个硬度不同的峰值；肋板位置硬度呈V形分布，如图8-55所示。

对于T形接头来说，由于其结构的特殊性及应用的场所不同，存在多种不同加载方式，如沿肋板（L）方向和壁板（T）方向等。

沿肋板方向拉伸时，材料不同，即使采用同一焊接参数进行焊接所得到的接头力学性能差别很大，对于同一材料采用不同的焊接参数其力学性能也不同。例如采用直径为24mm和

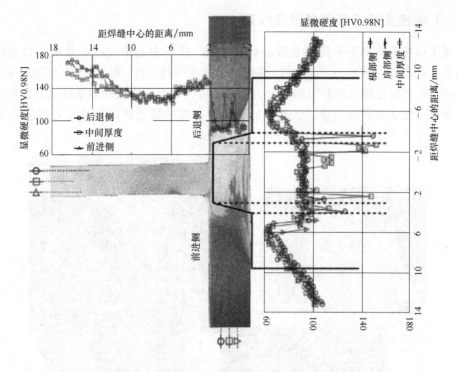

图 8-55 T 形接头硬度分布

12mm 的双轴肩搅拌头焊接 2024 与 7175 组成的 T 形接头时，转速为 340r/min、焊接速度为 50mm/min 时抗拉性能最好，可以达到 2024 的 70%，当焊接速度变为 100mm/min 或减小到 35mm/min 时，接头的强度均有所下降。对 2024 和 7075 异种材料 T 形接头进行焊接，采用的轴肩为 19mm，当焊接参数采用转速为 715r/min、焊接速度为 50mm/min 时，所得焊接接头强度与 17mm 轴肩对应下的转速为 500r/min、焊接速度为 25mm/min 时强度相当，且这两种不同参数下均无缺陷，因此采用大轴肩可以适当提高焊接速度但仍能达到较高的强度。

对 6082-T6 搅拌摩擦焊 T 形接头抗弯性能与挤压 T 形件和 MIG 焊 T 形接头进行对比，结果表明：虽然采用 MIG 焊和搅拌摩擦焊所得 T 形接头的抗弯强度与挤压件相比有所下降，但前两种焊接获得的接头的弹性阈值和塑性要好于挤压 T 形件。专门探讨焊接参数对抗弯性能影响时，发现搅拌头的前进角对抗弯强度的影响较大。前进角为 1.5° 和 4.5° 时抗弯强度都要比 3° 的低。结合旋转速度和焊接速度影响，当采用倾角为 3°、转速为 1000r/min、焊接速度为 150mm/min 时，接头的抗弯性能最好，可以达到挤压件的 70%。

对于 AA6056T-4 壁板和 AA7075-T6 肋板组成的 T 形接头，沿壁板方向加载时，由于接头中混有高硬度的 7075 铝合金，T 形接头的韧性明显下降，但 T 形接头的屈服强度系数为 6056 屈服强度的 81.8%，为 6056 抗拉强度的 73.2%，与 6056 对接接头系数的 81.5% 和 76.9% 类似；垂直于壁板方向加载时，T 形接头所能承受的最大弯曲载荷只有 6056 对接的一半。同时疲劳试验显示，应力比 $R = 0.1$ 下的疲劳强度与母材的疲劳强度相比明显下降，与对接接头相比同样降低。其原因是与 T 形结构中存在的固有应力集中有关。如果要改善 T 形接头的疲劳性能，则需要进行焊后热处理。

8.7.7　T形接头搅拌摩擦焊焊接缺陷

焊接 T 形接头时如果采用不合适的焊接参数，接头中会出现一些缺陷，如未焊透、飞边、隧道、孔洞等，图 8-56 为典型的隧道缺陷。在焊接 2024 和 7075 组成的 T 形接头时，发现起到提高铝合金耐蚀性的包铝层会引起在圆角区出现不连续的隧道缺陷。若选用大轴肩搅拌头焊接可保证足够的热输入，不但能够消除存在的隧道缺陷而且还可以适当提高焊接速度。

图 8-56　T 形接头中典型的隧道缺陷

搅拌头的前进角会影响金属的流动性，进而对隧道缺陷产生影响，例如当搅拌头的前进角为 1.5°时会产生隧道缺陷，但当前进角变为 3°和 4.5°时缺陷随之消失。

在同样的焊接条件下，2024-T4 接头比 6082-T6 接头更易出现隧道缺陷。这说明材料的性质也是影响缺陷的一个主要原因。在焊接由 6056-T4 与 7178-T6 组成的 T 形接头时，焊缝的横截面无任何可见的缺陷，但当材料变成 6056-T4 与 7075-T6 组成的 T 形接头时，焊缝区域出现了一些小的未填充的空腔。

对于无轴肩转动的 T 形接头焊缝，在所选的全部焊接参数范围内，所有接头都出现了不同程度的隧道缺陷，且缺陷的产生与搅拌头对材料的"吮吸"（suck effect）效果有关。焊接速度由 200mm/min 增加到 400mm/min 和 600mm/min 时，隧道缺陷面积有所增加。压力增大时，会在表面形成沟槽状缺陷。为了能够改善接头的性能，减少或消除缺陷，搅拌头产生的压力应围绕搅拌指棒分布，同时在轴肩和搅拌指棒之间产生一个合适的压力差。

缺陷的出现将会严重影响接头的力学性能，在搅拌摩擦焊过程中应尽可能避免缺陷的产生。

8.8　搅拌摩擦点焊

8.8.1　搅拌摩擦点焊的基本原理

搅拌摩擦点焊（Friction Stir Spot Welding）是在搅拌摩擦焊基础上发展而来的一种新型的"非线性"固态连接技术。在搅拌头旋转、挤压、粉碎等机械力作用下，通过搅拌头周围高温摩擦热和材料塑性流动相互作用，在搅拌头周围形成一种圆环状搅拌区域，在此区域中与材料产生重结晶，形成冶金连接。这一区域形成致密组织结构，获得优异的接头力学性能。可实现典型铝合金关键构件的优质、高效、绿色点焊连接。

8.8.2　搅拌摩擦点焊的主要形式

搅拌摩擦点焊主要有以下几种形式：固定式搅拌摩擦点焊、回填式搅拌摩擦点焊、复合式搅拌摩擦点焊、消耗性指棒搅拌摩擦点焊（Friction Bit Joining）、双面搅拌摩擦点焊、摆动式搅拌摩擦点焊及无指棒式搅拌摩擦点焊。

1. 固定式搅拌摩擦点焊

固定式搅拌摩擦点焊是 KHI（日本川崎）与 MAZDA（日本马自达）于 1993 年在 TWI 开发的搅拌摩擦焊技术（FSW）基础上共同研究开发的搅拌摩擦点焊（FSJ）技术，又称为"带有退出孔的搅拌摩擦点焊"技术。

该方法采用固定一体式的搅拌头，搅拌指棒与搅拌头肩部固定为整体，焊后在点焊缝中心留有退出孔。固定式搅拌摩擦点焊的基本原理如图 8-57 所示，焊接过程主要分为三个阶段，即搅拌工具压入过程、连接过程和搅拌工具回撤过程。

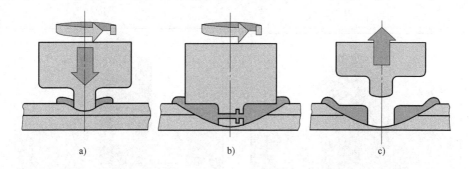

a)　　　　　　　　　　　b)　　　　　　　　　　　c)

图 8-57　固定式搅拌摩擦点焊过程示意图

a）搅拌工具压入过程　b）连接过程　c）搅拌工具回撤过程

（1）搅拌工具压入过程　首先用专用夹具将搭接焊件固定在水平的刚性垫板上，防止焊件在焊接过程中产生滑动和移动，然后搅拌头高速旋转并向下缓慢移动，当搅拌指棒与待焊焊件上表面接触后，搅拌头在轴向压力的作用下以一定的插入速度旋转插入焊件内部，搅拌头与焊件摩擦产生热量，使搅拌头附近的材料软化。

（2）连接过程　当搅拌指棒插入到预定深度后，使搅拌头肩部接触焊件表面，并保持轴向压力，搅拌头继续旋转一定时间，实现上下板的点连接。

（3）搅拌工具回撤过程　完成焊接后搅拌头回撤退出焊件，在点焊缝中心留下一个明显的退出凹孔。

2. 回填式搅拌摩擦点焊

回填式搅拌摩擦点焊主要有两种：一种是采用双层相对运动的搅拌头，实现无退出孔的填料式搅拌摩擦点焊，其焊接过程如图 8-58 所示；一种是外层为固定、环内为双层相对运动搅拌头的无退出孔的回填式搅拌摩擦点焊，其焊接原理如图 8-59 所示。

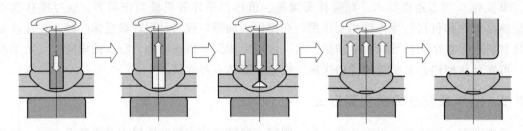

图 8-58　回填式搅拌摩擦点焊（日本）过程

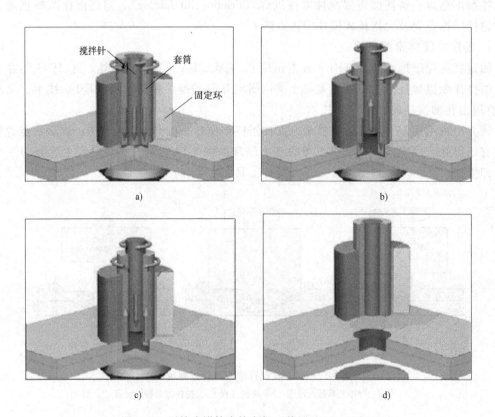

图 8-59　回填式搅拌摩擦点焊（德国 GKSS）原理

a）摩擦产热，材料塑化　b）搅拌针上移，套筒下移

c）搅拌针反方向运动　d）焊接完成，搅拌工具脱离焊件

该方法采用分离的搅拌头和搅拌头肩部，通过精确控制搅拌头和搅拌头肩部的相对运动，在搅拌头回撤的同时填充在焊接过程中形成的退出孔，焊后焊缝平整无退出孔。此方法的焊接过程主要分为四个阶段，如图 8-59 所示。

第一阶段，将焊件安置在刚性垫板上，并用固定环固定。搅拌头上的搅拌指棒和套筒高速旋转，与焊件上表面摩擦产生热量，使材料软化。固定环不旋转，主要作用是将套筒、搅拌指棒以及塑性材料密封在一个封闭空间，防止塑性材料外溢。

第二阶段，搅拌指棒和套筒边旋转边沿轴向进行相对运动，搅拌指棒向上运动，套筒向下运动，推动塑化材料相互搅拌与运动。此时套筒、搅拌指棒和焊件之间形成空腔，容纳被套筒挤出的塑化材料。

第三阶段，当套筒下移到预定深度后，搅拌指棒和套筒反方向相对运动，搅拌指棒向下运动，套筒向上运动，塑化材料进一步熔合、搅拌，并将套筒留下的空腔填平。

第四阶段，当搅拌指棒与套筒反方向运动直到搅拌指棒、套筒、固定环及焊件上表面重新回到同一平面上时，搅拌指棒和套筒停止旋转。最后移走搅拌头，完成焊接过程。

虽然回填式搅拌摩擦点焊消除了退出孔，但是增加的填充程序使搅拌头的运动复杂化。固定式搅拌摩擦点焊通常可在 1s 内完成焊接过程，满足汽车车身车间生产节拍要求。对于焊接设备和控制系统，固定式搅拌摩擦点焊更加简单，因此该方法更容易应用到点焊装配车间中。

3. 复合式搅拌摩擦点焊

复合式搅拌摩擦点焊（扫描式搅拌摩擦点焊）是为解决搅拌摩擦点焊接头性能过低的问题而开发的。焊接时，搅拌头以正常的方式绕轴旋转，轴同时也在一个圆形的轨道区域内移动，轴的行走路径如图 8-60 所示。理论上，采用复合式搅拌摩擦点焊方法形成的焊缝尺寸应比固定式搅拌摩擦点焊有所增加，从而提高焊点的力学性能。

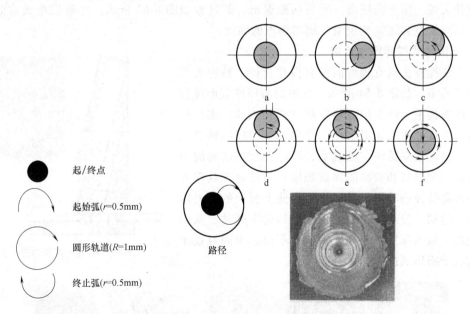

图 8-60　复合搅拌摩擦点焊的旋转路线

4. 消耗性指棒搅拌摩擦点焊

消耗性指棒搅拌摩擦点焊（Friction Bit Joining）是一种用来实现异种材料搅拌摩擦点焊的新技术，该技术利用一种消耗性的材料作为指棒，搅拌摩擦点焊时指棒穿透上板后，利用指棒与被焊材料的摩擦热实现上下板的点连接，部分指棒留在焊缝中，形成类似法兰的接头，如图 8-61 所示。

5. 双面搅拌摩擦点焊

在固定式搅拌摩擦点焊技术的基础上提出双面搅拌摩擦点焊技术，如图 8-62 所示。焊接时利用两个摩擦头对焊件进行摩擦加工，此方法可以使金属挤出物减少一半，而热量提高 1 倍，从而提高生产效率。

图 8-61　消耗性指棒搅拌摩擦点焊接头横截面

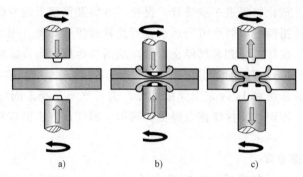

图 8-62　双面搅拌摩擦点焊

6. 摆动式搅拌摩擦点焊

该方法是搅拌头指棒旋转着压入焊件，搅拌头以一定的半径旋转，当焊件产生塑性流动后，搅拌头按一定方向摆动，然后回撤退出。其过程如图 8-63 所示。它可以增大有效连接宽度，消除焊点界面畸变现象，提高焊点的强度。

7. 无指棒式搅拌摩擦点焊

该方法搅拌头只有轴肩而没有搅拌指棒，轴肩表面有卷曲的凹槽，如图 8-64 所示。在轴肩与焊件表面纯挤压摩擦的前提下，产生摩擦热使焊件塑性流动，实现扩散连接，形成的焊点无退出孔。使用带有沟槽的轴肩的搅拌头，焊接效果更快、更成功，可以在较短的时间内得到较深的变形区和较高的界面强度；另外对于具有卷槽的刮水器特征的轴肩，搅拌头将促使上板处的材料向焊核中心运动，使焊核中心的下板材料向下运动，从而增加变形区域的深度，有利于焊核的形成，但同时也增加了钩状缺陷形成的时间。

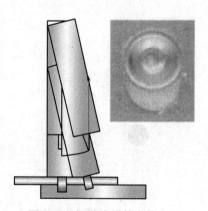

图 8-63　摆动式搅拌摩擦点焊

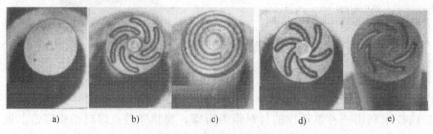

图 8-64　无指棒式搅拌头

8.8.3 搅拌摩擦点焊的优点

与传统的电阻点焊等连接技术相比,搅拌摩擦点焊方法焊接铝合金具有以下优势:

1) 能耗低。搅拌摩擦点焊用电量小于传统电阻点焊设备,耗电量是传统电阻点焊的1/20。

2) 设备简单。搅拌摩擦点焊设备相对简单,不需要电阻焊所需要的焊接时间控制器、焊接变压器等一系列辅助设备,整个设备投入将减少 40%。

3) 接头质量高。搅拌摩擦点焊属于固态连接方式,不会产生热裂纹、热变形、气孔等缺陷。经塑性流动得到的接头中无铸造组织。焊点具有良好的强度,焊接质量稳定。

4) 工艺过程简单。适用于各种搭接连接,不需要如铆钉等辅助材料。搅拌摩擦点焊过程对材料状态变化和表面状态并不敏感,焊前表面清理简单,无须焊后热处理。焊接速度完全可与电阻点焊相比拟。

5) 搅拌头寿命长。铝合金搅拌摩擦点焊时,搅拌头的耐磨损性和抗损耗性很强,焊接10 万次搅拌摩擦点焊后仍无实质上的损耗。

6) 调节焊点直径后可以焊接厚度在 0.8~8mm 之间的材料。

7) 工作环境清洁,无灰尘、烟雾和电火花,不会产生电磁和噪声污染。

8.8.4 搅拌摩擦点焊的工艺

搅拌摩擦点焊是一种通过材料的塑性流动实现连接的固相连接技术,其接头强度主要取决于两个因素:搅拌头几何形状及焊接参数。通过改变搅拌头几何形状和焊接参数,影响接头的塑性流动,进而影响微观组织,最终影响接头的力学性能。国内外许多学者对搅拌摩擦点焊搅拌头的几何形状、焊接参数及塑性流动进行了研究,最终目的都是为了获得具有优良力学性能的点焊接头。

1. 搅拌头几何形状

搅拌摩擦点焊所用的搅拌头有多种形式,如圆柱形搅拌指棒、锥形搅拌指棒、倒锥形搅拌指棒、三角平面搅拌指棒、凸面轴肩、凹面轴肩以及同时具有三角平面搅拌指棒和凹面轴肩的 7 种搅拌头。

具有三角平面搅拌指棒和凹面轴肩的搅拌头最有利于材料的流动和混合。使用带有凹面轴肩和带有螺纹的圆锥形或三角平面形搅拌针的搅拌工具,可以得到性能优良的接头。

在 5754 和 5083 铝合金的搅拌摩擦点焊中发现,采用凹面轴肩搅拌头获得的接头的静态强度最大,平面轴肩搅拌头次之,凸面轴肩搅拌头再次之。另外在凹面轴肩的前提下,采用三角平面搅拌指棒搅拌头获得的接头强度比带有圆柱形搅拌指棒的搅拌头要高,这是由于搅拌指棒几何形状的改变对钩状缺陷(hook)外形和搅拌区尺寸产生影响,进而影响接头的断裂模式。在 6061 铝合金搅拌摩擦点焊中发现,接头的抗拉、抗剪强度随着搅拌指棒的长度增加而增加,而十字形抗拉强度却几乎不受搅拌指棒长度的影响。6061-T5 铝合金搅拌摩擦点焊接头的抗剪强度随着搅拌头插入深度的增加而增大。在 6111 铝合金搅拌摩擦点焊中,抗拉、抗剪强度随着搅拌指棒插入深度的增加先增大后减小,但整体变化幅度很小。搅拌指棒插入深度对剪切失效模式有强烈影响,随着插入深度的增加,由退出孔边缘的脆性断裂转变为远离退出孔的母材区域的韧性断裂。

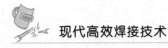

采用只有轴肩而没有搅拌指棒的搅拌头，在适当的参数组合下，可以得到比普通的带有圆柱形搅拌指棒的搅拌头更高的抗剪强度。

2. 焊接参数

搅拌头形状对焊点的抗剪强度影响最为显著，其次是焊接时间，而搅拌头轴肩直径的影响最小；采用优化的焊接参数进行搅拌摩擦点焊所得到的接头抗剪强度是电阻点焊接头抗剪强度的 1.5 倍，是铆接接头抗剪强度的 2.5 倍。

焊接参数中搅拌头的旋转速度、停留/焊接时间是最重要的两个焊接参数。

在 6016-T4、5A12 铝合金以及 2017-T6 和 5052 异种铝合金搅拌摩擦点焊时，接头的抗剪强度随着搅拌工具旋转速度的增加而增大。在 6061-T6、3A21 及 5182 铝合金搅拌摩擦点焊时，接头的抗剪强度随搅拌工具旋转速度的增加先增加，达到最大值后强度减小。但是，在 6061 和 5052 铝合金搅拌摩擦点焊时，接头的抗剪强度随搅拌工具旋转速度的增加而减小。

在异种铝合金搅拌摩擦点焊时，接头的抗剪强度随着焊接时间的延长而提高。在 6181 铝合金回填式搅拌摩擦点焊时，接头的抗剪强度随着焊接停留时间的延长先增加，达到峰值后再呈减小趋势。在 5A12 铝合金和 5A06 铝合金固定式搅拌摩擦点焊中，也发现焊点的抗剪强度随着停留时间的增加先增大后减小。在 5052-H112 铝合金搅拌摩擦点焊中，接头的抗剪强度和剥离强度都在较短的停留时间内取得较高值。

8.8.5 搅拌摩擦点焊金属的塑性流动

搅拌摩擦点焊过程实际上是材料塑性流动的过程。塑性材料在挤压力和摩擦热的双重作用下，塑性流动是否充分彻底将决定焊点的表面成形、接头微观结构以及力学性能，因此国内外许多研究学者采用多种方法对搅拌摩擦点焊过程中的材料流动方式进行了研究。利用追踪材料（或标识材料）和异种材料焊接是较为有效的两种方法。主要用到的追踪材料有小钢球、纯铜箔及 Al_2O_3 粉末。

对异种铝合金 5754/6111 进行点焊，并以 Al_2O_3 粉末为标识，当上板材料被挤压在旋转的搅拌针尖端及被困在搅拌指棒螺纹根部时，上板材料向下流动，当采用光滑无螺纹的搅拌指棒时，上板材料在搅拌指棒的表面形成附着层，并随搅拌指棒向下运动。当退出孔形成时，下板材料通过螺旋形运动向上和向外运动。在搅拌指棒周围存在两个明显的流动区域，即搅拌指棒边缘的内层流动区和外层流动区，在内层流动区内上板材料以逆时针方向绕搅拌指棒向下流动，在外层流动区，下板材料绕搅拌指棒以螺旋状向上和向外运动。

以铜箔作为追踪材料，将铜箔放在上板上表面、两板结合面及两板结合面的一侧三个位置，分搅拌针插入和停留两个阶段，对 AZ31 镁合金搅拌摩擦点焊过程中的材料流动进行研究，提出图 8-65 所示的流动模型。在搅拌头插入阶段，材料流动较为简单，随着搅拌指棒的插入，搅拌指棒将其下方的金属挤向下方，并且促使相邻的下板材料通过 EXTD 区向外和向上进入上板，向上流动的下板材料部分或完全地将搅拌指棒附近的上板材料隔离进 ISLT 区。因此 EXTD 区为上下板材料的熔合提供了一个通道，ISLT 区将逐渐演变成搅拌区。当轴肩接触到上板表面时，焊接过程进入停留阶段，接头中形成 3 个明显的区域，即流动过渡区、搅拌区及搅拌指棒底部的扭曲区域。流动过渡区是上下板材料发生混合的区域，向上流动的下板材料和轴肩下的上板材料混合后，沿着一个虚拟的倒圆锥的表面做螺旋运动，即在做圆周运动的同时斜向下到达搅拌指棒的根部；而后混合材料单元沿着搅拌针的表面向下运动；向下流动的混合材料单元因搅拌指棒的高速旋转产生的离心效应，从搅拌指棒表面释放直接进入搅拌区，搅拌区形成且不断扩大。以上运动过程形成一个持续的材料输送，使得混合后的材料得以释放并形成搅拌区。

对 6061 和 5052 异种铝合金搅拌摩擦点焊进行研究发现，在厚度方向和圆周方向上同时发生塑性流动，并提出图 8-66 所示的流动模型。在轴肩表面接触区域，当轴肩接触到上板表面时，沿着轴肩的凹面发生螺旋状的塑性流动，并且流向搅拌指棒根部附近。在搅拌指棒周围，流向搅拌指棒根部的材料沿着搅拌指棒表面做旋转运动并向下流向下板。在搅拌指棒螺纹的底部，流动到搅拌指棒尖端的材料以右旋方向从搅拌头的底部挤出。最后，搅拌区得到持续的材料供给，形成的搅拌区被挤压向外边缘，并且在远离搅拌头的径向上不断扩大。

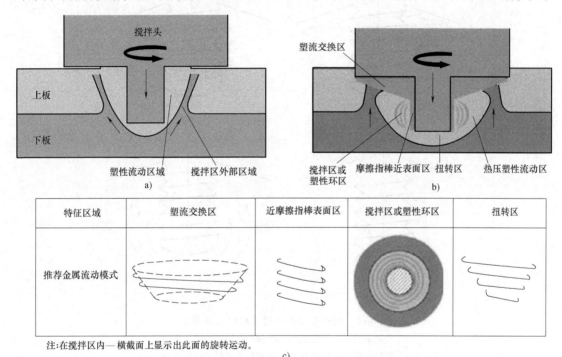

注：在搅拌区内——横截面上显示出此面的旋转运动。

c)

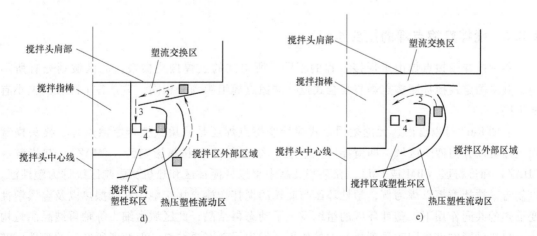

图 8-65　材料流动模型

a）插入阶段　b）停留阶段　c）焊缝各区域的流动方式　d）搅拌区形成　e）搅拌区不断扩大

在2A12铝合金点焊中以纯铜箔作为标识材料，采用水平镶嵌和"米"字形镶嵌两种方法，分别研究材料在厚度和水平方向上的流动情况。在厚度方向上，从焊点表面向下，塑性区宽度渐减小，退出孔两侧塑性变形区域基本对称；在水平方向上，塑化材料在轴肩摩擦力和材料之间的切力作用下沿搅拌指棒旋转的方向运动，且距离焊点表面越远，塑化材料沿搅拌指棒旋转方向的运动趋势越逐渐减小；另外，在搅拌指棒螺纹向下的压力作用下，搅拌指棒周围的塑化材料以螺旋状运动到焊点底部，然后在下板未塑化金属的阻碍和挤压作用下从搅拌指棒尖端挤出并向上和向外运动。

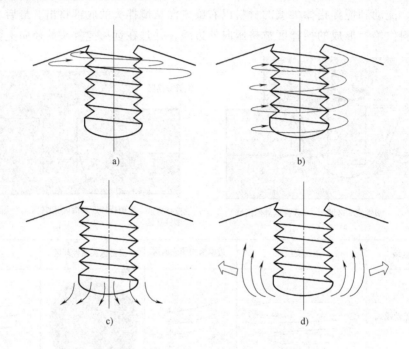

图 8-66 搅拌摩擦点焊过程材料流动模型

a）沿轴肩表面的塑性流动　b）搅拌针附近的塑性流动

c）螺纹底部的材料流动　d）形成搅拌区时的材料流动

8.8.6 搅拌摩擦点焊的接头组织

各种搅拌摩擦点焊由于焊接过程的不同，所得到的点焊接头横截面的区域划分有所不同，其中固定式搅拌摩擦点焊与复合式搅拌摩擦点焊组织划分相同，只是各个区域的大小有所不同。

从图8-67可以看出，无论是固定式搅拌摩擦点焊还是回填式搅拌摩擦点焊，接头横截面大体可以分为四个区域，即搅拌区或塑性环区（SZ）、热机械影响区（TMAZ）、热影响区（HAZ）和母材区（BM 或 PM），在某些文献中直接将搅拌区和热机械影响区统称为塑性区。以复合式搅拌摩擦点焊为例，塑性环区与旋转的搅拌指棒直接接触，在摩擦热以及金属塑性变形热的共同作用下，塑性环区的组织发生了动态再结晶，此区域由细小等轴再结晶晶粒构成；热机械影响区也同时受到热与力的作用，发生了动态再结晶，但两者所经历的塑性应变峰值温度有差别；热影响区只受到摩擦热循环作用，晶粒与部分第二相粒子存在长大的迹象，组织粗大；母材远离退出孔，组织未发生变化，如图 8-67a 所示。对于回填式搅拌摩擦点焊，搅拌区由搅拌指棒和套筒行走经过的回填孔组成。

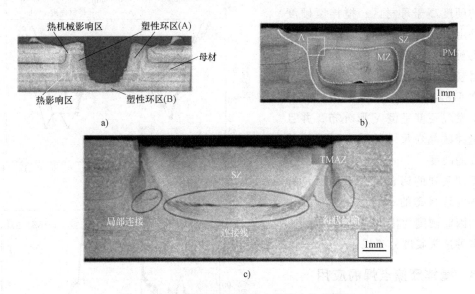

图 8-67　各种类型搅拌摩擦点焊接头的横截面
a）复合式搅拌摩擦点焊　b）回填式搅拌摩擦点焊（日本）　c）回填式搅拌摩擦点焊（德国）
SZ—塑性环区　TMAZ—热机械影响区　PM—母材　MZ—熔核区

搅拌区由细小的等轴晶粒构成，且大部分晶粒之间的位相差大于 15°；点焊接头冷却到室温时无晶粒生长的迹象；当搅拌工具旋转速度为 3000r/min、焊接时间为 4s 时，焊点达到最高温度 527℃；当搅拌工具旋转速度由 1000r/min 增加到 3000r/min 时，接头的应变速率从 650/s 减小到 20/s，这主要是由于局部瞬时熔化引起搅拌头滑移造成的。对 5457 铝合金点焊接头的微观组织进行分析时发现，利用透射电镜和背散射电子衍射两种方法所观察到的亚晶粒尺寸相近，而且塑性区内的亚晶粒尺寸随着焊接时间的增加而增大，但在焊点冷却到室温的过程中，晶粒尺寸不会增大。

搅拌区边缘的钩状缺陷是裂纹的形核位置，并且发现随着点焊连接时间的延长，钩状缺陷变得越来越尖锐，引起应力集中，降低了接头的抗剪强度。随着搅拌指棒长度、搅拌头旋转速度和焊接停留时间的增大，实际焊核尺寸增大，有效上板厚度降低，这使得在剪切、拉伸载荷作用下，断裂模式由纯剪切断裂转变为拉伸-剪切混合型断裂，在十字形拉伸载荷作用下，试样的断裂模式由焊核剥离断裂转变为焊核拔出型断裂。

8.8.7　搅拌摩擦点焊焊点的硬度分布

搅拌摩擦点焊焊点的硬度分布存在 W 形和倒 V 形两种形状，如图 8-68 所示。

在 6016-T4、1050-H18 及 6061-T6 铝合金固定式搅拌摩擦点焊中发现 W 形硬度分布，不同的是搅拌区硬度等于或略低于母材，搅拌区硬度下降的原因是搅拌区和热机械影响区的动态再结晶导致的材料软化及位错密度下降、热影响区的摩擦热作用引起的材料软化作用导致热影响区极低的硬度。从析出相形态变化的角度来看，当母材的针状析出相变为热影响区的棒状析出相时，引起热影响区硬度的下降，在搅拌区形成无析出相的 GP 区，引起搅拌区硬度的升高。

在 6181-T4 铝合金回填式搅拌摩擦点焊中发现 W 形的硬度分布，且搅拌区的硬度高于母材区；搅拌区硬度升高是由于搅拌区晶粒尺寸减小和强化相再析出，热影响区硬度的降低与轧制材料的回复有关。

在 5182-O 铝合金固定式搅拌摩擦点焊中发现硬度呈倒 V 形分布，并且认为搅拌区晶粒尺寸的减小引起搅拌区极高的硬度。

不同系列的铝合金由于其材料种类及热处理状态的不同存在多种强化机理，因此硬度变化机理也不尽相同，呈现多种接头硬度分布规律。

8.8.8　搅拌摩擦点焊的应用

搅拌摩擦点焊最先并且主要应用在汽车制造领域，在航空航天、船舶等其他领域的应用也具有广阔的前景。

马自达（Mazda）汽车公司于 2003 年率先将固定式搅拌摩擦点焊技术应用在以铝合金为车身材料的高档运动轿车 Mazda RX-8 的后车门和发动机罩上；2004 年，马自达（Mazda）

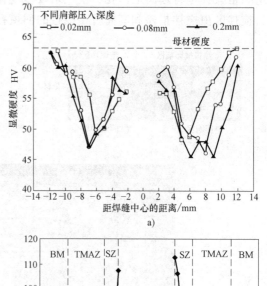

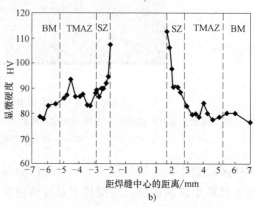

图 8-68　搅拌摩擦点焊焊点的典型硬度分布
a）W 形　b）倒 V 形

汽车公司与川崎重工合作，将固定式搅拌摩擦点焊技术与 Kawasaki 机器人相结合的搅拌摩擦点焊焊枪结构，用于替代传统的电阻点焊机器人，以实现铝合金车门内外板焊接，如图 8-69 所示。2005 年采用搅拌摩擦点焊实现了钢和铝合金的连接，并将其用于汽车的箱盖和螺钉套的连接。

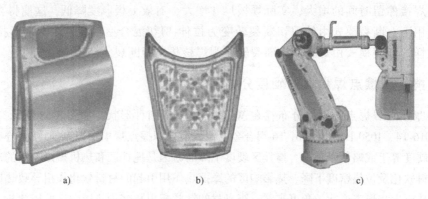

图 8-69　Mazda 公司的搅拌摩擦点焊应用
a）后车门　b）发动机罩　c）焊接机器人

2005 年德国的回填式搅拌摩擦点焊技术，应用到宝马系列车型的门框和窗框的直立边柱的连接。

　　美国 APM 公司对飞机机身平板和 T 形肋板进行回填式搅拌摩擦点焊焊接，焊点无退出孔，成形美观，内部无缺陷。并将回填式搅拌摩擦点焊应用在飞机机翼蒙皮结构的铆钉修复上，从而提高了结构件的使用寿命，如图 8-70 所示。

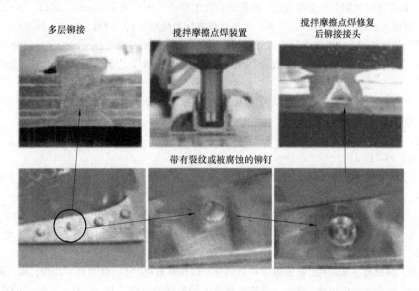

图 8-70　利用 GKSS 回填式搅拌摩擦点焊修复飞机机翼蒙皮结构中的铆钉

　　搅拌摩擦点焊技术在铝合金连接方面具有明显的优势，使其不仅广泛应用在汽车、船舶、飞机、火车等采用铝合金的制造领域，并已应用于火箭推进剂储箱、卫星整流罩、导弹包装箱和气瓶条带等结构，甚至还可能被应用在交通标志、家电、烹调器具等轻工业制造领域，因而具有广阔的市场前景。

参 考 文 献

[1] 韩国明. 焊接工艺理论与技术 [M]. 2版. 北京：机械工业出版社，2007.

[2] 杨立军. 材料连接设备及工艺 [M]. 北京：机械工业出版社，2009.

[3] 中国机械工程学会焊接学会. 焊接手册 [M]. 3版. 北京：机械工业出版社，2015.

[4] 北京-埃森焊接与切割展览会组委会. 展会综合技术报告 [R]. 北京：2010，2011，2012.

[5] 韩彬，邹增大，曲仕尧，等. 双（多）丝埋弧焊方法及应用 [J]. 焊管，2003，26（4）：41-44.

[6] 赵世雨，杜学铭. 直缝焊管多丝埋弧焊焊接工艺 [J]. 管道技术与设备，2009（1）：36-38.

[7] 林文彬，葛玉宏，吕世俊. X70直缝钢管四丝埋弧焊焊接工艺研究 [J]. 焊管，2002，25（4）：21-24.

[8] 刘耀民，杨爱民，张世涛. 鞍钢X80钢板在不同焊丝—焊剂匹配下冲击韧性的研究 [J]. 焊管，2010，33（43）：63-66.

[9] 任德亮，王立伟，许昌玲. 管线钢多丝埋弧焊烧结焊剂焊接工艺性能研究 [J]. 热加工工艺，2006，35（23）：73-75.

[10] 李东，黄克坚，董春明. 厚壁直缝钢管五丝埋弧焊工艺的开发与应用 [J]. 焊管，2007，30（3）：34-36.

[11] 徐刚，王旭，李树军. 林肯交流焊机斯考特连接的研究 [J]. 焊管，2009，32（3）：52-53.

[12] 徐志远，李爽，曹洪礼. 三丝埋弧焊工艺在薄壁小口及直缝钢管焊接中的应用 [J]. 电焊机，2011，41（6）：51-53.

[13] 蒋华雄，冯家星，李敏托. 精密数字控制四丝埋弧焊接系统 [J]. 电焊机，2010，40（6）：21-26.

[14] 武春学，张俊旭，朱丙坤，等. 高效埋弧焊技术的发展及应用 [J]. 热加工工艺，2009，38（23）：173-177.

[15] 汤建峰. 热丝TIG焊在转炉汽化冷却烟道制造中的应用 [J]. 电焊机，2009，39（4）：141-143.

[16] 许江晓，刘晓林. 热丝TIG全位置自动焊工艺参数的匹配 [J]. 焊接技术，2010，39（7）：56-58.

[17] 许江晓，李世涛. 热丝TIG全位置自动焊厚壁管道窄间隙坡口的设计 [J]. 热加工工艺，2009，38（13）：167-168.

[18] 张欣盟，刘庆祝. TIP、TIG焊接新技术及其在轨道车辆中的应用展望 [J]. 电焊机，2012，42（9）：1-4.

[19] 范成磊，梁迎春，杨春利，等. 铝合金高频感应热丝TIG焊方法 [J]. 焊接学报，2006，27（7）：49-52.

[20] 张瑞华，栗海霞，李明，等. K—TIG焊接电弧特性的数值分析 [J]. 电焊机，2012，42（12）：7-11.

[21] 林三宝，张勤练，范成磊，等. 超声—脉冲TIG焊中超声振动的作用特点 [J]. 焊接，2011（11）：11-16.

[22] 陈裕川. 高效MAG焊的新发展 [J]. 机械工人，2001（11）：3-5，（12）：5-6.

[23] 张撼鹏，黄鹏飞，殷树言，等. 新型低能量输入电弧焊接系统的研制 [J]. 电焊机，2007，37（2）：37-39.

[24] 殷树言. 高效弧焊技术的研究进展 [J]. 焊接，2006（10）：7-14.

[25] 马晓丽，华学明，吴毅雄. 高效焊接技术研究现状及进展 [J]. 焊接，2007（7）：27-31.

[26] 石玗，李妍，黄健康. 高效MIG/MAG焊的研究与发展 [J]. 电焊机，2008，38（12）：6-10.

[27] 卢振洋，黄鹏飞，蒋观军，等. 高速熔化极气体保护焊机理及工艺研究现状 [J]. 焊接，2006（3）：16-20.

[28] 胡志坤. 高速电弧焊工艺的研究现状 [J]. 电焊机，2008，38（7）：32-35.

[29] 殷树言，陈树君，华爱兵. 单丝高熔敷率 MAG 焊接工艺的研究 [J]. 电焊机，2009，39（1）：73-76.

[30] 周大胜，魏占静，王越. TANDEM 双丝焊在平面分段流水线中厚板拼板焊接中的应用 [J]. 电焊机，2008，38（12）：18-21.

[31] 杨学兵，唐伟. 窄间隙 TIG/MAG/SAW 焊接技术 [J]. 电焊机，2010，40（7）：14-19.

[32] 许小平. 近代埋弧焊机头自动化关键技术 [J]. 电焊机，2010，40（3）：1-14.

[33] 张国栋，张富巨，卜旦霞. 窄间隙埋弧焊的发展 [J]. 电焊机，2007，37（2）：28-29.

[34] 张建晓，雷万庆，牛庆伟，等. 窄间隙埋弧焊在厚壁加氢反应器中的应用 [J]. 电焊机，2006，36（10）：63-66.

[35] 白金生，李伟武，段世新. 窄间隙埋弧焊坡口形式和尺寸 [J]. 电焊机，2009，39（8）：94-96.

[36] 杨卫东. 窄间隙埋弧焊焊接接头工艺参数的优化 [J]. 金属加工（热加工），2008（14）：74-77.

[37] 张富巨，罗传红. 窄间隙焊接技术中焊接方法特性的遗传 [J]. 焊接技术，2002，31（4）：8-10.

[38] 周方明，王江超，周涌明，等. 窄间隙焊接的应用现状及发展趋势 [J]. 焊接技术，2007，36（4）：4-7.

[39] 项峰，姚舜. 窄间隙焊接的应用现状和前景 [J]. 焊接技术，2001，30（5）：17-18.

[40] 胡存银，张富巨. 窄间隙焊接的技术与经济特性分析 [J]. 焊接技术，2001，30（2）：47-48.

[41] 张富巨，罗传红. 窄间隙焊及其新进展 [J]. 焊接技术，2000，29（6）：33-36.

[42] 林尚扬，于丹，于静伟. 压力容器焊接新技术及其应用 [J]. 压力容器，2009，26（11）：1-6.

[43] 卢庆华，陈立功，倪纯珍. 细丝窄间隙埋弧焊工艺参数寻优 [J]. 焊接学报，2006，27（6）：101-107.

[44] 何文娣. 双丝窄间隙埋弧自动焊在生产中的应用 [J]. 锅炉制造，2004（2）：70-71.

[45] 陆跃国. 双丝窄间隙埋弧自动焊技术在厚壁容器中的应用 [J]. 机械工人（热加工），2003（7）：35-37.

[46] 伍小龙，徐卫东，汪辉. 厚壁容器的双丝窄间隙埋弧焊 [J]. 压力容器，2003，20（3）：27-31.

[47] 刘立君，逯允龙，王丽凤，等. 厚壁管窄间隙全位置焊接侧壁熔透技术研究 [J]. 电焊机，2001，31（7）：6-9.

[48] 刘全印. 核电站稳压器设备 16MnD5 钢窄间隙焊接技术 [J]. 焊接，2011（1）：42-45.

[49] 韩建伟，迟永军. 大直径 BHW—35 壳体的窄间隙埋弧焊工艺 [J]. 压力容器，2004，21（3）：32-35.

[50] 叶小松，刘应虎，田洪波，等. 采用窄间隙埋弧焊焊接 2.25Cr-1Mo-0.25V 钢的试验及应用研究 [J]. 大型铸锻件，2009（5）：30-37.

[51] 刘立君，逯云龙，韩永道. 厚壁管窄间隙全位置焊接脉动送丝系统设计 [J]. 哈尔滨理工大学学报，2000，5（5）：47-49.

[52] 孙胜伟，孙永兴，范振红，等. 脉冲窄间隙 MIG 焊焊机的研制 [J]. 现代制造技术与装备，2007（5）：15-16.

[53] 许江晓，李世涛. 热丝 TIG 全位置自动焊厚壁管道窄间隙坡口的设计 [J]. 热加工工艺，2009，38（13）：167-168.

[54] 周矿先，黄素媛. 引进全位置热丝 TIG 焊窄间隙焊接设备和工艺浅评 [J]. 焊管，2000，23（1）：20-22.

[55] 刘立君，占小红，韩玉杰，等. 窄间隙焊接钨极动态运动轨迹多自由度控制 [J]. 焊接学报，2004，25（5）：17-21.

[56] 刘自军，潘乾刚. 窄间隙脉冲热丝 TIG 焊在集箱环缝焊接中的应用 [J]. 东方电气评论，2007，21（1）：35-40.

[57] 张良锋，杨公升，许威，等. 窄间隙脉冲热丝 TIG 焊技术经济特性分析与发展现状 [J]. 石油工程建设，2011，37（2）：42-44.

[58] 周矿先. 全位置窄间隙热丝 TIG 焊工艺浅评 [J]. 焊接技术，2000，29（3）：18-19.

[59] 郭彦辉，张伟栋，曹冬巍，等. 窄间隙 TIG 全位置自动焊保护气体选择 [J]. 电焊机，2012，42（4）：79-81.

[60] 张富巨，卜旦霞，张国栋，等. 980 钢超窄间隙熔化极气体保护焊研究 [J]. 电焊机，2006，36（5）：51-54.

[61] 黄慧. 厚壁管窄间隙混合气体保护焊 [J]. 焊接技术，2001，30（2）：24-25.

[62] 赵博，范成磊，杨春利，等. 双丝共熔池窄间隙 MAG 焊方法的工艺研究 [J]. 焊接，2008（1）：34-37.

[63] 范成磊，孙清洁，赵博，等. 双丝窄间隙熔化极气体保护焊的焊接稳定性 [J]. 机械工程学报，2009，45（7）：265-269.

[64] 王加友，国宏斌，杨峰新. 高速旋转电弧窄间隙 MAG 焊接 [J]. 焊接学报，2005，26（10）：65-67.

[65] 赵博范，成磊，杨春利，等. 窄间隙 GMAW 的研究进展 [J]. 焊接，2008（2）：11-15.

[66] 姚舜，钱伟方，秦笑梅. 窄间隙熔化极气体保护焊技术研究 [J]. 焊接技术，2002，31（增刊）：43-45.

[67] 赵博，范成磊，杨春利，等. 双丝窄间隙焊接工艺参数对焊缝成形的影响 [J]. 焊接学报，2008，29（6）：81-84.

[68] 吕耀辉，殷树言，陈树君，等. 变极性穿孔等离子弧焊接系统的研制 [J]. 电焊机，2003，33（5）：29-31.

[69] 历克勤，沈江红，谢峰，等. 变极性等离子弧焊接系统的研制 [J]. 宇航材料工艺，2002（6）：39-42.

[70] 韩永全，许萍，杜茂华，等. 变极性等离子双弧及其控制 [J]. 机械工程学报，2011，47（4）：42-46.

[71] 白岩，高洪明，吴林，等. 低碳钢熔化极等离子弧焊接工艺 [J]. 焊接学报，2006，27（9）：59-62.

[72] 吕耀辉，陈树君，韩永全，等. 铝合金变极性等离子弧焊接工艺中的双弧现象 [J]. 焊接，2003（6）：27-29.

[73] 韩永全，于忠海，姚青虎，等. 铝合金变极性等离子弧平焊工艺 [J]. 焊接技术，2010，39（2）：21-24.

[74] 韩永全，陈树君，殷树言，等. 维弧对变极性等离子电弧特性的影响 [J]. 机械工程学报，2008，44（6）：183-186.

[75] 谢星葵，王力，李志宁，等. 自调整换向控制的变极性等离子弧焊接电源 [J]. 电焊机，2005，35（6）：45-46.

[76] 白岩，高洪明，吴林，等. 等离子—熔化极气体保护焊设备及其应用 [J]. 电焊机，2006，36（12）：32-34.

[77] 潘际銮，郑军，屈岳波. 激光焊接技术的发展 [J]. 焊接，2009（2）：18-21.

[78] 宋志强. 大功率光纤激光器技术及其应用 [J]. 山东科学，2008，21（6）：72-77.

[79] 何煦辉. 碟片激光器及其在工业中的应用 [J]. 激光与光电子学进展，2009（7）：64-66.

[80] 赵玉辉，郑义，詹仪，等. 高功率掺镱双包层光纤激光器 [J]. 激光与红外，2006，36（9）：833-836.

[81] 王玉英. 高功率单模光纤激光器在微焊接和微机械加工中的应用 [J]. 光机电信息，2006（4）：28-32.

[82] 顾媛媛，彭航宇，王祥鹏，等. 高功率高亮度半导体激光器件 [J]. 红外与激光工程，2009，38

(3)：481-484.

[83] 王志鹏. 高功率固体激光器的设计与研究——以碟片激光器增益晶体的冷却方案为例 [J]. 科技创业, 2010 (4)：140-143.

[84] 刘德明, 阎嫦玲. 高功率光纤激光器的关键技术及应用 [J]. 红外与激光工程, 2006, 36：105-109.

[85] 陈晓燕. 高功率光纤激光器的研究及应用 [J]. 光纤光缆传输技术, 2008 (3)：15-17.

[86] 曾惠芳, 肖芳惠. 高功率光纤激光器及其应用 [J]. 激光技术, 2006, 30 (4)：438-444.

[87] 乔学光, 杨和钱, 贾振安, 等. 光纤激光器的研究进展与展望 [J]. 光机电信息, 2006 (4)：44-50.

[88] 海目激光公司. 光纤激光器在焊接中的应用 [J]. 光机电信息, 2006 (10)：38-40.

[89] 刘杰. 用于切割及远距离焊接的盘形激光器 [J]. 光机电信息, 2004 (3)：6-7.

[90] 梅汉华, 肖荣诗, 左铁川. 采用填充焊丝激光焊接工艺的研究 [J]. 北京工业大学学报, 1996, 22 (3)：38-42.

[91] 王成, 张旭东、陈武柱, 等. 填丝 CO_2 激光焊的焊缝成形研究 [J]. 应用激光, 1999, 19 (5)：269-312.

[92] 潘际銮. 激光焊技术的发展 [J]. 焊接, 2009 (2)：18-21.

[93] 李景辉, 常屠. 激光焊接 [J]. 焊管, 2004, 27 (1)：59-60.

[94] 伍强, 杨永强, 徐兰英, 等. 激光焊接工艺参数对接头强度的影响 [J]. 机械与电子, 2010 (2)：10-12.

[95] 陆斌锋, 芦凤桂, 唐新华, 等. 激光焊接工艺的现状与进展 [J]. 焊接, 2008 (4)：53-57.

[96] 胡昌奎, 陈培锋, 梁军. 激光焊接厚钢板的工艺研究 [J]. 应用激光, 2003, 23 (5)：268-270.

[97] 张文毓. 激光焊接技术的研究现状与应用 [J]. 新技术新工艺·热加工工艺技术与材料研究, 2009 (1)：48-51.

[98] 游德勇, 高向东. 激光焊接技术的研究现状与展望 [J]. 激光技术, 2008, 37 (4)：5-9.

[99] 夏彩云, 汪苏, 李晓辉. 激光焊接中的双焦点技术 [J]. 电焊机, 2007, 37 (3)：34-36.

[100] 汪苏, 陈光辉. 激光焊接中激光聚焦技术的研究 [J]. 热加工工艺, 2006, 35 (3)：56-60.

[101] 李晓辉, 汪苏, 夏彩云. 双焦点激光焊接工艺参数对焊缝成形影响 [J]. 航空材料学报, 2008, 28 (1)：45-48.

[102] 戴景杰. 铝合金激光焊接工艺特性研究 [J]. 电焊机, 2010, 40 (3)：20-23.

[103] 王丽凤, 孙凤莲, 张弘. 1Cr18Ni9Ti 激光焊接工艺 [J]. 机械工程师, 2004 (12)：46-47.

[104] 王红英, 莫守形, 李志军. AZ31 镁合金 CO_2 激光填丝焊工艺 [J]. 焊接学报, 2007, 28 (6)：93-96.

[105] 张旭东, 陈武柱, 芦田荣次, 等. CO_2 气体保护的激光焊接 12mm 厚低碳钢板 [J]. 焊接学报, 2002, 23 (6)：51-61.

[106] 杨旭, 甘洪岩, 曹宇. 保护气体对不锈钢激光焊接的影响 [J]. 科技成果纵横, 2008 (4)：64-65.

[107] 胡强, 熊建钢, 王力群, 等. 不锈钢的激光焊接 [J]. 电焊机, 2002, 32 (6)：23-30.

[108] 张林杰, 张建勋, 王蕊, 等. 侧吹气体对不锈钢薄板 CO_2 激光焊接过程的影响 [J]. 应用激光, 2005, 35 (4)：217-221.

[109] 郭树林. CO_2 激光切割机切割技术及应用 [J]. 电力机车与城轨车辆, 2010, 33 (4)：33-35.

[110] 李大生, 陈文, 田新红. 不锈钢的 CO_2 激光切割工艺研究 [J]. 机械工程师, 2011 (4)：23-25.

[111] 迟海, 张凤姣. 大功率 CO_2 激光切割机的维护与保养 [J]. 装备制造技术, 2011 (12)：70-72.

[112] 周铨. 等离子切割与激光切割工艺及成本分析 [J]. 电力机车与城轨车辆, 2011, 34 (4)：72-73.

[113] 华建民, 匡余华. 高功率工业 CO_2 激光切割工艺技术参数分析 [J]. 南京工业职业技术学院学报, 2011, 11 (4)：11-13.

[114] 杨晟, 何琼, 王英. 光纤传输脉冲固体激光切割机系统 [J]. 激光杂志, 2011, 32 (6)：41-42.

[115] 陈亚军，罗敬文，张永康. 光纤激光切割碳钢的工艺研究 [J]. 应用激光，2010，30（4）：280-283.

[116] 冯文杰，秦丰栋，陈莹莹. 激光切割不锈钢板工艺参数研究 [J]. 机械设计与制造，2011（11）：191-192.

[117] 王斌修，贺敬地. 激光切割不锈钢的工艺研究 [J]. 电加工与模具，2011（2）：61-64.

[118] 滕杰，王斌修. 激光切割工业纯铝的工艺研究 [J]. 制造技术与机床，2009（6）：14-26.

[119] 董锋，陆雅娟. 激光切割工艺及设备 [J]. 现代制造，2003（4）：80-84.

[120] 陈树明. 激光切割技术现状与发展 [J]. 锻压机械，2002（2）：3-5.

[121] 王勇. 激光切割加工解决方案 [J]. 电子工程，2011（3）：43-46.

[122] 王红俐. 激光切割金属的工艺探索 [J]. 科技创新导报，2009（21）：55-56.

[123] 陈根余，黄丰杰，刘旭飞，等. 三维激光切割技术在车身覆盖件制造中的应用与研究 [J]. 激光杂志，2008，29（4）：67-69.

[124] 王威，李丽群，王旭友，等. 激光与电弧复合焊接技术 [J]. 焊接，2004（3）：6-9.

[125] 滕文华. 激光—电弧复合焊接在汽车制造中的应用 [J]. 电焊机，2004，34（6）：9-11.

[126] 汪苏，沈忠睿. 激光—电弧复合焊接头研究进展 [J]. 新技术新工艺·热加工工艺技术与材料研究，2010（11）：54-57.

[127] 辜磊，刘建华，汪兴均. 激光—电弧复合焊接技术在船舶制造中的应用研究 [J]. 造船技术，2005（5）：38-40.

[128] 边美华，许先果. 铝合金复合焊接技术的发展现状 [J]. 电焊机，2005，35（8）：29-32.

[129] 刘继常，李力钧，朱小东，等. 试析几种激光复合焊接技术 [J]. 激光技术，2003，27（5）：486-489.

[130] 袁小川，赵虎，王平平. 激光—电弧复合焊接技术的研究与应用 [J]. 焊接技术，2010，39（5）：2-7.

[131] 赵吴，张宏. 激光—电弧复合焊接工艺参数优化与分析 [J]. 长春大学学报，2012，22（2）：145-148.

[132] 崔丽，贺定勇，李晓延，等. 激光—电弧复合焊接工艺参量的研究进展 [J]. 激光技术，2011，35（1）：65-68.

[133] 王治宇，王春明，胡伦骥，等. 激光—电弧复合焊接的应用 [J]. 电焊机，2006，36（2）：38-41.

[134] 高明，曾晓雁，严军，等. 激光—电弧复合焊接的热源相互作用 [J]. 激光技术，2007，31（5）：465-468.

[135] 韩立军，朱俊洁. 激光—MIG 复合焊接技术在车身制造过程中的应用 [J]. 汽车工艺与材料，2007（2）：18-21.

[136] 许良红，彭云，田志凌，等. 激光—MIG 复合焊接工艺参数对焊缝形状的影响 [J]. 应用激光，2006，26（1）：5-9.

[137] 高明，严军，曾晓雁，等. 激光—MIG 复合焊接参数的优化与选择 [J]. 热加工工艺，2006，35（15）：29-32.

[138] 高明，曾晓雁，胡乾午. 低碳钢 CO_2 激光—脉冲 MAG 电弧复合焊接工艺研究 [J]. 激光技术，2006，30（5）：498-506.

[139] 康乐，黄瑞生，刘黎明，等. 低功率 YAG 激光—MAG 电弧复合焊接不锈钢 [J]. 焊接学报，2007，28（11）：69-72.

[140] 石功奇，David Howse. 船用钢结构的激光焊接以及激光—MAG 复合焊接 [J]. 电焊机，2007，37（6）：32-39.

[141] 雷正龙，陈彦宾，李俐群，等. CO_2 激光—MIG 复合焊接射滴过渡的熔滴特性 [J]. 应用激光，

2004, 24（6）：361-364.

[142] 严军，曾晓雁，高明，等. 316L不锈钢激光—钨极惰性气体复合焊接工艺研究［J］. 激光技术，2007, 31（5）：489-492.

[143] 李晓辉，汪苏，夏彩云. 304不锈钢旋转双焦点激光—TIG复合焊接［J］. 北京航空航天大学学报，2008, 34（4）：431-434.

[144] 高明，曾晓雁，胡乾午，等. CO_2激光—MAG电弧复合焊接保护气体的影响规律［J］. 焊接学报，2007, 28（2）：85-88.

[145] D S Howse，R J Scudamore，G S Booth. Yb光纤激光—MAG复合焊接工艺在管道焊接中的发展［J］. 世界钢铁，2008（1）：65-69.

[146] 王旭友，王威，林尚扬. 焊接参数对铝合金激光—MIG电弧复合焊缝熔深的影响［J］. 焊接学报，2008, 29（6）：13-16.

[147] 崔旭明，李刘合，张彦华. 激光—电弧复合热源焊接［J］. 焊接技术，2003, 32（2）：19-21.

[148] 张伟华，李永强，赵熹华，等. 激光与其他热源复合焊接技术的研究进展［J］. 焊接，2007（11）：15-20.

[149] 姬宜朋，陈家庆，焦向东，等. 激光—电弧复合热源焊接技术［J］. 焊接技术，2009, 38（12）：1-6.

[150] 刘继常，李力钧. 激光复合焊接的探讨［J］. 焊接技术. 2002, 31（4）：6-8.

[151] 王小朋，黄瑞生，张毅梅，等. 气体保护对304不锈钢激光—CMT电弧复合热源焊接接头冲击韧性的影响［J］. 焊接，2012（5）：17-20.

[152] 赵熹华，李永强，赵贺，等. 激光束—电阻缝焊（LB—RSW）复合焊接研究［J］. 电焊机，2009, 39（1）：33-37.

[153] 张照华. 铝合金搅拌摩擦点焊接头连接机制与力学性能研究［D］. 天津：天津大学，2011.

[154] 徐效东. 铝合金搅拌摩擦焊搭接焊缝组织特征与疲劳断裂行为研究［D］. 天津：天津大学，2011.

[155] 周光. 铝合金搅拌摩擦焊T形接头焊接工艺及组织性能研究［D］. 天津：天津大学，2011.

[156] 秦红珊，杨新岐. 一种替代传统电阻点焊的创新技术——搅拌摩擦点焊［J］. 电焊机，2006, 36（7）：27-30.

[157] 乔凤斌，张松，郭立杰. 搅拌摩擦点焊技术及其在工业领域中的应用［J］. 电焊机，2012, 42（10）：82-86.